国防科技图书出版基金

材料和热加工领域的物理模拟技术(第2版)

Physical Simulation in Materials and Hot-Working (Second Edition)

牛济泰 张 梅 等著

国防工业出版社

·北京·

图书在版编目(CIP)数据

材料和热加工领域的物理模拟技术/牛济泰等著.
—2版.—北京：国防工业出版社,2022.3
ISBN 978-7-118-12441-5

Ⅰ.①材… Ⅱ.①牛… Ⅲ.①材料科学–物理模拟
②热加工–物理模拟 Ⅳ.①TB3②TG

中国版本图书馆 CIP 数据核字(2022)第 013630 号

※

国防工业出版社出版发行

(北京市海淀区紫竹院南路 23 号 邮政编码 100048)
北京龙世杰印刷有限公司印刷
新华书店经售

*

开本 710×1000 1/16 印张 25¾ 字数 445 千字
2022 年 3 月第 2 版第 1 次印刷 印数 1—2500 册 定价 180.00 元

(本书如有印装错误,我社负责调换)

国防书店：(010)88540777 书店传真：(010)88540776
发行业务：(010)88540717 发行传真：(010)88540762

致 读 者

本书由中央军委装备发展部**国防科技图书出版基金**资助出版。

为了促进国防科技和武器装备发展,加强社会主义物质文明和精神文明建设,培养优秀科技人才,确保国防科技优秀图书的出版,原国防科工委于1988年初决定每年拨出专款,设立国防科技图书出版基金,成立评审委员会,扶持、审定出版国防科技优秀图书。这是一项具有深远意义的创举。

国防科技图书出版基金资助的对象是:

1. 在国防科学技术领域中,学术水平高,内容有创见,在学科上居领先地位的基础科学理论图书;在工程技术理论方面有突破的应用科学专著。

2. 学术思想新颖,内容具体、实用,对国防科技和武器装备发展具有较大推动作用的专著;密切结合国防现代化和武器装备现代化需要的高新技术内容的专著。

3. 有重要发展前景和有重大开拓使用价值,密切结合国防现代化和武器装备现代化需要的新工艺、新材料内容的专著。

4. 填补目前我国科技领域空白并具有军事应用前景的薄弱学科和边缘学科的科技图书。

国防科技图书出版基金评审委员会在中央军委装备发展部的领导下开展工作,负责掌握出版基金的使用方向,评审受理的图书选题,决定资助的图书选题和资助金额,以及决定中断或取消资助等。经评审给予资助的图书,由中央军委装备发展部国防工业出版社出版发行。

国防科技和武器装备发展已经取得了举世瞩目的成就。国防科技图书承担着记载和弘扬这些成就,积累和传播科技知识的使命。开展好评审工作,使有限的基金发挥出巨大的效能,需要不断摸索、认真总结和及时改进,更需要国防科技和武器装备建设战线广大科技工作者、专家、教授,以及社会各界朋友的热情支持。

让我们携起手来,为祖国昌盛、科技腾飞、出版繁荣而共同奋斗!

国防科技图书出版基金

评审委员会

国防科技图书出版基金
第七届评审委员会组成人员

编 委 会

主 任 牛济泰

副主任 张 梅

委 员 (按姓氏笔画排序)

王晓南　王道元　冯莹莹　仲红刚　杨院生

张 艳　张怡彬　陈伟昌　金 成　周广涛

周旭东　周建新　屈朝霞　赵 奇　骆宗安

殷亚军　高 增　程东锋　曾建民

第 2 版前言

20 年前,伴随着我国改革开放的大好形势,一些高校、研究院所,特别是钢铁企业,纷纷从美国、日本等国引进了各种型号的材料热/力模拟试验机。虽然这些价格不菲的先进设备令国人眼界大开,有力地推动了我国新材料、新工艺的研究,特别是钢铁新品种的发展,但大部分设备的利用率却比较低,更谈不上设备功能的有效开发。究其原因为:一是设备的操作者缺乏材料热加工领域的基础知识;二是材料的研发者对设备的功能和物理模拟技术尚缺乏了解。为此,本人义不容辞地编写了《材料和热加工领域的物理模拟技术》这本拙作,这也是当时国内外首次比较全面地介绍材料物理模拟技术及其应用的一本专著。

本书自 1999 年首次出版后,颇受读者欢迎。一些院校还将其作为材料学科或材料加工工程学科本科生和研究生课程的指定参考书,美国 DSI 公司将它作为培训用户的必备教材。

20 多年来,材料科学技术又有了飞速的发展,许多重大国防工程和先进武器装备的诞生越来越需要先进材料和加工工艺的支撑,同时民用领域如钢铁、汽车、交通、仪表制造业等,对新材料和新工艺提出了许多更高的要求,这种需求有力地牵动了材料物理模拟技术的迅猛发展。在国内,每年都举行全国材料与热加工物理模拟或数值模拟技术研讨会;在国际上,每三年举行一次材料物理模拟和数值模拟国际学术会议,是国际上有较高知名度和影响力的品牌会议。2013 年在芬兰成立了"国际材料物理模拟与数值模拟联合会",总部设在中国。

目前,中国是世界上拥有先进的物理模拟试验设备数量最多的国家,物理模拟技术和应用水平也居世界先进行列。为了适应材料研发及其加工工艺发展的新需求,展示材料物理模拟技术的新成果,应广大读者的要求,在国防工业出版社的大力支持下,决定对原书进行再版。

这次再版是在原版的基础上进行的,各热加工工艺的基本原理仍然保留了原版中的论述,但更新、扩充了许多新的内容和案例,同时增加了"材料物理模拟操作经验分享"和"物理模拟和数值模拟关系"这两章,力求反映材料物理模拟领域的新面貌和新动向。

本书由牛济泰、张梅统稿。其中第 1 章、第 9 章由牛济泰撰稿;2.1 节、2.2 节由美国 DSI 公司陈伟昌、赵奇撰稿，2.3 节由日本富士电波王道元撰稿、2.4 节由东北大学骆宗安、冯莹莹撰稿；第 3 章由宝山钢铁公司屈朝霞和苏州大学王晓南撰稿；第 4 章由上海大学张梅撰稿，部分内容来自张梅培养的研究生曾伟明、朱妍、甘斌等的学位论文；第 5 章由华中科技大学周建新、殷亚军和上海大学仲红刚撰稿；第 6 章及 8.8 节由河南科技大学周旭东撰稿；第 7 章由北京科技大学张艳撰稿；8.1~8.4 节及 8.7 节由华侨大学周广涛撰稿，8.5 节由大连交通大学金成撰稿，8.6 节由上海大学仲红刚撰稿。本书第 1 章、第 2 章、第 9 章由张梅审稿；第 3 章由哈尔滨工业大学何鹏审稿；第 4 章、第 5 章及 8.6 节由广西大学曾建民审稿；第 6 章及 8.8 节由中国科学院金属研究所杨院生审稿；第 7 章由陈伟昌及张梅审稿；8.1~8.4 节由南京理工大学张怡彬审稿；8.5 节及 8.7 节分别由河南理工大学高增和程东锋审稿。另外，研究生宋艺、王云浩、甄彤、金一、张洁、柳进、顾裕卿等协助绘制了插图和编校了相关表格和公式。

材料物理模拟技术是一个多学科知识与技能相互交叉的技术。各学科的科学内涵都在日新月异地不断加深和发展，物理模拟技术也在实践中不断创新和丰富，从而导致人们对现代科技的认知往往具有滞后性、局限性和片面性，基于作者水平有限，书中难免有不妥之处，欢迎读者提出宝贵意见，以进一步提升该书的质量。

牛济泰

2021 年 2 月于河南理工大学

第1版序

　　材料在铸造、压力加工、热处理、焊接等热加工工艺过程中,以及在制成零部件后的实际服役过程中,会产生各种物理/力学行为。这些行为相当复杂,往往难以用一般的材料科学的知识来分析,特别是难以进行定量预测。为了改善工艺质量,提高产品性能,保证安全服役,就需要采用各种模拟技术。早期的模拟技术,或者追求简略而不能确切地反映实际情况,或者机械地模仿实际而失之庞杂。近年来,伴随着先进的测试技术、计算机科学和控制理论的发展,材料现代物理模拟技术应运而生。它可以采用小试样,利用热/力模拟试验装置,较精确迅速地研究材料在接近实际情况下的组织和性能的变化规律;其在评定热加工工艺的合理性、研究新材料、发展新工艺方面有独特的优越性,因而越来越引起材料工程界的广泛重视。这类模拟技术及模拟装置涉及材料热学、力学检测控制、计算机数值模拟等领域的知识与技能,而且据此可以获得很多新的信息,形成新的理论,实际上已形成一个跨学科的专业领域。在我国已形成一支专门的队伍,从事这方面的科学研究和生产实践。

　　牛济泰同志从20世纪80年代中期开始,利用从美国引进的Gleeble热/力模拟试验机进行了大量的、卓有成效的材料物理模拟试验研究,积累了较丰富的实践经验。他还把国内物理模拟同行们组织起来,定期进行技术与学术交流,并积极主动地开展了与国外材料物理模拟界的合作研究或学术联系,使我国物理模拟技术水平与国际先进水平的差距正逐渐缩小,某些方面(如在航空、航天等领域的应用)还有独到之处,引起国际上的关注,这是令人倍感欣慰的。该书是作者十几年来在材料物理模拟方面教学与科研实践的结晶,它还广泛吸收了当前国内外最新研究成果,从理论与实践的结合上,在国内外首次全面、系统地论述材料与热加工领域物理模拟的基本理论和应用技术,是一本颇具特色的学术专著。该书的出版,不但填补了我国材料科学与工程界在物理模拟著作领域中的一块空白,而且对促进物理模拟技术在我国的广泛应用,使材料科学的研究由"经验"走向科学,由"定性"走向"定量"起到重要推动作用。相信该书的出版,会受到广大读者的欢迎。

中国工程院院士　雷廷权

1999 年 5 月

第 1 版前言

物理模拟、数值模拟和专家系统是材料科学及热加工工艺研究从"经验"走向"科学"、从"定性"走向"定量分析"的桥梁,是 20 世纪 70 年代以来伴随计算机技术与现代控制理论的发展而在材料科学与工程领域研究方法上的重大突破,其对新材料研制和新工艺开发的巨大推动作用,以及带来的显著经济效益是无法用数字估量的。

物理模拟是实现数值模拟及建立专家系统的前提与基础,物理模拟本身又可以直接指导科学研究与实际生产,因此对于材料和热加工领域物理模拟技术的基本理论和应用方法的研究已越来越引起材料科学与工程界的普遍重视。自 20 世纪 80 年代以来,国际上每两年召开一次全球性的物理模拟学术会议,我国从 1988 年开始,至今也已举行过三次全国物理模拟技术研讨会。

笔者从 1986 年开始,利用从美国引进的 Gleeble-1500 热/力模拟试验机从事材料和热加工领域的科研与教学工作,至今已有十余年。其间,笔者曾三次赴英国、芬兰等国家从事压力加工和焊接领域的物理模拟合作研究,并到美国、日本两国的两家世界上最先进的模拟试验机生产厂家进行考察、培训,还担任组委会主席举办过两次国际性的物理模拟学术会议。从上述活动中,笔者深感我国物理模拟技术的开发程度和应用水平与国外存在较大差距。尽管我国拥有的物理模拟试验装置的数量居世界前列,但利用率却很低,其重要原因之一是许多材料工作者尚不太了解物理模拟技术,仍满足于袭用本专业传统的试验手段进行经验性质的科研活动,而不知道利用物理模拟技术不仅可以获得精确的试验结果,还可以节省试验费用,缩短试验周期。另外,一些物理模拟工作者(模拟试验装置的专职操作人员)材料领域的知识功底尚不深厚,因此对模拟设备功能的开发缺乏明确的思路和针对性。鉴于上述原因,激起了笔者写一本系统地介绍物理模拟技术,并密切结合材料与热加工领域实际应用的学术专著的强烈愿望,以满足国内材料界同行们的需求;同时,这也是作者义不容辞的责任。

本书是吸收了当前国内外物理模拟技术最新的研究成果,并结合作者本人的教学与科研实践而写成的。作者特别感谢美国 DSI 科技联合体的 Hugo Ferguson 博士和 Wayne Chen 博士提供了十分宝贵的最新技术资料。

本书第 1 章、第 2 章由美国 DSI 科技联合体的陈伟昌博士和洛阳船舶材料研究所欧长春高级工程师审阅,陈伟昌博士还撰写了第 2 章的 2.2.2 节和 2.2.3 节;第 3 章由天津大学张文钺教授审阅;第 4 章由上海大学徐有容教授审阅;第 5 章由哈尔滨工业大学曾松岩教授审阅;第 6 章由哈尔滨工业大学李仁顺教授审阅,在此谨向他们表示衷心感谢。

本书的顺利完成还要感谢哈尔滨工业大学物理模拟实验室的同事们多年来的良好合作与帮助,感谢焊接教研室田锡唐教授对本书的一贯支持与关心。

作者还要特别感谢国防科技图书出版基金评审委员会的大力支持,以及责任编辑邢海鹰先生的辛勤工作。

物理模拟是一门边缘性的新兴学科,它涉及许多领域的专业知识,由于作者学识有限,书中缺点甚至错误在所难免,恳请读者不吝指正。

牛济泰
1999 年 4 月
于哈尔滨工业大学

目　　录

Contents

第1章
概　论

1.1　材料现代物理模拟的基本概念及其研究意义

物理模拟(physical simulation)是一个内涵十分丰富的广义概念,也是一种重要的科学方法和工程手段。通常,物理模拟是指缩小或放大比例,或简化条件,或代用材料,用试验模型来代替原型的研究。例如,新型飞机设计的风洞试验,塑性成形过程中的密栅云纹法技术,电路设计中的拓扑结构与试验电路,以及航天员的太空环境模拟试验舱等,均属于物理模拟的范畴[1]。

对材料和热加工工艺来说,物理模拟通常是指利用小试件,借助某些试验装置再现材料在制备或热加工过程中的受热,或者同时受热与受力的物理过程,充分而精确地暴露并揭示材料或构件在热加工过程中的组织与性能变化规律,评定或预测材料在制备或热加工时出现的问题,为制定合理的加工工艺及研制新材料提供理论指导和技术依据。物理模拟试验分两种:一种是在模拟过程中进行的试验;另一种是模拟完成后进行的试验。

强调"物理"二字,是相对于"化学"而言,因为"物理模拟"的任务主要是研究材料在受热、受力情况下的微观组织、性能和形状变化的物理行为与过程,一般不涉及化学反应。

以往,在材料科学研究或工程结构及其零部件的生产中,为了评价工艺方案对材料性能或产品质量的影响,多采用试验或试错的方法,这种单凭重复试验的经验性方法不仅消耗大量时间与财力,而且得到的结果往往只是某一具体产品在特定情况下的工艺与性能的关系,不可能获得工艺过程中变化的系统的规律,更不可能探索更普遍或深层次的问题,从而延滞新材料、新技术、新工艺与新产品的开发和应用。

材料现代物理模拟技术是一种高技术。它融集材料科学、传热学、力学、机械学、工程检测技术、电子模拟技术及计算机领域的知识和技能于一体,构成了

1

一个独特的、跨学科的专业领域。利用现代物理模拟技术，用少量试验即可代替过去一切都需要通过大量重复性试验的方法，不但可以节省大量人力、物力，而且可以通过模拟技术研究目前尚无法采用直接试验进行研究的复杂问题，推动材料学科的研究由"经验"走向"科学"，由"定性"走向"定量"。因此，现代物理模拟作为一门新兴技术，已引起世界各国科学界和工程界的广泛关注，应用的范围正迅速扩大。

众所周知，技术的革新和经济的发展越来越依赖新材料的进步。但多年来，无论国内还是国外，从新材料的最初发现到最终工业化应用一般都需要 10～20 年。为了缩短这个周期（2～5 年），美国于 2011 年正式启动了"材料基因组计划"（materials genome initiative，MGI），开创了新材料开发的崭新模式。为了避免在未来的新材料技术及其他高科技领域的国际竞争中处于被动地位，我国于 2016 年也启动了中国版的"材料基因组计划"，又称为"材料基因工程"[2]。

就像人体细胞中的基因排列决定人体机能一样，材料显微组织及其中的原子排序决定材料的性能。"材料基因工程"就是借鉴生物学上的基因工程技术，探究材料结构（或配方、工艺）与材料性质（性能）变化的关系，并通过调整材料的原子结构或材料成分配方、改变原子种类及其堆积方式或搭配，结合不同的工艺制备，得到具有特定性能的新材料。所以，"基因"或"基因工程"这个名词并不神秘，但"材料基因工程"这个术语却包含了相当复杂的内容。

材料模拟与材料设计是"材料基因工程"的基础，材料基因工程要经过材料设计、模拟及数据库 3 个阶段，也就是说至少包括 3 个方面内容或应具有 3 个手段[3-4]。

1. 材料计算手段

目前，从电子到宏观层面都有各自的材料计算软件，但是还不能做到高效跨尺度计算以达到材料性能预测的目的；各软件之间彼此不兼容；由于知识产权问题，彼此不能共享计算工具的源代码。在这方面的工作主要集中在以下几个方面：

（1）建立准确的材料性能预测模型，并依据理论和经验数据修正模型预测。

（2）建立开放的平台实现所有源代码共享。

（3）开发的软件界面友好，以便进一步拓展到更多的用户团体。

2. 试验手段

（1）弥补理论计算模型的不足和构架不同尺度计算间的联系。

（2）补充必要的、基础性的材料物理、化学和材料学的数据，包括材料的电子、力学、光学等性能数据，构建材料性能相关的成分、组织和工艺间的内在联系，并建立庞大的数据库。

（3）利用试验数据修正计算模型，加速新材料的筛选及高效确定。

3. 数字化数据库建立

（1）构建不同材料的基础数据库、数据的标准化及它们的共享系统。

（2）拓展云计算技术在材料研发中的作用，包括远程数据存储与共享。

（3）通过数字化数据库建设，联系科学家与工程师共同高效开发新材料。

可以看出，"材料基因组计划"是力图通过高通量材料计算、高通量材料合成和检测试验及数据库的技术融合与协同，即融合高通量计算（理论）、高通量试验（制备和表征）和专用数据库三大技术，来加快材料从发现、制造到应用过程的速度，并降低研发成本。

材料物理模拟技术是实现高通量的材料基因研究必不可少的高效方法和手段，不但可以提供数据，而且可以对计算模型进行修正，通过采用高通量并行迭代方法替代传统试错法中的多次顺序迭代方法，变革材料的研发理念和模式，实现新材料研发由"经验指导试验"的传统模式向"理论预测、试验验证"的新模式转变，提高新材料的研发效率和缩短产品转化周期。

因此，材料物理模拟的重要性将越来越彰显突出，材料物理模拟的视野和应用范围也将会越来越宽泛。

1.2 材料物理模拟技术的发展概况

◤1.2.1 世界各国材料物理模拟技术及试验装置的发展概况

物理模拟技术的发展是与物理模拟试验装置的不断完善密切联系在一起的。世界上最早在材料和热加工领域中采用物理模拟技术的国家是美国。1946年，美国纽约州的伦斯勒理工学院（Rensselaer Polytechnic Institute，RPI）的Nippes 教授和 Savage 博士根据第二次世界大战中美国制造舰艇的需要，为了研究熔焊规范对舰船用钢板热影响区缺口韧性的影响，将闪光电阻焊机的电气控制线进行改装，把"却贝"试件夹持在夹头上，利用电阻加热法成功再现了所要求的焊接热循环，试样温度精确度可控制在 ±20℃ 以内。这是世界上第一台利用电阻加热的高温延性装置，以后演变并命名为"Gleeble"，并于 1949 年连续在国际上发表了两篇关于模拟焊接热影响区的文章[5-6]。之后他们又经过 9 年的努力，完善了抗干扰系统并提高了测温与控制精度，终于制出了第一台较为满意的 Gleeble-510 热/力模拟试验机，既可以模拟热循环，又可以模拟应力与应变循环，应用的范围也由焊接领域发展到锻造、轧制、铸造、热处理、挤压、凝固及相变过程的模拟研究。1979 年以后，随着计算机控制技术的应用及测量系统的完善和机械装置的改进，不同功能的 Gleeble 热/力模拟试验机不断研制开发，如

Gleeble-1000 热/力模拟试验机（专用于模拟焊接，笔者曾于 1994 年在英国电力技术中心 PowerGen 使用该设备研究了 P91 钢高压蒸气管道焊接接头 IV 型开裂的原因，从而提出了解决措施）、Gleeble-1500、Gleeble-2000、Gleeble-3200、Gleeble-3500、Gleeble-3800 等型号热/力模拟试验机，模拟精度和模拟技术的应用水平又得到迅速提高。

20 世纪 50 年代中期，苏联 A. A. 鲍依柯夫冶金研究所的 M. X. Шоршоров 等研制了 ИМЕТ-1 热模拟试验机[7-8]，也是采用直接给试样通电，利用其自身电阻而加热。他们用此装置研究了焊接条件下的连续冷却组织转变规律，建立了一些钢材与合金的 CCT 图。该装置设有电磁式瞬时加载装置，可完成各种高温塑性、强度试验，其后又采用自动程序控制，改装成具有应力、应变模拟功能的复合型热/力模拟设备[9-10]。同时，研制了 ИМЕТ-2 热模拟试验机用于研究金属在焊接结晶过程中的变形抗力和热裂纹敏感性设备，ИМЕТ-4 热模拟试验机用于研究延迟破坏的冷裂纹敏感性定量比较的恒载装置，以及 ИМЕТ-6 小型快速膨胀仪。苏联解体后，俄罗斯继续从事物理模拟试验装置研制，力图与Gleeble 热/力模拟试验机相抗衡的，是世界著名学者、莫斯科鲍曼国立技术大学的 H. H. Прохоров 教授（焊接热裂缝理论的奠基人。20 世纪 50 年代，曾被苏联派往中国哈尔滨工业大学任教，为组建哈尔滨工业大学焊接专业做出重要贡献），而应用热模拟技术比较成功的是乌克兰的巴东电焊研究所。

与美国、苏联不同，日本研制的热模拟试验装置采用高频感应加热方式[11]，即在试样周围套感应圈，利用试样中产生的感应电流（涡流）的热效应加热。高频感应加热与直接通电加热各有利弊，在第 2 章将进行详细讨论。日本热模拟试验机比较先进的典型代表是 Thermecmastor-Z 高温变形模拟力学试验机及 Thermorestor-W 焊接热应力应变模拟机。此外，日本富士电波工机株式会社还研制了 Formastor-F 和 Formastor-Press 全自动变态记录测定仪，后者主要用于压力加工工艺的模拟。

英国除了各种改装的热模拟试验机，随着弹塑性断裂力学 COD 试验方法在英国标准化后，其热模拟试验机具有大功率的特点，如英国中央发电局（CEGB）的容量为 200kV·A 电阻加热式、加载能力为 10t 的液压拉伸模拟机，是 20 世纪70 年代世界上功率最大的热模拟试验机之一[12]。

法国对热模拟试验机的控制问题研究相当重视，是世界上在热模拟设备上采用电子计算机最早的国家之一，并在模拟扭转试验方面卓有成效。中国、德国、荷兰、意大利、加拿大、瑞典、比利时、澳大利亚、罗马尼亚、捷克等国家也研制或仿制了各种不同型号与用途的热模拟试验装置。表 1-1 列出了几个国家有代表性的若干种热模拟试验机的型号和主要技术性能数据。

表1-1 各国热模拟试验机的型号和主要技术性能参数

项目 国别	定型 年代	型号	研制单位 (或人员)	碳钢加热 最高速率 /(℃·s⁻¹)	峰温 精度/℃	碳钢 800→ 500℃冷却速 度/(℃·s⁻¹)	用途简述
美国	20世纪 60年代	Gleeble-510	伦斯勒理工 学院(RPI)、达 菲尔(Duffers) 公司	1000(12mm ×12mm 截面 尺寸,建议控 制速率为 300℃·s⁻¹)	±20	225(700℃时 强制冷却)	可用于研究 金属材料的可 焊性、热加工 性、热处理、铸 锭裂纹、金属相 变等
	20世纪 80年代	Gleeble-1500	DSI 科技 联合体	1000(φ6mm, 自由跨度15mm)	±10 (加热 速度 1500℃/s)	自由跨度 15mm, φ6mm 试样:78 (自然冷却),140 (1000℃); φ10mm→φ6mm ×6mm 变截面试 样:200(自然冷 却),330(1000℃)	可用于研究 金属材料焊接 性、金属和铸件 的热处理、晶粒 长大、热裂纹、 TTT/CCT 图、再 结晶动力学及 热加工性、热疲 劳、热强度和塑 性等
	20世纪 90年代	Gleeble-2000		10000(φ6mm); 3000(φ10mm,自 由跨度15mm)	±2(加热 速度 150℃/s); ±10 (加热 速度 1500℃/s)	自由跨度 15mm, φ6mm试样:78(自然 冷却),140(1000℃); φ10mm→φ6mm× 6mm 变截面试样: 200(自然冷却),330 (1000℃)	可用于各种热加 工模拟、力学模拟, 可进行拉、压、扭转 及多道次平面应变 压缩试验
	20世纪 90年代	Gleeble-3800		10000(φ6mm, 自由跨度15mm)	±1	自由跨度 15mm, φ6mm 试样:78(自 然冷却);400 (ISO-Q 冷却)	可用于连铸、 高速轧钢、锻 压、挤压、形变 热处理、板带退 火、焊接等工艺 过程模拟,可测 试流变应力、变 形抗力,进行扭 转试验及 TTT/ CCT 试验

续表

项目 国别	定型 年代	型号	研制单位 （或人员）	碳钢加热 最高速率 /(℃·s⁻¹)	峰温 精度/℃	碳钢800→ 500℃冷却速 度/(℃·s⁻¹)	用途简述
日本	20世纪 70年代	Thermo-restor-W	日本金属材料技术研究所、富士电波工机株式会社、新日铁	140	±3	20(卡头控制 冷却);30(吹 氮);75(吹氢)	可用于研究各种焊接裂纹、断裂韧性评定、热处理,金属与陶瓷焊接等
日本	20世纪 90年代	Thermec-mastor-Z	富士电波工机株式会社	300	±1	30(吹氮);75(吹 氢);300(水冷)	可用于多道次热变形应力应变模拟,回复与再结晶研究,热塑性,TTT/ CCT试验,焊接热影响区裂纹研究,扩散焊及连铸模拟等
苏联	20世纪 50年代	ИМЕТ-1	苏联科学院鲍依柯夫(ВАЙКОВ)冶金研究所	600（小试样）;150（大试样）	±30(1976 年改用程控装置精度有提高)	600(用水淬、吹气方法)	可用于研究焊接热影响区性能,测定零塑性温度、零强温度和相变
荷兰	20世纪 70年代	Smit热循环模拟试验机	Smit焊接材料和设备公司	400; 175(程控)		100	可用于研究钢材可焊性
法国	20世纪 70年代初	焊接热循环模拟装置	法国 D. Levert	φ14mm试样:1500(奥氏体不锈钢);1000(低合金钢)	≤±3	约400(奥氏体不锈钢,φ14mm×100mm试样,用水、压缩空气方法)	该试验机可得到区域很宽的均匀组织,适于研究热影响区的力学性能。20世纪70年代主要用于奥氏体不锈钢焊接性研究

续表

项目 国别	定型 年代	型号	研制单位 (或人员)	碳钢加热 最高速率 /(℃·s⁻¹)	峰温 精度/℃	碳钢800→ 500℃冷却速 度/(℃·s⁻¹)	用途简述
英国	20世纪 60年代	无定型号 (自制设备)	英国海军船 舰结构研究所 (NCRE)、英国 焊接研究所	130	±7	≥40(870~ 300℃)	可用于研究 热影响区韧性、 热裂纹及再热 裂纹等,可模拟 焊接应力
	20世纪 70年代	自制设备	中央发电局 (CEGB)	1000(小 试样)	±7		可用于研究 焊接热影响区 组织、再热裂 纹、高温蠕变等
中国	1979年	HRJ-2	钢铁研究总 院	300(小试样); 150(大试样)	±15	80(小试样 用水冷卡具); 50(大试样, 用水冷卡具)	可用于研究 金属的焊接性
	1981年	HRM-1	哈尔滨焊接 研究所	6000(φ6mm 小试样);1000 (11mm×11mm 大试样)	±10	100(φ6mm 小试样);60 (11mm×11mm 大试样)	可用于研究 金属的焊接性
	1996年	DM-100A	洛阳船舶材 料研究所	1000(12mm× 12mm试样,自由 跨度≤5mm)	≤±10 (峰温 拐点处); ≤±1.5 (其他)	冷却时间5s	可用于研究 金属的焊接性
	2004年	MMS-100	东北大学	10000 (最高可 控加热 速率)	±1(稳 态控制)	400(最大可 控冷却速率)	可用于热处 理、恒应变速率 单/多道次压 缩、拉伸、焊接 热模拟、静/动 态CCT、PTT、平 面应变压缩、热 疲劳等试验
	2009年	MMS-200					
	21世纪初	MMS-300					可用于热处 理、恒应变速率 试验、拉伸试 验、焊接热模 拟、单/多道次 扭转试验、大变 形试验(压扭复 合试验)、CCT 试验、PTT试 验、平面应变压 缩试验、热疲劳 试验
	21世纪初	MMS-100G		10000 (最高可 控加热 速率)	±1(稳 态控制)	200(最大可 控冷却速率)	可用于板材 及管材的正火、 淬火、调质、控 冷等热处理模 拟试验

物理模拟必须保证模型与原型在物理本质上的一致性。因此，为了保证模拟的精度，与热/力模拟试验机同时发展的是物理模拟的测试技术和试验方法的不断改进。特别是伴随物理模拟应用范围的扩大，美国、英国、日本、法国等国家已制定出模拟试样和模拟程序的标准，一批模拟软件已经投入实际运用，这些内容是本书的主题，将在后面各章中结合各热加工领域的应用予以详细介绍。

▨ 1.2.2 中国热模拟技术的发展及其在科技和国防现代化中的应用

中国是世界上开发应用物理模拟技术极有成效的国家之一。我国从20世纪60年代初就开始应用物理模拟技术并研制热模拟试验装置。最早是哈尔滨工业大学、天津大学、钢铁研究总院及中国科学院金属研究所等单位，大体上在同一时期起步[13-16]。哈尔滨工业大学对容量为75kV·A的接触（电阻）焊机进行改装，将交流变压器多抽头变挡来改变加热速率，用多对铂铑-铂热电偶测量与控制温度，并配以可调刚性约束，它不但可以模拟焊接热循环，而且可模拟焊接热应变循环。经过几次改进后，该校使用其完成了许多热应变脆化等方面的科研与教学任务，该设备一直使用到1983年。天津大学也是将电阻焊机改装，并使用气动夹具夹持试件，用八线示波器记录温度，用于模拟焊接热循环试验。钢铁研究总院用25kW的（电阻）对焊机变压器作为加热热源，研制了凸轮水阻控制器控制试样加热速度，用储能点焊机将铂铑-铂热电偶丝焊在试样上，用八线示波器记录热循环曲线，成功地进行了热循环模拟试验，并用于铁素体不锈钢的可焊性研究上，取得了良好效果。中国科学院金属研究所研制的热模拟机吸收了苏联及捷克等国家热模拟机的特点及优点，是20世纪60年代国内自制的性能较为先进的热模拟装置之一。

1963—1965年，钢铁研究总院、北京冶金仪表厂和上海新业电工机械厂等单位，按苏联图纸先后仿制了5台ИМЕТ-1热模拟试验机。1970年后，各单位对5台试验机的控制系统又都陆续进行了改造。中国科学院金属研究所将原凸轮水电阻改成了机械式的靠模函数发生器，采用闭环控制。洛阳船舶材料研究所在仿苏设备上采用了数字程序控制。武钢钢铁研究所也设计了一套数字控制系统。钢铁研究总院在原仿苏试验机基础上，参考英、美等国家热模拟机的优点，改进并试制成功HRJ-2热模拟试验机，采用定点分段电子程序控制对试样的水冷卡头也重新进行了设计，1979年通过了冶金部的鉴定。

1981年，由哈尔滨焊接研究所研制的利用光电函数发生器给定、电子程序控制、功率为200kW的HRM-1热模拟试验机问世。1985—1987年，洛阳船舶材料研究所又先后研制了CKR-2和DM-100焊接热模拟机[17]。CKR-2型焊接热模拟机以 TP-801 单板机为智能部件,设计了电压、温度双闭环温度调节回路,峰值温度拐点处温度控制精度为±15℃。DM-100 焊接热模拟机用自行设计的 DTS-80 焊接热模拟机作为其智能部件,函数生成方式是利用逐次比较法,通过专用算法直线插补而成,函数生成精度较高,能满足各种热循环曲线的要求。为消除主机磁场干扰,该机采用了在主机周期性断电的小间隙内(周波相位角为 40°~45°)对热电偶信号采样的方式(普通电网频率为 50Hz 或 60Hz,每周波相位角为 360°);整机具有故障自检功能,在加热过程中可以自动处理断水、超温等故障,以及误操作的自动保护功能;随机试验数据可以通过微型打印机自动打印;该机的控温精度在峰值温度拐点处误差在-10~+10℃ 范围内,常温误差在-2~2℃ 以内。1996 年,洛阳船舶材料研究所的欧长春等研发的 DM-100A 模拟试验机问世,与 DM-100 焊接热模拟机相比,加热精度及运行灵活性、可靠性又有了进一步提高,为当时国内最先进的模拟试验机。

2003 年,东北大学轧制技术及连轧自动化国家重点实验室研发的国产物理模拟设备——MMS 热/力模拟试验机,先后得到了教育部、济南钢铁公司和国家自然科学基金的资助,被列为国家自然科学基金科学仪器基础研究专项基金项目。经过深化基础理论研究,实现关键技术突破,于 2004 年成功研制出第一代MMS-100 热/力模拟试验机。目前,我国已经具备 MMS-100、MMS-200、MMS-300 和 MMS-100G 4 种型号热/力模拟试验机的生产能力,分别应用于东北大学、山东钢铁集团有限公司(简称为山钢集团)、湘潭钢铁集团有限公司、涟源钢铁集团有限公司、包头钢铁(集团)有限责任公司、江西理工大学、沈阳理工大学等单位[18]。

MMS 热/力模拟试验机采用了新的设计思想和特殊的机械转换机构,将原来国外多台设备才能实现的功能集于一体,实现一机多功能,可以模拟温度、应力、应变、位移、力、扭转角度、扭矩等参数,能进行拉伸、压缩、扭转、热连轧、铸造、相变、形变热处理、焊接、拉扭复合、压扭复合等 20 多种试验。通过机械结构保证变形精度,通过控制系统区分试验类型,可完成各种类型的试验,克服了国外热/力模拟试验机随着试验内容不同需要更换不同部件的缺点。

国产 MMS 热/力模拟试验机的成功研制打破了国外进口设备在此领域的垄断,间接迫使国外厂商降低同类进口设备的价格,大大降低了国内使用热/力模拟试验机的成本。这标志着我国在材料热加工领域中的物理模拟设备制造能力和性能指标已接近或达到国际先进水平。

除东北大学之外,上海大学先进凝固技术中心为了深入、准确地研究连铸坯凝固过程这一世界性难题,近年来先后开发了两代连铸坯枝晶生长热模拟试验机。该装备成功地将十几吨铸坯的凝固过程"浓缩"到实验室用量级的钢进行研究,不仅可以揭示钢液成分、过热度、冷却制度、铸坯拉速、铸坯尺寸等因素对凝固组织和元素分布的影响规律,而且可获得铸坯固液的界面形貌、界面前沿溶质和夹杂物演变等其他手段无法得到的重要信息,以及凝固裂纹形成的可能性及条件、夹杂物促进异质形核的能力等冶金界关注的问题。

上述情况表明,中国研制的热模拟试验装置,早期基本上是仿 ИMET 和 Gleeble 热/力模拟试验机,后来结合中国国情进行了改进或重新设计,其性能指标及控制方式具有一些独到之处。当时,这些国产设备成功地服务于一些高等院校和研究、生产部门,标志着中国的热模拟技术水平曾经达到一定的高度。

从 20 世纪 80 年代末以来,中国又陆续引进了日本、美国生产的,当时世界上最先进的热/力模拟试验机,有力地推动了中国物理模拟技术的迅速发展。1979 年,上海交通大学首先引进了日本富士电波工机株式会社生产的 Thermorestor-W 热拘束模拟机。1987 年,武钢钢铁研究所又在我国首次引进了日本富士电波工机株式会社生产的 Thermecmastor-Z 热间加工再现试验机。随后我国引进了上述两种装置的还有甘肃工业大学(现兰州理工大学)、上海宝山钢铁公司、北京电力设计院、天津焊接研究所及钢铁研究总院等单位。此外,上海材料研究所、上海重型机器厂有限公司、钢铁研究总院还引进了日本富士电波工机株式会社生产的 Formastor-F 和 Formastor-Press 全自动变态记录测定仪。目前,中国拥有各种日本生产的热/力模拟试验机的数量约 50 台(全世界总量约 400 台)。

1981 年,钢铁研究总院最先引进了美国 DSI 公司生产的 Gleeble-1500 热/力模拟试验机,中国科学院金属研究所、华中工学院(现华中科技大学)、哈尔滨焊接研究所、清华大学、北京机电研究所、中国铁道科学研究院、哈尔滨工业大学、东北工学院(现东北大学)、北京钢铁学院(现北京科技大学)、鞍钢钢铁研究所、宝鸡石油钢管厂、攀枝花钢铁研究院、重庆兵器工艺研究所、中南工业大学等单位也先后引进了该设备。之后,成都无缝钢管厂、马鞍山钢铁公司、武汉钢铁公司、首都钢铁公司、本溪钢铁(集团)有限责任公司及北京航空材料研究院、华中科技大学、上海大学、广西大学等又相继引进了 Gleeble-2000、Gleeble-3500 等功能更为先进的热/力模拟试验机。目前,中国已拥有美国生产的各种型号 Gleeble 热/力模拟试验机约 150 台,成为世界上拥有该物理模拟试验装置最多的国家(全世界 Gleeble 热/力模拟试验机总量约 700 台)。

此外,我国还有一些高等院校及研究单位引进了法国、英国、加拿大、捷克等国家生产的热扭转试验机及控轧控冷等物理模拟试验装置。

对于引进的热模拟试验机,我国科研技术人员针对我国的国情及国内用户的要求,做了两个方面的工作:①对设备的功能进行了开发;②对引进的设备进行了局部改进。例如,武钢钢铁研究所把日本早期的 Thermcmaster-Z 热间加工再现试验机进行了改装,把高频发生器输出功率由 10kW 扩大到 15kW,装置的控制部分扩展了软件系统,对卡具、感应圈进行了改进,使设备增加了焊接过程的模拟功能。哈尔滨工业大学对于引进的 Gleeble-1500 热/力模拟试验机,针对某些高熔点材料的高温试验要求,采用国产 W-3Re/W-25Re 钨铼热电偶作为测温元件,对 Gleeble-1500 热/力模拟试验机的热电偶线性化补偿器进行了改进,设计了新的匹配补偿电路,使热电偶在 2300℃ 内的线性测量精度为 ±1%[19]。哈尔滨工业大学还对 Gleeble-1500 热/力模拟试验机的配套构件光电高温计进行了改进,设计了与之匹配的孔径光栏系统,并在该模拟试验机上完成了 2800~3200℃ 的碳基复合材料的高温性能模拟试验。此外,北京科技大学、中国科学院金属研究所、东北大学、北京机电研究所、上海宝山钢铁公司等单位,也对 Gleeble-1500 热/力模拟试验机功能的开发及测量与控制系统的完善做了许多有益的工作。

我国利用引进的或国产的模拟试验机,在焊接、压力加工、铸造、热处理等热加工领域,以及新材料的研制、工程部件与结构的热稳定性和安全可靠性的评定方面,做出了卓有成效的工作,取得了显著的经济效益和社会效益,尤其在国防领域,已发挥了功不可没的作用[20]。

(1)由于国防工业中产品的使用条件比较恶劣和极端,对材料及加工工艺的评定要求非常苛刻和严格,因此往往只有物理模拟的方法才能充分再现工况环境与工艺条件,从而做到准确地揭示材料在服役条件下组织和性能的变化规律。例如,某战略武器的火箭端头帽在火箭发射与运行中将承受 2800~3500℃ 的高温焰流,其制造材料的选择是其技术关键。我们使用物理模拟技术开发出超高温模拟试验方法,并成功地分析了某种复合材料的高温力学行为,确定了该尖端产品的原材料选择及制造方法,最终使产品在国防武器应用上达到了技术要求。

(2)随着国防科技的发展,对材料的研制要求越来越迫切,如各种功能材料、梯度材料、金属间化合物及复合材料已成为制造新型国防尖端武器的物质基础。对于这些新型材料的研制和应用,物理模拟技术是一种快速而又经济的工作方法。例如,用物理模拟技术优选了用于核反应堆的 $(Fe_{60}Ni_{40})_3V$ 金属间化合物,进行了卫星发射主承力架及战斗机用钛合金的焊接性、超塑性和各向异性研究,用于巡航导弹导向台的铝基复合材料焊接的模拟研究。此外,还用物理模拟技术研究了在空间失重状态下材料界面的扩散行为、导弹潜艇用形状记忆合金的关键技术工艺及舰船用钢板的焊接性能研究等。

(3)在国防工程中,对技术资料准确性要求很高,科学实验的结果不仅要定性,而且更要求定量分析和判断。因此,对国防工业中材料及热加工领域数值模拟和专家系统的应用期望较高。而数值模拟的普遍性与可靠性基于数学模型-

控制方程的合理性,而某些热加工工艺由于工艺因素错综复杂,难以推出精确的理论公式,必须依赖物理模拟提供数据来建立合理的数学模型。因此,物理模拟往往是建立数据库、数学模型和专家系统的前提和基础。物理模拟技术的开发和利用作为重要的研究内容,已列入许多国防预研项目的指南中。

参考文献

[1] JITAI NIU. The development of physical simulation technology in the world and its application in China [C] // Proceedings of the 9th International Conference on Physical and Numerical Simulation of Materials Processing, Moscow, 2019.

[2] 中国科协创新战略研究院. 创新研究报告[R]. 北京, 2017.

[3] 赵继成. 材料基因组计划简介[J]. 自然杂志, 2014, 36(2):89-104.

[4] 张冬冬, 解读美国材料基因组计划:数据共享乃大势所趋[EB/OL]. (2013-12-04)[2021-3-22]. http://news. sciencenet. cn/htmlnews/2013/12/285809. shtm.

[5] Nippes E F, Savage W F. Development of specimen simulating weld heat-affected zones[J]. Welding Journal, 1949, 28(11):534-546.

[6] NIPPES E F, SAVEGE W F. Tests of specimens simulating weld heat-affected zones[J]. Welding Journal, 1949, 28(12):599-616.

[7] 华中工学院, 冶金部钢铁研究总院. 焊接热模拟试验装置及其应用[M]. 北京:机械工业出版社, 1980.

[8] Шоршоров М Х. Сварочное Производство [Z]. 1959.

[9] Гукасан Л Е. Сварочное Производство[Z]. 1976.

[10] Шоршоров М Х. Испытания Металлов На Свариваемость[M]. Москва：Машгиз, 1972.

[11] 稲垣道夫. 溶接部熱、拘束応力ひずみサイクル試験装置の開発とその応用について[J]. 溶接学会方誌, 1972, 11:6.

[12] The British Welding Institute. Welding thermal simulators for research and problem solving[Z]. 1972.

[13] 田锡唐, 洪家楠, 申永良. 焊接塑性变形过程模拟[C]. 中国焊接学会第三届全国大会, 广州, 1964.

[14] 张文钺. 金属熔焊原理及工艺:上册[M]. 北京:机械工业出版社, 1980.

[15] 许祖泽, 等. 模拟焊接热循环试验研究[J]. 钢铁, 1965, 11:64-68.

[16] 徐有容, 等. 恒应变速率下凸轮形变机研究工作的进展和现状[A]. 中国科学院金属研究所情报档案资料, 1985.

[17] 欧长春, 贺承斌, 杨新发. 微机控制的 DM-100 型焊接热模拟机[C] // 国际动态热/力模拟会议论文集. 哈尔滨, 1990.

[18] 骆宗安, 冯莹莹, 王国栋. 多功能热力模拟实验机:ZL201110100302. 2[P]. 2013-1-30[2021-3-22].

[19] 张卯瑞, 梅晓榕, 牛济泰, 等. 扩展 Gleeble-1500 材料热/力模拟试验机温度范围方法的研究[J]. 哈尔滨工业大学学报, 1996, 28:333-335.

[20] 牛济泰, 程东锋. 材料物理模拟技术近年的发展、应用与前景[J]. 机械工程导报, 2015(2):9-18.

第2章
常用的热/力模拟试验装置

2.1 物理模拟技术对热/力模拟试验装置的基本要求[1]

材料热加工的物理模拟,通常是指在实验室里对材料在实际生产制造环境中所经历的热循环和热变形进行正确的工艺相似性模拟,同时对材料变形抗力、损伤容限、体积变化、组织变化等动态响应进行准确测量与反映的过程。其中,重要的模拟工艺参数包括温度、温度梯度、加热速度、冷却速度、应变、应变状态、应变速率等,这些参数是工艺输入,属于可控变量。形变抗力、损伤容限、试样直径/长度变化、晶粒大小、相变速率等则需经连续测量得到,属于因变量。通过物理模拟分析和量化这两类变量间的依赖关系,以指导材料热加工的实际应用,是热加工物理模拟的一个重要目的。

为保证工艺模拟的结果准确、可信,以及试验数据采集简捷、高效,除科学的试验方法之外,更重要的是热/力模拟试验装置应具备的优良工艺模拟功能和准确高效的数据采集分析能力。材料热加工物理模拟对热/力模拟试验装置的基本要求如下:

(1) 具有较全面的模拟功能,能对工艺过程中的温度、加热和冷却速率、传热方向、温度梯度、应变、应变速率、应变状态等进行正确模拟。

(2) 能以较高的速率均匀、可控地加热或冷却试样,满足各种焊接热循环及相变热循环模拟的需要。

(3) 具有较大的加载能力和测量精度,对试样进行拉伸、压缩、扭转及疲劳试验。

(4) 具有足够小的拉压载荷及控制精度,可对液态或半固态金属的工艺过程进行正确模拟和准确测量。

（5）提供最大和最小加载速率，满足对材料快速变形及蠕变过程模拟的需要。

（6）配备良好的计算机控制系统、物理参数测量系统及数据采集与显示系统。

此外，一台合格的热/力模拟试验机还应保证模拟试验具有良好的复制功能（即再现性）及可重复性。复制功能是指模拟试验的结果能够被如实复制出材料在给定实际热加工条件下的组织结构（包括缺陷）及其工艺性能和使用性能；可重复性是指一批试样采用同样的热循环和热变形模拟进行试验，测量结果互相吻合、噪声低、误差小、重复性好。有再现性和可重复性，才能保证整个工艺过程有定量规律可循。

有了基于物理模拟试验的测试、分析结果之后，人们可以做两件事：①依据对工艺过程的定量认识指导现有生产制造工艺的改进和创新，清除工艺缺陷，提高产品质量，挖掘生产潜力，增加经济效益；②利用物理模拟试验数据构建材料本构方程，支持计算机数值模拟，以提高人们对热加工过程中材料动态力学响应的预测能力，提高人们对材料工程的总体认知水平，缩短新材料、新器件的开发周期。

迄今为止，全世界各类热/力模拟试验装置按加热方式可分为直接电阻加热和高频感应加热两大类型。其中，美国 Gleeble 热/力模拟试验机以直接电阻加热为主，高频感应加热为辅；日本富士电波工机株式会社热/力模拟试验机以高频感应加热为主，直接电阻加热为辅；我国东北大学 MMS 热/力模拟试验机全部采用直接电阻加热。按模拟功能集成方式可分为 3 种：富士电波工机株式会社热/力模拟试验机为专机专用，其 Thermorestor-W 热拘束模拟机用于焊接热循环模拟，Thermecmastor-Z 热轧加工再现试验机用于热变形模拟，Formaster-F 全自动变态记录测定仪用于相变热处理模拟；Gleeble 热/力模拟试验机属于一机多用与多机兼容相结合，其通用单元用于焊接、连铸、轧制、锻造、相变热处理模拟，数台可移动特殊模拟单元可根据需要置换通用单元与主机联动用于多道次快速连轧、热扭转、超细晶大变形、大试样板带连退模拟、超高温变形及激光超声在线金相等；MMS 热/力模拟试验机则集焊接、连铸、轧制、锻造、相变热处理模拟及热扭转模拟等于一体。按试样夹持方式又可分为水平夹持（如 Gleeble 和 MMS 热/力模拟试验机）和垂直夹持（富士热/力模拟试验机）两种。上述不同类型的热/力模拟试验机设计初衷各异，功能各有长短。本章将分别介绍目前世界上最先进的、应用较广泛的美国、日本及我国东北大学制造的热/力模拟试验机,并对各自的技术特征及应用优势与局限分别加以说明。

2.2 美国产 Gleeble 热/力模拟试验机

◣2.2.1 Gleeble 热/力模拟试验机产品及主要技术指标与模拟功能

美国 DSI(Dynamic Systems Inc.)公司研制生产的 Gleeble 热/力模拟试验机是全球热加工物理模拟装置的先驱及典型代表。其产品分为直接电阻加热和双电源系列两大类型,是目前世界上功能较齐全、设计最灵活、技术最先进的热/力模拟试验装置之一。近 30 多年来,在国内广泛应用的直接电阻加热系列 Gleeble 热/力模拟试验机有 Gleeble 1500、Gleeble 2000、Gleeble 3180、Gleeble 3500 和 Gleeble 3800 等型号;常用的液压楔特殊模拟功能扩展单元为 Gleeble 液压楔单元。

为了满足用户提高单向压缩试验时样品温度分布均匀性的需求,自 2016 年起,DSI 公司在 Gleeble-3500 和 Gleeble-3800 热/力模拟试验机上重新设计了加热系统,增加了高频感应加热功能。在保证原有直接电阻加热的各项优势的基础上,为用户优化了均匀温度分布的物理模拟条件。与 Gleeble 3500-GTC 和 Gleeble 3800-GTC 两款双电源热/力模拟试验机相匹配的 6 种特殊模拟功能扩展单元为液压楔 II 模块、热扭转模块、高应变滚锻模块、大试样板带连退模块、高温变形模块、激光超声在线金相模块。这些特殊模拟功能扩展单元也与 Gleeble 3500 及 Gleeble 3800 模拟系统相互兼容。

此外,为满足一些中小客户采购 Gleeble 热/力模拟试验机的实际需求,自 2016 年起,DSI 公司还推出了 4 款 500 系列小型热/力模拟试验机,包括 Gleeble-530-Q 静态相变仪、Gleeble-535-QD 动态相变仪、Gleeble-540 焊接模拟试验机和 Gleeble-563 小型 3 吨热/力模拟试验机。Gleeble 双电源系列热/力模拟试验机和 500 系列小型热/力模拟试验机均采用触屏人机界面及先进的无线信息传输技术,使设备操作、试验设计、故障排除及仪器校准等更加简捷方便。有关 Gleeble 双电源系列热/力模拟试验机、Gleeble 双电源系列热/力模拟试验机的特殊模拟功能扩展单元及 Gleeble-500 系列热/力模拟试验机的主要技术指标和模拟功能在表 2-1~表 2-3 中分别列出。

表2-1　Gleeble 双电源热/力模拟试验机的主要技术指标和模拟功能[2]

技术指标与模拟功能	机　型	
	Gleeble 3800-GTC	Gleeble 3500-GTC
加热系统	电阻直接加热，高频感应加热	电阻直接加热，高频感应加热
最大静态载荷	拉：10/20 吨力，压：20 吨力	拉：10 吨力，压：10 吨力
最大活塞冲程	0.125m	0.125m
最大位移速度	2m/s	2m/s
最小位移速度	0.000001m/s	0.000001m/s
峰值温度	3000℃	3000℃
最大加热速度	10000℃/s	10000℃/s
最大急冷速度	10000℃/s	10000℃/s
最大试样直径	0.02m	0.012m
热扭转特殊模拟单元	兼容	兼容
液压楔特殊模拟单元	兼容	兼容
板带连退特殊模拟单元	兼容	兼容
高温变形特殊模拟单元	兼容	兼容
超细晶/滚锻特殊模拟单元	兼容	不兼容
激光超声金相特殊模拟单元	兼容	兼容
热拉伸	可以	可以
单向压缩(低/高速)	可以	可以
平面应变压缩(低/高速)	可以	可以
静态/动态 CCT/TTT	可以	可以
应变诱发断裂(SICO)	可以	可以
熔化凝固试验、连铸试验	可以	可以
焊接试验	可以	可以
零强试验	可以	可以
固液两相区试验	可以	可以
锻造试验、挤压试验	可以	可以
应力松弛试验	可以	可以
扭转试验	可以	可以
急冷试验	可以	可以
再结晶/晶粒长大	可以	可以
热疲劳/热机械疲劳	可以	可以
摩擦搅拌焊	可以	可以

注：1 吨力 $= 9.8 \times 10^3$ N。

表 2-2 Gleeble 双电源系列热/力模拟试验机的
特殊模拟功能扩展单元的主要模拟功能

单元	主要模拟功能
通用单元	焊接、铸造、连铸、热拉伸、连轧、自由锻、静态/动态热处理模拟
液压楔单元	快速多道次连续轧制、锻造工艺模拟
热扭转单元	大应变、高速率热变形工艺(轧制、挤压、旋压、摩擦搅拌焊)模拟
大变形滚锻单元	大应变、超细晶、滚动模锻模拟
板带连退单元	微合金钢大尺寸板带连退热处理工艺设计与模拟
高温变形单元	1700~2500℃高温材料热变形模拟
激光超声在线金相	实时检测、分析、显示材料在热加工过程中的相变百分比与晶粒长大

表 2-3 Gleeble 500 系列热/力模拟试验机的主要技术指标和模拟功能

技术指标与模拟功能	Gleeble 530-Q	Gleeble 535-QD	Gleeble 540	Gleeble 563
加热系统	电阻直接加热	电阻直接加热	电阻直接加热	电阻直接加热
最大静态载荷	不适用	2.94×10^4 N	2.94×10^4 N	2.94×10^4 N
最大位移速度	不适用	0.2m/s	0.2m/s	0.2m/s
最小位移速度	不适用	0.0001m/s	0.0001m/s	0.0001m/s
最大位移距离	不适用	0.1m	0.1m	0.1m
峰值温度	1500℃	1500℃	1700℃	1700℃
最大加热速度	4000℃/s	200℃/s	10000℃/s	10000℃/s
最大急冷速度	3000℃/s	200℃/s	10000℃/s	10000℃/s
热拉伸	不适用	可以	可以	可以
单向压缩(低速)	不适用	可以	不适用	可以
平面应变压缩(低速)	不适用	不适用	不适用	可以
静态 CCT/TTT	可以	可以	可以	可以
动态 CCT/TTT	不适用	可以	不适用	可以
应变诱发断裂(SICO)	不适用	不适用	可以	可以
熔化凝固试验	不适用	不适用	可以	可以
焊接试验	不适用	不适用	可以	可以
零力试验	不适用	不适用	可以	可以
连铸试验	不适用	不适用	可以	可以
固液两相区试验	不适用	不适用	可以	可以

续表

技术指标与模拟功能	Gleeble 530-Q	Gleeble 535-QD	Gleeble 540	Gleeble 563
锻造试验	不适用	不适用	可以	可以
应力松弛试验	不适用	不适用	可以	可以
急冷试验	可以	可以	可以	可以
再结晶/晶粒长大	可以	可以	可以	可以
热疲劳/热机械疲劳	不适用	不适用	不适用	可以

▲2.2.2　Gleeble 热/力模拟试验机直接电阻加热的工作原理

以 Gleeble-1500 热/力模拟试验机为例,介绍 Gleeble 热/力模拟试验机直接电阻加热的工作原理。该机是 DSI 公司于 1979 年向全球市场成功推出的首款采用电阻法加热试样的物理模拟装置。该机由加热系统、液压系统及模块化单板机程控系统三大部分组成。其主要部件包括主机(加载机架及试样夹具、真空室、加热变压器等)、液压源及伺服机构、应力与应变测量系统、测温系统(热电偶及光学高温计)、试样急冷装置、程序设定发送器、自动操作电控箱及 D/A 转换模块、A/D 转换模块、中心处理器、数据采集和随机存储器等。图 2-1 所示为 Gleeble-1500 热/力模拟试验机的工作原理方框图。下面分别介绍各组成部分的工作原理。

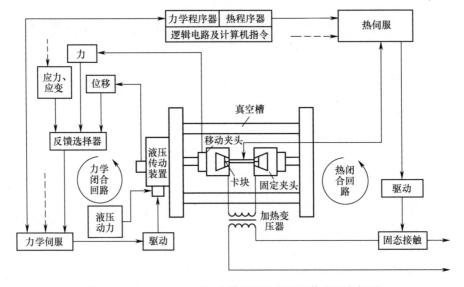

图 2-1　Gleeble-1500 热/力模拟试验机的工作原理方框图

1. 加热系统

Gleeble 热/力模拟试验机的加热系统主要由加热变压器、温度测量与控制系统及冷却系统组成。加热变压器的额定容量为 75kV·A。初级线圈可接 200V/380V/450V 电压。变压后调节初级线圈抽头匝数（高、中、低三挡共 9 级变压），次级电压输出范围为 3 ~ 10V。初级电流标准最大为 200A，次级输出电流最大可达数万安培。根据焦耳–楞次定律，单位时间焦耳热为 I^2R。在时间 t 内，电流通过试样产生的总焦耳热为

$$Q = I^2Rt \tag{2-1}$$

式中：I 为通过试样的电流强度（A）；R 为试样电阻（Ω）；t 为通电时间（s）；

考虑次级回路不是纯电阻电路，加热电流应表述为

$$I = \frac{U}{Z} \tag{2-2}$$

式中：U 为次级电压（V）；$Z = \sqrt{R^2 + X^2}$ 为次级回路阻抗（Ω），其中 X 为回路感抗与容抗的代数和。

将式（2-2）代入式（2-1）中，则有

$$Q = \frac{U^2}{Z^2}Rt \tag{2-3}$$

由式（2-3）可知，对于给定试样（材料、形状和尺寸），想要获得较快的加热速度或较高的加热温度，必须提高次级输出的电压。为了优化不同尺寸、不同材质试样的加热效率及控制精度，在电控柜热伺服模块上设有针对试样尺寸不同可调节变化的增益装置。改变抽头与调节增益装置相配合，可以进一步改善对试样输出最大功率的控制。需要指出的是，加热变压器的额定容量（75kV·A）是长期连续工作时的最大工作能力，实际可输出的最大功率会随实际加热时间（变压器的暂载率）而变化。

试样尺寸确定后，所需功率取决于模拟试验机的最大加热速度和加热温度。反之，当功率一定时，可以通过调整试样尺寸或加热速度来实现所需加热温度。加热变压器输出功率可以通过下列各式估算[3]。

设试样长度为 L，横截面积为 A，相对密度为 ρ_m，比热容为 c，$\dfrac{\mathrm{d}T}{\mathrm{d}t}$ 为平均加热速度，忽略其他非阻耗损失，加热整个试样所需的功率为

$$P = LA\rho_m c \frac{\mathrm{d}T}{\mathrm{d}t} \tag{2-4}$$

试样中焦耳热的电功率为

$$P' = I^2 R = I^2 \rho_e \frac{L}{A} \tag{2-5}$$

式中：ρ_e 为试样电阻率。平衡加热条件下，$P = P'$，即

$$I^2 \rho_e \frac{L}{A} = L A \rho_m c \frac{dT}{dt} \tag{2-6}$$

根据式(2-6)可知，试样内电流密度 i_s、电场强度 E_s 及功率密度 w_s，按定义分别为

$$i_s = \frac{I}{A} = \sqrt{\frac{\rho_m c}{\rho_e} \frac{dT}{dt}} \tag{2-7}$$

$$E_s = \frac{U_s}{L} = \sqrt{\rho_e \rho_m c \frac{dT}{dt}} \tag{2-8}$$

$$w_s = \frac{I}{A} \frac{U_s}{L} = \rho_m c \frac{dT}{dt} \tag{2-9}$$

式中：U_s 为试样两端电压降(V)。

由式(2-7)~式(2-9)可知，几种不同材料在加热速度为 1000℃/s 时试样所需的电流密度、电场强度及功率密度估算值等如表 2-4 所列。当试样材质和尺寸一定时，根据表 2-4 可进一步估算出加热整个试样所需的电源功率。需要指出的是，表 2-4 中的功率密度估算值忽略了整个导电回路中除试样之外，由其他诸导体引起的阻抗能量损失。经验证明，实际上加热变压器输出功率应比试样热阻功率估算值高 20%~50%。另外，试样、卡块、主机夹头间的接触电阻均可能引起较大的电压降。因此试件装卡时，要保证试样、卡块、主机夹头间的接触良好、稳定。良好、稳定的夹具设计和装配，包括稳定一致的接触表面的粗糙度，不仅能减少对系统总功率的要求，而且可以保证较高且稳定一致的加热速度及冷却速度。

表 2-4　不同材料在加热速度为 1000℃/s 时试样所需的参数值(估算值)

材料	温度 /℃	相对密度 ρ_m /(kg·m⁻³)	电阻率 ρ_e /(Ω·m)	比热容 J/(kg·K)	电流密度 /(A·m⁻²)	电场强度 /(V·m⁻¹)	功率密度 /(V·A·m⁻³)
C-Mn 钢	100	7900	15.9×10^{-8}	480	150×10^6	25	3.95×10^9
	800		109.4×10^{-8}	950	83×10^6	91	7.6×10^9
6061 铝	20	2700	3.8×10^{-8}	960	260×10^6	10	2.6×10^9
AISI-347(18-8 铬镍奥氏体不锈钢)	20	8000	73×10^{-8}	500	74×10^6	54	4.0×10^9

Gleeble-1500 热/力模拟试验机的加热系统采用的是闭环伺服系统,温度测量采用热电偶或光电高温计。由于热电偶(或光电高温计)输出的电压值很小且随温度的变化是非线性的,因此输出信号首要在电控柜的调节模块中进行线性化及放大处理,使得温度每变化 1℃,调节器输出 1mV 的电压。经线性化及放大处理后的热电偶电压信号与计算机控制程序的指令信号被一起输入到热控制模块中,继而又一同输入到热伺服模块中。伺服模块的功能是比较这两个输入信号,并根据两个信号之差,为可控硅调节器提供不同宽度的触发脉冲信号和实时调节试样电流,以使实际温度与指令温度保持一致。由于反馈信号与计算机信号极性相反,如果实际温度与指令温度数值相同,那么合成信号为零。如果指令温度高于实际温度,那么触发脉冲变宽、可控硅导通角加宽、增加输出电流、加快试样加热速率、直到试样温度逼近指令温度。如果反馈信号丢失(如热电偶与试件的焊点断开),将引起温度失控、温差加大、试样加热速率急剧增高,导致加热变压器输出功率补偿无效。这时,控制模块保护系统将会自动中断加热。

当强大的加热电流通过试样时,会在试样及周围空间形成很强的电磁场,这种强磁场会在热电偶回路及测试仪器中产生干扰信号。另外,当热电偶的两个触点沿试样长度方向处于不等电位时,也可能产生 0.01~0.1V 的交变电压叠加到热电偶的输出端。为了排除上述干扰,保证温控精度,Gleeble-1500 热/力模拟试验机使用了一个加热时间控制系统。这个系统采用脉冲控制技术,有规律地在每半个周波里,提供大约 20° 的相位角断电(电网每周波相位角等于 360°),利用断电瞬间测定试样温度。此举可有效避免磁场干扰,保证温度控制准确。

Gleeble-1500 热/力模拟试验机的冷却系统包括两个部分:①靠试样与楔形卡块的紧密接触实现轴向传导冷却;②用气(或水)冷装置实行表面冷却。与加热一样,接触传导时的冷却速度取决于试样横截面积、卡块长度、试样/卡块接触状态、自由跨度,以及试样与卡块材料的热物性能(图 2-2)。热量由试样中心沿轴向向端部楔形卡块方向传导。通常,使用长度是试样直径尺寸几倍的全接触式水冷铜卡块来夹持试样,可以获得较高的冷却速度。另外,更高的冷却速度则需要对薄片试样采用喷水急冷。

Gleeble-1500 热/力模拟试验机使用普通工频电源(50Hz 或 60Hz)对试样实施直接电阻加热。由于电流频率低,集肤效应小,可认为电流在试样横截面上均匀通过。另外,由于金属或合金的体电阻分布基本各向同性,因此柱状试件的加热可以认为各处均匀。在物理模拟试验过程中,焦耳热可以持续增加或减少以控制试件的温度。当输入的总热量与损失的总热量(即试样沿轴向传导流失的热量及试样的表面对流和辐射散热)相当时,试件处于热平衡状态,各点温度不变。当试样内产生的欧姆热大于流出的热量时,试样温度上升;反之,如果试

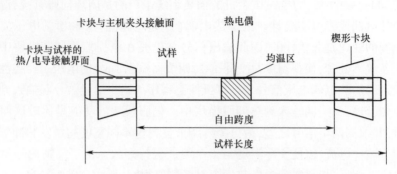

图 2-2　Gleeble-1500 热/力模拟试验机的试样夹持装配示意图

样内产生的欧姆热少于流出的热量，那么试样温度下降。

　　另外，试样的轴向冷却产生轴向温度梯度。选用不同试样直径、自由跨度及不同材质卡具，可以调节控制轴向温度梯度，并可在试样的跨度的中部获得一段温差极小的均温区（如图 2-3 中加剖面线的区域所示）。此均温区即为物理模拟试样的工作区，其宽窄对模拟试验应用及结果有重要影响。在卡块材料、长度、卡块/试样界面接触状态及卡块内部水冷条件一定的情况下，影响均温区宽度的主要因素是加热速度、冷却速度及试样自由跨度。加热速度越快，单位时间内输入的热量越多，而单位时间内传走的热量基本不变，则试样中间部分的热量损失相对减少，从而均温区加宽；反之，加热速度减慢，均温区变窄。在加热速度不变的情况下，冷却速度越高，则传走的热量越多，致使均温区变窄。同样，其他条件给定，自由跨度越大，试样内温度梯度越低，中部的冷却速度变慢，均温区加宽。例如，对于铜卡块夹持的直径为 0.01m 的普通碳钢试样来说，当自由跨度长为试样直径的 3~5 倍时，跨度中间的均温区宽度为自由跨度的 14% 左右。该均温区内轴向最大温差小于试样温度的 ±0.5%。当使用扁平状试件时，均温区长度可超过自由跨度的一半，更长的均温区可以通过使用不锈钢"热卡块"来获得。对于直径为 0.01m、自由跨度为 0.05m 的碳钢试样，在使用不锈钢"热卡块"时，均温区长度可达 0.018m，为自由跨度的 36%。

　　试样在保温状态时，均温区中部温度是试样的最高温度。当使用铜卡块时，试样温度分布呈明显抛物线状。这种温度分布不仅反映了试样的实际受热情况，还决定了加热电流切断瞬间可能获得的最大冷却速度，同时为快速估算均温区长度[4]提供了一个简易平台。

　　如图 2-4 所示，设一横截面积为 A（常数）、热导率为 k（常数）的试样夹持在卡块之间，卡块温度为 T_0，卡块间距（自由跨度）为 L。当热量在试样中沿轴向传导时，经 x 处在 Δt 时间内，由试样左端流入 x 截面的热量为

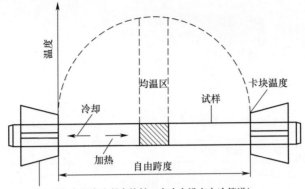

图2-3 试样沿轴向温度分布示意图

$$Q_x = -kA \frac{\partial T}{\partial x}\bigg|_x \Delta t \qquad (2\text{-}10)$$

同时,在同样时间内流出 $x+\Delta x$ 截面的热量为

$$Q_{x+\Delta x} = -kA\left[\frac{\partial T}{\partial x}\bigg|_x + \frac{\partial}{\partial x}\left(\frac{\partial T}{\partial x}\bigg|_x\right)\Delta x\right]\Delta t \qquad (2\text{-}11)$$

考虑恒定焦耳热功率密度 w_s,忽略辐射和对流的热损失,则 Δx 段试样在 Δt 时间内获得的净热量为

$$Q_x - Q_{x+\Delta x} + w_s A \cdot \Delta x \cdot \Delta t = \rho_m cA \frac{\partial T}{\partial t} \cdot \Delta x \cdot \Delta t \qquad (2\text{-}12)$$

将式(2-10)和式(2-11)代入式(2-12)左侧移项化简后,得到

$$\frac{\partial T}{\partial t} = \frac{1}{\rho_m c}\left(w_s + k \frac{\partial^2 T}{\partial x^2}\right) \qquad (2\text{-}13)$$

在稳态时,$\frac{\partial T}{\partial t} = 0$,则有

$$\frac{\partial^2 T}{\partial x^2} = -\frac{w_s}{k} \qquad (2\text{-}14)$$

代入 $\frac{\partial T}{\partial x}\left(x = \frac{L}{2}\right) = 0$ 和 $T(x = 0) = T_0$ 对式(2.14)进行二次积分,可得到沿试样轴向温度分布为

$$T - T_0 = \frac{w_s}{2k}(L - x)x \qquad (2\text{-}15)$$

把 $T_{\max} = T\left(x = \frac{L}{2}\right)$ 代入式(2-15),则有

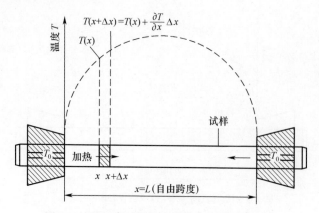

图 2-4　被加热试样轴向温度分布计算示意图

$$T_{\max} - T_0 = \frac{w_s L^2}{8k} \qquad (2-16)$$

再令 $T = T_{\max} - \Delta T$ 并将其与式(2-16)一同代入式(2-15)，得到

$$T_{\max} - \Delta T - T_0 = 4\frac{T_{\max} - T_0}{L^2}(L - x)x \qquad (2-17)$$

解方程(2-17)得

$$x = \frac{L}{2}\left(1 \pm \sqrt{\frac{\Delta T}{T_{\max} - T_0}}\right) \qquad (2-18)$$

由式(2-18)得出结论，温度处在 $T_{\max} - \Delta T$ 至 $T_{\max}$ 范围内的试样长度为

$$\Delta x = 2\left(\frac{L}{2} - x\right) = L\sqrt{\frac{\Delta T}{T_{\max} - T_0}} \qquad (2-19)$$

对给定工艺温差范围，式(2-16)和式(2-19)可以用来估算均温区的温度和宽度。

2. 力学系统

力学系统由高速伺服阀控制的液压驱动系统、液压力传递装置及各相关力学参数的测量与控制系统组成。在液压驱动系统中，油缸活塞运动所需的流体压力由变位移油泵供给。同时，由于采用了带有蓄能器的小型油泵，液压系统可以方便地调节压力，达到较高的瞬时驱动速度。

力学控制系统与温度控制系统在同一时间坐标下协同工作，保证实现各种不同温度条件下载荷、位移、应力、径向应变及轴向应变 5 个力学参数的实时监测与调控。根据模拟试验的要求可选择任意参数为反馈信号，进行闭环控制。此外，还可以在试验过程中实现不同控制模式间的自动平稳转换，转换时间小于 350μs。

液压伺服阀受程序信号系统控制。控制系统把反馈信号与程序信号的差值放大后输入到伺服阀的控制回路中,反馈信号可来自位移检测计、负载传感器、应变检测计或膨胀仪。如果选择位移检测计的输出为反馈信号,那么试样的位移将随程序命令而变化。闭环控制系统根据反馈信号与程序信号的差值不断调整试样位移,使之逐次逼近或等于程序信号。同理,控制系统也可以对其他力学参数实行反馈控制取得类似的良好结果。

在 Gleeble-1500 热/力模拟试验机的控制柜的力学模块中,有两个重要插板,即应变插板和应力插板,可以直接用来计算并绘制试样轴向工程应力–应变曲线或真应力–应变曲线。试样在加热或冷却时的径向应变可以用高温径向(横向)应变仪测得。为更准确地测量试样局部均温区的应变和应变速率,系统还可配置热区轴向(纵向)应变仪。

3. 计算机控制系统

计算机控制系统是热/力模拟试验机的"心脏"。该系统通过控制柜的各种模块(插件)实现数/模转换及模/数转换,对热/力系统进行实时闭环反馈控制。为了满足动态模拟试验的需要,系统还配有数据采集子系统。数据采集子系统可以同时从 8 个数据通道采集数据,最大采样频率为 50000Hz。利用数据采集软件,计算机控制系统可以实现数据的自动采集分析及曲线绘制,也可以把数据打印成表。

随着数字技术的不断发展,20 世纪 90 年代 DSI 公司又推出了 Gleeble-3000系列的机型,即 Gleeble-3180、Gleeble-3500 和 Gleeble-3800 热/力模拟试验机。该系统采用了当时最先进的数字控制技术,使 Gleeble 热/力模拟试验机的控制水平又上了一个新的台阶。

Gleeble-3000 系列的关键是其数字控制系统。该系统采集并处理闭环控制的热/力系统的所有变量信号。计算机控制的配置包括微软视窗工作站和强大的数字处理器。视窗下运行的工作站具有工业标准多任务运行的图像/用户接口,以便于程序编制、数据分析及试验报告编辑。随机安装的数字处理器可以执行试验程序和采集数据,用于程序编制的工作站则可以进行其他工作,即使在试验运行过程中亦可如此,从而大大提高了模拟试验效率。

Gleeble 系统有两大类型软件:一类是用于系统控制的软件,QuikSim 软件和Gleeble 文件编辑语言软件(GSL);另一类是试验应用软件,如视窗下运行的CCT(连续冷却相变)和 HAZ(焊接热影响区)分析软件。用 QuikSim 和 GSL 语言,用户可随意编辑各种不同要求的试验程序,如指数式冷却、正弦式疲劳、线性应变速率控制等。GSL 语言软件还可对试验过程进行状态判断和条件控制,如在位移控制时,当达到设定力值时可即时转换成对力的控制。各种变量控制之间可做无缝切换,因为对计算机而言,各种变量都是数码,与哪种变量控制毫无关系。这是数字控制优于模拟控制的一个方面。QuikSim 软件使用非常方便,在编辑试验程序时可任意改变采样速率,可任意插入控制命令。试验结束后,试样采集到的数据自动调入数据处理文件(microcal origin)。操作人员可以根据原始数据快捷地绘出各类试验曲线。

在表 2-5 中,作者对 Gleeble-3000 系列的 3 种数字控制热/力模拟试验机的各项关键技术性能指标进行了排列比较。Gleeble-3180 的最大加热速度为8000℃/s、最大冷却速度为 10000℃/s、最大活塞移动速度为 1m/s、最大拉压载荷为 78.4kN、柱状试样最大直径为 0.01m。Gleeble-3180 是 Gleeble-3000 系列中较小的一种机型,单机结构,没有与可移动特殊模拟功能扩展单元相兼容功能。但其成本较低,适合学校和中小企事业单位用于焊接、连铸、热处理、CCT/TTT、热拉伸和简单压缩试验等。

表 2-5　Gleeble-3000 系列机型技术性能比较

性能参数	机型		
	Gleeble-3180	Gleeble-3500	Gleeble-3800
最大加热速度	8000℃/s	10000℃/s	10000℃/s
最大冷却速度	10000℃/s	10000℃/s	10000℃/s
最大活塞移动速度	1m/s	1m/s	1m/s
最大拉压载荷	78.4kN	98kN	196kN
试样最大直径	0.01m	0.02m	0.02m
可兼容模拟单元	·通用单元 (单体设计)	·通用单元 ·液压楔单元 ·热扭转单元 ·高温单元 ·激光超声在线金相	·通用单元 ·液压楔单元 ·热扭转单元 ·高温单元 ·激光超声在线金相 ·多轴大变形单元

与 Gleeble-3180 机型相比,Gleeble-3500 机型具有更高的加热速度(10000℃/s)、更大的拉压载荷(98kN)、可使用更大直径的柱状试样(0.02m),特别是由于采用了模块化结构,Gleeble-3500C 机型可灵活配置各种可移动特殊功能模拟单元,极大地扩展了其热加工物理模拟的应用范围,成为新材料、新工艺开发科研以及教学的利器。此机型可用于流变强度不同的所有金属材料及其热加工过程的模拟研究。

当金属流变强度较高时,如特殊钢和超强合金,特别是大尺寸高强合金试样,Gleeble-3800 机型是较适当的选择。该机型最大压缩静载荷为 196kN,最大拉伸静载荷为 98kN(标准)或 196kN(可选择定制),在 2m/s 的最大行程速度时,可控动载荷为 78.4kN。模块化的 Gleeble-3800 机型可灵活配置更多的各种特殊功能模拟单元(详见表 2-5)。综上所述,Gleeble-3800 机型是 Gleeble-3000 系列中直接电阻加热的最强大物理模拟机。

2.2.3 Gleeble 物理模拟技术特征及其应用

Gleeble 物理模拟装置为研究高中温材料物理冶金过程提供了一个灵活开放的试验平台。在这个平台上,研发人员可以模拟不同工艺条件、把控关键工艺参数、正确复制组织缺陷、准确测试材料性能。Gleeble 物理模拟技术中的试样水平夹持、快速加热和冷却,以及其独特的液压楔应变和应变速率控制技术使其模拟系统在材料热加工物理模拟技术上具有以下几个独特的重要特征:①样品水平加热;②快速均匀可控加热;③可控重熔与凝固;④温度梯度的变化与控制;⑤应变和应变速率的独立控制。这些特征使其能够顺利完成许多其他模拟方法和装置无法成功完成的热加工过程物理模拟,在材料热加工物理模拟领域中独树一帜。下面对这些重要技术特征及其重要工业应用简要加以介绍。

1. 试样水平加热

试样水平加热是指试样加热时处于水平状态。试样水平加热是保证成功模拟金属试样重熔和凝固的必要条件。当试样水平加热时,轴向温度分布中心对称、峰值温度位置相对稳定、试样温度测量稳定可靠。而当试样垂直加热发生熔化时,液态金属受重力影响做定向迁移,试样温度峰值的位置和成分将发生明显扰动和飘移,造成温度测量困难、试样形貌扭曲、模拟过程失真。试样水平加热设计使 Gleeble 热/力模拟试验机能很好应用于焊接、连铸、热轧及半固态冶金过程物理模拟。

2. 快速均匀可控加热

快速均匀可控加热是指在直接电阻加热时,样品径向温度分布均匀、随计算机指令样品快速升温至峰值温度、样品在峰值温度过冲极小且可控。图 2-5 所示为 ϕ6mm 的 20 碳钢试样以 10000℃/s 加热达到 1000℃后保温的实际结果。采用先进的采样和控制技术,试样的指令加热速度和实际加热速度分别为 10000℃/s 和 10028℃/s;设定的保温温度为 1000℃,实际过热小于 10℃,实现了 10000℃/s 的快速均匀可控加热。这是模拟具有重要工业应用意义的激光焊、电子束焊的必要条件之一。快速均匀可控加热对于焊接热影响区物理模拟至关重要。

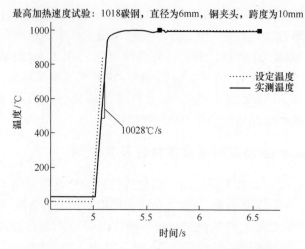

图 2-5　Gleeble-3500 机型快速可控试样加热
（实际加热速度为 10028℃/s,保温温度为 1000℃）

（1）可保证准确模拟焊接过程中的快速热循环从而准确复制热循环后的显微组织包括组织缺陷。

（2）可保证在模拟固液两相区热循环时,不会由于温度过冲造成试样熔断而导致模拟试验失败。

（3）由于试样表面到中心的温度分布均匀,由热循环决定的最终显微组织由表及里变化不大,据此确定成分-工艺-组织-性能之间的关系也相对容易。Gleeble 物理模拟技术的这一特点为材料工程基础研究带来很多便利。

20 世纪 90 年代后,随着第三代 Gleeble 热/力模拟试验机的问世,很多科研院所和大专院校纷纷采购了不同类型的 Gleeble 三代机型,用于各自的材料工程和器件制造与开发。

3. 可控重熔与凝固

可控的重熔与凝固是指以可控速度把试样从室温加热到熔点以上,保温后再以可控速度冷却至液相线以下任何温度的模拟过程。正确模拟重熔-凝固过程可以确保准确复制这一过程对焊区、焊接热影响区（粗晶区或部分重熔区）及连铸钢锭所造成的组织损伤,是正确模拟焊接、铸造及连铸连轧工艺、准确评估材料可焊性与可铸性的关键步骤。不仅如此,正确模拟重熔与凝固对温度梯度还有助于更准确地预测材料热加工性能。图 2-6 清楚地表明了凝固偏析对材料初轧、初锻热加工性能的显著影响,再一次从试验的角度证明了正确模拟热加工过程的重要性。需要着重指出的是,模拟重熔与凝固过程的先决条件是试样水平加热。

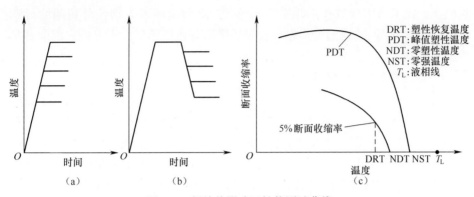

图 2-6   焊接热影响区性能测试曲线

(a)加热过程拉伸;(b)冷却过程拉伸;(c)热塑性随温度的变化。

把 Gleeble 物理模拟技术引入连铸工艺模拟的第一人是日本新日本制铁公司的铃木博士。为了解决连铸过程中长期以来悬而未决的钢锭表面和内部开裂问题,铃木博士和他的团队花了 6 个月的时间,在 Gleeble 试验室里对钢锭的冷却和重新加热各种可能的工艺条件逐一进行了模拟和热拉伸性能测试。他们把60%的断面收缩率作为连铸钢锭的可加工性阈值,并据此确定了连铸工艺的流程图和理想连铸工艺路线,如图 2-7 所示。理想连铸工艺在生产线上优化确认后在公司内部推广,钢锭表面和内部开裂的废品率降低了90%。内部数据表明,由此而产生的 3 个月的生产效益足以收回该 Gleeble 热/力模拟试验机的采

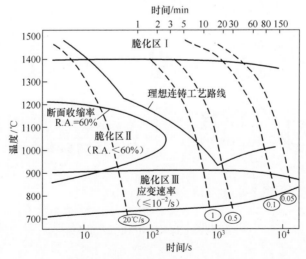

图 2-7   连铸工艺的流程图和理想连铸工艺路线(H. G. Suzuki 等[5])

购成本。此工作实行数年后被公开发表[5]，之后全球各大钢铁公司陆续订购Gleeble 模拟试验机，我国许多钢厂也先后采购并使用该试验机支持它们的日常生产和研发。

4. 温度梯度的变化与控制

热加工过程中材料表面和内部的温度梯度是客观存在的，如图 2-8(a) 所示。温度梯度诱发应变梯度从而直接影响材料热加工过程中的应变状态、材料流动和形变抗力。图 2-8(b) 对此做了一个定性的图式描述。正确模拟和准确评估温度梯度对材料热加工工艺与工装设备的影响成为解决实际生产制造问题和开展集成计算材料工程(ICME)一直面对的挑战。使用 Gleeble 物理模拟技术系统独特的轴向加热和冷却技术使之可以灵活地控制试样温度梯度，测量其对流变应力的影响，可以为改进热加工生产工艺和校准计算机数值模拟提供重要基础数据。图 2-8(c) 所示为一组用 Gleeble 物理模拟技术得到的 1018 碳钢 1100℃热拉伸时特征断面收缩率温度曲线。这些特征断面收缩率-温度曲线分别显示了该材料在炉热、锻造、初轧、精轧及焊接不同热循环状态下的热塑性及可成形性变化趋势。

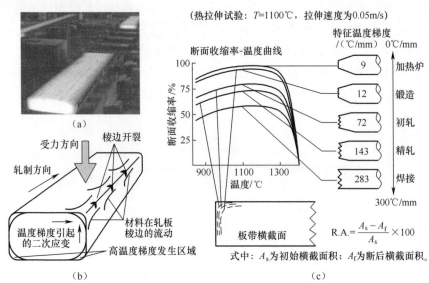

图 2-8　热轧钢板温度梯度的分布控制与模拟

(a) 热轧钢板温度分布图示；(b) 温度梯度诱发的应变梯度及应变状态改变；

(c) 不同温度梯度板材实测塑性分布曲线。

作为对 Gleeble 温度梯度模拟技术的发挥，蒂森克虏伯公司应用 Gleeble 的应变诱发开裂(SICO)试验技术完成了一项令世人称道的低合金中碳钢曲轴自由锻工艺改造[6]。工艺改造前,如图 2-9 所示,曲轴锻造工艺分五步进行:自由锻、淬火、调质、工件矫直、消除应力退火。为了不影响正常生产,研发团队在生产线下 Gleeble 实验室里进行试验设计,工艺控制因素包括合金成分、自由锻温度、压下量、应变速率和冷却速度。按照 SICO 试验方法,他们把一批原始圆柱试样制备成数组各具不同工艺参数的应变诱导裂纹张开试验(SICO)试样。这些中心墩粗的 SICO 试样的中心部位具有相对均匀的组织和性能,被分别加工成拉伸试样、疲劳试样和冲击试样。根据对最终性能数据的分析结果,初始的五步自由锻工艺被优化为微合金低碳钢一步控冷自由锻工艺。新产品性能指标完全满足用户要求。优化后的工艺极大地节省了生产时间、生产场地,降低了能耗,减少了排放,不仅增加了经济效益,而且社会效益明显。

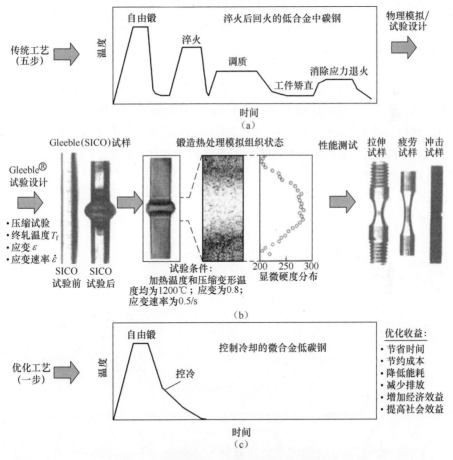

图 2-9　蒂森克虏伯曲轴自由锻工艺优化

(a) 优化前低合金中碳钢五步自由锻工艺;(b) Gleeble SICO 试验设计模拟;
自由锻及模拟试样拉伸、疲劳、冲击性能测试;(c) 优化后微合金钢一步控冷自由锻工艺。

蒂森克虏伯的工作，还有后来的一些利用 Gleeble 物理模拟技术开发新型中高温合金的工作的发表及数值计算模拟工作的兴起[7-15]，激发了全球更广泛范围内器件生产和装备制造厂家对使用 Gleeble 物理模拟技术开发新产品、新工艺的兴趣。

5. 应变与应变速率的独立控制

温度、应变量和应变速率是决定材料流变抗力的 3 个基本变量。通过物理模拟获得关键数据，建立有效的材料本构方程对材料热加工计算机数值模拟至关重要。然而，随应变速率逐渐增高，诸多热变形物理模拟方法无法同时保证应变和应变速率控制准确。在快速变形时，惯性使然，对于给定应变，应变速率无法保持恒定。DSI 公司发明的 Gleeble 液压楔专利技术使用两套独立的伺服阀液压系统协同工作，有效地解决了这个技术难题。Gleeble 液压楔热/力模拟试验机能够独立控制且准确测量应变与应变速率的热加工物理模拟。图 2-10 所示为 Gleeble 液压楔变速连轧的应变速率控制结果。应变速率从第一道次 10/s 起依次递增到第六道次 50/s。道次间隙由 0.1s 递减至约 0.03s。对比各道次实际应变速率与程控应变速率，闭路控制效果良好，最大相对误差（道次二）小于 3%。对真应变-时间原始数据回归分析结果表明，各道次应变速率线性化程度极高，调整后的 R 值为 0.997~0.999。应用这些高质量数据建立的材料本构方程能够有效提高计算机数值模拟对材料流变抗力的预测精度。

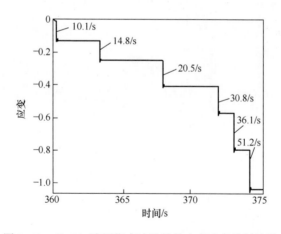

图 2-10　Gleeble 液压楔变速连轧的应变速率控制结果

上述这些 Gleeble 物理模拟的重要技术特征决定了 Gleeble 热/力模拟试验机在焊接、铸造、连铸、连轧、自由锻、模锻物理模拟方面的特殊优势。另外，

Gleeble 热/力模拟试验机的模块化设计也极大地拓展了其物理模拟的应用范围。一台液压工作主机可以连接通用单元进行焊接、铸造、连铸、连轧、静态/动态热处理物理模拟，也可以根据需要连接液压楔单元进行高应变速率多道次连轧模拟，还可以连接热扭转单元进行大应变高应变速率的连轧、摩擦搅拌焊、挤压模拟。同一台液压工作主机还可以选择大应变滚锻单元、大试样板带连退单元或激光超声再现金相单元进行更为复杂的热变形、热处理或金相在线观察。Gleeble 热/力模拟试验机的模块化设计优化了资源配置，减小了体积，同时降低了用户的采购成本。

Gleeble 物理模拟的重要技术特征和诸多工业应用是 DSI 公司根据用户需求通过 60 多年不懈的技术进步实现的。很多好的模拟思路和试验方法是全球用户发挥他们的聪明才智和首创精神率先提出来的。DSI 公司的研发人员根据用户的需求完善了 Gleeble 物理模拟功能，使之能够更充分表达用户的工艺创新理念和意愿。

▲ 2.2.4　Gleeble 热/力模拟试验机与技术的新发展

Gleeble 热/力模拟试验与技术的新发展主要包括 Gleeble 双电源系列产品、Gleeble 小型机和 Gleeble 触屏控制（GTC）技术。Gleeble-3500-GTC 和 Gleeble-3800-GTC 双电源热/力模拟试验机在原 Gleeble-3000 系列基础上增加了高频感应加热的功能，改善了单向拉伸及压缩试验的温度分布均匀性，扩大了力学性能模拟试验的应用范围（包括准确测定成形极限图和保留无过热失效断口等），缩短了试验周期，降低了试验成本，提高了研发效率。Gleeble 双电源系列热/力模拟试验机的推出会给用户带来新的模拟体验。

Gleeble 触屏控制（GTC）技术是 DSI 公司新一代系统控制技术。新的 Gleeble 模拟系统全部配有触屏控制系统，内含温度、应变和力的控制软件与数据分析软件。QuikSim ® 2 是人机界面软件，Gleeble 操作人员使用 QuikSim ® 2 可以方便地对系统进行编程、控制、采集数据。此外，新的 Gleeble 模拟系统还配有强大的数据分析软件，帮助用户更有效地生成和分析数据。全新触屏显示具有直观易用、图标简单、关键数据显示清晰等优点。快速功能版面配有电源开关、重置开关和急停开关。GTC 使用无线通信，下版面配有大标识触屏按钮，系统操作按照人体工程学设计。整个系统实现模块化设计，最大程度上保证了控制系统、测量系统和辅助系统之间的系统兼容。

Gleeble-500 系列小型机的推出主要面向模拟方向较单一、需求较迫切、采购经费相对有限的中小客户。目前推向市场的 Gleeble-530Q 静态相变仪、Gleeble-535Q 动态相变仪和 Gleeble-540 焊接模拟单机，综合了 Gleeble-3000 系列的单项所有最佳功能和目前先进的人机界面与数据采集、传输、分析技术。Gleeble-563 型机是 Gleeble-3000 系列的缩小版。与 Gleeble-3000 系列相比，Gleeble-500 系列的其他优点是体积较小、操作简单、纠错更容易、校准更方便。

Gleeble 快速连接微控制单元（MCU）是特殊模拟功能扩展单元最新技术的体现。该快速连接技术采用气动弹簧和液压快速连接器新技术把 MCU 与通用单元转换的置换时间从过去的两人 1d 减少为现在的两人 1h[16]。这一进步大大提高了设备利用率。

Gleeble-激光超声在线金相（laser-ultrasonic metallography，LUMet）是近年来 DSI 公司推出的特殊物理模拟新技术。使用 Gleeble-LUMet MCU，用户在对试样进行高温热变形模拟的同时，可以实时观察并定量分析显示试样在模拟试验中的相变过程及晶粒度变化。宝钢集团中央研究院 2014 年使用该技术开展了大型集装箱货船（马士基 3E 级 18000TEU 集装箱货船）船骨的厚板止裂钢的研制与开发[17]，宝钢集团研发团队使用该技术在三月内完成了轧机生产线一年以上的试验工作量，实际研发费用下降了 90% 左右。新开发的止裂钢已于 2016 年通过用户认证。

2.3　日本产热/力模拟试验机系列设备

日本富士电波工机株式会社（以下简称"富士电波"或"FDC"）的金属材料热/力学模拟与测试系列设备，包括焊接热模拟 Thermorestor-W 系列、全自动相变仪 Formaster 系列、感应与通电双电源加热式 Formastor-FZ 动静态热模拟试验机系列、感应与通电双电源加热式多功能热模拟试验机 Thermecmastor 系列、高速大吨位多方向大变形热模拟试验机 Thermecmastor-Z/MD（5000mm/s）系列、热扭转模拟试验机 Thermecmastor-TS 系列和实际铸件连铸连轧热模拟等数十种设备。

▲2.3.1　富士电波 Thermecmastor 系列设备的主要技术指标与模拟功能

采用立式机架设计的 Thermecmastor 系列设备由以下系统组成：跟随试样变

形同步移动的感应加热装置、通电加热装置、液压动力及伺服控制机构、可随试样变形移动的 LED 光学变形/膨胀/动静态 CCT 测量装置、多通道测温装置、智能可变气量冷却淬火系统、综合触摸屏操作控制系统、数据采集与分析处理软件系统等。它的主要技术指标、模拟功能和特点如表 2-6 所示。图 2-11 所示为 Thermecmastor 300kN 热模拟试验机使用的各类试样。

表 2-6　Thermecmastor 系列设备的主要技术参数、模拟功能和特点

型号	静态载荷	技术参数	模拟功能和特点
100kN 型	拉/压:10 吨力	加热温度:室温至 1600℃（典型），应变速率:0.001~1000mm/s	材料测试:热拉伸、流变压缩、平面变形、多道次压缩、熔融和凝固、热循环和热机械疲劳、膨胀动静态相变等。 过程模拟:连铸、热轧、锻造、挤压、激光焊接和焊接热影响区、连续淬火、热处理等。 特点 1:单体式试验机操作便利,拉伸→压缩→焊接→连铸,热轧等热模拟试验功能切换只要更换夹具即可,夹具更换一般一人 10~30min 即可完成。 特点 2:数字显微观察机构可以动态观察试样加热保温冷却过程、试样表面再结晶等组织动态变化,并对晶粒进行测量
200kN 型	拉/压:20 吨力（静态）	加热温度:室温至 1600℃（典型），应变速率:0.001~1000mm/s,大试样尺寸:30mm×30mm×140mm	材料测试:热拉伸、流变压缩、平面变形、多道次压缩、熔融和凝固、热循环和热机械疲劳、膨胀动静态相变等。 过程模拟:连铸、热轧、锻造、挤压、激光焊接和焊接热影响区、连续淬火、热处理等。 特点 1:采用大型真空室和大试样,可以内置 90° 旋转多轴大变形机构,以实现试样多方向变形晶粒超细化的目的。试样变形后,可以直接加工为一根完整的力学拉伸测试试样,直接用于测试和获取力学性能参数 A、Z、R_m、$R_{p0.2}$（旧国标为 δ、ψ、σ_b、σ_s）。实现热变形后,材料成分组织及力学性能在同一根样品上完成。 特点 2:操作便利,因为是单体式试验机,所以拉伸→压缩→焊接→连铸,热轧等热模拟试验功能切换只是需要更换不同夹具即可,不需要烦琐费时大模块更换。夹具更换一般一人 10~30min 即可完成。即使是内置多轴大变形机构更换也可控制在 1h 内。 特点 3:数字显微观察机构可以动态观察试样加热保温冷却过程、试样表面再结晶等组织动态变化,并对晶粒进行测量

续表

型号	静态载荷	技术参数	模拟功能和特点
300kN/ 400kN型	拉： 30吨 力，压： 40吨力	加热温度：室温 至1600℃（典型）， 应变速率：0.001～ 1000mm/s，大试样 尺寸：30mm×30mm ×140mm	材料测试：热拉伸、流变压缩、平面变形、多道次压缩、熔融和凝固、热循环和热机械疲劳、膨胀动静态相变等。 过程模拟：连铸、热轧、锻造、挤压、激光焊接和焊接热影响区、连续淬火、热处理等。 特点1：除用超大型真空室和大试样外还采用300～400kN大吨位以适应高强钢开发时对大吨位、大变形等的要求，试样变形后，可以直接加工为一根完整的拉伸试样，用于测试和获取力学性能参数 A、Z、R_m、$R_{p0.2}$。实现热变形后，材料成分组织及力学性能在同一根样品上完成。各种样品形状参见图2–11。 特点2：单体式试验机操作便利，拉伸→压缩→焊接→连铸、热轧等热模拟试验功能切换只要更换夹具即可，夹具更换一人10～30min即可完成。 特点3：数字显微观察机构可以动态观察试验片加热保温冷却过程、试样表面再结晶等组织动态变化，并对晶粒进行测量

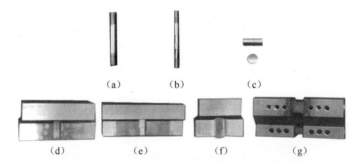

图2–11　Thermecmastor 300kN热模拟试验机试样

（a）焊接模拟试样；（b）热拉伸试样；（c）变形前后的压缩试样；
（d）30mm×30mm×140mm大平面变形前后的试样；（e）20mm×20mm×140mm平面变形前后的试样；
（f）10mm×20mm×50mm平面变形前后的试样；
（g）可在真空下通水或通气冷却的30mm×30mm×140mm及20mm×20mm×140mm试样。

2.3.2　富士电波热/力模拟试验机

热模拟设备将工频交流电转换成100kHz的高频交流电，利用电磁感应原理，通过线圈转换为相同频率的磁场后作用到试样上。利用涡流效应，在试样上生成和磁场强度成正比的感生旋转电流（涡流），由涡流电流通过试样电阻转换为热能，以实现加热的目的，如图2–12所示的感应加热基本原理。热电偶或红外辐射高温计作为温度的测量和控制反馈,试样在一定的直径及长度范围内,可以获得很好的温度均匀性。

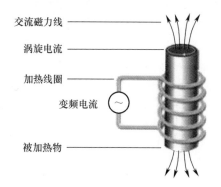
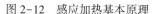

图 2-12 感应加热基本原理

图 2-13 ϕ8mm×12mm 标准压缩试样

以下是利用 Thermecmastor 设备对图 2-13 所示的标准压缩试样和图 2-14 所示的标准拉伸试样分别在 1200℃、1000℃、800℃ 下进行测温,实际测得任意两组热电偶之间的温度偏差均在-5~5℃内。

图 2-14 标准拉伸试样

2.3.3 富士电波热/力模拟试验机的技术特征与工业应用

富士电波热/力模拟试验机的技术特征如表 2-7 所示。

表 2-7 Thermecmastor 等系列设备的主要技术特征

设备/系统	技 术 特 征
加热系统	(1)感应通电双加热系统,可以单独或同时使用,感应线圈可以跟随试样变形同步移动。 (2)对于热拉伸试验,感应线圈作用范围能确保在不同试验温度下不同材料试样始终有恒定的初始标距,试样变形区内的均温偏差为-5~5℃。 试验结果和高温力学性能试验机在同等试验条件下测得的结果比较一致。试样在变形拉断时断口不会发生打火现象,保持断面完整。 (3)对于热压缩试验,采用感应加热,石英或氮化硅陶瓷材料作为压头,云母片润滑,试样变形区内的均温偏差为-5~5℃

续表

设备/系统	技 术 特 征
加载及测量/ 伺服系统	（1）采用不锈钢四立柱机架（10t 以上）。 （2）具备高速变形位移误差调节控制系统。 （3）高刚性的不锈钢加载轴及不锈钢箱体。 （4）位移控制采用±50mm 和±10mm 双量程，兼顾量程与变形精度。 （5）叠加式力传感器设计，可快速切换为 0.2~2kN 力传感器，用于熔化/连铸模拟/高温热拉伸等高精度应力控制试验
冷却系统	（1）通过感应加热线圈上的小孔对试样 360°环绕式喷气或喷水冷却淬火。 （2）计算机根据冷却速度要求，自动伺服调节喷气量完成控冷过程，控温精准，尤其适合 CCT/TTT 试验
径向测量系统	可跟随试样变形移动的 LED 光学变形/膨胀动静态 CCT 测量系统
综合触摸屏 操作控制系统	多屏触模式人机交互操作控制系统
Thermecmastor-TS 专用热扭转试验机	（1）扭转加载和感应加热系统互不干扰独立控制，在试样扭转过程中始终保持着加热。 （2）LED 光学测量系统在扭转过程中连续测量试样的直径变化
实际铸件连铸 连轧热模拟试验机	（1）直接把钢铁小块放入石英管后通过高频加热使之融化。 （2）用氩气把熔融液态金属吹入金属铸型，用热电偶检测凝固温度得到不同的凝固速度和相应的凝固组织。 （3）样品半凝固状态下或凝固后再加热后可进行压力变形（应变速率和应变温度均可控）

日本富士电波热/力模拟试验机的工业应用如下：

（1）东京大学在金属材料热模拟研究方面比较突出，Yanagida 和 Yanagimoto 等从 20 世纪 90 年代开始用 Thermecmastor-Z 热/力模拟试验机做了一系列尝试，提出了用一种复原（逆）分析法，将试验应力-应变曲线中的变形不均和温度分布不均等不利因素影响去除，从而得到钢的本征应力-应变曲线。同时，作者结合有限元回归法成功地解释碳钢的动态回复和再结晶动力学过程，指出各种金属本征应力、应变数据的大量积累将使得人们获得材料的基因数据，进而实现数字化金属成形新技术。此外，还对试验方法、样品及相关参数进行深入探讨，如提出用 $\phi6mm×9mm$ 样品代替 $\phi8mm×12mm$ 样品可以提高冷却速度，增大应变，抑制加工变形过程中材料本身的发热，从而得到超细晶粒等。在钢铁材料半固态下，压缩变形组织控制方面也取得了进展[18-23]。

（2）京都大学辻伸泰教授等用 Thermecmastor-Z 和 Thermecmastor-TS 热/力模拟试验机，在钢铁、铝、铜材料方面研究了各种细化晶粒的方法，大应变、大应变速率等对提高材料强韧性的影响[24-31]。

（3）日本 NIMS 超级钢研究中心的鸟塚史郎等利用 Thermecmastor-Z 和 Thermecmastor-MD 热/力模拟试验机采用大变形量法使铁素体组织在 700℃ 下大变形后再结晶获得 1μm 以下的超细晶粒，其研究成果帮助日本钢铁企业成功实现超细晶粒板材和棒材的产业化，并借助超细化晶粒增加纳米级 TiC 氢陷阱，成功解决了长期困惑人们的强度增加导致氢脆敏感性增加的难题[32-33]。

（4）我国宝钢集团自 1991 年购置 Thermecmastor-Z 热/力模拟试验机以来，利用该设备在管线钢、汽车用钢等方面做了大量的研究并取得了一系列成果。2009 年宝钢集团又购置了 Thermecmastor-TS 热/力模拟试验机等，模拟线材加工状态进行了大应变、大应变速率对线材性能影响的研究[34-41]。

武钢钢铁研究所是国内最早购置 Thermecmastor-Z 热/力模拟试验机的企业。利用该设备在钢铁新材料、新技术方面做了大量的研究工作，建立热连轧合金钢数学模型，并应用于"一米七"轧机的生产，取得了良好的经济效益。在新产品开发应用方面，完成了如桥梁钢、管线钢、汽车结构钢、帘线钢等钢种的基础理论和应用技术的研究，指导生产过程控制，缩短开发周期，提升产品质量[42-50]。2013 年起武汉钢铁（集团）公司使用 Thermecmastor-Z 300kN 单体化大样品（30mm×30mm×140mm）双电源多功能热模拟试验机对 Si-Cr 合金弹簧钢在连续冷却过程中组织与显微硬度的变化规律和特征进行了研究，测量了钢的相变临界温度，建立了钢的连续冷却转变曲线，并根据试验结果制订了轧后控冷工艺应用于生产实践，使线材的索氏体化率达到 90% 以上，具有良好的抗拉强度和拉拔性能。

（5）上海交通大学吴鲁海等用感应加热的 Thermorestor-W 热/力模拟试验机进行了陶瓷与金属的扩散焊研究[51]。

（6）韩国浦项钢铁公司从 20 世纪 80 年代开始用 Thermecmastor-Z 热/力模拟试验机在焊接、轧制、热处理等方面取得了很多成果。

（7）英国剑桥大学 Bhadeshia 教授等用 Thermecmastor-Z 热/力模拟试验机和大样品氢含量定量分析装置等在海洋极端材料开发、石油管道腐蚀/冲蚀、材料自愈机理、可焊性、氢脆等领域取得了研究成果[52-55]。

▲ 2.3.4　富士电波热/力模拟试验机的新发展

富士电波工机株式会社近年来推出了新型设备——Formastor-FZ 静动态热模拟试验机。它配备感应+通电双加热系统、20kN 加载系统及带随动系统的 LED 光学变形/膨胀动静态 CCT 测量系统和独特薄板防变形测试系统。该设备兼具静态相变测量和动态热模拟测试功能，可以为材料科研人员完成以下的工作：

(1) 测定试样的静态 CCT/TTT。

(2) 单轴压缩及动态 CCT。

(3) 单轴圆棒拉伸试验。

(4) 薄板拉伸及 CCT。

(5) 圆棒焊接模拟试验。

科研人员都很重视在热模拟试验后对试样的后续分析，但不论是高频加热式热模拟试验机，还是通电加热式热模拟试验机，采用单电源加热模式难以均匀加热足够大的试样，通常只能采用小试样研究变形区域的组织去推测其力学性能，由此可能产生很多不确定问题，目前 Thermecmastor 双加热电源 200kN/300kN/400kN 系列设备可以在试样大变形后直接加工为拉伸等力学性能测试试样，以直接用于获得热模拟变形区材料的相关力学性能数据，如 R_m、$R_{p0.2}$、A、Z（旧国标为 σ_b、σ_s、δ、ψ）等。

2.4　国产 MMS 系列热/力模拟试验机

MMS 系列热/力模拟试验机是东北大学轧制技术及连轧自动化国家重点实验室研发的国产物理模拟设备。2004 年研制出第一代 MMS-100 热/力模拟试验机，交付给济南钢铁公司。目前，该实验室已研制 MMS-100、MMS-200、MMS-300 和 MMS-100G 4 种型号热/力模拟试验机。截至 2019 年，已生产不同型号的 MMS 系列热/力模拟试验机 14 台。

国产 MMS 系列热/力模拟试验机的成功研制打破了国外进口设备在此领域的垄断，大大降低了国内使用热/力模拟试验机的成本。

2.4.1　MMS 系列热/力模拟试验机的型号与性能分类

MMS 系列热/力模拟试验机分为 MMS-100、MMS-200、MMS-300、MMS-100G 4 种型号，现将这 4 种型号热/力模拟试验机设备的性能指标与支持的试验类型做一简介。

1. MMS 系列热/力模拟试验机的技术性能简介与比较

MMS-100 热/力模拟试验机具备热处理、单道次压缩、多道次压缩、拉伸、焊接热模拟等试验功能，不具备扭转和大变形等试验功能。MMS-200 热/力模拟试验机具备热处理、单道次压缩、高响应多道次压缩、拉伸、焊接热模拟等试验功能，不具备扭转和大变形等试验功能。MMS-300 热/力模拟试验机具备热处理、单道次压缩、高响应多道次压缩、拉伸、焊接热模拟、扭转、大变形等试验功能,性能全面。MMS 系列热/力模拟试验机的技术性能比较如表 2-8 所示。

表 2-8　MMS 系列热/力模拟试验机的技术性能比较

性能参数	机　　型		
	MMS-100	MMS-200	MMS-300
最高加热温度	1700℃或试样熔化	1700℃或试样熔化	1700℃或试样熔化
最大压力/拉力/kN	98(或 49)/49	196(98)/98(49)	196(98)/196(98)
最大加载(拉力或压力)速度/(mm/s)	1000	2000	2000
最大行程/mm	100	100	100
最大扭矩/(N·m)	—	—	100
稳态温度控制精度/℃	±1	±1	±1
力的控制精度	满量程的 0.25%	满量程的 0.25%	满量程的 0.25%
行程控制精度/μm	10	10	10
采样频率/kHz	≤50	≤50	≤50
最大应变速率/s^{-1}	50	100	100
可提供试验类型	·拉伸 ·单/多道次压缩 ·平面应变压缩 ·焊接热循环 ·SH-CCT ·零强温度(NST)测定 ·零塑性温度(NDT)测定 ·扩散焊 ·电阻对焊 ·静/动态 CCT ·应力松弛 PTT ·热裂纹敏感性(SICO) ·应变诱导试验 ·铸造试验 ·热处理试验 ·相变测试 ·控轧控冷试验 ·动/静态再结晶试验等	在 MMS-100 机型所有试验功能的基础上,增加高响应多道次压缩	具备 MMS-200 机型所有试验功能的基础上,增加单道次扭转试验、多道次扭转试验、大变形试验(压扭复合试验)

2. MMS-100G 热/力模拟试验机

MMS-100G 热/力模拟试验机是专门针对不同材质和规格的大尺寸管材和板材进行热处理工艺的，可在保护性气氛的条件下对要求规格范围内的板材及管材进行不同加热温度、加热速率、保温时间及冷却速率的各种高精度柔性热处理工艺(连续退火、正火、淬火、调质、控冷)的模拟试验。

MMS-100G 热/力模拟试验机的主要性能指标和提供的试验种类如表 2-9 所示。

表 2-9　MMS-100G 热/力模拟试验机的主要性能指标和提供的试验种类

主要性能指标	提供的试验种类
最高加热温度：1250℃；稳态温度控制精度：±1℃；采样频率：≤50kHz	板材及管材的连续退火、正火、淬火、调质、控冷等热处理模拟试验

◤2.4.2　MMS 系列热/力模拟试验机的基本组成及主要技术参数

MMS 系列热/力模拟试验机的加热原理采用与 Gleeble 系列热/力模拟试验机类似的直接电阻加热、水平试样夹持方式；机械结构采用独特设计的半离合器输出位移或扭转机构保证提供精准试样压缩量或扭转角度，采用活塞式物理限位装置同时保证压缩试验时应变和应变速率的准确性，采用大刚度设计和精密机械加工保证变形轴、梁的预应力安装精度，满足快速试验冲击载荷时机械系统高刚度极低的弹性变形；采用 3 套高精度实时测控系统，即德国西门子 S7-400 和 FM458 实时控制器、美国国家仪器仪表公司 NI PXI 高性能嵌入式控制器，相互协调共同完成试验机的检测与控制功能，保证加热与变形的高精度测控与数据处理。不同于 Gleeble 系列热/力模拟试验机的模块化设计，MMS 系列热/力模拟试验机采用一机多功能的设计特点，所有试验功能都在同一台设备上完成，不需要根据试验功能更换设备单元[56-58]。

除 MMS-100G 热/力模拟试验机是专门针对大尺寸管材和板材热处理工艺进行模拟试验之外，其他 MMS 系列热/力模拟试验机均可对材料经受的热/力物理过程进行工艺模拟。现将该系列设备各组成部分设计的技术特征标配做一简介。

1. 加热及冷却系统

MMS 系列热/力模拟试验机采取直接电阻加热、热传导冷却的方法，以达到快速加热和精确控制温度的效果。加热控制原理如图 2-15 所示。利用焊在试样表面的热电偶测量试样的实际温度，通过特制的温度变送器送入计算机中，经过计算机控制软件处理后,调节可控硅的触发角,以此调节变压器原侧电压,这样便可以使试样温度精确地达到预设的温度。为了减小可控硅的额定电流,更好地使强电和弱电隔离,采用变压器原侧调节可控硅的方法。在加热电压的控制上,采用智能 PID 控制,减少超调和振荡,提高控制精度。

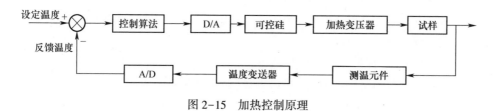

图 2-15　加热控制原理

具体技术参数如下:

(1) 加热的最大功率为 110kW。

(2) 温度反馈:采用镍铬/镍硅(NiCr /NiSi)、铂铑/铂(PtRh / Pt)热电偶。

(3) 加热系统精度:加热系统的闭环控制周期为 10ms,稳态控制精度为 ±1℃,温度采样频率为 100Hz,温度测量精度为热电偶误差加上 $\pm1\%T_1$(T_1 为实际温度);采用 380V、300A 电源和铜夹具,最大加热速度大于 10000℃/s。

(4) 加热温度范围:室温至 1700℃或试样熔化。

(5) 最大冷却速率:直径为 10mm,自由跨度段长度为 10mm,且直径为 6mm 的普碳钢阶梯圆试样,在 1000℃→800℃ 时最大冷却速度大于 530℃/s,在 800℃→500℃ 时最大冷却速度大于 400℃/s。

(6)淬火冷却速度:冷却 1mm 厚的普碳钢或低合金钢板,1000℃时表面冷却速度大于 10000℃/s。

(7)温度梯度:对于直径为 10mm、有效段长度为 50mm 的普碳钢或低合金钢圆试样,其长度为 7mm 的热区内,温度梯度值为 $\pm0.01T_2$(T_2 为 7mm 长的中间段的平均温度)。

(8) MMS-100G 热/力模拟试验机加热及冷却系统。

① 加热功率:800kW。

② 加热温度范围:室温至 1250℃。

③ 加热速率:在 1~50℃/s 范围内可调节,具体加热速率根据试样规格有所不同。

④ 加热精度指标如下:稳态时(保温时)温度控制精度为 ±4℃(热电偶自身温度误差除外)。以试样长度中心线为中心,距离相同、呈轴对称的两点温度应基本相当,相差不应超过 ±4℃。

⑤ 冷却模式：控制冷却与强制冷却。

⑥ 控制冷却方式：直接扩散冷却和喷气冷却。

⑦ 控制精度：冷却速度的±5%。

⑧ 强制冷却方式：内喷外淋冷却、喷雾冷却。

⑨ 强制冷却速度：最大冷却速率可达400℃/s。

（1）~（7）适用于除MMS-100G之外其他型号热/力模拟试验机。

2. 力学系统

（1）载荷能力（静态）：压缩时为196kN/98kN；拉伸时为98kN/49kN。

（2）载荷控制精度：满量程的0.25%，最小可测载荷为1N。

（3）最大行程：100mm。

（4）最大位移速度：从静止到最大时为2000mm/s或1000mm/s。

（5）接触式位移传感器（C-应变传感器）：量程为12mm，分辨率为0.4μm，精度为2μm，采样周期为1ms，放大器为GT2-71MCN，4~20mA输出。

（6）多道次压缩参数：最多连续压缩10道次，每道次间隔时间至少0.1s。

（7）压缩试验的变形尺寸精度：单道次或多道次压缩试验时，试样变形终了的实测长度精度为±0.2mm。

3. 液压系统

（1）主液压缸由MOOG79-200阀控制，阶跃响应时间为6ms。

（2）副液压缸由MOOGD765阀控制，阶跃响应时间为8ms。

4. 真空系统

极限真空度为$5×10^{-2}$Pa。

5. 气动系统

气动系统由空压机提供动力，供给气冷、气雾淬火、一轴移动、试样夹持和清扫用气。空压机参数：功率为4kW，压力为0.7MPa，排气量为750L/min，气罐容积为160L。

6. 水冷却系统

（1）水泵：1.47kW。

（2）流量：37L/min。

（3）压强：0.392~1MPa，可任意调整。

7. 淬火系统

高流量淬火系统，工作压力为0~1MPa（可调），可实现气冷、水淬和气雾淬火3种快速冷却模式。

8. 热电偶焊接机

（1）电容放电：50~100V（可调）。

（2）焊接热电偶直径：0.2～3mm。

2.4.3　MMS 系列热/力模拟试验机的机械结构与工作原理

热/力模拟试验机是一个复杂的集电、气、液于一体的系统，主要由机械系统、液压系统、加热系统、冷却系统、真空系统、气动系统和控制与测量系统等部分组成，各系统都有其独特的作用与功能，并相互协调。MMS 系列热/力模拟试验机根据型号和试验功能的不同，机械系统、液压系统、控制与测量系统等各方面都存在一定的差异。下面针对 MMS-200 热/力模拟试验机的整体结构，说明 MMS 系列热/力模拟试验机实现一机多功能和精准变形的核心技术[59]。

MMS-200 热/力模拟试验机的主体结构由两根横梁、主液压缸、液压马达、一轴、二轴、操作箱、定位梁等部件组成。图 2-16 和图 2-17 所示分别为 MMS-200 热/力模拟试验机主体部分的机械结构图和实物图。两根横梁平行布置，连接并固定其他主要机械部件，横梁为高强钢结构，具有较高的刚度和平直度，表面进行镀铬处理并磨光滑。试验时，这两根横梁是主要的承力部件，主液压缸锤头的打击力或试样的变形力通过定位梁等部件传递到两根横梁上，因此具有高刚度的横梁可以使变形试验更加准确。

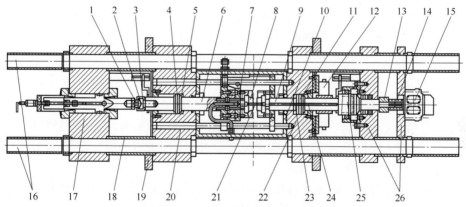

1—主液压缸锤头；2—砧子；3—耦合器；4——轴活塞；5—绝缘轴套；6——轴；7—进水口 8—夹具；
9—二轴；10—操作箱；11—二轴活塞；12—电刷盒；13—编码器；14—联轴器；15—液压马达；16—横梁；
17—主液压缸模块；18—定位套；19—固定板；20——轴定位梁；21—试样；22—二轴定位梁；
23—二轴左侧进气孔；24—二轴右侧进气孔；25—机械传动装置；26—定位梁。

图 2-16　MMS-200 热/力模拟试验机主体部分的机械结构图

主液压缸位于整体设备的左侧，横梁、主液压缸模块、一轴定位梁和操作箱通过多个卡紧环和螺母紧密固定成一体，卡紧环给这些连接起到了紧密固定作

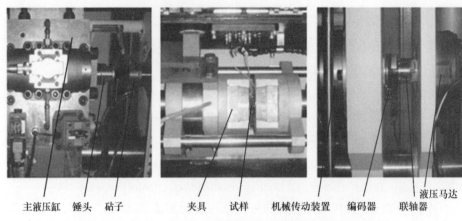

主液压缸　锤头　砧子　　　夹具　试样　机械传动装置　编码器　联轴器　液压马达

图 2-17　MMS-200 热/力模拟试验机主体部分的机械实物图

用,从而使这些部件连接成一体,大大增加了整体框架的刚性;同时可以减小试验时由于打击力造成的框架变形,提高试验精度。

　　一轴通过绝缘轴套、一轴活塞与砧子紧密连接,气缸通道嵌入一轴定位梁中,气缸的气源由独立的空压机提供,通过左右进气孔给一轴提供向右的压力或向左的拉力,用于安装试样时移动一轴,从而调整一轴与二轴之间的距离,便于安装试样,或者在试验过程中给一轴提供一个恒定的向右的压力以克服一轴与一轴定位梁及操作箱左侧壁的静摩擦力,对试样起夹持的作用,避免试样松动或掉下。当主液压缸锤头高速打击一轴左端的砧子时,一轴向右运动,当一轴活塞快速移动到右侧死相位置时,由于一轴定位梁固定在具有高刚度的横梁和结构框架上,一轴定位梁本身也具有很高的强度,这样的结构使一轴的速度瞬间降为0;否则,如果由液压系统控制一轴的减速,会有一段过程,在应变一定的情况下,主液压缸锤头会提前减速,就不能保证变形过程具有恒定的应变速率,试验的前提条件就会发生变化,导致试验结果不精确。

　　液压马达位于整体设备的右侧,通过螺钉连接在定位梁上,经过联轴器与编码器相连;通过控制系统控制液压马达的 MOOG 伺服阀,从而控制液压马达的转动,经联轴器、编码器带动与二轴嵌套连接的机械传动装置转动,从而带动二轴左右移动,实现试验功能。该机械传动装置由左右两个半离合器及相关配件组成,通过两个半离合器相互啮合,可以实现同时输出位移和扭转,并达到传动灵活、快速、准确的效果。在热/力模拟试验机上应用该机械传动装置,可同时实现拉伸、压缩(或镦粗)、扭转、拉扭复合等多种试验功能,这也是 MMS 系列热/力模拟试验机可以实现一机多功能的关键所在,该项技术已申请了发明专利"一种输出位移和扭转的机械传动装置"[60]。

▲2.4.4　MMS 系列热/力模拟试验机的控制与测量系统

控制系统是热/力模拟试验机的核心之一。该系统通过实时控制器、各种传感器和执行器完成温度、位移等多个高速闭环控制任务,通过嵌入式实时控制器及同步数据采集卡完成试验过程数据的同步采集及存储。MMS 系列热/力模拟试验机的控制系统需要对加热系统、液压系统、真空系统、数据采集系统及逻辑控制系统完成高精度、高响应控制,所以对控制系统的性能提出了很高的要求。MMS 系列热/力模拟试验机的控制系统分为 HMI 计算机、实时控制系统、数据采集系统、实时监控计算机 4 个部分。

1. 实时控制系统

由于热/力模拟试验机的锤头在高速打击试样的过程中,需要对驱动锤头的液压缸及完成扭转功能的液压马达进行高精度的位置控制,同时要对试样的温度进行控制,且需要在试样变形的瞬间记录所有的试验数据,如温度、压力、相对位移、液压缸的位移、一轴位移、二轴的旋转角度等,即在短时间内同时完成多个实时控制任务,对控制系统提出了极高的要求,因此采用西门子的高端控制器 S7-400CPU 及 FM458-1DP 作为实时控制器。

S7-400 是 SIMATIC 系列控制器中功能最为强大的 PLC,它可以成功实现全集成自动化(TIA)解决方案,是一个用于制造业和过程工业系统解决方案的自动化平台。CPU416-2DP 的工作内存为 2.8MB 和数据内存为 2.8MB,每 1000 条指令的执行时间为 0.03 ms,可以建立多达 64 个 DP 连接;具有恒定总线周期时间和时钟编辑功能:数据记录路由及多线程计算能力等。

FM458-1DP 控制器是专为高动态性能闭环控制和技术应用而设计的,具有非常高的运算处理速度,在 S7-400 站中与 CPU416-2DP 控制器通过背板总线通信,构成双 CPU 的控制中心,FM 458-1DP 的控制任务可以使用 CFC 或可选 SFC 组态编程,计算性能极强,64b RISC 浮点处理器进行算术计算最小的循环时间为 0.1ms,循环时间典型值为 0.5ms,可以高效地完成多个实时闭环控制任务。

MMS 系列热/力模拟试验机所选用的控制器、功能模板及其附件都是通用产品,因此易于采购和更换,为设备升级维护带来了极大的便利,但这样构建的系统造价较高,并且产品种类较多,因此控制软件、通信软件的编程量较大。

2. 数据采集系统

数据采集计算机采用美国国家仪器仪表公司(简称 NI 公司)生产的嵌入式实时控制器及高精度同步数据采集卡,保证了对试验过程数据的高速精确采集。随着计算机技术的发展,当前所选用的控制器 NI PXI-8115 是基于 2.5GHz Intel

Core i5-2510E 的高性能嵌入式控制器, NI PXI-6123 S 系列多功能数据采集 (DAQ)模块具有每通道专用的模数转换器(ADC), 可获得最强的设备吞吐量和更高的多通道精度, 可用于各种应用, 包括高速、连续的数据记录, 以及瞬态测量及分析等。

3. HMI 计算机

HMI 计算机采用高配戴尔台式计算机一套, 主要完成试验参数的输入, 绘制设定曲线来帮助判断工艺参数的合理性, 并对数据采集控制器采集到的数据进行显示和处理。

4. 实时监控计算机

实时监控计算机采用研华公司生产的平板电脑, 实时显示试验过程中相关的工艺参数及数据的变化, 并对试验过程中的意外事故进行报警和提示。

5. 系统通信

HMI 计算机、实时控制系统及数据采集系统通过 Industrial Ethernet 通信, PLC 系统的 S7-400 主站与远程 I/O 从站之间通过 PROFIBUS-DP 现场总线通信。控制系统通信结构示意图如图 2-18 所示。

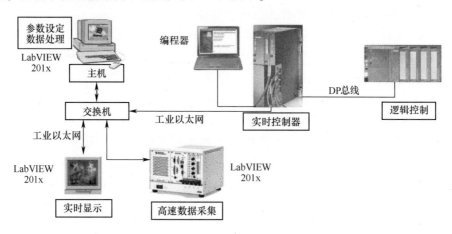

图 2-18 控制系统通信结构示意图

6. 软件结构

控制系统软件采用结构化、模块化的编程理念, 其中控制过程的设定曲线子程序在 S7-400 中用 SCL 语言编写, PID 控制、DA 输出等子程序在 FM458 中用 CFC 语言编写, S7-400 的通信子程序与 FM458 通信子程序通过背板总线实时交换数据, 保证了通信速度。逻辑控制程序在 S7-400 中用梯形图语言编写, 按功能及任务分为若干个子程序, 便于调试和升级。

HMI 计算机、监控计算机、采集控制系统的程序都是采用 LabVIEW 语言编写的,其中 HMI 计算机的程序是通过一个"事件状态机"主程序调用各功能子程序块包括参数输入及曲线绘制、数据交换、试验结果曲线绘制、数据存储分析等,使程序结构清晰、层次分明,便于调试及修改。

本系统所采用的软件都是通用的程序软件,兼容性好,为系统的安装调试、系统维护和升级改造等带来更多的便利。软件的总体结构示意图如图 2-19 所示。

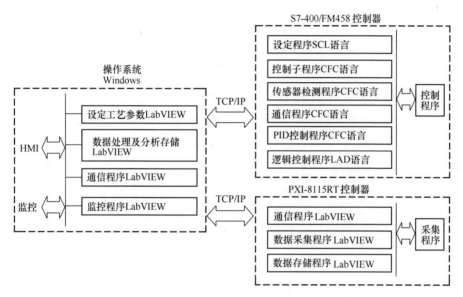

图 2-19 软件的总体结构示意图

2.4.5 MMS 系列热/力模拟试验机的技术特征

1. 多功能一体化

MMS 系列热/力模拟试验机采用了新的设计思想和特殊的机械转换机构,将原来国外多台设备才能实现的功能集成为一体,实现一机多功能,可以模拟温度、应力、应变、位移、力、扭转角度、扭矩等参数,能进行拉伸、压缩、扭转、热连轧、铸造、相变、形变热处理、焊接、拉扭复合、压扭复合等 20 多种试验。通过机械结构保证变形精度,通过控制系统区分试验类型,完成各种类型试验;同时克服了国外热/力模拟试验机随着试验内容不同需要更换不同部件的缺点。

2. 零部件质量好、精度高

MMS 系列热/力模拟试验机高速闭环控制系统中除了要求高速响应的控制

器,还要求传感器、执行器及信号转换器等环节同样具有高速响应的特性,即控制器、传感器、执行器的响应时间加起来要远远小于闭环控制周期,否则无法在极短控制周期内高精度地完成多个闭环控制任务。因此在控制系统中选用的控制器及相关元器件均采购自世界知名品牌,具有超高精度和极短的响应时间,为热/力模拟试验机高精度、高响应试验开展提供基础和保障。

3. 可开展新一代 TMCP 工艺技术模拟试验

随着能源环境等问题日益突出,绿色制造和节能减排成为当今时代的主题,TMCP 技术即控制轧制和控制冷却技术是钢铁产品实现节能减排的重大技术之一。目前,该技术在世界各大钢铁企业中得到广泛的应用和发展。TMCP 技术包含热连轧生产线中重要的轧制变形和在线冷却环节,通过控制轧制硬化初始奥氏体并结合后续冷却路径灵活控制过冷奥氏体的相变产物,该技术具备动态相变冷却路径控制特点,可实现慢冷却速度到快冷却速度区间的精准控制,可根据组织需求进行灵活调控,从而获得低成本、节约型、多品种和高性能的钢铁产品。传统 TMCP 技术和新一代 TMCP 技术工艺对比示意图如图 2-20 所示。

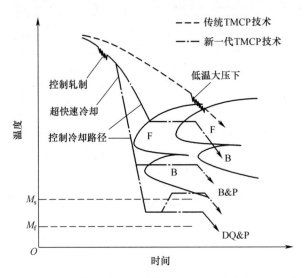

F—铁素体;B—贝氏体;B&P—贝氏体区配分;DQ&P—直接淬火-配分。

图 2-20　传统 TMCP 技术和新一代 TMCP 技术工艺对比示意图

目前,新一代 TMCP 技术已在国内多条热连轧轧线上进行推广应用,包括鞍山钢铁集团公司、首钢集团、沙钢集团、南钢集团和宝钢集团等国内知名钢企。该技术的投入使用,不仅实现了常规品种的合金元素减量化,而且对开发新一代绿色钢铁产品大有裨益。

MMS 系列热/力模拟试验机具备大吨位的压缩和拉伸能力、快速加热和快速冷却的能力,并且能实现对温度的精准控制,其多道次的压缩变形结合分段控制的冷却能力完全能够模拟新一代 TMCP 工艺,在组织性能模拟研究中扮演重要的角色。该设备可实现多种 TMCP 工艺控制路径的模拟,包括目前成熟应用的热轧双相钢工艺和处于研发阶段的第三代先进高强度钢 DQ&P 钢等工艺,如图 2-21 所示[61]。

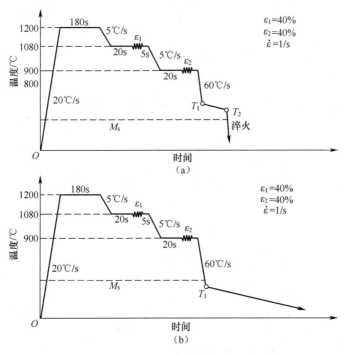

图 2-21　模拟 TMCP 工艺示意图

（a）热轧双相钢工艺;（b）热轧 DQ&P 钢工艺。

图 2-21(a)所示为典型的热轧双相钢热模拟工艺示意图。该工艺首先以 20℃/s 将试验钢加热至 1200℃,进行 3min 保温后,在较高温度对奥氏体进行两阶段压缩,其目的在于模拟热连轧的控制轧制过程,1080℃ 为第一阶段压缩温度,处于奥氏体再结晶温度区间,接近热连轧的粗轧温度,随后在 900℃ 进行第二次压缩,接近实际热连轧带钢的终轧温度(860~920℃)。两次压缩变形均以较大的应变速率进行了大变形量压缩,充分细化了奥氏体晶粒。压缩变形后,采用的大冷却速度将试验钢冷却至 T_1 温度(该过程抑制了硬化奥氏体的软化过

程），典型双相钢工艺中通常 T_1 温度为 600~750℃，在该温度进行短时间的空冷过程，得到 70%~85% 的铁素体，随后将试验钢淬火至 20~300℃，并卷取，获得铁素体+马氏体的双相组织。该工艺过程在 MMS 系列热/力模拟试验机上可以进行精确的控制，并且通过调节 T_1、T_2 温度及该区间的冷却速度，来控制铁素体的尺寸、含量和析出粒子的大小，为热轧双相钢研发提供指导。

图 2-21(b) 所示为第三代先进高强度热轧 DQ&P 钢的热模拟工艺示意图。该工艺在两阶段压缩后直接以 60℃/s 的速度将试验钢冷却至马氏体温度区间，随后以较慢的冷却速度进行卷取冷却至室温，在长时间的卷取冷却过程中完成碳配分过程，最终获得马氏体+残余奥氏体的典型 DQ&P 钢，具有高强度和高塑性等特点。该工艺中利用 MMS 系列热/力模拟试验机对淬火温度和卷取冷却速度进行精准控制，实现马氏体和残余奥氏体组织比例的协调控制，获得残余奥氏体和工艺参数之间的对应关系，为 DQ&P 钢研发提供指导。

除上述两个典型工艺之外，MMS 系列热/力模拟试验机近年来还开展了大量的 TMCP 工艺模拟试验，为热连轧轧线的工艺开发和钢种研发提供了理论依据，为实际生产工艺提供指导。

4. 可一次实现压扭大变形试验

MMS 系列热/力模拟试验机利用特殊的机械传动装置将剪切变形与压缩变形复合，对试样同时施加扭力和压力，使试样同时发生剪切变形与压缩变形，从而大幅度提高了应变和应变速率，实现组合连续大变形的一次成形。试样在剪切力和摩擦力的共同作用下得到亚微米级甚至是纳米级的超细晶材料，适应新一代超细晶金属材料开发研究的需要，避免了国外热/力模拟试验机所附带的大变形装置采用多轴压下手段达到累计大变形的缺点，实现了在一次变形中达到连续大变形的目的。

5. 操作界面友好、集成度高

热/力模拟试验机可完成的试验种类繁多，但不可能针对每种试验都提供一种试验界面，即使做到这一点，也不利于开发新的试验功能。根据热加工领域热/力模拟试验的种类和特点，将种类繁多的试验类型进行归类划分、高度集成、使操作界面简洁实用、易学易懂。

目前，MMS 系列热/力模拟试验机的试验设计为下列几大类：

（1）单道次压缩试验。

（2）多道次压缩试验。

（3）热处理（包括低温热处理和高温热处理）。

（4）拉伸（包括低温拉伸和高温拉伸）。

（5）焊接试验。

（6）锤头自由控制。

（7）热疲劳试验。

每种试验对应一个试验界面,在试验界面上有相应的试验参数输入。MMS 系列热/力模拟试验机所能完成的绝大多数试验都可以被归纳到上述 7 类试验中,操作者可以根据自己的试验目的选择不同的试验类别,进行相应的试验设计,选择所需要的试验输入参数。

6. 具备自由编程界面和功能

很多独特的工艺思路在常规的热/力模拟试验机界面上无法操作和完成,可以在 MMS 系列热/力模拟试验机的自由编程界面进行操作,操作者可在自由编程界面上,根据工艺的实际要求和特殊性进行参数的特殊性设定。例如,可进行上千次热循环试验的热疲劳工艺模拟试验,以及对试样施加载荷可调节、力和位移可切换控制的锤头自由移动试验等,在相应的界面上均可以自行编辑界面程序,完成工艺模拟的参数设定。

2.4.6　MMS 系列热/力模拟试验机的典型应用

目前,运用 MMS 系列热/力模拟试验机在钢种开发、工艺研发和优化方面进行了大量的模拟试验,相关试验结果对钢铁行业多项技术的工业化应用具有重要的价值和意义。

例如,利用压缩试验和超快速冷却试验功能进行了新一代 TMCP 技术模拟试验,该项技术已在国内各大钢铁企业进行了广泛的工业化应用。

焊接热模拟试验功能用于船板钢、建筑钢等大线能量焊接用钢的试验研发工作,采用多道次焊接热循环工艺研究了中厚板多层多道焊接对热影响区组织演变的影响规律,利用大线能量焊接热模拟功能研究了高热输入焊接热影响区韧化机制及其调控机理[62]。

利用板材快速加热退火试验功能,开展了短流程无取向硅钢制备过程的组织、织构和磁性能一体化控制理论与技术的研究,该项研究开辟了薄带连铸硅钢快速热处理工艺的组织、织构调控理论体系,同时对推广薄带铸轧生产无取向硅钢产生积极推动作用[63]。

利用高温(接近凝固温度 1400℃)压缩试验功能进行了提高大断面厚规格连铸坯质量的研究工作,该项研究工作为拓展钢铁材料超高温热变形的物理冶金学数据,构建连铸坯质量的精细化调控平台,为近凝固终点大压下轧制技术的产业化提供理论指导与技术支撑[64]。

利用动态 CCT 热模拟试验通过模拟变形后的冷却路径的变化，得到了含 Nb 钢在大冷却速度条件下冷却至不同相变温度区间、保温不同时间的 Nb 的析出行为，基于对析出粒子密度、尺寸分布、体积分数等的分析，得到了最优控制工艺。该项研究应用于涟钢 2250 轧线钢种开发及工艺技术研究。

上述应用对应的典型热模拟试验部分曲线如图 2-22 所示[65]。

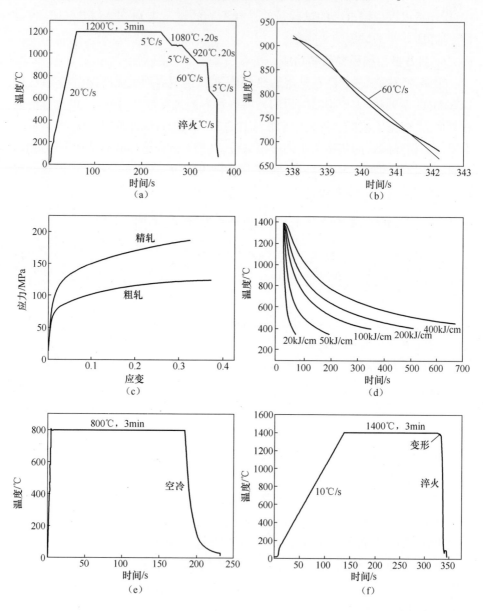

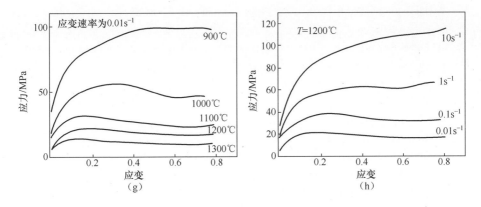

图 2-22　典型热模拟试验曲线

（a）新一代 TMCP 模拟试验的温度曲线；（b）超快冷段冷却速度曲线；

（c）新一代 TMCP 两阶段轧制的应力-应变曲线；（d）系列大线能量下焊接热循环曲线；

（e）薄带连铸硅钢快速热处理工艺温度曲线；（f）连铸坯高温压缩试验温度-时间曲线；

（g）连铸坯高温压缩试验不同变形温度下应力-应变曲线；

（h）连铸坯高温压缩试验不同应变速率下应力-应变曲线。

参考文献

［1］FERGUSON H S，CHEN W C. Development of Gleeble System and Its Application［J］. 哈尔滨工业大学学报（增刊），1996，28：12-23.

［2］Dynamic System Inc. ，USA. Solutions Guide-Gleeble-3500-GTC and Gleeble-3800-GTC［Z］. 2017.

［3］Dynamic System Inc. ，USA. Solutions Guide-Gleeble-500 series Simulation Machines［Z］. 2017.

［4］CHEN W. Gleeble Systems and Applications［D］. New York：Gleeble Systems Training School，1998.

［5］SUZUKI H G，NISHIMURA S，IMAMURA J，et al. Hot Ductility in Steels in the Temperature Range between 900℃ and 600℃［J］. Tetsu-to-Hagane，2010，67（8）：1180-1189.

［6］HUCHTEMANN B，BRANDIS H，SCHMIDT W. Influence of Hot Forming Conditions on Mechanical Properties of Microalloyed Medium Carbon Steels［C］. International Symposium on Physical Simulation of Welds，Hot Forming and Continuous Casting，Ottawa，1998.

［7］STOCKINGER M，TOCKNER J. Optimizing the Forging of Critical Aircraft Parts by the Use of Finite Element Coupled Microstructure Modeling［M］//LORIA E A.Superalloys 718，625，706 and Derivatives.Warrendale：TMS，2005.

［8］KLEBER S，HAFOK M. Multiaxial Forging of Super Duplex Steel［J］. Materials Science Forum，2010，（638-642）：2998-3003.

［9］MITSCHE S，POELT P，SOMMITSCH C. Recrystallization Behavior of Nickel Based Alloy 80A during Hot Forming［J］. Journal of Microscopy，2007，227（3）：267-274.

［10］ WASLE G,BUCHMAYR B,LIND C,et al. FEM-Coupled Simulation of Microstructure during Hot Forming Process［Z］. 2001.

［11］ KLEBER S,SOMMITSCH C,WIESSNER M. Stress Relaxation Measurements of Meta-dynamic and Static Recrystallization of Alloy 80A［C］. The 2nd Joint International Conference on Recrystallization and Grain Growth,ReX & GG2 SF2M,Annecy,2004.

［12］ SHI H, Mclaren A J, SELLARS C M, et al. Constitutive equations for high temperature flow stress of aluminium alloys［J］. Materials Science and Technology,1997, 13(3): 210-216.

［13］ DAVENPORT S B, SILK N J, SPARKS C N, et al. Development of constitutive equations for modelling of hot rolling［J］. Materials Science and Technology, 2000, 16(5): 530-546.

［14］ GRONOSTAJSKI Z. The Constitutive Equations for FEM Analysis［J］. Journal of Materials Processing Technology,2000,106(1-3):40-44.

［15］ ZHOU M. Constitutive Equations for Modeling Flow Softening due to Dynamic Recovery and Heat Generation during Plastic Deformation［J］. Journal of Mechanics of Materials,1998,27(2): 63-76.

［16］ ALLEN B. New Development in Gleeble Technology［C］∥全国第四届 Gleeble 热模拟技术交流会(西安会议)特邀报告专辑(电子版). 西安,2018.

［17］ GAO S. Gleeble 热模拟试验机的创新应用［C］∥全国第四届 Gleeble 热模拟技术交流会(西安会议)特邀报告专辑(电子版). 西安,2018.

［18］ YANAGIDA A,YANAGIMOTO J. Regression Method of Determining Generalized Description of Flow Curve of Steel under Dynamic Recrystallization［J］. Transactions of the Iron & Steel Institute of Japan,2005,45(6):858-866.

［19］ YANAGIDA A,YANAGIMOTO J. A novel approach to determine the kinetics for dynamic recrystallization by using the flow curve［J］. Journal of Materials Processing Technology,2004,151(1-3):33-38.

［20］ YANAGIDA A,LIU J,YANAGIMOTO J. Flow Curve Determination for Metal under Dynamic Recrystallization Using Inverse Analysis［J］. Materials Transactions,2003,44(11):2303-2310.

［21］ Yanagid A,Yanagimoto J. Formularization of softening fractions and related kinetics for static recrystallization using inverse analysis of double compression test［J］. Materials Science and Engineering：A, 2008,487(1):510-517.

［22］ Li J Y,Sugiyama S,Yanagimoto J. Microstructural evolution and flow stress of semi-solid type 304 stainless steel［J］. Journal of Materials Processing Technology,2005,161(3):396-406.

［23］ Yanagimoto J, Li J. Structural Morphologies and Deformaiton Characteristics of Semi－solid Type 304 Stainless Steel during Solidificaiton and Remelting［J］. Steel Research International,2005,76(2-3):85-91.

［24］ Tsuji N. Ultrafine grained steels managing both high strength and ductility［J］. Journal of Physics：Conference Series,2009,165:12010.

［25］ TAKATA N,OHTAKE Y,KITA K,et al. Increasing the ductility of ultrafine-grained copper alloy by introducing fine precipitates［J］. Scripta Materialia,2009,60(7):590-593.

［26］ SUN Y F,NAKAMURA T,TODAKA Y,et al. Fabrication of CuZr(Al) bulk metallic glasses by high pressure torsion［J］. Intermetallics,2009,17(4):256-261.

［27］ UEJI R,TSUCHIDA N,TERADA D,et al. Tensile properties and twinning behavior of high manganese austenitic steel with fine-grained structure［J］. Scripta Materialia,2008,59(9):963-966.

[28] TERADA D,INOUE S,TSUJI N. Microstructure and mechanical properties of commercial purity titanium se-verely deformed by ARB process[J]. Journal of Materials Science,2007,42(5):1673-1681.

[29] BOWEN J R,MASUI T,TSUJI N. Microstructure Evolution after Large Strain Deformation in Al-0.13%Mg [J]. Materials Science Forum,2007,550:235-240.

[30] KITAHARA H,TSUJI N,MINAMINO Y. Martensite transformation from ultrafine grained austenite in Fe-28.5 at.% Ni[J]. Materials Science And Engineering A-Structural Materials Properties Microstructure and Processing,2006,438(S1):233-236.

[31] AZUSHIMA A,KOPP R,KORHONEN A,et al. Severe plastic deformation (SPD) processes for metals [J]. Cirp Annals Manufacturing Technology,2008,57(2):716-735.

[32] 鳥塚史郎,フェライト域高-大ひずみ加工による超微細結晶棒鋼、鋼板の作製[J]. ふぇらむ,2005,10(3):188-195.

[33] 原徹·遅れ破壊に強い高強度鋼の創製に大きな期待[J]. 日本鉄鋼協会周期講演,2003.3:1-5.

[34] 张戈,郑芳,姚雷. 热模拟压缩试验保温润滑特性的研究[J]. 宝钢技术,2014(2):33-36.

[35] 张戈,郑芳,姚雷. 热模拟试验机 Thermecmastor-Z 拉伸试验的拓展应用[J]. 宝钢技术,2014(3):17-22.

[36] 姚雷,郑芳,张戈. 润滑条件对热力模拟压缩试验变形行为影响的数值模拟研究[J]. 宝钢技术,2013(1):15-18.

[37] 姚雷,郑芳,张戈. 温度场对热力模拟压缩试验变形行为影响的数值模拟研究[J]. 宝钢技术,2013(2):47-51.

[38] 申利权,杨旗,靳丽,等. AZ31B 镁合金在高应变速率下的热压缩变形行为和微观组织演变[J]. 中国有色金属学报,2014,24(9):2195-2204.

[39] 唐文军,江来珠,侯洪,等. Nb 对压力容器用高强度钢 B610E 组织和性能的影响[C]. 第六届全国压力容器学术会议,杭州,2005.

[40] 罗光敏,樊俊飞,宋国斌,等. 喷射成形高温合金 FGH4096 的热变形行为[J]. 宝钢技术,2008(5):57-60.

[41] 李朝锋,张永嘉. 一种高韧性 HSLA-80 钢板试验研究[J]. 钢铁,2006(7):79-82.

[42] 徐有容,侯大华,王德英,等. 16Mn 钢热变形流变应力模型及晶粒大小[J]. 钢铁,1993(11):40-44.

[43] 徐有容,侯大华,王德英,等. 10Ti 钢高温变形流变应力模型及晶粒大小变化[J]. 钢铁,1995(3):33-38.

[44] 罗德信,桂江兵. 含 Ti 超低碳钢流动应力的研究[J]. 轧钢,2006(4):17-20.

[45] 罗德信,朱敏,覃之光. 高碳钢固态相变与组织[J]. 钢铁研究,2008,36(6):14-16.

[46] 赵嘉蓉,杨节,唐文胜,等. 含钛微合金钢的强度组分的研究[J]. 武汉钢铁学院学报,1995(4):374-381.

[47] 赵嘉蓉,唐文胜,杨节,等. 终轧温度和轧后冷却对含钛微合金钢屈服强度的影响[J]. 钢铁,1996(5):30-34.

[48] 罗德信,桂江兵. 超低碳钢热加工变形行为的研究[C]. 2005 中国钢铁年会,北京,2005.

[49] 吴超,曾彤,夏艳花,等. Si-Cr 弹簧钢组织与性能的研究[J]. 钢铁研究,2015,43(5):25-29.

[50] 任安超,周桂峰,吉玉,等. 高强度球扁钢 E36 静态再结晶研究[J]. 柳钢科技,2009(S1):19-22.

[51] 刘东,罗子健. 以 Zener-Hollomon 参数表示的 GH169 合金的本构关系[J]. 塑性工程学报,1995(1):15-21.

［52］ TAKAHASHI M,BHADESHIA H K D H. The interpretation of dilatometric data for transformations in steels ［J］. Journal of Materials Science Letters,1989,8(4):477-478.

［53］ SHIPWAY P H,BHADESHIA H. Mechanical stabilisation of bainite[J]. Materials Science And Technology, 1995,11(11):1116-1128.

［54］ GREGG J M,BHADESHIA H K D H. Bainite nucleation from mineral surfaces[J]. Acta Metallurgica Et Materialia,1994,42(10):3321-3330.

［55］ STEWART J W,THOMSON R C,BHADESHIA H K D H. Cementite precipitation during tempering of martensite under the influence of an externally applied stress[J]. Journal of Materials Science,1994,29(23): 6079-6084.

［56］ 杜林秀. 低碳钢变形过程及冷却过程的组织演变与控制[D]. 沈阳:东北大学,2003.

［57］ 李维娟. 钢的晶粒细化工艺与理论研究[D]. 沈阳:东北大学,2001.

［58］ 刘东生. 钢铁材料变形奥氏体相变的研究及其应用[D]. 沈阳:东北大学,1999.

［59］ 骆宗安,冯莹莹,王国栋. 多功能热力模拟实验机:中国,201110100302.2[P]. 2011-04-20.

［60］ 冯莹莹,骆宗安,王国栋,等. 一种输出位移和扭转的机械传动装置:中国, 201110031476.8[P]. 2011-01-29.

［61］ 李云杰,康健,袁国,等. 低碳 Si-Mn 系 DQ&P 钢组织演变模拟研究[J]. 东北大学学报(自然科学版),2017,38 (1):36-41.

［62］ WANG C,WANG Z D,WANG G D. Effect of Hot Deformation and Controlled Cooling Process on Microstructures of Ti-Zr Deoxidized Low Carbon Steel[J]. ISIJ International,2016,56(10):1800-1807.

［63］ HAN Q Q,JIAO H T,WANG Y,et al. Effect of Rapid Thermal Process on the Recrystallization and Precipitation in Non-oriented Electrical Steels Produced by Twin-roll Strip Casting[J]. Materials science forum, 2016,850:728-733.

［64］ 宫美娜,李海军,王斌,等. EH47 钢连铸坯热芯大压下轧制应变诱导析出行为[J]. 材料热处理学报, 2019,40(3):133-140.

［65］ ZHOU X G,WANG M,LIU Z Y,et al. Precipitation Behavior of Nb in Steel under Ultra Fast Cooling Conditions[J]. Journal of Wuhan University of Technology (Materials Science),2015,30(2):375-379.

第3章
物理模拟技术在焊接领域的应用

金属材料的焊接历史可追溯数千年。早期的焊接技术见于青铜时代和铁器时代的欧洲和中东,经过数千年的发展,焊接方法由传统的弧焊、压力焊、钎焊发展至高能束焊、复合能场焊。时至今日,焊接仍然是金属材料加工及应用领域最为重要的技术之一,在航空航天、轨道交通、汽车、核电等领域发挥着重要的作用。由于焊接过程中局部的熔化及加热往往会导致材料热影响区的性能发生恶化,这将严重影响焊接结构及设备的安全性,因此如何提高焊接接头质量是焊接工作者重点关注的问题之一。

焊接过程实质上是快速加热、快速冷却的非平衡过程。单纯依靠开展大量的焊接试验来探索焊接过程中的显微组织转变规律、各种焊接裂纹敏感性、性能演变规律等内容,显然存在很大难度。物理模拟技术的出现为焊接接头组织演变、各种焊接裂纹敏感性的定量研究提供了新途径。经过几十年的发展,科研工作者已经利用热/力模拟试验机对焊接热影响区的组织性能转变、焊接热裂纹、冷裂纹、再热裂纹、应力腐蚀裂纹等进行了较为深入的研究和探索,同时在扩散焊、电阻对焊、高频焊等领域进行了扩展应用。

本章对近年来物理模拟技术在焊接领域的应用的基本原理、基本方法及最新成果进行了梳理。

3.1 焊接热循环曲线及其基本参数

焊接是通过连接处的局部熔化或相互扩散,将简单零件拼接成大的复杂零件或构件的一种加工手段。图3-1描述了一个手工电弧焊焊接示意图及其焊接接头的横截面剖视图。在焊接过程中,处于热源(电弧)中心区的构件部位将熔化而成为焊缝,而离电弧较远的部位仍处于固态,但都受到焊接热源的作用。由图3-1中 A 向视图可知,焊接接头由焊缝(焊条与母材熔化混合后经化学冶金反应而结晶凝固成的结合体）及热影响区（固相母材中受电弧加热而引起组织或性能发生变化的区域）所组成，焊缝与热影响区的交界线称为熔合线。无论是熔化焊还是固态焊接，通常接头中的母材将被加热到高温，而且升温速度高，冷却速度快，形成一种与普通热处理大不相同的特殊热循环。图3-2所示为典型熔焊接头热影响区内各部位所经历的不同焊接热循环曲线。

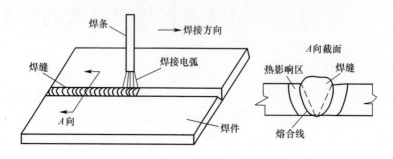

图3-1 手工电弧焊焊接示意图

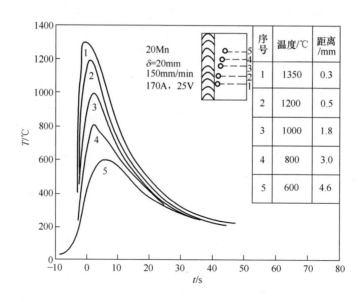

图3-2 典型熔焊接头热影响区内各部位所经历的不同焊接热循环曲线

在实际焊接过程中，焊接接头除经受热循环之外，还经历应力、应变循环。这是由于焊接过程中待焊接头中各部位经受不均匀的加热和冷却，使焊件中产生不均匀的膨胀、收缩而引起局部弹、塑性应变，从而在接头中形成了内应力、应变场，并往往导致焊后的残余应力和变形。

　　因此,研究焊接热循环曲线的特征及其基本参数,进而计算、预测和评定焊接接头的受热、受力情况及其带来的各种后果,是从事物理模拟技术在焊接领域研究的基础与前提。

3.1.1　焊接热循环的主要参数及其物理意义

　　图 3-3 示出了一条热循环曲线及其主要参数。它标志着在焊接构件的焊接热影响区上某点在热源作用下所经历的热过程,即该点上的温度随时间的变化过程。从图 3-3 中可以看出,当焊接热源以一定的速度运动时,焊件上某点瞬时得到的能量是有限的。对于近缝区某点来说,加热的开始阶段,由于电弧距离较远及热量向焊接构件基体内部的传导,该点温度升高较慢,随着电弧的移近和焊缝周围金属的加热趋于饱和,该点的温度将急剧上升,并在峰值温度处维持一定时间,此时从该点导走的热量与电弧注入的热量相平衡。然后,随着电弧的移开,焊件又迅速地从该点导走热量,而注入的热量逐渐减少,从而温度又开始下降。焊接热循环的主要参数有加热速度、峰值温度、高温停留时间及冷却速度。

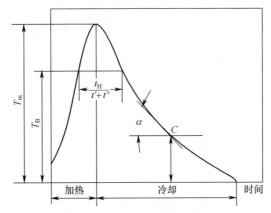

t_H—高温停留时间;T_m—峰值温度;t'—加热阶段的停留时间;t''—冷却阶段的停留时间;

T_B—较高参考温度(有相变材料则为相变温度)。

图 3-3　焊接热循环曲线及其主要参数

1. 加热速度

　　焊件上某点从初始温度(室温或预热温度)被加热到峰值温度过程中,单位时间内温度的升高值称为加热速度。熔化焊接时电弧(或其他热源)对焊件的加热速度要比一般热处理条件下对材料的加热速度快得多,而且在加热过程中每瞬间的升温速度并不相同。加热速度取决于焊接热源的功率、焊接速度及待焊金属的物理性质，同时，焊件的尺寸、形状、接头形式和接头散热条件等对加热速度有一定的影响。

从金属学角度来看，加热速度对焊接接头特别是热影响区的组织和性能有较大的影响。随着加热速度的提高，钢的相变温度点 A_{c1} 与 A_{c3} 将随之提高，奥氏体的均质化和碳氮化合物的溶解过程也将变得不充分，这将影响随后冷却过程中的相变产物及其特征。因此，焊接热模拟时的加热速度的设定，必须依据实际的加热过程分段考虑，而不能像热处理或热轧模拟那样，笼统地采用平均加热速度。

电弧焊时，在待焊金属材料、接头形式与尺寸一定的情况下，影响加热速度的主要因素是电弧的功率、热量有效利用系数和焊接速度。电弧的功率取决于焊接电流和电弧电压，热量有效利用系数与焊接方法及工艺措施有关，最终体现影响加热速度的直接物理量被称为焊接热输入 E。

$$E = q/v = \eta UI/v \tag{3-1}$$

式中：E 为焊接热输入，表示焊接时，由焊接热源传输给单位长度焊缝上的能量（J/cm）；q 为焊接热源的功率（J/s），对于电弧焊，当把焊接电弧看作是无电感时，则 $q=\eta UI$；U 为电弧电压（V）；I 为焊接电流（A）；η 为热量有效利用系数，随不同焊接方法与工艺而定，通常 $\eta=0.6\sim0.9$[1]；v 为焊接速度，即电弧沿焊缝方向移动的速度（cm/min）。

一般情况下，焊接热输入越大，则加热速度越慢；反之，加热速度越快。

焊接热循环曲线及其基本参数，可以通过实际测定或理论计算来获得。但对于加热速度来说，由于影响加热的因素十分复杂，至今还未找到恰当的理论公式来精确地描述电弧加热过程。目前，基本上是通过实测或经验来确定。表3-1列出了低合金钢几种常见的焊接方法和不同的热输入所对应的加热速度、高温停留时间和冷却速度。

表3-1 中所列的是900℃时的加热速度。这是由于实际加热过程中，随着电弧的移动及热量向焊接构件基体内的传导，每瞬间的加热速度并不完全相同，一般比较关注的是接近和高于相变点时的加热速度。

表3-1 单道电弧焊和电渣焊低合金钢时近缝区热循环参数[1]

板厚/mm	焊接方法	焊接热输入/(J·cm⁻¹)	900℃时的加热速度/(℃·s⁻¹)	900℃以上的停留时间/s		冷却速度/(℃·s⁻¹)		备注
				加热时 t'	冷却时 t''	900℃	500℃	
1	钨极氩弧焊	840	1700	0.4	1.2	240	60	对接不开坡口
2	钨极氩弧焊	1680	1200	0.6	1.8	120	30	对接不开坡口

续表

板厚/mm	焊接方法	焊接热输入/(J·cm⁻¹)	900℃时的加热速度/(℃·s⁻¹)	900℃以上的停留时间/s		冷却速度/(℃·s⁻¹)		备注
				加热时 t'	冷却时 t''	900℃	500℃	
3	埋弧自动焊	3780	700	2	5.5	54	12	对接不开坡口,有焊剂垫
5	埋弧自动焊	7140	400	2.5	7	40	9	对接不开坡口,有焊剂垫
10	埋弧自动焊	19320	200	4	13	22	5	V形坡口对接,有焊剂垫
15	埋弧自动焊	42000	100	9	22	9	2	V形坡口对接,有焊剂垫
25	埋弧自动焊	105000	60	25	75	5	1	V形坡口对接,有焊剂垫
50	电渣焊	504000	4	162	335	1	0.3	双丝
100	电渣焊	672000	7	36	168	2.3	0.7	三丝
100	电渣焊	1176000	3.5	125	312	0.83	0.28	板极
220	电渣焊	966000	3	144	395	0.8	0.25	双丝

2. 峰值温度 T_m

热循环的峰值温度即焊接加热的最高温度 T_{max},这个温度对于焊接热影响区金属的晶粒长大、相变组织及碳氮化合物或其他金属化合物的溶解等有很大影响。同时,研究最高温度可间接地判断焊接构件产生内应力的大小和接头中塑性变形区的范围,因此峰值温度是焊接模拟的重要参数。一般来讲,对于低碳钢和低合金钢,熔合线的温度可达 1400~1480℃。而热影响区其他各部位的峰值温度可以根据式(3-4)和式(3-5)来估算(详见 3.1.2 节)。

3. 高温停留时间 t_H

高温停留时间对于第二相的溶解或析出、扩散均质化及晶粒的长大影响很大,对于某些活泼金属或金属间化合物,高温停留时间还将影响待焊接头对周围气体介质的吸收或相互作用的程度,而且温度越高影响越强烈。"高温"这个概念在焊接热模拟中没有明确的界定,通常是指对被模拟对象的组织、物态和性能变化影响明显的温度。对于钢来说,一般指相变温度以上;对于硬铝来说,通常指过时效温度;对于钛合金来说,通常指强烈吸气的温度;对于奥氏体不锈钢来说,比较关注的是引起晶间腐蚀的敏化区温度及其停留时间。而对于某些低合金高强钢来说,加热温度高于1100℃时,即使停留时间不长,也会使晶粒出现严重的粗大,成为焊接接头的脆弱部位。

为了便于分析研究,把高温停留时间 t_H 又分为加热阶段的停留时间 t' 和冷却阶段的停留时间 t'',即 $t_H = t' + t''$。

4. 冷却速度 ω_c

冷却速度是焊接热循环最重要的基本参数之一,是研究焊接热过程的主要内容。与加热过程一样,在焊接热循环的冷却过程中每一瞬时的冷却速度也是不同的。某一时刻、某一瞬时温度时的冷却速度可以用该温度对时间的斜率来表示,如图3-3中所示 C 点。但在制定焊接热循环曲线时,常用某一温度区间的冷却时间 t_c 来间接表示在该温度范围内的平均冷却速度。对于钢铁材料而言,冷却速度或冷却时间是影响焊接热影响区组织和性能的决定性因素。

熔合线附近,即焊缝边沿及其附近部位的冷却速度相差较小,而且是整个热影响区冷却速度最大的部位,这部位的组织一般也比较粗大,因此研究熔合线附近的冷却速度最有实际意义。对于低碳钢和低合金钢,此部位,即熔合线附近的峰值温度约为1350℃,人们最关注的是该区域在冷却过程中,约在540℃时的瞬时冷却速度,或者从800℃到500℃的冷却时间 $t_{8/5}$,这是因为800~500℃是奥氏体最不稳定的温度范围,$t_{8/5}$ 的长短(或540℃附近的冷却速度大小)将决定该敏感区域最终的相变产物。

在对不同金属材料进行焊接热模拟时,还应了解并控制好不同材料所要求的特殊冷却速度范围。例如,对于工业纯钛及 α 型钛合金,近缝区合适的冷却速度范围为10~20℃/s,此时焊接热影响区由于获得一定量的钛马氏体而具有较好的综合力学性能。而对于 α+β 型钛合金,随 β 相稳定元素含量有所不同,导致在冷却过程中钛马氏体的生成量也有所不同。例如,TC1(Ti-2Al-1.5Mn),热影响区合适的冷却速度范围为12~150℃/s;而对 TC4(Ti-6Al-4V),合适冷却速度范围为2~40℃/s。过高的冷却速度,热影响区中钛马氏体量增多,接头变脆;过低的冷却速度,则热影响区晶粒长大,同样使接头塑性降低[2]。

热处理强化的硬铝合金焊接时,希望以小的热输入或较大的冷却速度以减轻接头中的过时效;而对于铬镍奥氏体不锈钢焊接时,热影响区中峰值温度从1000℃到600℃的部位焊后易产生晶间腐蚀,因此可利用物理模拟调整构件在此峰值温度的冷却速度,以确定避免产生晶间腐蚀的临界冷却速度或"免疫"时间。

3.1.2　焊接热循环主要参数的数学模型

焊接热循环主要参数可以通过数学模型进行表达和计算。数学模型不但可以描述影响热循环基本参数各物理量的关系,而且是建立焊接热模拟软件的理论基础。几十年来,世界各国焊接工作者为此做出了巨大努力,他们根据传热学理论和不同的假设条件,建立了众多的数学表达式。早在 20 世纪 40 年代,苏联的 H. H. 雷卡林(H. H. Рыкалин)院士在美国学者 D. 罗森塞尔(D. Rosenthal)的研究基础上,创立了经典的焊接传热学理论。之后,各种不同假设条件和解题方法的数学表达模式层出不穷地涌现,推动了焊接传热学理论不断走向严密和贴合实际。这方面的研究在许多专著和论文中已报道过,本书仅围绕焊接物理模拟的需要做一概括介绍。

1. 焊接热过程计算方法的三大类别——笛卡林解析法、纯导热数值解(差分法及有限元法)、对流−传导三维模型的发展历史、现状与特点

热量总是从物体的高温部位向低温部位移动,并服从于傅里叶定律。D. 罗森塞尔和 H. H. 雷卡林首先借助于傅里叶定律和能量守恒定律,导出了热传导的微分方程式,成为后人研究焊接传热过程理论及数学表达方法的基础。由于焊接传热过程非常复杂,影响因素繁多,焊接温度场又是一种介稳状态的暂时平衡,为了使问题简化,雷卡林数学解析模型的建立事先假定了一些边界条件。这些设定的条件主要有:假定被焊材料的物理常数不随温度变化而改变;不考虑焊接过程中接头中发生的相变及结晶潜热;认为焊件的几何尺寸是无限的,把热源看作是点状热源(焊件为半无限大体)、线状热源(焊件是无限大薄板)或面状热源(焊件为无限长棒),而且三维或二维传热时彼此互不影响[3]。

由于雷卡林经典公式受到了上述一些假设条件的局限,使得距离热源较近部位的温度计算发生较大的偏差。从 20 世纪 70 年代开始,伴随计算机技术的发展,焊接热过程的有限元法和差分法数值分析模型开始出现[1,4],这种数值解法可以处理各种复杂的边界条件、热源分布及非线性问题,从而极大地提高了数值模拟的精度。

然而,上述经典解析公式和焊接热过程有限元法或差分法仍然都没有考虑焊接熔池内部液态金属的对流传热特点,而把只能用于固体的导热微分方程一起应用于液态熔池和熔池外部固体区域,忽视了高温过热液态金属熔池对传热过程的影响,因此焊接热影响区温度场的计算仍有偏差。为此,又经过十几年的努力,提出了一种研究焊接热过程计算的新思路,即同时考虑焊接熔池中流体对流传热和熔池外部的固体传导热,从而在根本上避免了经典公式的固有缺陷。这种数值分析方法一改过去只从点、线、面热源来研究焊接温度场的传统方法,

而站在整体的立场来分析问题,用三维离散方程组表达焊接温度场的数值解,利用计算机进行推导运算,从而为更准确、更完整地建立焊接热过程数学模型开辟了一条新的途径[5]。

虽然数值分析为准确计算焊接热过程提供了有利工具,但至今仍存在一些问题影响焊接热过程数值分析方法的完善性,这主要是某些物理计算参数和边界条件尚无法准确设定。例如,电弧有效利用系数的选取、热源分布参数的确定、熔池中的流体动力学状态及材料热物理性能随温度变化的精确数据等,尚缺乏系统与准确的资料。因此,焊接热过程理论及其数学表达模型的建立,仍需要进行不懈的努力。上述问题也是当前金属热加工领域中,焊接数值模拟相对于铸造、压力加工和热处理数值模拟难度比较大的原因之一。

尽管目前各种数学模型存在不完善之处,但仍对生产实际和焊接物理模拟的研究具有重要指导意义。基于篇幅所限,本节主要介绍数学解析法计算焊接热循环基本参数。其他数值分析方法的原理、计算步骤及所采用的计算机数值模拟工具等,请参阅文献[1,5]。

2. 焊接热循环基本参数的计算公式

如前所述,数学解析法是以一些假设的边界条件为前提,因此其计算结果将带来一定的误差。然而使用实测的方法虽然可以得到比较真实的焊接热循环特征曲线,但不能反映影响热循环基本参数的因素及其内在联系。因此,在实际操作上,都是把计算公式与实际测量相结合,或者用经验系数对计算结果进行修正,从而获得比较切合实际的结果。

1) 峰值温度 T_m(加热最高温度 T_{max})

（1）经典理论公式。

图 3-4 展示了焊件上的温度分布曲线 $T(x)$ 及所研究的点 P 上所经历的焊接热循环曲线。热源(电弧)按 X 方向移动(y 为常数),由温度场的数学解析可知,在焊接热源运动过程中,热源越接近焊件上点 P,其升温速度越快,达到峰值 T_{max} 后,稍停留,便立即开始冷却降温直至降到焊件的平均温度为止。

图 3-4 中表示的恰好是点 P 处在峰值温度的情况下,这时可由 $\dfrac{dT}{dt} = 0$ 或 $\dfrac{dT}{dx} = 0$ 来确定。显然,点 P 离热源移动轴线越远(y 越大),其 T_{max} 值就越低,并且在热源通过后要滞后一段时间才能达到峰值温度。而且点 P 前方各点的升温加热速度均明显地比其后方各点的降温冷却速度要大。

根据经典焊接热传导理论,对于高速运动的热源焊件上某点的温度取决于焊接热输入、该点距热源中心线距离及试件的材质和尺寸等。对于厚大焊件,热

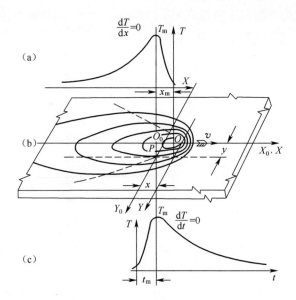

图 3-4 焊件上的温度分布曲线及点 P 的热循环曲线

(a)移动热源在焊件上的温度分布;(b)点 P 的温度 $T=f(x)$(条件:$x=-vt,y=y_0,z=z_0$);

(c)点 P 的热循环,$T=f(t)$。

流看作三维导热,电弧看作点热源,则距离热源为 r_0 的某点,经 t 秒后,该点温度可写为[1,3]

$$T(r_0,t) = T_0 + \frac{E}{2\pi\lambda t}\exp\left(-\frac{r_0^2}{4at}\right) \qquad (3-2)$$

对于薄板的对接焊,由于热能沿板厚方向分布均匀,热流为二维导热,热源可看作线状热源,因此距离热源为 y_0 的某点经 t 秒后,该点的温度可写为

$$T(y_0,t) = T_0 + \frac{E/\delta}{2(\pi\lambda\rho ct)^{\frac{1}{2}}}\exp\left[-\left(\frac{y_0^2}{4at} + bt\right)\right] \qquad (3-3)$$

式中:T_0 为焊件的初始温度(室温或预热温度)(℃);E 为焊接热输入(J/cm);λ 为材料的热导率(导热系数)[W/(cm·℃)]或[J/(cm·s·℃)];c 为材料的比热容[J/(g·℃)];ρ 为材料的密度(g/cm³);a 为热扩散率(cm²/s), $a = \dfrac{\lambda}{c\rho}$;$b$ 为薄板的表面(上、下)散温系数(1/s), $b = \dfrac{2\alpha}{c\rho\delta}$,其中 α 为表面散热系数 [J/(cm²·s·℃)];δ 为板厚(cm);r_0 为厚板焊件上某点距热源运行轴线的坐标距离(cm), $r_0 = \sqrt{y_0^2 + Z_0^2}$;$y_0$ 为薄板焊件上某点距热源运行轴线的垂直距离

（cm）；t 为热源到达所求点所在截面后（此时 $x_0=0$）开始计算的传热时间（s）。

从式（3-2）和式（3-3）中可以看出，距热源 r_0（或 y_0）某点的温度变化是时间 t 的函数。当热循环达到峰值温度时，温度变化速度应为零，$\frac{\partial T}{\partial t}=0$，$t=t_m$，则峰值温度如下。

点热源：

$$T_m = T_0 + \frac{2E}{\pi e c\rho r_0^2} = T_0 + \frac{0.234E}{c\rho r_0^2} \tag{3-4}$$

线热源：

$$T_m = T_0 + \frac{1}{2}\sqrt{\frac{2}{\pi e}} \cdot \frac{E/\delta}{c\rho y_0}\left(1 - \frac{by_0^2}{2a}\right) = T_0 + \frac{0.234E/\delta}{c\rho y_0}\left(1 - \frac{by_0^2}{2a}\right) \tag{3-5}$$

顺便提及的是，借用式（3-2）和式（3-3），对焊件上某点、某时刻求导，也可得出该点、该时刻的加热速度（设 $t<0$）或冷却速度（设 $t>0$）。

式（3-2）式（3-3）也有其局限性，这是由于原始的理论条件与焊接实际情况有较大差异。例如，当 $r_0=0$ 或 $y_0=0$ 时，按式（3-2）和式（3-3）计算，则 $T_m=\infty$，这显然是不可能的。因此，应考虑金属熔点的限制。经推导、修正得到的计算峰值温度的公式如下[1,6]：

厚板（三维）：

$$\frac{1}{\sqrt{T_m-T_0}} = \sqrt{\frac{\pi e c\rho}{E}} + \frac{1}{\sqrt{T_M-T_0}} \tag{3-6}$$

薄板（二维）：

$$\frac{1}{\sqrt{T_m-T_0}} = \frac{\sqrt{2\pi e}\,c\rho\delta y_0}{E} + \frac{1}{\sqrt{T_M-T_0}} \tag{3-7}$$

式中：T_M 为钢板的熔点（约 1530℃）；T_m 为焊件上某点的峰值温度（℃）。

（2）埃德姆斯（Adams）公式。

美国的 C. M. 埃德姆斯、日本的木原博和稻垣道夫等根据热传导微分方程，通过大量的试验，积累了不同材质、不同板厚、不同焊接热输入及不同预热温度下的测量数据，对经典公式进行了修正。埃德姆斯的峰值温度 T_m 的计算公式如下[7]：

三元热流：

$$T_m - T_0 = \frac{E}{2\pi e\lambda a} \cdot \frac{1}{2+R^2} \tag{3-8}$$

二元热流：

$$\frac{1}{T_m - T_0} = \frac{4.3c\rho\delta y'}{E} + \frac{1}{T_M - T_0} \qquad (3-9)$$

式中:a 为热扩散率(cm^2/s),$a = \lambda/cp$;$R = \dfrac{v\sqrt{y^2 + R^2}}{2a}$;$v$ 为焊接速度(cm/s);T_M 为母材的熔点,钢约为 1530℃;y' 为离开熔合线的距离(cm),$y' = y - y_0$(其中,y 为垂直电弧中心线的距离,y_0 为焊缝宽度的 1/2)。

(3)桥本、松田的经验公式[7]。

桥本等测定了板厚为 1~3mm,材料分别为低碳钢、18-8 不锈钢、铝合金及工业用纯钛 4 种材料在 TIG(钨极氩气保护电弧焊)焊接时的热循环曲线,从而得到了最高温度的分布曲线,在此基础上推算出最高温度和焊接热输入及达到该温度的某点距熔合线距离 y' 间的关系,并制作了表 3-2。根据所要求的最高温度值,从表 3-2 中可确定达到此温度的距离 y' 值。

表 3-2　最高温度与焊接规范和距离 y' 的关系

$T_m - T_0$/℃	$\frac{v}{UI}\delta y'$ 的推算值/($cm^3 \cdot J^{-1}$)			
	18-8 不锈钢	工业用纯钛	低碳钢	铝合金
1180	$(1.1\pm0.5)\times10^{-5}$	$(1.5\pm0.6)\times10^{-5}$	$(0.9\pm0.3)\times10^{-5}$	—
986	1.8±0.5	2.6±0.7	1.3±0.4	—
875	2.2±0.4	3.3±1.1	1.6±0.4	—
780	2.6±0.5	3.8±1.0	1.9±0.5	—
681	3.4±0.9	4.3±1.1	2.6±0.6	—
569	4.6±0.1	6.1±0.8	3.6±0.7	—
560	—	—	—	$(1.8\pm0.4)\times10^{-5}$
476	5.5±1.0	6.8±0.9	4.6±0.6	—
467	—	—	—	2.9±0.7
375	7.4±1.2	9.6±1.2	6.3±0.7	—
366	—	—	—	6.7±1.3
278	9.0±1.2	12.3±1.4	10.1±0.9	—
269	—	—	—	10.5±2.3
180	14.7±1.4	17.9±1.2	16.4±1.0	—
171	—	—	—	21.9±2.1
116	—	—	—	33.3±4.0

注:U 为电弧电压(V);I 为焊接电流(A);y' 为达到最高温度 T_{max} 的某点距熔合线的距离,y' = [表 3-2 中最高温度 T_{max} 与初始温度 T_0 差值($T_{max} - T_0$)对应的某材料的 $\frac{v}{UI}\delta y'$ 的推算值] × $\frac{UI}{v}$ × $\frac{1}{\delta}$ (cm)。

2）高温停留时间 t_H

从理论上直接推导在一定温度（包括相变温度）以上停留时间还存在困难。目前采取的是理论计算和图解法相结合的方法。

（1）无因次判据公式及其图解法[1]。

当某点的热循环最高温度及预热温度确定后，对于厚大构件高速运动热源，可以将式（3-2）与式（3-4）中 T_0 移项后相除，得

$$\frac{T - T_0}{T_m - T_0} = \frac{r_0^2}{4at}\exp\left(1 - \frac{r_0^2}{4at}\right) \tag{3-10}$$

令 $\theta = \dfrac{T - T_0}{T_m - T_0}$，$\theta$ 为温度无因次参数（对钢来言，$T_m \approx 1500℃$，当 $T = 1000℃$ 时，晶粒会发生长大，此时 $\theta \approx 0.67$）；令 $\tau_{3H} = \dfrac{4at}{r_0^2}$，$\tau_{3H}$ 为时间无因次参数，则得

$$\theta = \frac{1}{\tau_{3H}}\exp\left(1 - \frac{1}{\tau_{3H}}\right) \tag{3-11}$$

根据式（3-11）可绘出温度与时间的无因次关系，如图 3-5 中的曲线 1 所示，该图十分简洁地反映了热影响区某点温度与时间的复杂关系。

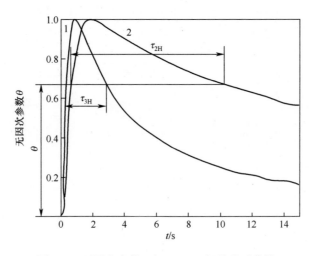

图 3-5　无因次参数 θ 与 τ_{3H}、τ_{2H} 间的关系曲线

当温度 T 确定后，即可轻易地算得 θ，通过图 3-5 找到 τ_{3H} 值。根据相似原理，$t_H = \dfrac{\tau_{3H}r_0^2}{4a}$，则可得出：

$$t_H = \frac{\tau_{3H}}{2\pi e} \cdot \frac{E}{\lambda(T_m - T_0)} \tag{3-12}$$

假设 $f_3 = \dfrac{\tau_{3H}}{2\pi e}$，则

$$t_H = f_3 \frac{E}{\lambda(T_m - T_0)} \tag{3-13}$$

式(3-12)和式(3-13)即为厚大焊件上某点的热循环在温度 T 以上的停留时间计算公式。

同理，将式(3-3)与式(3-5)中的 T_0 移项后相除，暂不考虑表面散热(即 $b = 0$)，并令 $\theta = \dfrac{T - T_0}{T_m - T_0}$，$\tau_{2H} = \dfrac{4at}{Y_0^2}$，则得

$$\theta = \sqrt{\frac{2}{\tau_{2H}}} \exp\left(\frac{1}{2} - \frac{1}{\tau_{2H}}\right) \tag{3-14}$$

同样可画出无因次曲线，如图 3-5 中的曲线 2 所示。

从图 3-5 中可以清楚地看出，薄板 τ_{2H} 值比厚大构件的 τ_{3H} 值大得多，这就意味着在相同焊接热输入情况下，薄板焊接时比厚大构件焊接时的高温停留时间长得多。

根据相似原理，$t_H = \dfrac{\tau_{2H} y_0^2}{4a}$，则

$$t_H = \frac{\tau_{2H}}{4a} \cdot \frac{E^2}{\lambda c \rho \left[\delta(T_m - T_0)\right]^2} \tag{3-15}$$

假设 $f_2 = \dfrac{\tau_{2H}}{8\pi e}$，则

$$t_H = f_2 \frac{(E/\delta)^2}{\lambda c \rho (T_m - T_0)^2} \tag{3-16}$$

式(3-15)和式(3-16)即为薄板对接焊时某点的热循环在温度 T 以上的停留时间计算公式。

为了方便起见，还根据上述有关公式及图 3-5 做出了无因次参数 θ 与 f_3、f_2 的关系图，如图 3-6 所示。可根据 $\theta = \dfrac{T - T_0}{T_m - T_0}$ 在图 3-5 或图 3-6 上查得相关的 τ_{3H}、τ_{2H} 或 f_{3H}、f_{2H} 的值，然后代入式(3-12)、式(3-13)或式(3-15)、式(3-16) 即可得出所需的 t_H。

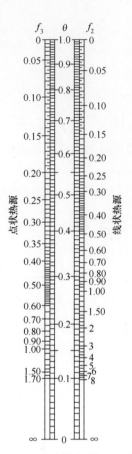

θ—温度无因次判据；f_3—厚大构件堆焊时系数；f_2—薄板单道对接焊时系数。

图 3-6　无因次参数 θ 与 f_3、f_2 的关系图

（2）焊缝边界高温停留时间的计算。

焊接边缘上某点的高温停留时间常引起人们的格外重视，这是由于靠熔合线附近是热影响区中加热温度最高的部位，因此该区域极易粗化。如前所述，高温停留时间 t_H 实际上包括加热阶段的停留时间 t' 和冷却阶段的停留时间 t''（$t_H = t' + t''$），而且一般情况下 $t' \leqslant t''$。在大功率高速运动热源作用下，加热速度很快，此时 $t' \ll t''$，可以近似地把焊缝边缘某点高温停留时间 t_H 看作焊缝边界从峰值温度冷却到某一温度的冷却时间 t_c（$t_c = t'' = t_H$）。

T_H 以上的高温停留时间 t_H 如下[8]：

点热源：
$$t_H \approx \frac{m_3 E}{2\pi\lambda \left(T_H - T_0\right)^2} \tag{3-17}$$

72

线热源：
$$t_H \approx \frac{m_2 (E/\delta)^2}{4\pi\lambda c\rho (T_H - T_0)^2} \tag{3-18}$$

式中：m_3、m_2 均为修正系数，对于结构钢来说，若取 $\lambda = 0.5 J/(cm \cdot s \cdot \text{℃})$，$c\rho = 5 J/(cm^3 \cdot \text{℃})$，则 $m_2 \approx 1$，$m_3 \approx 1.5$。

3) 瞬时冷却速度

（1）瞬时冷却速度 ω_c 的计算。

如图 3-2 所示，焊接热影响区离熔合线不同距离的各点的热循环曲线是不同的。式(3-2)及式(3-3)给出了焊件上某点的温度随时间变化的关系，因此各点在某时刻的冷却速度可以根据式(3-2)和式(3-3)，代入不同的 r_0 或 y_0 值，确定该点在某瞬时(或某时刻)的温度，将温度对时间求导而得出。

如前所述，由于熔合线附近是焊接接头的最薄弱环节，因此人们比较关注的是此处的冷却速度。大量试验证明，熔合线处的冷却速度与焊缝一次结晶后的冷却速度几乎相等，而距熔合线很近的各点某瞬时的冷却速度又相差不大(最大误差为 5%~10%)，因此，这里着重描述焊缝上的冷却速度。

根据式(3-2)，假设 $r_0 = 0$，对时间 t 微分，则有
$$\frac{dT}{dt} = -\frac{E}{2\pi\lambda t^2}$$

同时，当 $r_0 = 0$ 时，根据式(3-2)可得 $t = \frac{E}{2\pi\lambda (T - T_0)}$，因此，对于厚大构件，焊缝及熔合线附近的冷却速度为
$$\omega_c = \frac{dT}{dt} = -2\pi\lambda \frac{(T - T_0)^2}{E} \quad (t > 0) \tag{3-19}$$

同理，假设 $y_0 = 0$，根据式(3-3)可以推导出薄板对接焊缝及熔合线附近的冷却速度为
$$\omega_c = \frac{dT}{dt} = -2\pi\lambda c\rho \frac{(T - T_0)^3}{(E/\delta)^2} \quad (t > 0) \tag{3-20}$$

从上述可以看出，由于按不同的传热方式(三维或二维)来计算，厚板与薄板瞬时冷却速度的差别很大。然而，当薄板的厚度增大到一定尺寸时，按式(3-20)计算，对冷却速度的影响程度逐渐减弱，而此时必须考虑以厚大构件的公式[式(3-19)]计算，才符合真实情况。因此，有必要找出其区别薄板和厚板的临界厚度 δ_{cr}。从理论上讲，由薄板过渡到厚板时，此时式(3-19)与式(3-20)应相等，经运算整理得
$$\delta_{cr} = \sqrt{\frac{E}{c\rho (T - T_0)}} \tag{3-21}$$

从式(3-21)中可以看出，δ_{cr} 不是一个定值，它随被焊金属的物理性质、焊接热输入 E 及预热温度的不同而变化。

在实际运用式(3-19)及式(3-20)时，应按实际板厚是否超过 δ_{cr} 来确定用厚板公式还是薄板公式。对于低碳钢及低合金钢，经试验，在手工电弧焊时，25mm 以上为厚板，8mm 以下属薄板，而对于厚度处于 $8 \sim 25$mm 的中厚板，可利用式(3-19)乘以一个系数进行修正，即

$$\omega_c = -K \frac{2\pi\lambda (T - T_0)^2}{E} \tag{3-22}$$

修正系数 K 是无因次参数 θ 的函数，$K = f(\theta)$，$\theta = \dfrac{2E}{\pi c\rho^2 (T - T_0)}$ 算出 θ 值后，可在图 3-7 上查到 K 值，用式(3-22)计算出中厚板上焊缝或熔合线附近某点的冷却速度。

图 3-7 是经过大量试验总结出来的。在利用图 3-7 时，可按下列准则：当 $\theta \geqslant 2.5$ 时，可直接用薄板公式[式(3-20)]进行计算；当 $\theta \leqslant 0.4$ 时，可直接用厚板公式[式(3-21)]计算；只有当 $0.4 < \theta \leqslant 2.5$ 时，才用式(3-22)计算[1]。

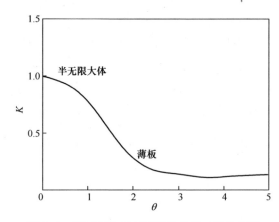

图 3-7　修正系数 K 与无因次参数 θ 的关系图

以上所讨论的仅是对于厚大焊件的堆焊及薄板对接焊而言。而实际上，在焊接结构中常遇到搭接接头、角接头及厚板焊接时，广泛使用的是带坡口的对接接头。此时，必须对公式中的板厚 δ 和热输入 E 进行修正，即式(3-20)中 δ 设为 $K_1\delta$，式(3-19)、式(3-20)、式(3-22)中 E 改为 K_2E。根据焊接传热学理论进行分析，并经试验验证，各种情况下的修正系数 K_1、K_2 的值列于表 3-3。

表 3-3　接头形式不同时厚度 δ 和热输入 E 的修正系数

修正系数	接头形式				
	平板上堆焊	60°坡口对接焊	搭接接头	T 形接头	十字接头
厚度 δ 的 K_1	1	3/2	1	1	1
热输入 E 的 K_2	1	3/2	2/3	2/3	1/2

综上所述,当计算不同情况下的冷却速度时,可按以下步骤进行。

① 根据被焊金属材质及焊件厚度,首先确定合适的焊接热输入及所需的预热温度(此先决条件往往已由焊接工艺事先给定)。

② 利用临界厚度公式[式(3-19)],确定所用哪种(厚大焊件、薄板或中厚板)冷却速度计算公式,若为中厚板,则应用无因次参数 θ 在图 3-7 上查出修正系数 K 的值。

③ 根据接头的类型,按表 3-3 查出修正系数 K_1 和 K_2 的值,然后算出 $K_1\delta$ 和 K_2E 的数值。

④ 最后按不同厚度冷却公式,分别将 $K_1\delta$ 和(或) K_2E 代入式(3-17)、式(3-18)或式(3-20)中,则可求出不同情况下的冷却速度。

(2) 计算冷却速度的经验公式。前边讨论的是根据焊接传热学经典理论所建立的理论计算公式。由于经典理论假设条件的局限性,由其推导出来的计算公式必定与实际有一定误差,因此许多经验公式被提了出来。下面仅介绍日本学者木原、铃木等针对不同金属材料所建立的瞬时冷却速度经验公式[1,7,9]。

① 碳钢和低合金钢焊接时瞬时冷却速度经验计算公式。

对于低碳钢和低合金钢,日本学者测定了在手工电弧焊时,板厚为 6~30mm 的单层对接和角接头,以及焊缝长度在 60mm 以上的焊道中段熔合线处的瞬时冷却速度。其经验公式为

$$\omega_c = 0.35P^{0.8} \tag{3-23}$$

式中:P 为冷却速度计算参数。

对接时:

$$P = \left[\frac{25.4(T-T_0)}{I/v}\right]^{1.7} \times \left[1 + \frac{2}{\pi}\cot\left(\frac{\delta-\delta_0}{\alpha}\right)\right]$$

角接时:

$$P = \left[\frac{25.4(T-T_0)}{0.8I/v}\right]^{1.7} \times \left[1 + \frac{2}{\pi}\cot\left(\frac{\delta-\delta_0}{\alpha}\right)\right]$$

式中：T 为熔合线处计算冷却速度时的瞬时温度值（℃）；v 为焊接速度（mm/min）；δ_0、α 均为与温度相对应的常数值。数值如下：

$$T = 700℃ \qquad \delta_0 = 12 \qquad \alpha = 1$$
$$T = 540℃ \qquad \delta_0 = 14 \qquad \alpha = 4$$
$$T = 300℃ \qquad \delta_0 = 20 \qquad \alpha = 10。$$

采用式（3-23）计算时，其中 P 值的确定太烦琐，因此木原等又做出了线算图，如图 3-8 所示。线算图比较直观地把参数关系显示出来，使计算过程大大简化。

例如，低合金钢板厚度为 20mm，对接平焊，预热温度为 150℃，I/v 值为 29A/2.54cm·min^{-1}，熔合线附近 540℃时的冷却速度的求法为：先将母材的初始温度 T_0 与所采用的 I/v 值之间连成一直线（如图 3-8 中的①所示），在辅助线 X-X 上交于 A 点，然后根据板厚 δ 与 A 点连直线（如图 3-8 中的②所示），即可求出 540℃时的冷却速度为 18℃/s（即 B 点）。

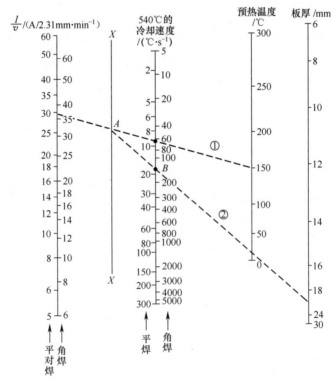

图 3-8　对接焊及角焊接头冷却至 540℃时的冷却速度及参数 P 的线算图

② 奥氏体不锈钢焊接时瞬时冷却速度的经验公式。

木原、铃木等使用 19Cr-9Ni 焊条焊接板厚为 6~30mm 的 18Cr-8Ni 不锈钢板,并且测定了单道焊接时接头的冷却速度,加以整理后得到如下经验公式:

$$\omega_c = 0.2P^{0.85} \tag{3-24}$$

式中:P 为计算参数,$P = \dfrac{(T - T_0)^{1.9}}{(I/v)^{1.7}} \times \left[1 + \dfrac{2}{\pi} \cot\left(\dfrac{\delta - \delta_0}{5}\right) \right]$,其中 δ_0、α 均为实验常数,决定于所求某点冷却速度的瞬时温度 T,具体数据如下:

$\quad T = 1100℃ \qquad \delta_0 = 6.1 \qquad \alpha = 0.7$

$\quad T = 900℃ \qquad \delta_0 = 6.3 \qquad \alpha = 0.8$

$\quad T = 700℃ \qquad \delta_0 = 7.0 \qquad \alpha = 1.4$

$\quad T = 500℃ \qquad \delta_0 = 10.1 \qquad \alpha = 2.9$

奥氏体不锈钢的导热性能比碳钢差得多,导热系数仅为碳钢和低合金钢的 1/3 左右,因此,在同样的焊接条件下,冷却速度仅为碳钢的 2/3 左右。

③ 铝合金焊接时瞬时冷却速度的经验计算公式。

木原、铃木等测定了 6~30mm 铝合金板 MIG 焊接(熔化极惰性气体保护焊,焊丝直径为 1.6mm)时焊接接头的冷却速度,加以整理后得到如下经验公式:

$$\omega_c = 0.0075P^{0.8} \tag{3-25}$$

式中:P 为参数,$P = \dfrac{(T - T_0)^{1.9}}{(I/v)^{1.7}} \times \left[1 + \dfrac{2}{\pi} \cot\left(\dfrac{\delta - \delta_0}{5}\right) \right]$,其中 δ_0 为试验常数,决定于所求冷却速度的瞬时温度 T,数值如下:

$\quad T = 400℃ \qquad\qquad\qquad\qquad\qquad\qquad\qquad \delta_0 = 14$

$\quad T = 200℃ \qquad\qquad\qquad\qquad\qquad\qquad\qquad \delta_0 = 18$

由于铝合金导热系数大,因此在板厚和热输入相同的条件下,铝合金冷却速度比钢大 3~7 倍。

4) 冷却时间 t_c

以上介绍了冷却速度的一些计算公式,这些公式对于编制焊接热影响区软件、计算焊接应力、应变,以及描述影响冷却速度的各种因素都是十分有用的。但在试验工作中,测定瞬时冷却速度还比较困难,误差也较大,因此目前较多地用一定温度范围内的冷却时间来代替瞬时冷却速度,这对于制定焊接热模拟试验程序和研究热影响区组织都显得十分方便。另外,连续冷却转变图也是以温度和时间两种坐标表示的。

冷却时间所规定的温度范围是根据焊接热模拟试验的目的来确定的。例如,对碳钢和低合金钢热影响区的组织及性能进行研究时,最关心的是奥氏体开

始转变温度 A_{r3}（约为800℃）到奥氏体最不稳定温度（约为500℃），或者马氏体开始转变温度（约为300℃）的冷却时间，即往往只要求从800℃到500℃的冷却时间 $t_{8/5}$ 或从800℃到300℃的冷却时间 $t_{8/3}$，这主要是依据这些钢种在此温度范围内存在着中间组织转变或低温转变（马氏体相变）的特点考虑的。有时为了研究低合金钢的冷裂倾向，近年来也有人常采用由峰值温度冷却到100℃的时间 t_{100} 作为研究参数之一。

根据高速热源传热公式式（3-2）和式（3-3），当 $r_0 = 0$、$y_0 = 0$ 时，只要 $t > 0$，即属于冷却阶段，故经整理后，即可求出热影响区熔合线附近冷却到某一温度 T_c 时的冷却时间 t_c：

厚大构件（点热源）：

$$t_c = \frac{m_3 E}{2\pi\lambda(T_c - T_0)} \tag{3-26}$$

薄板（线热源）：

$$t_c = \frac{m_2 (E/\delta)^2}{2\pi\lambda c\rho (T_c - T_0)^2} \tag{3-27}$$

式中：m_3、m_2 均为修正系数，对于结构钢，若取 $\lambda = 0.5\text{J}/(\text{cm} \cdot \text{s} \cdot \text{℃})$，$c\rho = 0.5\text{J}/(\text{cm}^3 \cdot \text{s} \cdot \text{℃})$ 时，则 $m_2 \approx 1$、$m_3 \approx 1.5$。

根据式（3-26）和式（3-27）即可建立 $t_{8/5}$ 的冷却时间计算公式：

厚大构件时，有

$$t_{800} = \frac{m_3 E}{2\pi\lambda(800 - T_0)}, \quad t_{500} = \frac{m_3 E}{2\pi\lambda(500 - T_0)}$$

由于 $t_{8/5} = t_{500} - t_{800}$，因此

$$t_{8/5} = \frac{m_3 E}{2\pi\lambda}\left[\frac{1}{500 - T_0} - \frac{1}{800 - T_0}\right] \tag{3-28}$$

同理，可得薄板焊接时，有

$$t_{8/5} = \frac{m_2 (E/\delta)^2}{4\pi\lambda c\rho}\left[\frac{1}{(500 - T_0)^2} - \frac{1}{(800 - T_0)^2}\right] \tag{3-29}$$

利用式（3-28）和式（3-29）相等，经整理后得临界板厚的判别公式为

$$\delta_{cr} = \sqrt{\frac{m_2 E}{2m_3 c\rho}\left(\frac{1}{500 - T_0} + \frac{1}{800 - T_0}\right)} \tag{3-30}$$

在计算时，应根据实际板厚 δ 与临界板厚 δ_{cr} 相比，若 $\delta > \delta_{cr}$，则用式（3-28）按厚大构件计算 $t_{8/5}$；若 $\delta \leqslant \delta_{cr}$ 时，则用式（3-29）按薄板计算 $t_{8/5}$。

以上仅仅是从理论上判别厚大构件与薄板的分界线，实际上两者并不是从

δ_{cr} 截然分开,而是存在一个过渡范围。试验证明,当 $\delta \geq 0.9\delta_{cr}$ 时,用式(3-28)计算较准;而当 $\delta \leq 0.6\delta_{cr}$ 时,用式(3-29)计算较准。所以,对于中厚构件采用式(3-28)和式(3-29)都会带来较大的误差。为此,一些理论经验公式和纯经验公式又相继产生。德国钢铁学会把 D. 乌威(D. Vwer)提出的 $t_{8/5}$ 计算公式纳入技术文件,并在工程上应用。此公式的主要特点是,把诸多的热物理常数(λ、$c\rho$)在大量试验的基础上用数值表示,其次是考虑了热源的效率和焊件的接头形式,从而使计算的结果与实际更接近[9]。

三维传热(厚板):

$$t_{8/5} = (0.67 - 5 \times 10^{-4}T_0) \times \eta E\left(\frac{1}{500 - T_0} - \frac{1}{800 - T_0}\right)F_3 \quad (3-31)$$

二维传热(薄板):

$$t_{8/5} = (0.043 - 4.3 \times 10^{-5}T_0) \times \frac{\eta^2 E^2}{\delta^2} \times \left[\left(\frac{1}{500 - T_0}\right)^2 - \left(\frac{1}{800 - T_0}\right)^2\right]F_2$$

$$(3-32)$$

式中:η 为不同焊接方法的相对热效率(表3-4);F_3、F_2 分别为三维和二维传热时的接头系数(表3-5)。

表 3-4　焊接方法的相对热效率

焊接方法	相对热效率 η	焊接方法	相对热效率 η
埋弧焊	1.0	CO_2 气保护焊	0.85
钛型焊条手工焊	0.9	熔化极氩弧焊	0.70
碱性焊条手工焊	0.8	钨极氩弧焊	0.65

表 3-5　影响冷却时间的焊接接头系数

焊接接头形式	焊接接头系数	
	F_3	F_2
堆焊	1.0	1.0
T 形或十字接头的第一层及第二层焊道	0.67	0.45~0.67
十字接头中的第三层及第四层焊道	0.67	0.30~0.67
角焊缝处的贴角焊缝	0.67	0.67~0.9
搭接接头的贴角焊缝	0.67	0.7
V 形坡口处的焊根焊道(60°坡口,间隙3mm)	1.0~2.0	约 1.0

焊接接头形式	焊接接头系数	
	F_3	F_2
X 形坡口处的焊根焊道(60°坡口,间隙 3mm)	0.70	约 1.0
V 形及 X 形坡口处的中间焊道	0.80~1.0	约 1.0
V 形及 X 形坡口处的盖面焊道	0.90~1.0	1.0
I 形对接单面焊双面成形	0.90~1.0	1.0

此时,临界厚度的判别公式为

$$\delta_{cr} = \sqrt{\frac{0.043 - 4.3 \times 10^{-5} T_0}{0.67 - 5 \times 10^{-4} T_0} \eta E \left(\frac{1}{500 - T_0} - \frac{1}{800 - T_0} \right)} \quad (3-33)$$

日本的稻垣道夫等依据传热学理论,通过大量试验也建立了不同焊接方法冷却时间 $t_{8/5}$ 和 $t_{8/3}$ 的经验公式,一度被许多人引用,但经天津大学等单位的验证,误差较大[9],故此不做介绍。

近年来,在研究高强钢焊接冷裂纹问题时,常采用电弧通过后熔合线附近并由峰值温度 1350℃冷却至 100℃的时间作为评价冷裂倾向的参数之一。其经验公式为[7]

$$t_r = 1.35 \times 10^2 \times (V/A) \times 0.25 LW \left[\frac{1}{(T - T_c)^{0.34}} - \frac{1}{(T_L - T_c)^{0.34}} \right]$$

$$(3-34)$$

式中: t_r 为电弧通过后冷却到任意温度 T 的冷却时间(min),这里主要考虑 $T = 100℃$的冷却时间,即 $t_r = t_{100}$; V/A 为试板单位面积 A 所占有的体积 V(cm³/cm²); LW 为试板的长宽面积(cm²); T_c 为周围环境温度(℃); T 为电弧通过后(由峰值温度)冷却到所求的温度,这里为 100℃; T_L 为试板的热容温度。

试板的热容温度为

$$T_L = \frac{\eta E l}{mc} + T_0$$

式中: η 为焊接电弧热效率,手弧焊, $\eta = 0.9$,MIG 焊(熔化极氩弧焊), $\eta = 0.8$,TIG 焊(钨极氩弧焊), $\eta = 0.6$; E 为焊接热输入(J/cm); l 为试板上的焊道长度(cm); m 为试板的质量(g); c 为试板材料的平均比热容[J/(g·℃)]; T_0 为试板的初始温度(℃)。

基于上述公式[式(3-33)和式(3-34)]计算比较烦琐,同样可以用查图法或线算图解法来确定冷却时间,这方面资料可参考文献[1,7,9]。

5）多层多道焊的焊接热循环基本参数的考虑

本章前述的各种计算公式均是只涉及厚板或薄板的单道焊接,而实际焊接工作中大量的是厚板的多道焊接(即一条焊缝由多层焊道组成)。对于多道焊,热循环的特征实际上是每一单道热循环的综合,前一道循环对后一道起预热作用,后一道循环对前一道起后热处理作用,因此研究或控制多道焊热循环要特别注意焊道的数目(即层数)与层间温度。在板厚一定的情况下,层数越多,则标志着每个焊道热输入越小(增加焊接速度或减小焊接电流),熔合线附近冷却速度加大,钢的热影响区组织淬硬倾向增大。层间温度(T_0)也对冷却速度有较大影响,在焊接速度和焊接热输入一定时,T_0 的大小取决于每个焊道之间的间隔时间,也即焊缝的长度。

对于长焊缝(对钢一般约为 1.0~1.5m),在通常的电弧移动速度情况下,当焊完前一道焊缝后再焊后一道时,前一道焊缝已经冷却到较低的温度(100~200℃)。此时,对于多层焊的冷却速度的考虑,计算第一道和最后一道焊缝的冷却速度具有实际意义。而对短焊缝(对于钢,约为 50~400mm),由于焊缝较短,未等前一道焊缝冷却完毕就开始了下一层焊接,此时可以减缓冷却速度,有利于防止产生淬硬组织;但焊道过短,接头在高温停留时间较长,会使晶粒长大。因此,对于每道焊缝的冷却速度,应该根据具体情况进行合理分配和调节。

对于长焊缝,第一道及最后一道焊缝的熔合线附近的冷却速度可利用式(3-19)或式(3-22)并结合表 3-3 进行计算;而对于短焊缝,比较关心的是控制合适的焊缝长度及随时调整焊接规范,进而确定在一定焊接热输入情况下的层间温度和冷却速度。文献[1]给出了钢的多道焊时,使前道焊缝热循环冷却到马氏体转变温度 M_s 以上(避免淬硬),又不至停留时间过长致晶粒长大的合适的焊缝长度,其计算公式为

$$l = \frac{k_t^2 k_m q^2}{4\pi\lambda c\rho v\delta^2 \left(T_1 - T_0\right)^2} \tag{3-35}$$

式中:l 为合适的焊缝长度(cm);k_t 为校正系数。为对接接头时 $k_t \approx 1.5$,为 T 字接头或搭接接头时 $k_t = 0.9$,为十字接头时 $k_t = 0.8$;k_m 为相对于多道焊的电弧有效作用时间系数(或净燃烧系数),手工焊时 $k_m \approx 0.7$,自动焊时 $k_m \approx 0.9$;q 为电弧功率(J/s);T_1 为冷却到 M_s 点以上某温度(℃);λ 为金属热导率[J/(cm·s·℃)]。

在实际生产中,一般情况下多采用长焊缝,短焊缝常在修补工作或易淬硬的钢、铁构件中使用。

关于多层焊热循环传热理论的研究与基本参数的计算,还需要进行深入的研究,目前较多的是从实测焊接热循环曲线并加以整理,形成经验公式,再指导

焊接生产。焊接过程的物理模拟技术,正是从事这方面研究的有效手段。

◢3.1.3　焊接热循环曲线的实际测定

以上介绍了描述焊接热循环的曲线特征及其基本参数计算的数学模型。这些解析公式不但示出了影响热循环参数的主要因素和相互关系,而且可预先估计不同焊接工艺参数对焊接热影响区,特别是对熔合线附近粗晶区金属组织和性能的影响,从而对评价材料的可焊性及选择合适的焊接规范有重要的参考价值。

然而,这些公式在应用时有许多假定条件,计算起来也比较烦琐,因此许多场合仍采用实测的方法来测定焊接热循环曲线。

目前国内外测定焊接热循环曲线的方法有两种:一种是接触式的热电偶法;另一种是非接触式的用热像法测定焊接温度场。

热像法测定温度场,是根据物体受热而辐射出红外线的原理提出来的。物体受热强烈,表现为温度急剧升高,辐射强度也迅速升高,因此温度与红外辐射量之间存在一定的联系。利用摄像机拍摄焊件上的温度场,则可获得温度场的红外热图像信息,这些信息经光电转换成电频信号,然后经过放大输入计算机进行处理,最后在彩色屏幕上显示出来,也可由打印机输出信息或绘图机绘出图像。图3-9示出了热像法测定焊接温度场装置框图。

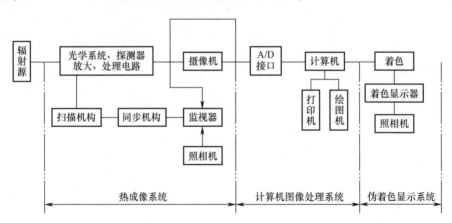

图3-9　热像法测定焊接温度场装置框图

热像法的技术关键有两个:①如何将所获得的图像进行温度定标;②将计算机输出的图像进行伪着色处理,使得每种颜色代表一个温度区间。

热像法可以快速、清晰地获得直观的温度场彩色图像,它不仅可以定性地分析各种焊接条件下温度场的不同模式,而且可以定量地获得各点的温度及其热循环特征。

　　热像法测定焊接热循环是很有前途的测温方法。但由于所需测量设备较昂贵,在处理温度场速度等方面还存在一些问题,因此目前大量使用的仍是热电偶测量法。

　　热电偶测量法对于钢来说,测量热影响区热循环一般用铂铑-铂热电偶或镍铬-镍铝热电偶,测量焊缝区(熔合线上)的热循环,由于温度较高,选用 WRe5-WRe20 钨铼热电偶。热电偶的直径一般为 $0.2 \sim 0.3$mm,直径过粗将使测量误差增大。

　　从图 3-2 中虽然可以直观地看出距离焊缝不同距离的各点的峰值温度和热循环曲线特征,但是在实际测量时热电偶一般不能直接焊在焊件表面,这是由于电弧的辐射热将使热电偶丝整体加热,测量误差太大。实际测量时一般是先在试件下部钻孔,然后将热电偶焊在孔的底部,最后将热电偶的两个冷端连接在 X-Y 记录仪上,如图 3-10 和图 3-11 所示。由于热电偶的分度表是以参考端温度为 0℃ 设定的,因此测量前应利用 X-Y 记录仪在室温下进行标定。

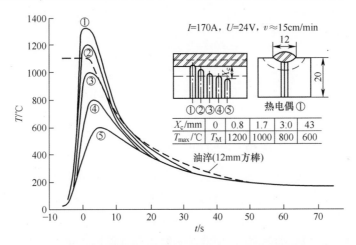

t—电弧通过热电偶正上方开始计算的时间;T_M—母材的熔点。

图 3-10　低合金钢手弧焊堆焊时焊缝附近各点的焊接热循环测定

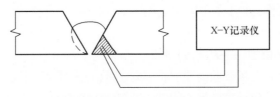

图 3-11　测定焊接热循环曲线热电偶法示意图

　　热电偶的热端的连接对测量结果的精度有重要影响,其连接方法有两种:
①先将热电偶两丝的端部焊在一起,形成小球,再将此小球用电容储能焊机焊在
小孔底部;②直接将两丝分别焊在焊件上,丝端距离以 0.5~1mm 为宜。

　　焊接物理模拟研究的目的有两个:①评定焊接工艺;②评定被焊材料的可焊
性。这两个方面的要求一般都需要首先将焊接接头中的某部位的狭窄区域(如
粗晶区)进行放大,然后才能方便地进行组织观察和力学性能试验。因此,热电
偶测温时,通常是先用所选定的焊接规范焊接一块试件(此试件的形状、尺寸与
实测温度场的试件一样),然后将接头剖开,制取金相样品,通过金相分析选定
所研究的热影响区某点的坐标值,如图 3-12 所示。根据该点的 X-Y 坐标值对
热电偶安装孔定位,之后在实测试件上进行施焊,由此测出的热循环曲线及其基
本参数值作为编制焊接热模拟程序时计算机输入的给定。

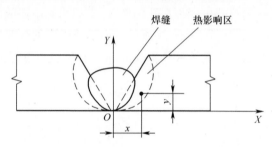

图 3-12　焊接接头剖面及被测点坐标示意图

▲3.1.4　焊接热模拟常用软件的数学基础

　　如前所述,焊接热循环基本参数的数学解析表达式虽然在应用上有一定局
限性,但还是基本上定量地反映与描述了影响各热循环参数的主要因素及其相
互关系。总体来讲,还比较符合实际,特别是对 $t_{8/5}$ 的计算上。同时,这些公式
是计算焊接应力与变形的基础,预测接头组织和性能的依据。

　　在进行焊接热影响区物理模拟试验时,美国 DSI 科技联合体根据实测和经
典公式已经编制出模拟热影响区焊接热循环的计算机软件,极大地方便了焊接
热模拟的研究工作,并已在我国引进的 Gleeble 热/力模拟试验机上得到应用。
该软件所依据的数学模型有 5 种。

1. 试验数学模型——$F(s,d)$ 表

　　该模型是依据大量试验而建立的,以时间(s)和距离(d)为函数的数据表。
对于每种金属材料和一定厚度的焊件,当峰值温度、热输入及预热温度 3 个参数
确定后,离焊缝中心线距离为 d 的点,该点经历的一条热循环曲线 $T(t)$ 的精确

形状即可得出。

2. Hannerz 公式

根据瑞典斯德哥尔摩皇家技术学院 N. E. Hannerz 教授的研究工作,针对不同厚度钢板焊接时对从 800℃ 到 500℃ 冷却时间的要求,建立的焊接热影响区软件,Hannerz 的公式为

$$T_{(y,t)} = T_0 + \sqrt{\frac{t_{8/5}(500 - T_0)^2(800 - T_0)^2}{300(1300 - 2T_0)t}} \cdot$$
$$\exp\left[-\frac{t_{8/5}(500 - T_0)^2(800 - T_0)^2}{600e(1300 - 2T_0)(T_{\max} - T_0)^2 t}\right] \tag{3-36}$$

式中:$t_{8/5}$ 为从 800℃ 到 500℃ 的冷却时间。

当峰值温度和预热温度确定后,即可得出在不同 $t_{8/5}$ 时,所研究的钢焊件上某点离焊缝中心线的距离及其所经历的热循环曲线。

3. Rosenthal 模型

根据美国学者 D. Rosenthal 所建立的厚板焊件三维导热时的数学模型而建立的软件,其公式为

$$T(t) = T_0 + \frac{Q\eta}{2\pi\lambda r}\exp[-kv(r - vt)] \tag{3-37}$$

式中:Q 为电弧功率(J/s);λ 为材料的热导率[W/(cm·℃)];r 为某点离电弧中心的距离(cm),$r = \sqrt{d^2 + (vt)^2}$,(d 是某点离焊缝中心线垂直距离);k 为热扩散率倒数的一半(s/cm²),$k = \dfrac{\rho c}{2\lambda}$。

$T(t)$ 为某时刻离电弧中心距离为 r 的某点的温度,式(3-37)描述的是该点温度随时间变化的热循环曲线。

4. 雷卡林模型

1)焊件二维导热

$$T(t) = \frac{E}{\delta} \times \frac{1}{\sqrt{4\pi\lambda\rho ct}} \cdot \exp\left[-\frac{r^2}{4(\lambda/\rho c)t}\right] \tag{3-38}$$

$T(t)$ 为某时刻离电弧中心线距离为 r 的某点温度,利用式(3-38)即可编制出该点热循环曲线。

另外,当预热温度和峰值温度确定后,该软件还可算出在规定的温度范围内不同的冷却速度(亦即不同的冷却时间 Δt)时,所要求的焊接热输入、板厚,求得某点距电弧中心线的距离。其公式如下:

焊接热输入：

$$E = \sqrt{\frac{4\pi\lambda\rho c\Delta t}{\dfrac{1}{(T_1 - T_0)^2} - \dfrac{1}{(T_2 - T_0)^2}}} \times \delta \tag{3-39}$$

等效板厚：

$$\delta_e = \sqrt{\frac{E}{2\rho c}\left(\frac{1}{T_1 - T_0} - \frac{1}{T_2 - T_0}\right)} \tag{3-40}$$

距电弧中心线距离：

$$r = \frac{E}{T_m \delta c\rho\sqrt{2\pi e}} \tag{3-41}$$

式中：Δt 为某点温度从 T_1 冷却到 T_2 的时间（s）；T_1、T_2 均为所确定的冷却时间段的温度值，例如，$T_1 = 800℃$，$T_2 = 500℃$。

2）焊件三维导热

$$T(t) = \frac{E}{4\pi\lambda t}\exp\left[-\frac{r^2}{4(\lambda/\rho c)t}\right] \tag{3-42}$$

同理，可算出有关 E、r 值为

$$E = \frac{2\pi\lambda\Delta t}{\dfrac{1}{T_2 - T_0} - \dfrac{1}{T_1 - T_0}} \tag{3-43}$$

$$r = \sqrt{\frac{2E}{\pi e T_{max}c\rho}} \tag{3-44}$$

不同金属材料（碳钢、不锈钢、钛合金等）的焊接热循环曲线均可利用 Rosenthal 模型和雷卡林模型软件方便快捷地建立起来，同时，软件提供了多层焊情况下各道焊缝的热循环曲线模型，从而为计算机编程提供了强有力的支持。

3.2 物理模拟技术在焊接热影响区组织和性能研究中的应用

◣3.2.1 焊接热影响区连续冷却转变图的建立

根据金属相变热力学和动力学理论，钢从高温奥氏体状态连续冷却下来时，得到的相变产物与过冷奥氏体的等温转变产物大不相同,且冷却速度变化越大,其转变过程的经历和室温下得到的组织及其相对含量(各相的体积百分比)也不一样。因此,为研究钢材在不同冷却速度下奥氏体将发生哪些组织转变、它们的相对量是多少、转变的温度范围及室温下转变产物的硬度等,通常都要建立该钢种的奥氏体连续冷却转变(continuous cooling transformation,CCT)图。

　　通常热处理的 CCT 图的热循环曲线,一般都是将试件加热到 800~900℃,完全奥氏体化后就开始冷却。而对于焊接接头,人们最关心的是熔合线附近的热影响区(heat affected zone,HAZ)的组织状态,所以焊接连续冷却转变图是将试件加热到接近熔点的温度,即 1300~1350℃。然后再以不同的冷却速度进行冷却,这样制订的焊接热影响区连续冷却转变图称为 SH-CCT(simulated HAZ continuous cooling transformation)图。

　　图 3-13 示出了焊接构件常用的 Q345(16MnR)低合金结构钢的 SH-CCT 图。图 3-13 中,13 条冷却曲线标志着 13 个不同的冷却速度,在不同的冷却速度下,得到不同的相变温度、相变组织及其组成百分比。该图还给出了不同冷却速度下在室温测得的维氏硬度值[10]。

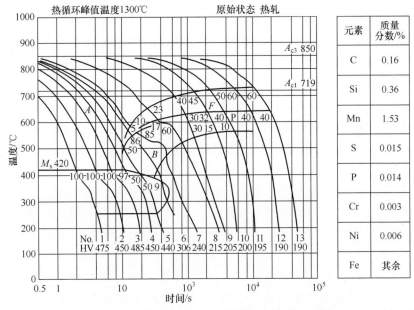

图 3-13　Q345(16MnR)低合金结构钢的 SH-CCT 图

　　冶金行业在新钢种大量投产之前,必须建立该钢种的 SH-CCT 图。一方面作为该钢种的可焊性评定或预测焊接热影响的组织和性能;另一方面为制订合理的焊接工艺特别是焊接热输入提供技术依据。

在应用物理模拟技术建立钢的 SH-CCT 图时，首先应将横向应变传感器或激光测量系统对准模拟试样的中间工作区，利用 HAZ 软件自动编制不同冷却速度的计算机给定程序，同时应调节试样自由跨度及卡头冷却传导状况，以使试样的实际温度变化尽可能迅速地跟上计算机指令，从而得到与给定程序完全吻合的实际热循环曲线。在快速冷却时，还需要采用 ISO-Q 等温急冷试样或在试样上喷气或喷水。

在加热或冷却过程中，随着温度的变化，一方面按热胀冷缩原理试样要膨胀或收缩；另一方面当发生相变时，同样会引起试样体积的变化并释放相变热。热/力模拟试验机的数据采集系统，以时间为同一基轴随时记录温度与试样直径的变化，通过测量试件直径的变化就可间接地判断相变的发生。图 3-14 所示为牛济泰在英国访问期间利用 Gleeble-1000 热/力模拟试验机所做的 CrMoV 珠光体耐热钢的转变曲线，这两条曲线是利用 Rosenthal 模型软件建模，并用 Math-CAD 软件插补负时间数值而编制的焊接热循环程序加热试件做出来的，试件尺寸为 $\phi 10mm \times 90mm$，自由跨度为 30mm，铜卡头冷却，焊接热输入为 40kJ/cm，两条焊接热循环曲线类似图 3-10 中曲线①和③的特征。

图 3-14(a)所示为熔合线附近某点(峰值温度为 1300℃，从峰值温度冷却到 500℃约为 20s)的温度-膨胀曲线。图 3-14(b)所示为远离熔合线某点(峰值温度为 950℃，从峰值温度冷却到 500℃约为 36s)的温度-膨胀曲线(注：若将峰值温度仍定为 1300℃，同时改变热输入，使冷却速度从峰值温度到 500℃仍为 36s，也可得到类似图 3-14(b)中曲线的转变过程)。图 3-14(a)中，T_s 为马氏体转变开始点，T_f 为转变结束点；T_{a1} 为加热时由珠光体+铁素体组织向奥氏体转变开始点，T_{a2} 为铁素体全部转变为奥氏体的温度。图 3-14(b)中 T_1 为冷却过程中由奥氏体向铁素体转变开始点，T_2 为奥氏体向珠光体转变温度。上述拐点温度是由不同相变组织的比体积不同而表现出来的。钢的基本相的比体积从大到小排列顺序是：马氏体>珠光体>铁素体>奥氏体，因此发生相变时，横向应变传感器(膨胀仪)测试的试件直径将发生变化，从而得到图 3-14 中的温度-膨胀曲线。

依据若干条不同冷却速度的这种温度-膨胀曲线测量的相变温度点，联合热电偶测出的热循环冷却曲线，将其划在"温度-时间的对数"坐标上或"温度-时间 $t_{8/5}$"坐标上，即可绘制成 SH-CCT 曲线。室温下各冷却速度下硬度值的获得，是通过将试件制成金相试样，在光镜下放大 500 倍，测试至少 3 个点的维氏硬度取其平均值。各相的相对含量可利用膨胀温度曲线拐折杠杆法或如图 3-14(b)中的线段长度比例大致估算出。例如，铁素体+珠光含量为($ab-$

cd)/ab,约为 28%;中间产物含量(索氏体)为(cd-ef)/ab,约为 10%;其余为马氏体(或马氏体+贝氏体),含量为(ef-gh)/ab,约为 50%。此外,也可用定量金相法测量计算各相的体积百分数。

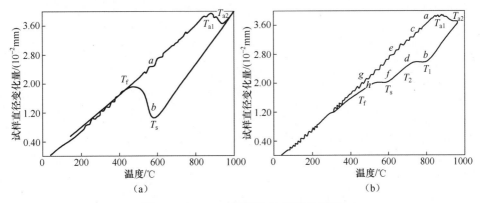

图 3-14　CrMnV 钢的温度-膨胀曲线图

需进一步说明的是,所测的膨胀量实际上是金属的自然膨胀量(即金属物体热胀冷缩)与相变引起的膨胀的叠加,而且不同相的线胀系数也不相同(正好与热容大小的排列顺序相反)。另外,在发生相变的过程中,还将吸收或释放二次结晶潜热(由铁素体或珠光体向奥氏体转变时要吸热,而奥氏体向低温产物转变时要放热),从而转变曲线的拐点有时并不十分明显,在 CCT 图中还可看到有的冷却曲线在相变附近出现台阶现象。

▲3.2.2　钢、铝、钛的焊接热影响区划分与特征

材料与热加工的物理模拟,按试验内容分为两种:一种是在模拟过程中进行的试验;另一种是模拟完成后进行的试验。前者是为了研究工艺,后者是为了评价结果。焊接热影响区的分布特征研究是进行后一种模拟的知识基础和依据。

3.2.1 节中所讨论的焊接热影响区的 SH-CCT 图,仅仅是反映了紧贴熔合线附近的区域在不同焊接冷却速度条件下得到的组织与性能。而远离熔合线的各区域,随着热循环曲线参数特别是峰值温度的不同,焊后留下的组织与性能也不一样。另外,不同材料又有其不同的接头组织分布特点。因此,为了进行焊接热影响区所发生的各种焊接现象的物理模拟,首先必须了解不同材料的焊接热影响区的组织分布特征。现将常用的钢、铝、钛 3 种金属材料分别介绍如下。

1. 钢的焊接热影响区分布特征

图 3-15 示出了普通低碳钢或低合金结构钢的焊接热影响区不同部位的组

织分布及其与铁–碳状态图的对应关系。从图 3–15 中可以看出,热影响区由 4 个部分组成:在熔合线附近直接与焊缝相邻的区域,此区加热时峰值温度达熔点,处于固–液态,故称为半熔化区,也称为熔合区,该区域很窄,约为 0.1 ~ 0.4mm,此区成分、组织极不均匀,往往是焊接裂纹的发源地;比邻熔合区的峰值温度为 T_G(一般为 1150 ~ 1200℃)以上直到熔点的区域,晶粒急剧长大,称为粗晶区,此区宽度一般为 1 ~ 3mm,塑性很差;再往焊缝外侧观察,在 A_{c3} 以上直到 1100 ~ 1150℃ 的区域,为完全重结晶区,此区晶粒细小、均匀,相当于正火组织,其宽度约为 1.2 ~ 4.0mm,是接头中性能最好的部位;峰值温度在 A_{c1} ~ A_{c3} 范围内(一般为 750 ~ 900℃)为不完全重结晶区,此区域一部分组织(铁素体)在热循环过程并未发生相变且晶粒略见长大,而另一部分组织(珠光体)则转为奥氏体,因此冷却下来的该区域组织十分复杂。加热温度在 A_{c1} 以下并相邻 A_{c1} 的一段区域,此区域组织变化取决于母材的原始状态。对于热轧钢、正火钢或退火状态的钢来说,此区基本没有变化;但对于调质钢或母材焊前处于冷作硬化状态,则此区将发生强度和硬度下降的软化现象,称为软化区。对于调质钢,软化温度范围为 A_{c1} 到调质处理时回火温度(高温回火约为 600℃,低温回火约为 300℃),对

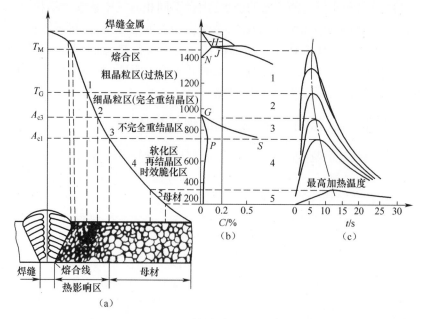

T_G—晶粒长大温度。

图 3–15　焊接热影响区不同温度范围与铁碳状态图的对应关系

(a)焊接热影响区各部分的组织分布;(b)铁碳状态图(低碳钢部分);(c)焊接热循环。

冷轧的钢材,软化温度范围为 A_{c1} 到 500℃（或再结晶温度）。另外,对于含氮量较高的低碳钢或低合金钢,特别是转炉钢或沸腾钢,钢板在淬火态或冷加工变形后焊接时,还会在此区域出现由于氮、碳等间隙原子在热作用下向位错周围扩散、聚集而引起时效脆化现象,称为静态焊接热应变时效,此时该区又称为热应变脆化区。

图 3-16 展现了低碳钢焊接接头各区的 V 形缺口夏比冲击值分布图。

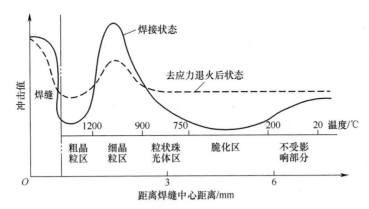

图 3-16　低碳钢焊接接头各区的 V 形缺口夏比冲击值的分布图

图 3-17 示出了含碳量较高或合金元素含量（碳当量）较高的易淬火钢的热影响区划分示意图。其中,淬火区包括了相当于低碳钢焊接热影响区中的过热区和正火区两个部分,只是其中微观组织已不再是铁素体+珠光体,而是马氏体或下贝氏体等低温产物。

2. 铝合金的焊接热影响区分布特征

铝没有同素异构转变,所以热影响区组织分布状态比较简单。图 3-18 和图 3-19 分别示出了非热处理强化铝合金及热处理强化铝合金的焊接热影响区分布图。与钢一样,图 3-18 所示的过热区中靠熔合线部位也存在一个熔合区;图 3-19 所示的固溶区中靠熔合线部位仍存在有熔合区及粗晶区域。

图 3-20 所示为靠冷作强化的非热处理强化铝合金的焊接接头力学性能软化分布;图 3-21 所示为热处理强化铝合金的焊接接头软化现象。前者是由于再结晶软化,后者为过时效软化。

3. 钛合金的焊接热影响区分布特征

钛与铁一样具有同素异构转变特性,因此钛及钛合金的焊接热影响区分布具有与钢类似的特征。但钛只有两种同素异构体,即 α 钛和 β 钛,在 882.5℃ 以下为 α 钛（密排六方晶格）,882.5℃ 以上直至熔点（1668±5）℃ 为 β 钛（体心立

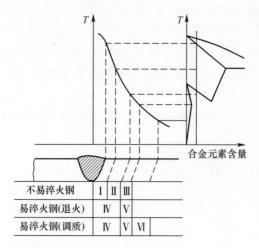

I—过热区；II—正火区；III—不完全重结晶区；IV—淬火区；V—不完全淬火区；VI—回火区。

图 3-17　易淬火钢焊接热影响区划分示意图（与不易淬火钢对照）

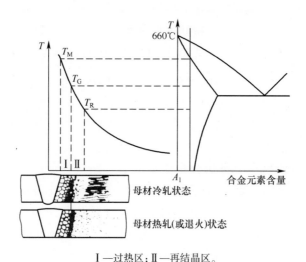

I—过热区；II—再结晶区。

图 3-18　非热处理强化铝合金的焊接热影响区特点

方晶格），即在 882.5℃发生转变。此外，与钢铁另一个不同的特点是，β 钛的自扩散系数远远大于钢的奥氏体，因此，在焊接加热时，β 钛晶粒很容易急剧长大，不可能像钢那样通过重结晶或正火处理使晶粒细化，而且在冷却时，又很容易发生扩散型相变，即形成钛马氏体 α′，所以工业上常用的近 α 型或 α+β 型钛合金的焊接热影响区的分布有类似淬火钢的特征，如图 3-22 所示。

　　图 3-22 中，III区为吸气区，这是由于钛是化学活泼性很强的金属（从 250℃

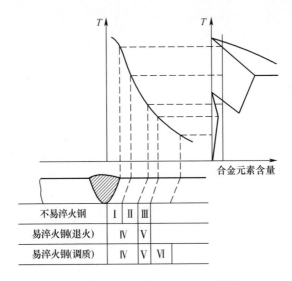

I—固溶区；II—相析出区；III—过时效区。

图 3-19　热处理强化铝合金的焊接热影响区特点

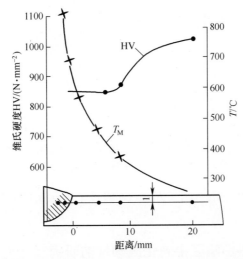

图 3-20　冷作强化的非热处理铝合金 Al-4%Mg-1%Mn 接头软化与峰值温度的关系

开始吸收氢，400℃开始吸收氧，600℃开始吸收氮），热影响区吸入气体，将导致接头变脆。还需要说明的是，钛合金在焊前若为冷轧状态供货，则在 III 区（或 II 区的一部分）可能出现再结晶，形成较细小、均匀的等轴晶粒，但一般情况下，钛及钛合金都是在退火状态下供货，焊接热影响区不会有再结晶出现。

图 3-23 示出了工业纯钛、α 型钛合金及含 β 稳定元素不多的 α+β 型钛合

93

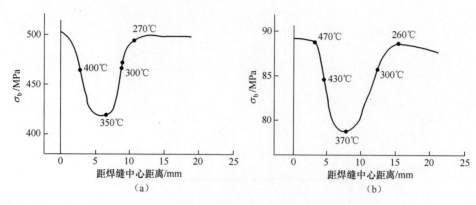

图 3-21　热处理强化铝合金 LY12 及 LD2 的接头软化现象
(a)LY12,手工 TIG 焊；(b)LD2,自动 TIG 焊。

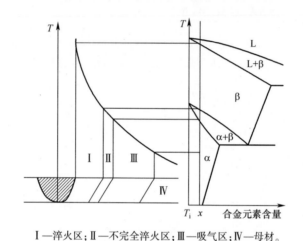

Ⅰ—淬火区；Ⅱ—不完全淬火区；Ⅲ—吸气区；Ⅳ—母材。

图 3-22　钛合金焊接接头各区分布与平衡状态图对应关系示意图

金的连续冷却转变曲线示意图。图 3-24 展现了冷却速度对工业纯钛焊接接头
力学性能的影响。

3.2.3　焊接热影响区中脆化区韧性的研究

利用物理模拟技术可将焊接热影响区任何狭窄的部位进行模拟放大,观察
其显微组织,研究其力学性能。但通常是研究热影响区中脆化区的组织和性能,
这是由于由脆化区引发的构件的脆性破坏比延性破坏具有更大的危险性,更需
要进行预测。如上所述,在焊接热影响区中有两个部位属于脆性区域:①紧邻熔
合线的熔合区及粗晶区,统称过热区(由于熔合区太窄,又与粗晶区连在一起,

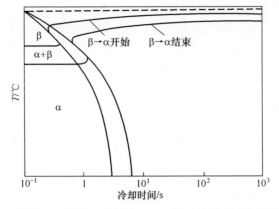

图 3-23　工业纯钛、α 型钛合金及某些 α+β 型钛合金连续冷却转变曲线示意图

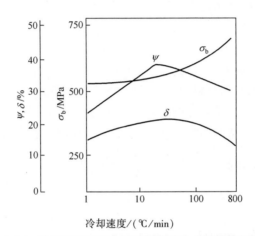

冷却速度/(℃/min)

图 3-24　冷却速度对工业纯钛焊接接头力学性能的影响

因此往往把此区与粗晶区联系在一起考虑,而通常情况下,人们又往往把过热区与粗晶区等同);②在低温区域,是随不同金属材料及其焊前母材的热处理状态有其不同的温度范围,对于某些低碳钢及 C-Mn 钢,此脆化区常发生在 A_{c1} 以下的 200~400℃区域。

引起接头脆化的因素有两个方面:①组织脆化;②热应变脆化。组织脆化的因素除晶粒粗大之外,对于钢来说,还有 M-A 组元(岛状马氏体及残余奥氏体)的出现,碳、氮化合物的析出,非金属夹杂物的作用,以及氢的影响等;热应变脆化是由焊接热应力与应变所引起的,将在下节详细讨论。

评定材料韧性的方法有许多种,在热/力模拟试验机上可以方便地制备经历过焊接热循环的夏比冲击试件和 CTOD(裂纹尖端张开位移)试件,来研究焊接热影响区脆性区域的冲击韧性和断裂韧性。

在模拟试验时，首先确定脆化部位的热循环曲线和基本参数，借用 HAZ 软件或自行编制热循环程序，将被模拟部位在热/力模拟试验机上进行放大。当对夏比冲击试件进行热模拟时，模拟试件的截面尺寸可取 11mm×11mm（在空气中加热）或 10mm×10mm（在真空或保护气氛中加热）。当取 11mm×11mm 截面的试样时，在加热后需去除表面氧化层，再加工成 10mm×10mm 的标准夏比冲击试件。

无论冲击试件还是 CTOD 试件，在模拟热循环试验时，热电偶应安装在试件正中心位置，试件两端冷却卡块应对称装配，使热电偶处于自由跨度正中。模拟试验之后，应正对热电偶安装处开缺口，以保证模拟试件的工作区恰好位于缺口上。

脆化区韧性的物理模拟研究，是评定材料的可焊性的重要手段。不少钢铁公司在新钢种批量投产前，都必须通过物理模拟方法，制作经过脆化区热循环的夏比冲击试件或 CTOD 试件，研究其新钢种对焊接的适应性，并确定最佳的新钢种化学成分配方。

此外，不锈钢的热脆性研究、新型铝-锂合金接头不等强性的研究、钛合金焊接时最佳热输入的确定等，均可通过上述模拟方法，再现粗晶区、热脆区或过时效区的组织，从而对新材料、新工艺进行评定或预测。

通过对热影响区组织和性能的物理模拟，还可以检验不同焊接规范和工艺对接头性能和焊接质量的影响，帮助建立不同金属材料的焊接工艺专家系统。

◤3.2.4　焊接热影响区热应变脆化的物理模拟

在 3.1 节中已经提到，在焊接加热与冷却过程中，焊接接头除经受热循环之外，还将经受应力与应变循环。3.2.3 节所考虑的仅仅是模拟热循环去研究焊接热影响区中脆化区的韧性，其模拟的结果仅仅反映了冶金因素或组织因素对接头脆性产生的影响。而实际上，焊接应力与应变循环同样会引起接头的脆化。这种在热影响区某部位由于焊接应力与应变导致的脆化。称为热应变脆化，又称为时效脆化。

关于钢的时效脆化机理，目前公认的是由于氮、碳等间隙原子向位错周围聚集，形成 Cottrell 气团钉扎位错所致。因此，时效的发生需要具备两个条件：①钢中含自由氮、碳量较高或碳氮化合物形成元素较少，这种情况常发生在转炉冶炼的低碳钢或 C-Mn 低合金钢中；②钢中存在大量的位错。当钢材焊前经过冷轧、弯曲、校直、滚圆等冷作工序后，即钢材发生预应变。焊前钢中已存在大量位错的情况下，在焊接时由于热及预应变的作用，氮、碳原子加速向位错附近聚集，将引起接头的时效脆化，这种只有热的作用，并不涉及焊接应力与应变，即焊接应变与时效不同时发生的时效，称为"静应变时效"。但是，当厚大构件焊接时，接头中将产生较大的应力与应变，特别是在应力集中的部位，如接头的转折处、多层焊时的熔合线附近,以及其他具有缺口的部位,将发生热应变脆化现象。此时,出现的位错与焊前是否发生预应变无关,而是由焊接应力引起的应变所产生的,也就是说,应变与时效同时发生,这种情况称为动应变时效[11]。

通常,焊接时发生的应变时效往往是静态应变时效和动态应变时效共同作用的结果。对于正常的钢铁材料焊接接头,在无缺口存在的情况下,焊接过程中所产生的热应变不会超过 1% 左右[12-13]。此时,动态应变时效的影响不会很大,脆化后果主要取决于预应变。对于多道焊,特别是在熔合区部位,由于缺口效应,将引起大的应变量(文献[14]指出,缺口尖端应变量可达 7.3%),此时动态应变时效引起的脆化将会使接头的力学性能严重恶化,甚至导致焊接裂纹的产生。因此,对于厚大焊件结构及应力集中部位的焊接,有必要利用物理模拟技术对焊接接头的热应变脆化进行研究。在进行热应变脆化物理模拟时,首先应测定与热循环同时发生的热应变循环曲线。可以在实际构件或模拟厚板上,用高温应变片粘贴在被测部位,用电阻应变仪将电压信号转变为应变信号并显示出来。应变片的粘贴应注意与主应力保持一致。关于应力、应变的测量技术请参阅有关专著,本书不再赘述。在实际测定时,应变循环曲线需与热循环曲线同时记录下来,以便于以时间为同一基轴编制热与力的模拟程序。

依照实测的热应变曲线与热循环曲线和时间轴编程进行模拟试验是最为理想的。但是,由于实测曲线比较麻烦,且有时得到精确的实测曲线比较困难,因此在物理模拟的实际操作中,为了简化起见,一般都是在某温度范围内施以一定的应变速率将试件拉伸,按断裂韧性或断面收缩率判定材料的热应变脆化倾向。

具体试验方法有两种:①模拟试件在热循环的冷却过程中施加拉伸应变;②在焊接热循环结束后,再将试件加热到不同温度进行等温拉伸。例如,文献[15]为研究热应变对 15MnMoVNRe 等 4 种低合金高强钢热影响区的断裂韧性的影响,将钢板加工成尺寸为 $11mm \times 11mm \times 120mm$ 的试样,在 Gleeble-1500 热/力模拟试验机上进行试验。首先将试件以 $130℃/s$ 加热速度加热到 $1300℃$,再以 $t_{8/5} = 14s$ 的冷却速度进行冷却,在 $700℃ \rightarrow 200℃$(亚临界温度区)的冷却过程中,分别以 0%、1%、3%、6%、9% 的应变量进行拉伸,随后将模拟试件切掉两端,均温区留在试样中部,加工成 $10mm \times 10mm \times 55mm$ T-L 取向的试样进行系列温度断裂韧性试验,测出 J 积分值及脆性转变温度,评价其断裂韧性受热应变时效的影响。该种试验方法不但可测出应变量对韧性及脆性转变的温度的影响,还可测出不同应变量时晶粒尺寸、组织形态及相组成百分比的变化情况。文献[7]使用 Thermorestor-W 热/力模拟试验装置将低合金高强钢圆棒($\phi 10mm \times 17mm$)试件以 $\omega_H = 38℃/s$ 的加热速度升到峰值温度 $1350℃$,再以 $800℃ \rightarrow 500℃$ 的冷却时间 $t_{8/5}$ 分别为 10s、30s、50s、90s、150s 的冷却速度对焊趾部位显微组织进行模拟,然后在室温、150℃、200℃和250℃ 4 种温度下进行热拉伸,拉应变速率为 $\varepsilon = 8 \times 10^{-4} s^{-1}$,试样拉断后测出断面收缩率,绘制温度、冷却速度等与断面收缩率的关系曲线,如图 3-25 所示。使用这一方法不但可以比较不同钢材对热应变脆性的敏感性大小,而且可以确定热应变脆性最敏感的温度范围。

图 3-25 所示为某低碳调质钢,以不同 $t_{8/5}$ 得到的 3 种不同的显微组织(均一的上贝氏体、下贝氏体及马氏体)的试样进行热拉伸试验的结果。从图 3-25 中可以看出,热应变的敏感温度在 200℃左右。文献[7]还得出了不同应变速率及不同峰值温度下热应变对固溶氮量和断面收缩率的影响,这些试验结果对于应变时效的产生机制特别是氮、碳原子的扩散行为(伴随氮碳化合物的固溶和分解)的研究是非常有意义的。

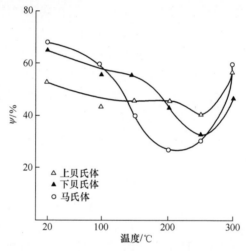

图 3-25　显微组织和温度对断面收缩率 ψ 的影响

▲3.2.5　焊接热影响区软化的物理模拟

伴随着超高强钢的广泛应用,焊接接头热影响区的软化问题日益受到重视。一般而言,钢材的强度等级越高,焊接热影响区的软化程度越明显。因此,如何控制软化区的尺寸及显微组织、明确软化区的形成机理,是焊接接头组织与性能控制的重要研究方向。在以往的研究中,对于软化的研究更多地倾向于对某些焊接接头进行显微组织和硬度分析,确定焊接接头的软化区显微组织和硬度。利用物理模拟技术尤其是热/力模拟试验机可以系统地重现焊接接头热影响区中各微区的热循环过程,并利用热/力模拟试验所获得的样品进行后续的显微组织、硬度及拉伸性能分析,为热影响区软化行为的研究提供了重要的基础数据和理论。

天津大学王金凤等[16]利用 Gleeble-3500 热/力模拟试验机对超高强汽车用钢 DP1000 激光焊接接头热影响区各微区的热循环进行了模拟,热模拟样品如图 3-26(a)所示。各微区的焊接热循环曲线和样品的设计如图 3-26(b)所示。热影响区中粗晶区、细晶区、混晶区及回火区的峰值温度分别设置为 1200~1300℃、1000℃、700~870℃、150~550℃,同时设置不同的焊后冷却速度。

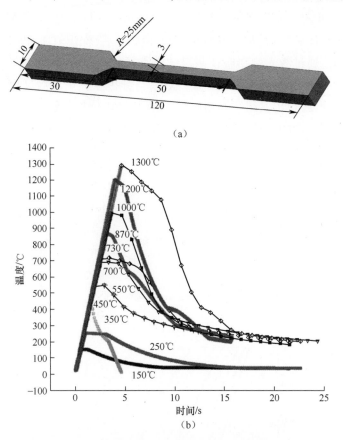

图 3-26　焊接热模拟样品尺寸图及热循环曲线
(a)热模拟样品尺寸示意图;(b)焊接热循环曲线。

该方法也为研究其他钢铁材料焊接热影响软化区的显微组织变化规律、硬度及强度变化规律提供了有价值的解决方法[17]。

3.2.6　焊接热循环曲线对钢材热影响区性能的影响

随着焊接方法、母材种类、工程结构及工况环境等条件的不同,焊接接头热影响区 HAZ 的不同位置对应着不同的热循环曲线(其特征表述为:峰值温度 T_m

和冷却时间 $t_{8/5}$）。利用 Gleeble-3500 热/力模拟试验机或其系列设备，首先要选择不同焊接热源模型的程序、设定不同峰值温度 T_m、冷却时间 $t_{8/5}$，最终实现焊接 HAZ 的热模拟试验[18-19]。对于热模拟后的试件，一方面可以进行微观组织观察与分析及硬度测试；另一方面可以进行不同温度下的 CVN 冲击韧性试验。

利用这一原理，可进行钢种的 SHCCT 曲线绘制。大家知道，通过 SHCCT 曲线，可以了解钢材在不同温度及冷却速度下的组织变化情况，为钢材的焊接生产提供依据。具体做法为：加热到峰值温度 1350℃后，保温 0.1s 以不同的 $t_{8/5}$ 时间进行冷却。通过激光测膨胀仪测得试样直径的变化，绘制出温度-直径的膨胀曲线，读取拐点即为相变温度。最终观察与分析经热循环后试样在测温点附近的金相和硬度，得出其组织和相比例，进而绘制出这种材料的 SHCCT 曲线，举例钢种为宝钢生产的一种超高强钢的 SHCCT 图，如图 3-27 所示[20]。

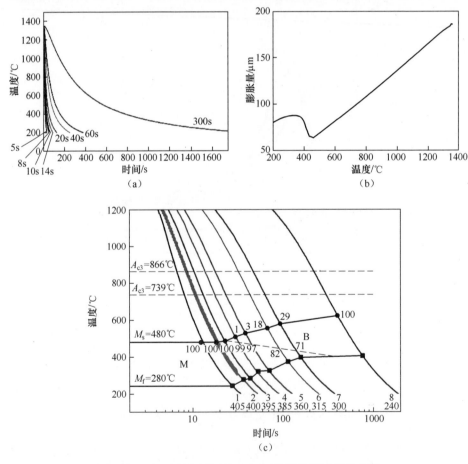

图 3-27　一种超高强钢的 SHCCT 曲线绘制过程示意图

（a）热循环曲线；（b）热膨胀曲线；（c）SHCCT 图。

对于一些厚规格钢板而言,焊缝可能通过两道或多道焊接完成,那么第二道焊接时将会对第一道焊接时形成的焊缝和热影响区造成再次的热作用[21-22],这将导致一些不利于焊接接头性能的显微组织出现。为了能够更为清晰地掌握多道焊接条件下焊接接头的显微组织变化规律,确定各种显微组织对焊接接头的冲击韧性的影响规律,往往利用热/力模拟试验机对多道焊接热循环进行物理模拟[23-24]。

按焊接热循环的峰值温度、受热次数和组织特征,文献[25-26]将 HAZ 划分为粗晶热影响区(CGHAZ)、准临界再热粗晶热影响区(SRCGHAZ)、中间临界再热粗晶热影响区(IRCGHAZ)、回火中间临界再热粗晶热影响区(tempered IRCGHAZ)、中间临界再热细晶热影响区(IRFGHAZ)、回火中间临界再热细晶区(tempered IRFGHAZ)、中间临界热影响区(ICHAZ)和回火中间临界热影响区(tempered ICHAZ),如图 3-28 所示。在多道焊接中,一般认为粗晶热影响区(CGHAZ)和中间临界再热粗晶热影响区(IRCGHAZ)是"局部脆性区"(local brittle zone,LBZ)。

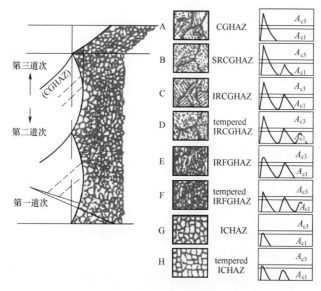

图 3-28　多层焊接热影响区划分示意图

文献[27]利用 Gleeble-3500 热/力模拟试验机模拟 9Ni 钢在单道焊和多道焊(包括两道焊、三道焊和四道焊)时焊接热影响区的各区域,热模拟样品尺寸为 $10.5mm \times 10.5mm \times 70mm$。热模拟结束后对热影响区各区域进行组织分析,同时将样品加工成 $10.0mm \times 10.0mm \times 55.0mm$ 的标准冲击试样,并测试了

−196℃的 CVN 冲击性能。研究结果如下：单道焊的粗晶区是薄弱区域，其冲击性能最低；单道焊接时，焊接热影响区各区域韧性随 $t_{8/5}$ 的影响很大，只有当 $t_{8/5}$ <9.3kJ/cm 时，各区域均具有较好的韧性；两道焊接模拟试验时，发现临界粗晶区和亚临界粗晶区有脆化现象，同时发生临界粗晶区还有软化出现；三道和四道焊接模拟试验表明，随着焊接热循环次数的增加，热影响区中的脆性区和软化区逐渐消除，接头的低温韧性显著提高。9Ni 钢物理模拟单道焊和多道焊热影响区的性能对比如图 3-29 所示。

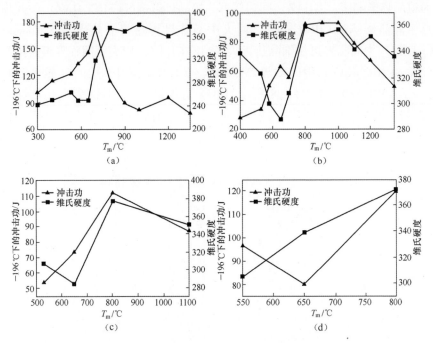

图 3-29　模拟单道焊和多道焊（二道、三道和四道焊）热影响区的性能对比

（a）单道焊（$t_{8/5}=10s$）；（b）二道焊（单道焊峰值温度为 1350℃）；（c）三道焊（单道焊和二道焊峰值温度分别为 1350℃、1200℃）；（d）四道焊（单道焊、二道焊和三道焊峰值温度分别为 1350℃、1200℃、1100℃）。

⚠ 3.2.7　焊接峰值温度对钢材热影响区性能的影响

不同材料的焊接热影响区的薄弱区域不同，这可利用 Gleeble-3500 热/力模拟试验机或其系列设备进行不同峰值温度的 HAZ 的焊接热模拟，同时对热模拟后的试件进行硬度测试、微观组织观察与分析及不同温度下的 CVN 冲击韧性试验，从而找出不同钢种 HAZ 的薄弱环节[28]。

钢种在进行成分设计调整时，需进行焊接 HAZ 性能研究。本次举例为某钢厂生产的某耐候钢,板厚为 8mm。试验时,首先将板材加工成 5.5mm×11mm× 71mm 的热模拟试样,将热电偶焊在试件中心并利用紫铜卡具装入 Gleeble‑ 3500 热/力模拟试验机的真空室内,将真空室抽真空。利用电阻热加热试件后, 再利用热电偶测量温度并控制试件加热段温度按预定温度曲线改变。然后,把 经过热循环的试件加工成 5mm×10mm×10mm 的冲击试件和金相试件,分别进行 性能测试。$t_{8/5}$ 为 8s 时,半尺寸热模拟试样在 -40℃ 的冲击性能随着峰值温度的 变化而变化,如图 3‑30 所示。

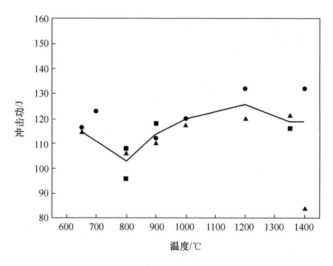

图 3‑30　$t_{8/5}$ 为 8s 时,冲击性能随峰值温度的变化曲线

从图 3‑31 中可以看出,峰值温度为 800℃、1350℃ 和 1400℃ 时,热模拟试件 的冲击性能较差。继续试验,绘出峰值温度为 800℃、1350℃ 和 1400℃ 时,冲击 性能随 $t_{8/5}$ 的变化曲线,如图 3‑31 所示。对于这种耐候钢,对于峰值温度为 800℃ 的试样,随着 $t_{8/5}$ 改变,HAZ 冲击功变化不大;当峰值温度为 1350℃、 1400℃,$t_{8/5}$ 为 8s 时有最佳冲击性能,当 $t_{8/5}$ 为 20s、30s、50s 时,或者说,当 $t_{8/5}>$ 12s 时,其冲击性能急剧恶化。

▲ 3.2.8　焊后热处理制度对钢材热影响区性能的影响

焊后热处理的目的有 3 个:消氢、消除焊接应力、改善焊缝组织和综合性能。

(1) 焊后消氢处理。它是指在焊接完成以后,焊缝尚未冷却至 100℃ 以下 时,进行的低温热处理。一般规范为加热到 200~350℃,保温 2~6h。焊后消氢 处理的主要作用是加快焊缝及热影响区中氢的逸出,对于防止低合金钢焊接时 产生焊接裂纹的效果极为显著。

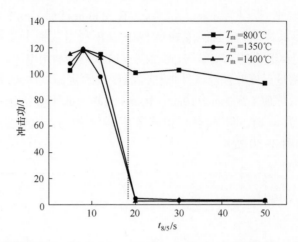

图 3-31　峰值温度 T_m 为 800℃、1350℃和 1400℃时,冲击性能随 $t_{8/5}$ 的变化曲线

（2）消除焊接应力热处理。在焊接过程中,由于加热和冷却的不均匀性,以及构件本身产生拘束或外加拘束,在焊接工作结束后,在构件中总会产生焊接应力。焊接应力在构件中的存在,会降低焊接接头区的实际承载能力,产生塑性变形,严重时,还会导致构件的破坏。消除焊接应力热处理是将焊好的工件在高温状态下,使其屈服强度下降,来达到松弛焊接应力的目的。对于消除焊接应力热处理,一般是根据材料的牌号确定热处理温度,一般是低于 A_{c1} 线 30~60℃（或低于钢材回火温度 30~60℃）,再根据钢材厚度确定热处理时间,其消除焊接应力的效果往往根据热处理后焊接接头的焊缝、熔合线及热影响区的硬度测试结果来判定。

（3）改善焊缝组织和综合性能的热处理。有些合金钢材料在焊接以后,其焊接接头会出现淬硬组织,使材料的力学性能变差。此外,这种淬硬组织在焊接应力及氢的作用下,可能导致接头的破坏。如果经过热处理以后,接头的显微组织就会得到一定程度的改善,从而可提高焊接接头的塑性、韧性,改善焊接接头的综合力学性能。对于均匀化热处理,将焊接接头加热 850~900℃,保温一定时间,一般选择空冷。对于固溶处理,将焊接接头加热 1050~1100℃,然后快速冷却（空冷或其他介质冷却）。

利用 Gleeble-3500 热/力模拟试验机或其系列设备编制焊后热处理程序,首先要制定关键工艺参数（如升温速度 v_1、热处理温度 T_1、停留时间 t_1、冷却速度 u_1 等,如图 3-32 所示）；然后再现焊后热处理过程,并施加于试样上；最后分析试样在热作用下得到的组织和性能,从而判断焊后热处理的工艺是否合理。

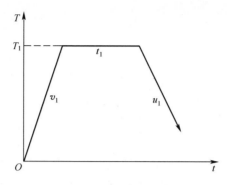

图 3-32　焊后热处理工艺曲线

▲3.2.9　模拟组织与实际焊接热影响区组织的比较

物理模拟技术是研究各种金属材料焊接热影响区各部位组织和性能的最简便、最有效的试验方法,这是由于它可以将热影响区的任意部位依据该部位经历的热循环曲线进行放大,从而方便观察其组织及测试其性能。然而,这种试验毕竟不是在实际的焊接结构中进行的,因此有必要将模拟试验结果与实际热影响区的组织进行比较分析,以使试验结果能正确地指导生产实际。

焊接热影响区的物理模拟组织与实际的焊接热影响区的组织是有一定差别的,其原因有以下几种:

(1) 晶粒度的差异。物理模拟是将其局部区域放大,试样的加热和冷却是在无拘束(或很小拘束)条件下进行的,而实际的焊接影响区各部位都非常窄,受周围其他部位的约束,晶粒长大受到温度梯度和组织梯度的限制,因此在相同的热循环情况下,物理模拟试样的晶粒偏大。图 3-33 展示了实际焊接 HAZ 与模拟试样在不同 $t_{8/5}$ 时奥氏体晶体的晶粒度的对比[28]。试样是在相变前的瞬间进行淬火,因而室温下得到的马氏体组织仍能反映高温奥氏体晶粒度的大小。

(2) 奥氏体转变的差异。物理模拟的程序编制一般只模拟热循环,而实际结构中热影响区同时经受应力、应变循环。在大的应力、应变情况下,热影响区将会产生塑性变形,帮助形核,从而对相变产物有影响。例如,文献[7]指出,高温下奥氏体内发生百分之几的变形量将会使高强钢的马氏体转变点提高 50℃ 左右,使马氏体含量增加。

(3) 化学成分的差异。模拟试验试样是处在隔离的体系中被加热和冷却,且应力、应变保持不变,不像焊接接头那样有元素的相互扩散及相邻部位的应力

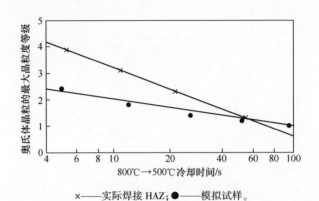

× ——实际焊接 HAZ；● ——模拟试样。

图 3-33　实际焊接 HAZ 与模拟试样的奥氏体晶粒的最大晶粒度

［钢化学成分：C，0.17%（质量分数）；Mn，1.34%（质量分数）；Si，0.31%（质量分数）；

P，0.027%（质量分数）；S，0.020%（质量分数）；Al，0.025%（质量分数）］。

作用，因此在化学成分及组织状态上与实际情况会有所差异。

　　（4）组织均匀性的差异。模拟试样的加热方式有两种：①感应加热；②电阻加热。前者由于集肤效应的影响往往试件的表面温度高于心部温度，后者由于表面散热的影响（当试验槽中真空度较低或用强冷卡头时）可能导致试件表面温度低于心部，因此模拟试件的金相组织有时不够均匀，力学性能的试验结果可能有误差。

　　因此，在实际操作时，应考虑上述因素进行修正，尤其是对于峰值温度高于1300℃的试样。通常的方法是将模拟的最高加热温度适当降低，或者提高加热速度，或者施加一定的拘束应力。

　　表 3-6 给出了 HY80 钢实际的焊接 HAZ 粗晶区晶粒尺寸，与将峰值温度降低 140℃ 之后的模拟试件晶粒尺寸的比较。从表 3-6 中可以看出，晶粒度、显微组织及硬度都有良好的一致性。但上海交通大学用 Thermorestor-W 热模拟试验机进行显微组织模拟认为，对于 Ni-Cr-V 钢、18MnMoNb 钢、14MnMoVB 钢、15CrMoV 钢等材料，峰值温度从 1350℃（或 1340℃）修正到 1315~1320℃，即可得到与实际 HAZ 相同的晶粒度[7]。

表 3-6　焊接和模拟 HAZ 粗晶区显微组织的比较

比较内容	焊接峰值温度 1350℃	模拟试样峰值温度 1320℃
奥氏体晶粒的晶粒尺寸	（30±5）μm	（28±5）μm
显微组织组成（根据 计数点）1000 点	97%回火马氏体 3%上贝氏体	96%回火马氏体 4%上贝氏体

续表

比较内容		焊接峰值温度 1350℃	模拟试样峰值温度 1320℃
HV$_{0.5}$ 10 个读数	范围值	414~442	411~462
	平均值	431	431

注:试验用钢为低合金调质钢 HY80,化学成分为:C,0.16%(质量分数);Mn,0.32%(质量分数);Si,0.30%(质量分数);Ni,2.54%(质量分数);Cr,1.31%(质量分数);Mo,0.28%(质量分数);V,0.01%(质量分数);S,0.017%(质量分数);P,0.006%(质量分数)。

奥氏体晶粒长大过程与加热速度,特别是与 900℃ 以上的加热速度有关,因此提高加热速度也可减小奥氏体晶粒的晶粒度。图 3-34 给出了加热速度 ω_H 对晶粒度的影响[7]。从图 3-34 中还可以看出,加热达到的峰值温度(T_m)越高,加热速度的影响越明显。采用电阻加热的物理模拟试验机,可以实现比感应加热的模拟试验机高得多的加热速度。

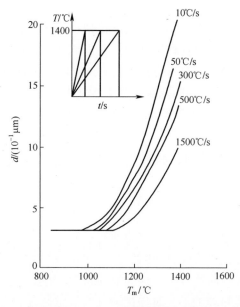

图 3-34　加热速度 ω_H 及不同峰值温度对晶粒尺寸的影响

降低峰值温度或提高加热速度虽然可以得到与实际 HAZ 相同或相近的晶粒度,但是会使碳(氮)化物等固溶不充分,奥氏体晶粒成分不均匀,从而影响冷却过程中的相变组织。因此,在考虑晶粒度时,应尽可能地使峰值温度接近于焊接 HAZ 的实际温度。日本学者认为,在研究钢的粗晶区组织和性能时,一般将模拟峰值温度固定于 1350℃ 较为适宜(因为对于低碳钢来说,固相线温度可达 1490℃）。

焊接应力、应变引起的塑性变形对奥氏体相变组织的影响与材料种类有关。对于淬透性很强的钢，即使改变塑性应变，最终也还是得到百分之百的马氏体组织，因此在物理模拟时调节应力、应变量意义不大。而对于其他对塑性应变敏感的材料或厚大构件，在热模拟时就应采取修正措施：①在试件两端加一定的拘束应力（应变量为 0.5%~2%）；②根据材料的 SH-CCT 图进行实测冷却曲线的修正；③提高冷却速度或缩短 $t_{8/5}$，使钢易于产生马氏体转变，从而产生与 M_s 点升高的相同效果。

奥氏体晶粒的晶粒度及冷却速度均影响最终的接头组织。因此，在考虑 HAZ 物理模拟的精度时，应综合考虑上述几种因素的影响，并根据具体的材料种类和接头尺寸与形状，抓住主要矛盾，制订切实可行的试验方案。

为了确保物理模拟的精度和可靠性，进行"模拟的和实际的热影响区组织性能的相关性研究"，是物理模拟技术目前面临的一项十分艰巨而又极有意义的研究课题。

虽然目前模拟试验装置的功能及物理模拟技术水平在应用上有局限性，还不能完全代替和充分精确地反映实际焊接热影响区存在的所有问题，但是焊接物理模拟已成为焊接物理冶金研究的重要测试手段之一，特别是在研制新钢种、新材料，以及研究各种裂纹倾向及接头力学性能上，无论是从试验的质量，还是试验的成本与效率，都是其他试验方法无法取代的。

3.3　物理模拟技术在焊接热裂纹研究中的应用

焊接裂纹是焊接接头中最危险的焊接缺陷，它是引起焊接结构脆性破坏、带来灾难性事故的主要根源。焊接裂纹的种类繁多，按产生的条件、机理和基本特征，大致可分为热裂纹、冷裂纹、再热裂纹、层状撕裂和应力腐蚀开裂五大类型。本节和以后几节将逐一简述各种焊接裂纹的特点，重点讨论物理模拟技术在评定和预测金属材料或热加工工艺对焊接裂纹的敏感性，以及物理模拟技术在裂纹防治措施研究中的应用。

焊接热裂纹通常是指在焊接过程中，焊缝和热影响区金属冷却到固相线附近高温区时所产生的裂纹。这种裂纹在某些低合金钢、不锈钢、耐热合金和铝合金焊接时均可发现。热裂纹又分为结晶裂纹、液化裂纹和多边化裂纹 3 种类型。

（1）结晶裂纹是焊缝中液态金属在冷却凝固过程中，由于凝固金属的收缩，残余液体金属不能及时补充，形成液态脆性薄膜，在应力作用下沿晶开裂而形成,一般产生在焊缝中,因此称为结晶裂纹。

（2）液化裂纹一般产生在近缝区或多层焊的层间部位,由于母材中金属含有较多的低熔点共晶成分,在热循环峰值作用下局部液化,在拉应力作用下发生晶间开裂。液化裂纹的尺寸都很小,无损探伤很难发现,只有在金相观察或断口微观分析时才能发现。更危险的是,液化裂纹常常成为冷裂纹、再热裂纹及其他脆性破坏和疲劳断裂的发源地。

（3）多边化裂纹主要产生在某些纯金属或单相合金（如奥氏体不锈钢、铁镍合金、镍合金等）的焊缝或近缝区中,产生温度在固相线稍下的高温区间。它是由于刚凝固的焊缝金属中（或近缝区在高温作用下）存在很多晶格缺陷（位错及空位）及严重的物理和化学不均匀性,在温度与应力作用下,这些晶格缺陷的迁移和聚集,形成脆弱的二次边界（亚晶界,即多边化边界）,在拉应力作用下引起的晶间开裂。

由上述可知,液化裂纹与结晶裂纹在形成机理上有共性。多边化裂纹虽与结晶裂纹和液化裂纹的形成机理不同,但发生在高的温度范围和应力作为裂纹产生的必要条件这两条是相似的。因此,在评定金属对它们的敏感性时,所采用的物理模拟试验方法基本是相通的。

评定材料或工艺的热裂纹敏感性试验方法有很多。针对不同材料、接头形式及裂纹类型,焊接界已制定出许多种试验方法。但目前对于衡量热裂倾向的评定标准很不统一,对于描述热裂倾向的名词术语的理解也各不相同。

利用物理模拟技术可以方便、高效和精确地研究材料的热裂倾向。热裂纹模拟试验方法分为模拟后进行的试验和模拟过程中进行的试验两种类型。前者是以一定的加热速度,将试件（方棒或圆棒）加热到一组峰值温度（间隔 $10℃$）,直至出现液化为止,然后在室温下测量其冲击韧性值（方棒）或断面收缩率（圆棒）,用冲击值或断面收缩率的变化趋势来制定材料的脆性温度范围,继而判定液化裂纹倾向[7];后者是通过"加热过程的拉伸特性"及"冷却过程的拉伸特性",将其试验结果（零强温度、零塑性温度等）进行比较,求出脆性温度区间等参数,揭示材料在高温下强度、塑性和韧性的变化规律,从而判定其热裂倾向。相比较而言,在热模拟过程中进行的试验能更全面和真实地反映裂纹产生的过程和条件。

热塑性拉伸试验法是目前热裂纹模拟试验中最常用的试验方法,它能方便而准确地测得材料高温下的力学性能参数。这里主要介绍利用 Gleeble 热/力模拟试验机进行热拉伸试验的物理模拟技术及高温力学性能参数和脆性温度区间的界定。

目前许多人往往只是把零塑性温度区间大小作为衡量热裂倾向的标

准[29-30]，其实这是不全面的。根据热裂的形成机理，真正反映脆性温度区间的因素必须考虑"零强温度"这一物理量。"零强温度"与"零塑性温度"是两个不同的概念，两者的测定方法也不相同。根据美国 DSI 科技联合体 Hugo Ferguson 博士和陈伟昌博士提供的技术资料文献[31]，结合试验结果，现将热塑性指标各物理量的基本含义及其测定方法分别予以介绍。

▲3.3.1　零强温度的测定

零强温度（nil-strength temperature，NST）的确定对于研究结晶裂纹及铸造过程的开裂具有重要意义。在零强温度以上，材料的强度降为零，任何微小的载荷均会导致开裂。

零强温度的测定是在加热过程中进行的。拉伸试件直径为 6mm、长度为 90mm，试件端部不必车细纹，而用铜卡头夹紧。这是因为金属材料在高温下强度很低，不必施加大的载荷即可将试样拉断。试验表明，当试样直径为 10mm，铜卡块长度为 30mm 时，试样夹紧后可以承受大约 12000N 的拉力而不滑动。自由跨度（90mm 减去铜卡头中的试件长度）在试验时应保持恒定（即每次试验开始时，应保持相同的自由跨度值）。

在 Gleeble-1500 热/力模拟试验机上采用力控制。利用空气气缸（空气弹簧）系统或低压液压系统施加一个恒定的（在整个试验过程保持不变）的拉伸载荷，在不用真空槽时（测零强温度可不在真空环境中进行，但测零塑性应在真空环境中进行），若只存在滑块与两导轨的摩擦力（此摩擦力很小），则所加的恒载大小为 80N 为宜。在用真空槽时，考虑槽内外大气压差及槽与移动轴之间摩擦力的影响（此时槽与移动轴之间摩擦力约为 200N。也可在试验前通过手调冲程旋钮，移动卡头，在控制柜的 1541 模块上观察到其值大小），可施加 300N 的拉力。

试件以通常的焊接加热速度（模拟手工焊可用 150～200℃/s；埋弧焊用 100℃/s；电渣焊用 10~20℃/s），加热到材料的液相线以下大约 100℃ 的温度，然后将加热速度改变为 1~2℃/s，继续加热、升温直到试件拉断为止，此时的拉断温度即为该材料的零强温度。

确定材料的零强温度，通常至少需要做两个试件，当试验结果相差大于 20℃ 时，应做第三个试件，并取其平均值。

试验时，应采用铂铑-铂热电偶（S 型或 R 型），并使用高温无机胶将热电偶固定在试件上，以防高温时脱落。此试验最好在惰性气氛保护下进行。

零强温度的确定也可采用 σ_b-T 曲线方法求得，即在不同的高温下将试样快速拉断，求得 $\sigma_b \approx 0$ 时的温度即为零强温度。这种方法不如前一种方法省时省料。

▲ 3.3.2 零塑性温度的测定

零塑性温度(nil-ductility temperature,NDT)对于研究热裂纹,特别是液化裂纹及多边化裂纹有重要意义。在零塑性温度以上,材料完全变脆,失去塑性。当测定零塑性温度时,在加热过程和冷却过程中进行,会得到不同的数值。通常加热方式测得的 NDT 值高于冷却方式测得的 NDT 值,这是由于金属材料在加热过程的开始熔化与冷却过程的开始结晶,所需的热力学条件及自由能是不同的。

在进行"加热过程拉伸特性"试验时,一般采用 $\phi6mm$ 或 $\phi10mm$ 圆棒试件,试件长度为 120mm,试件两端分别车长度为 15mm 的细纹,并用螺母固定,装入卡头中,如图 3-35 所示。试样表面应抛光($Ra \leqslant 0.81\mu m$)以保证试验精度。为了避免动态再结晶对测试精度的影响,一般应采用快的拉伸速度。

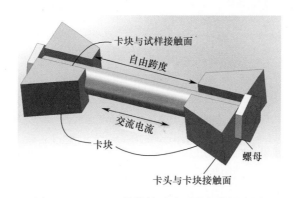

图 3-35 Gleeble 热拉伸试验试件安装示意图

为了模拟焊接接头的温度梯度,冷却系统应采用铜卡头。将试样的均温区以加热速度为 100~150℃/s 的大小加热到不同的试验温度,在峰值保温 0.5s 后,快速(10~20mm/s)进行拉伸,试样被拉断后,测量均温区断面收缩率,通过一组不同峰值温度的试件,即可描绘出温度-塑性(断面收缩率)曲线。图 3-36 所示为热拉伸试验加热、冷却过程及热塑性曲线示意图。图 3-36(c)中的 E 点为在加热过程测得的塑性(断面收缩率)为零的温度,即为加热过程的零塑性温度。

冷却过程的拉伸试验对于研究焊接裂纹更具有实际意义,因为焊接热裂纹一般是在冷却过程中形成的。在进行"冷却过程拉伸特性"试验时,根据不同的试验目的,首先将试样加热到液相线温度(研究结晶裂纹),或者零强温度(研究热影响区中裂纹),或者零强温度以下 20~30℃(研究材料的热塑性),在峰值保温 0.5~3s 后,再以 30~70℃/s 的冷却速度冷却到不同的试验温度,在试验温度停留 0.5s,然后进行快速拉伸(50mm/s),测得断面收缩率,从而可绘制出冷却过程中的温度-热塑性曲线（图3-36），并同样可测得冷却过程中的零塑性温度（D点）。为了深入研究在冷却过程中的热裂敏感性，同时由于 D 点的精确值难以测得，通常采用塑性恢复温度（ductility recovery temperature, DRT）这一物理概念，即冷却时，断面收缩率恢复到5%对应的温度，如图3-36中 D' 点所示。当测定脆性温度区间时，D' 点是把零强温度作为峰值温度而获得的。

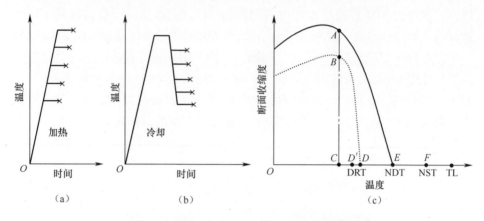

图3-36　加热、冷却过程热拉伸试验及热塑性曲线示意图
(a)加热过程热拉伸试验；(b)冷却过程热拉伸试验；(c)热塑性曲线。

冷却过程拉伸试验所采用的试样尺寸、试样表面粗糙度及冷却卡头材料与加热过程是相同的，但自由跨度应做适当调整以满足冷却速度的要求，并保证在任何试验温度下，在拉伸之前的自由跨度值应是相同的。

3.3.3　脆性温度区间及零塑性温度区间

脆性温度区间（brittleness temperature range, BTR）是反映材料热裂敏感性的重要参数。脆性温度区通常是指在固相线附近，固-液并存时的温度区间，其上限是熔池金属凝固过程中形成液态脆性薄膜"骨架"的温度，下限为实际的凝固终了的附近温度。BTR 的大小不但可以反映材料的结晶裂纹敏感性，而且可用来推断液化裂纹的产生倾向。

脆性温度区间的物理意义在焊接及铸造领域的认识已基本统一，但定量的测定方法和界定标准目前还不一致。文献[28]所推荐的温度界限如图3-36(c)所示。将零强温度（F 点）作为 BTR 的上限，冷却过程中的零塑性温度 D 点作为 BTR 的下限，但由于 D 点的测定难以精确地获得，通常把塑性恢复温度 D' 作为 BTR 的下限。

当某些材料测量5%的恢复率仍然比较困难，数值太分散时，也可用20%的

断面恢复率确定 D' 点。这是因为有的学者认为当断面收缩率小于20%时,钢材是完全的晶间断裂;当断面收缩率大于20%之后,沿晶与穿晶断裂同时出现;当断面收缩率大于60%时,基本上呈穿晶断裂。日本学者铃木在进行连铸态的高温塑性与热裂倾向研究时认为,在零塑性温度下,钢中出现10%的残余液相;而美国学者 Weiss 认为,在零塑性温度下可观察到熔化现象并出现锯齿形晶界,液相膜厚度约为5000nm,而在零强温度下,液相膜厚度约达10000nm。

零塑性温度区间(nil-ductility temperature range,NDR)的物理含义是指热影响区中熔池周围附近区域塑性基本为零的温度范围。其温度上限是加热时所测得的零塑性温度,其下限为冷却时所测的零塑性温度,即图3-36(b)中的 DE 段[32]。NDR 是衡量液化裂纹与多边化裂纹敏感性的重要参数。

文献 [33] 中用物理模拟方法分别测得 40CrMnSiMoVA(G 钢)及30CrMnSiNi2A(H 钢)的 NDR 和 BTR,从而比较两种中碳超高强度结构钢的液化裂纹倾向。试验在 Gleeble-1500 热/力模拟试验机上进行,采用水冷铜卡头快速冷却。加热速度为150℃/s,冷却速度为70℃/s,峰值温度为1415℃,在真空室内进行。在各试验温度下保温0.5s后,以10mm/s的速度将试样拉断,测量断面收缩率及断裂强度。试验结果表明,对于 G 钢,NDT 为1360℃,DRT 为1250℃,所以其 NDR 为110℃。由于冷却试验时峰值温度取1415℃(零强温度附近),因此得到该钢的(BTR)为165℃。在此温度范围内(1415~1250℃),断面收缩率 Ψ 为0,并测得断裂强度值 σ_b 为5.8MPa,晶界液化并显示出白色产物。对于 H 钢,测得 NDT 为1380℃,DRT 为1370℃,故 NDR 为10℃,BTR 为45℃,从而认为 H 钢比 G 钢有较强的抗液化裂纹能力。

文献[34]中在 Gleeble 热/力模拟试验机上用热塑性拉伸法测得3种铬镍高温合金的脆性温度区间,其零强温度的测定是在1000℃以上的不同高温下通过热拉伸确定的,试验采用板状试件(板厚为1.5mm,宽为20mm,长为110mm),将试件两端夹入卡块中(因金属高温强度低,靠卡块与试件的接触摩擦力足以承受拉伸载荷),以常规拉伸速度将试件拉断。不同温度下拉断力也是不同的,当拉断试件的载荷为300N(等于该试验设备的摩擦力)时,所对应的温度即为零强温度,并作为脆性温度区的上限。用同样尺寸的试件,通过热拉伸再测得零塑性温度,作为脆性温度区的下限,从而得到3种高温合金的脆性温度区间分别为95℃、65℃和110℃。文献[33]中还通过对比试验和分析,认为以零强温度和零塑性温度的差值作为度量 BTR 的标准,要比可变拘束试验法提出的用最大裂纹长度在焊缝中温度分布曲线上所对应的温度区间作为材料的脆性温度区的度量方法更为符合实际。

文献[35]中为给双相奥氏体钢选择匹配合适的焊接填充材料,对不同含硅量的焊缝金属的抗热裂性能进行了物理模拟试验。首先用手工焊焊成试板；然后垂直于焊缝取圆形试件，并使模拟试验时的均温区落入焊缝部分。以100℃/s的加热速度将试样加热到600℃以上的不同试验温度，保温时间为3s，然后以20mm/s的拉伸速度将试样快速拉断，求得 ψ-T 曲线，将 ψ 最大值（$\psi=76\%$）的温度与零塑性（$\psi\approx0$）温度的差值定义为液化裂纹温度区间。同样，将试样加热到加热时的零塑性温度以上，然后以30℃/s的冷却速度冷却到试验温度再拉伸，同样可测得冷却阶段的零塑性温度和塑性恢复最高值所对应的温度。将加热阶段与冷却阶段分别测得的零塑性温度的差值定义为零塑性温度区间。比较液化裂纹温度区间及零塑性温度区间的大小，来判定3种焊缝金属的高温裂纹倾向。

文献[36]报道了在 Gleeble 热/力模拟试验机上用热拉伸法研究铝合金的液化裂纹倾向。将 LD_2 铝合金圆棒状试件以60℃/s的加热速度升温到试验温度（350℃以上）后停留0.2s快速拉断，求得加热过程的零塑性温度为600℃。在不拉伸情况下，将试件加热到650℃时热电偶脱落，此时试样均温区开始整体熔化，可认为650℃是材料的液相线温度。冷却过程的热拉伸试验，参照650℃这个熔化温度点，将试样加热到峰值温度618℃后，保温1s，然后以14℃/s的冷却速度冷却到试验温度，再快速拉断，得到冷却过程的热塑性曲线和塑性恢复温度为540℃，从而测得 NDT 为60℃（600~540℃）。同样，测得6061铝合金的 NDT 为30℃，从而判定 LD2 铝合金比6061铝合金有较大的热裂倾向。该文献中还结合物理模拟试样的断口分析，比较了 LD2 和6061两种铝合金的液化裂纹敏感性差别的原因及其影响因素。

需进一步说明的是，在脆性温度区间内进行材料的热裂纹敏感性研究时，拉伸速度对试验结果也有影响，特别是铝合金热裂试验时。文献[37]指出，对于LF6铝镁合金，随应变速率的降低，高温塑性明显升高。但对于某些低合金高强钢，应变速率对塑性的影响并不明显。文献[38]选用30Ni-70Cu合金（白铜）在Gleeble-1500 热/力模拟试验机上进行的热塑性试验表明，脆性温度区间随应变速率的变化而变化，零塑性温度随应变速率的增加而升高，即应变速率增加，脆性温度区的下限温度升高，脆性温度区变窄。文献[38]还认为，在脆性温度区的高温部分，应变速率增加则金属热塑性降低；而在低温部分，金属的热塑性却随应变速率的增加而升高。

因此，在进行物理模拟试验时，应根据所模拟的对象（材料种类、裂纹类型及焊件的拘束与冷却情况），拟定符合实际应变（拉伸）速率和冷却速度，以充分暴露金属在高温下的脆性行为。

3.3.4　焊接结晶裂纹的凝固循环热拉伸试验

以上介绍的试验方法主要是通过热拉伸确定脆性温度区间或零塑性温度区间来制定或比较材料的热裂纹敏感性,其加热的峰值温度都是在液相线以下或零强温度以下。对于某些不锈钢或铝合金,由于大量低熔共晶体的存在,很容易在焊缝中产生凝固裂纹。为了专门研究其在凝固过程中结晶裂纹的产生倾向,常采用"凝固循环热拉伸试验法"进行物理模拟试验。

文献[39]介绍了在 Gleeble 热/力模拟试验机上用凝固循环热拉伸方法评定奥氏体不锈钢中 Nb 含量对焊缝金属凝固裂纹敏感性的影响。热循环曲线及拉伸过程如图 3-37 所示。试验时,先将试样(ϕ10mm×125mm,两端车 15mm 长螺纹)加热到熔点以上,并保温 25s,然后冷却到试验温度(1350~900℃),保温 30s 后,以 5mm/s 的拉伸速度移动卡头,进行拉伸,直到拉断为止。在整个拉伸过程中,温度保持恒定,从而可得到不同温度下的拉伸强度和断面收缩率,绘成了 σ_b-T 及 Ψ-T 曲线,比较出不同 Nb 含量的焊缝金属结晶裂纹的敏感性。试验结果表明,在 Gleeble 热/力模拟试验机上进行的模拟试验与在 Trans-Varestraintg 裂纹试验机上进行的试验,其结果是一致的,从而说明物理模拟的热拉伸试验法是准确和可靠的。试验时,为了防止液体金属流失并保持试样原有形状,试样中部套有非金属石英玻璃管,用铂铑-铂热电偶测量温度,试验在充氩密封槽中进行。

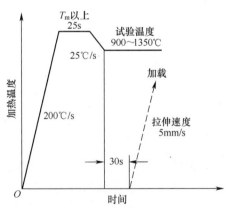

图 3-37　凝固循环热拉伸试验过程示意图

3.3.5　热裂纹敏感性的 SICO 试验法

当实施奥氏体不锈钢及镍基合金的多层焊时,常在焊缝的层间发现裂纹,此种裂纹一般发生在焊道的上部,尺寸很小,称为微裂(microfissures)。金相观察显示,实质上是下一焊道对上一焊道的热影响区引发的一种液化裂纹。由于多道焊时复杂的应力状态,热拉伸法不能精确地实现此种液化裂纹的模拟。文献[29]综合分析了焊道下裂纹的产生条件,以及目前焊接界常用的一些试验方法的弊端,提出使用应变诱导裂纹张开(strain induced crack opening,SICO)的方法更能准确地评判多层焊缝金属的热塑性及层间液化裂纹倾向。

试验时,先在开坡口的试板上焊填一条多层焊缝,然后垂直于焊缝长度方向截取若干个试件,并使焊缝金属落入试件的中部。将每个试件加工成直径为10mm、长为86mm的圆柱棒试样,如图3-38所示,将试样安装于Gleeble热/力模拟试验机的夹具中。铜卡头的两端贴置厚钢板以供对试样加压。按实测的热循环加热速度将试件加热到试验温度(1000~1300℃),均温区达到峰值温度后,立即以冲程移动速度为50mm/s的加载速度压缩试样(对于奥氏体不锈钢或镍基材料,自由跨度中部的加热宽度约为10mm。因此工作区应变速率约为$5s^{-1}$)。由于试样中部(工作区)温度高,将被镦凸成环状,在环状部分的外表面将产生拉应力,引起表面开裂。

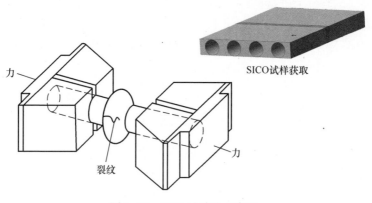

SICO试样获取

力

裂纹

力

图3-38　SICO试验法示意图

试样被镦粗后,用30倍的放大镜观察试样被镦鼓部分表面是否出现微裂纹,从而可以得到在某温度下裂纹启裂的临界应变量ε_c。

$$\varepsilon_c = \ln(D_f/D_0) \tag{3-45}$$

式中:D_0为试样的原始直径;D_f为裂纹启裂时镦粗部分的直径。

采用物理模拟技术进行SICO试验,可绘制临界应变量ε_c与温度的关系曲线,从而比较焊接金属的层间裂纹敏感性。显然,临界应变量越低,说明材料热塑性越差。

SICO试验法还可应用于材料的热变形及连铸模拟,研究材料在高温加工时的热塑性,求得材料在热轧和铸造时的变形极限、在连铸时裂纹敏感温度范围,从而评定材料的可锻性与可铸性。

3.4 物理模拟技术在焊接冷裂纹研究中的应用

焊接冷裂纹是指焊接接头冷却到接近室温时所产生的裂缝[40]。冷裂纹主要发生在高碳或中碳钢、低合金或中合金高强钢及钛合金的焊接热影响区,但有些金属,如某些合金成分较高的超高强钢及钛与钛合金,有时也会在焊缝上产生冷裂纹。冷裂纹既可沿晶断裂,也可穿晶扩展,不像热裂纹那样都是沿晶开裂。冷裂纹可以在焊后接头冷却到较低温度立即出现,也有时要经过一段时间(几小时、几天甚至更长时间)才出现,且裂纹数量由少至多。对于那些不在焊后立即出现的冷裂纹,称为"延迟裂纹",它是冷裂纹的一种比较普遍的形态。由于延迟裂纹在焊后的紧跟检查时并未发现,甚至在使用过程中才出现,因此该种裂纹更具有隐蔽性和危险性。研究表明,延迟裂纹是由于氢的缓慢扩散和聚集而引起的,所以许多文献把延迟裂纹又称为氢致裂纹(hydrogen-induced crack)或氢助裂纹(hydrogen-assisted crack)。

对于钢来说,冷裂纹的产生取决 3 个因素:焊接热影响区的淬硬组织、氢的作用、焊接应力。对于钛合金来说,冷裂纹的产生主要是热影响区金属在高温下吸收氢、氧、氮等气体引起接头变脆,在较大的焊接应力作用下引起开裂。钛合金与高强钢一样,也可能在热影响区(HAZ)产生延迟裂纹,起因仍然是氢。

利用物理模拟技术同样可以测试各种金属材料焊接接头的冷裂倾向,特别是可以方便地进行模拟充氢试验进行延迟裂纹的研究。氢致裂纹的物理模拟试验研究分为两种类型:①利用物理模拟制备焊接 HAZ 粗晶区组织并充氢,然后将试样进行三点弯曲试验,观察研究氢致裂纹的启裂与扩展的动态过程,评定含氢量和应变量对不同材料冷裂纹敏感性的影响;②将组织模拟、充氢试验及焊接应力模拟综合在一起的独立模拟试验,求出材料产生延迟裂纹的临界应力值,根据临界应力的大小判别不同材料的延迟裂纹倾向。

前一种模拟试验,将三点弯曲试验所用的中间带缺口的长方形试样(5mm/3mm/2mm×11mm/10mm×55mm)安装于模拟试验机的真空室内,先抽真空达 1.33×10^{-3} Pa,充入纯氩或精氩达 1.1×10^5 Pa,然后按图 3-39 所示程序加热(该图为对 12Ni3CrMoV 钢的循环曲线),经升温后再冷却到 1000℃(A_{c3} 以上温度,此时奥氏体比铁素体溶解氢的能力高),排气抽真空,再充入高精度氢达 1.15×10^5 Pa,按所需充氢时间 t_H 保温,保温结束仍用氢气冷却,到达室温时充氮排氢,取出试样立即放入干冰筒内,然后用甘油法定氢。试验表明[7],t_H 为 10min 时试样含氢量已经饱和(约为 2.4mL/100g),过长时间晶粒将长大。

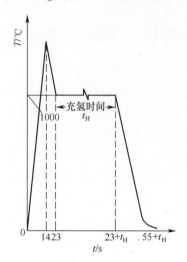

图 3-39　模拟充氢 HAZ 粗晶区热循环曲线（12Ni3CrMoV 钢）

后一种模拟试验的程序图如图 3-40 所示。试样采用带缺口的圆棒拉伸试样,尺寸如图 3-41 所示。抽真空并充氩后,以 18s 的时间加热到峰值温度 1350℃（图 3-40 中 AB 段),试样晶粒被粗化后,降温到 950℃,此时把氩气排除,并抽真空,再充入高纯氢气。然后,在此温度下保温 30min（图 3-40 中 CD 段）。与此同时,从零应力控制转为刚性拘束控制,即试样既不能伸长也不能缩短。当充氢结束后,随试样迅速冷却,试样内将产生由于本身收缩而引起的拉应力,并沿着 PQRSTU 曲线上升到所需的应力值。如果试样冷却收缩的最终应力值不能满足研究者的要求,则可通过应力控制旋钮强制达到规定值,如图中 UW 部分。当达到规定的应力值时,程序从刚性拘束控制转换为恒定拉应力控制,直到试样拉断为止[7],从而可绘出 σ_b-t 曲线,求得材料断裂的临界应力值(材料不发生开裂所能承受的最大应力,即材料发生开裂的最小应力),来确定材料的冷裂敏感性。

从上述可以看出,由于上述物理模拟试验都必须将试样开缺口,因此采用感应加热模拟试验设备（如 Thermorestor-W 模拟机）是比较适宜的。

使用不开缺口的试样,应用电阻加热式物理模拟试验设备（如 Gleeble、DM-100A 型、CRR-Ⅱ型等）,同样可进行延迟裂纹的试验研究。文献[41]为了研究和比较用于寒冷地区的 4 种低合金高强钢的热影响区过热区韧性及氢致裂纹敏感性,先使用 Gleeble-1500 热/力模拟试验机在拘束条件下制备过热区模拟试

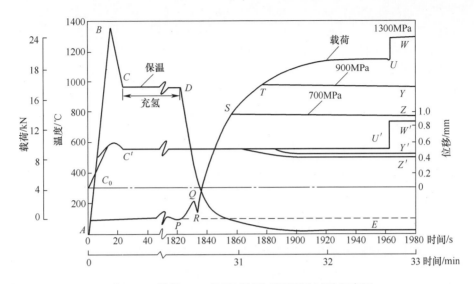

图 3-40　模拟 HAZ 粗晶区氢致延迟裂纹试验程序图

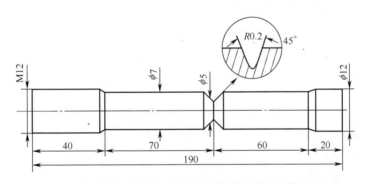

图 3-41　氢致延迟裂纹试验感应加热试样与尺寸(单位:mm)

件(试件经受热循环及内应力循环),然后再进行冲击试验和充氢插销试验。冲击试验用的模拟试件尺寸为 10mm×10mm×55mm,模拟加热后再开缺口。充氢插销试验的试样尺寸如图 3-42 所示。同样是先模拟过热组织,然后在均温区内开缺口,采用阴极电解充氢法充氢(达 0.6mL/100g),再在插销试验机上做静疲劳试验,从而可得到不同 $t_{8/5}$ 时的氢裂纹敏感系数 D 值,并与冲击韧性值综合考虑,判定 4 种钢材的冷裂敏感性,确定合适的 $t_{8/5}$ 冷却时间,提出对于大拘束度焊接结构增加后热工艺,以避免延迟裂纹的产生。

　　牛济泰等研究人员用 Gleeble-1500 热/力模拟试验机将高温热拉伸试验与低温冷裂敏感性试验综合在一起,研究了中碳低合金高强钢的冷裂纹起源机

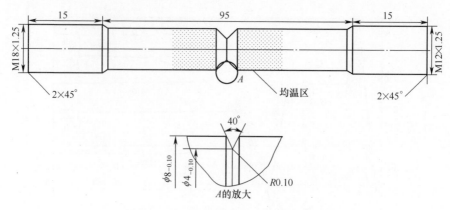

图 3-42　充氢插销试样与尺寸(单位:mm)

制[42]。他们着重模拟了焊接接头的熔合区,测定其性能,观察、分析了熔合区中的相与成分的变化,认为 P、S、Si、Cr、Mo 等元素所形成的低熔点相,非金属夹杂物及碳化物等导致晶界附近出现微熔现象,不但降低了材料的塑性,而且是焊缝中氢向 HAZ 扩散的有利通道,成为冷裂纹产生的根源,进而提出用焊后激光重熔方法改善熔合区附近组织,提高了接头的抗裂能力。

上述物理模拟技术原则上也适用于研究钛合金及铸铁的冷裂纹敏感性。在制定钛合金冷裂纹研究(以及接头脆性研究)的物理模拟参数时,注意钛的冷裂机理与高强钢并不完全相同。钢的冷裂是由淬硬组织降低了材料的塑性储备,进而在氢的扩散、集聚和焊接残余应力共同作用下导致开裂的;钛合金的塑性储备降低,主要是由生成 TiH_2 而引起的。大量资料表明,钛比钢有高得多的吸氢能力。钛在300℃以上就开始快速吸收氢,且在 β 钛中比在 α 钛中的溶解度高得多。因此,在冷却过程中,将在 α 钛中析出细小点状或针状的化合物 TiH_2,严重降低接头的塑性储备。试验还表明,TIG 氩弧焊接厚度为 1~1.5mm 的 TC4钛合金时,接头中含氢量最高的部位在熔合线外侧 4~6mm 处,用离子探针测定此部位含氢量为母材含氢量的 1.5 倍[43]。因此,模拟循环的峰值温度不能像钢那样选在过热区,充氢试验的条件也应与钢有所不同。

文献[43]使用 Gleeble-1500 热/力模拟试验机研究了氢在 TC4 钛合金焊接时的行为,进行了 TC4 钛合金焊接接头的慢拉伸、应力松弛及室温蠕变试验,研究了母材不同含氢量时应变速率对接头力学性能的影响,以及氢对接头应力松弛和蠕变的影响规律,从而对钛制压力容器的安全性进行预测和评定,并提出设计和使用中的改进措施。

3.5　物理模拟技术在再热裂纹研究中的应用

近 20 年来,随着电力、化工、原子能工业及潜艇等制造业的发展,厚壁压力容器类的焊接结构的应用越来越多,而这些厚大结构焊后不可避免地会在接头中存在不同程度的焊接残余应力。残余应力是造成低应力脆性破坏、冷裂纹、结构几何形状失稳,以及应力腐蚀开裂等质量事故的主要原因之一。因此,为了消除残余应力,对于厚大结构焊后都必须进行消除应力的热处理。然而,生产经验表明,在热处理之前,通常进行的焊后 X 射线探伤检查等并未发现接头中有裂纹,而恰恰是经过消除应力热处理后反而产生了裂纹,故人们把这种裂纹称为消除应力处理裂纹(stress relief cracking,SR)。另外,有些结构是在高温下工作的,即使焊后热处理时不出现裂纹,也会在 500~600℃ 长期服役时产生裂纹。由于上述两种情况的裂纹都是在焊后再加热产生的,故通称为再热裂纹(reheat cracking)[44]。再热裂纹不是在焊接过程中产生的,也不是焊后延迟产生的,而是在焊后热处理之后出现或高温高压服役时产生的,所以这种裂纹具有很大的危险性,已引起人们的日益关注[45]。

再热裂纹通常发生在含有沉淀强化元素的钢种及高温合金(包括含 Cr、Mo、V 元素的低合金高强钢、珠光体耐热钢、沉淀强化高温合金,以及某些奥氏体不锈钢)中,并且具有下列条件和特征:①再热裂纹多发生在厚大构件的应力集中部位,焊接区域存在较大的残余应力;②再热裂纹的产生与再热温度和再热时间有关,如对于低合金高强钢,其敏感温度范围为 500~700℃,并有一个敏感的时间区间,具有温度(Y 坐标)–时间(X 坐标)的 C 形曲线特征;③再热裂纹产生在焊接热影响区的过热粗晶区,呈晶间开裂,并沿熔合线扩展。

关于再热裂纹的产生机理至今还没有统一的认识。利用物理模拟技术,既可评定材料与工艺的再热裂纹倾向,也是研究再热裂纹产生原因和影响因素的有效手段。

通过高温金相显微镜和电镜的观察,可以确认其产生过程伴随着焊接残余应力松弛,弹性变形转化为塑性变形,在粗晶区应力集中部位的某些晶界塑性应变超过了该部位的塑性应变能力时,首先在该部位晶界出现微裂。因此,在进行再热裂纹的物理模拟研究时,必须尽可能精确地模拟过热区组织、残余应力及再热温度和时间。按照国际焊接学会(IIW)的推荐,再热裂纹的物理模拟试验方法分为两种:①高温缓慢拉伸试验;②应力松弛试验。前一种试验是首先将试样进行焊接热影响区过热粗晶区的焊接热循环模拟,冷却后再将试样加热到预定的温度进行慢速拉伸，绘出 $\psi-T$ 及 $\sigma_{0.2}-T$ 曲线，并得到最低 ψ 和 $\sigma_{0.2}$ 值，据此评判和比较材料的抗再热裂纹的能力。这种试验操作起来比较容易，但只能反映材料在高温时的抗应变能力，不能反映材料在应力松弛过程中的恒应变条件下的应力松弛变形能力。因此，为了更真实地模拟再热裂纹的产生过程，后一种试验方法——应力松弛试验方法已逐渐被更多的人所采用。这种试验是将焊接热模拟与应力模拟综合在一起，首先使试件经受过热区的峰值温度热循环，以后伴随应力的释放，试件被逐渐拉断，求得温度、应力等参数随时间的变化关系，并绘出断裂温度-断裂时间的 C 形曲线，显示材料的再热裂纹敏感温度区。产生断裂的敏感温度范围越宽，所需时间越短，则证明材料的再热裂纹敏感性越大；反之，敏感性小。

文献[46]中用高温慢速拉伸法研究了鞍钢集团研制的含 Cr、Mo、V 沉淀强化元素的 HQ-80C 低合金高强钢的再热裂纹敏感性。采用直径为 6mm 的圆棒试样（长为 110~120mm，两端车螺纹），在 Gleeble-1500 热/力模拟试验机上将试样首先进行粗晶区的热循环，峰值温度为 1320℃，$t_{8/5}$ 为 8s，冷却到室温后，再以 20℃/s 的加热速度将试件加热到预定的试验温度（分别为 500℃、550℃、600℃、650℃、700℃），保温 15min 后加载，加载方式采用恒定速度拉伸，卡头移动速度为 0.44mm/min，直到将试样拉断，记录 $\sigma-\varepsilon$ 曲线，测出 ψ 值，并绘出 $\psi-T$ 及 $\sigma_{0.2}-T$ 曲线。结果判定该钢种焊后加热到 500~600℃时有较大的再热裂纹敏感性。

文献[47]在 Gleeble-2000 热/力模拟试验机上用不等温应力松弛法研究了武汉钢铁（集团）公司生产的容器用钢 WDL 钢的再热裂纹倾向。所谓"不等温"，是鉴于以往的应力松弛试验方法都是在恒温状态下进行（即升到试验温度后再在恒温状态下进行应力释放）。而实际上，再热裂纹往往是在热处理的升温过程中就可能出现，因此用不等温试验法更能全面地模拟再热裂纹产生的实际情况。不等温试验是在升温之前，在室温下就将经过过热区峰值温度模拟的试样加载至预定应力，建立应力松弛所需的初始应变，然后在热处理升温过程中即开始伴随应力释放。为保证试样试验部分的温度和应力的均匀性，试样形状与尺寸设计如图 3-43 所示。在试样中部（均温区）不开缺口的原因是为了防止尖端效应造成的试样先期屈服。试验时，为了补偿试样因升温膨胀而可能将原始的弹性应变抵消，试验前应将试样在无拘束状态（自由膨胀）情况下，测出试样在热处理升温阶段的膨胀量。膨胀试验以 10℃/min 的速度将试样从室温开始慢速均匀加热，记录试样长度随温度的变化。试验表明，试样的膨胀与温度有很好的线性关系，且受加热速度的影响很小。当升温到 700℃时，试样的自由跨度（卡头之间的距离）由室温下的 50mm 伸长为 50.3mm，即在 700℃的伸长量

$\Delta L = 0.30\text{mm}$。因此,在编制松弛试验程序时,在升温阶段,按 $\Delta L\text{-}T$ 关系将试样拉伸 ΔL(如在 700℃ 时,拉伸 0.30mm),以抵消试件膨胀对初始应变的影响。

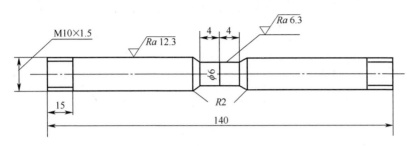

图 3-43　高温缓慢拉伸试验的试样形状与尺寸(单位:mm)

不等温应力松弛试验过程示意图如图 3-44 所示。试验所加的初始应力为 $\sigma_0 = 0.85\sigma_s$,与低合金钢焊接结构件的残余应力水平相当(注:焊接接头中残余应力的分布和数值,与金属类别、焊件厚度、接头形式、焊接工艺等因素有关,在进行物理模拟时,为了研究或比较各种材料的再热裂纹敏感性,简化起见,通常仅考虑 X 方向应力。对于低碳钢、低合金钢及不锈钢,施加的初始应力值选取材料屈服强度的 4/5~9/10;对于钛合金及铝合金,选其屈服强度的 1/2~4/5)。在升温时程序由 FR(力)控制转换为 SK(位移)控制,总应变量不断根据该温度条件下测得的附加热膨胀量增加,以保证预加弹性应变在加热过程保持恒定。当温度上升到材料给定的应力松弛临界温度时,再将 SK 控制转换为恒温、恒应变控制。采用不同升温速度,试样断裂所达到的实际温度与时间也不同。试验表明,大部分试件是在升温过程中断裂的。试验时,记录从升温到断裂的温

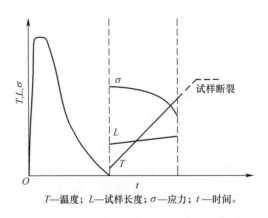

T—温度;L—试样长度;σ—应力;t—时间。

图 3-44　不等温应力松弛试验过程示意图

度、应力随时间的变化，从而绘出断裂温度-断裂时间的 C 形曲线，如图 3-45 所示。从图 3-45 中可以看出，该钢种的再热裂纹敏感温度为 723℃，断裂时间为 70s，属于再热敏感性较低的钢种。

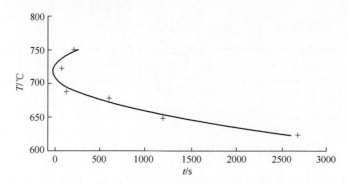

图 3-45　断裂温度-断裂时间 C 形曲线

　　文献[45]进一步比较了等温应力松弛试验法和不等温应力松弛试验法的差异，如图 3-46 所示。从图 3-46 中可以看出，它们的关系很像热处理中的 TTT 曲线和 CCT 曲线关系，从理论上推论，不等温应力松弛曲线比等温松弛曲线向右移。

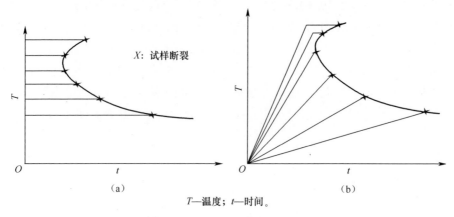

T—温度；t—时间。

图 3-46　两种"C"曲线的比较

(a)等温应力松弛试验；(b) 不等温应力松弛试验。

　　关于材料的应力松弛临界温度，实际上就是描述材料的高温力学性能文献中所指的材料应力松弛曲线（$\lg\sigma-t$ 曲线）中的第二阶段（应力随时间缓慢下降的直线段）不再出现时的温度。这个温度通常在钢材出厂时，厂家就已给出（如对于 12CrNi3MoV 钢为 650℃，对于 15CrMo 钢为 720℃[46]），也可用热/力模拟试验机方便地测出。当用 Gleeble 热/力模拟试验机测试时，可采用热卡头，将

ϕ10mm×15mm 圆柱形试样加热到试验温度,并在整个试验过程中保持温度不变,然后加压(用 FR 控制),将试样压缩到应力值 $\sigma \approx 0.8\sigma_s$ 时,改为恒应变控制,保持时间为 10~30min,测定试样的应力松弛曲线。试验温度由低向高变换,记录各温度下的应力松弛曲线,当曲线中的缓降直线段开始消失,即表示材料即将失去弹性时的温度,定为应力松弛的临界温度。

文献[7]在感应加热的物理模拟试验机(Thermorestor-W 试验机)上进行了再热裂纹敏感性的应力松弛试验。与在 Gleeble 热/力模拟试验机上进行的试验不同的是,试样可以开缺口,因而更利于模拟实际焊接接头的应力集中特征。图 3-47 示出了试样的尺寸与形状,图 3-48 给出了 Ni-Cr-Mo-V 钢的再热裂纹应力松弛试验图。试验时,首先将试样加热到峰值温度 1315℃(实际焊接 HAZ 过热区的热循环峰值温度为 1350℃,如 3.2.9 节所述为使模拟的粗晶区晶粒度与实际的过热区显微组织一致,将峰值温度修正),并按所需的冷却速度冷却到室温。在冷却过程中,当试样温度冷却到 1050℃左右时(图 3-48 中 B 点),从零应力控制(试样自由伸长)转换为刚性拘束控制,此时试样受到由自身冷却收缩而产生的拉应力,此应力的大小由研究者决定(但不允许超过再热处理温度时试样的断裂强度,否则无法证明试样的开裂是在再热处理过程中形成的。此断裂强度值可在应力松弛试验前,在热模拟试验机上进行热处理温度模拟,用热拉伸法测定出来)。从图 3-48 中可以看出,刚性拘束从温度曲线上 B 点开始,当拉应力随着试样的冷却继续上升达到选定值(F 点)时,模拟试验机从刚性拘束控制转换应力控制,如 FG 段所示。恒应力控制程序一直保持到再热处理升温程序结束(E 点)。从保温程序开始,恒应力程序控制又转换为恒应变(恒位移)控制,直到试样发生断裂或选定的保温阶段结束为止。

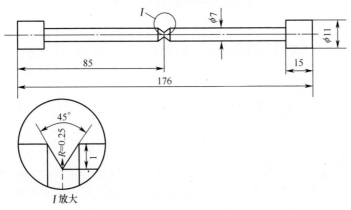

图 3-47 试样的尺寸及形状

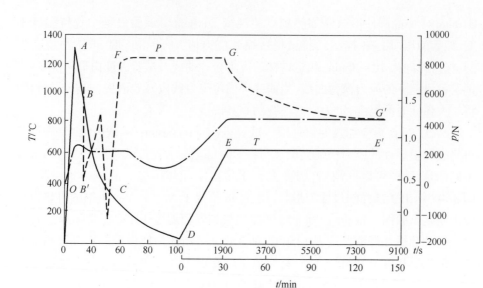

图 3-48　Ni-Cr-Mo-V 钢的再热裂纹应力松弛试验图

利用这种方法可以求出一定的再热温度下的裂纹产生的临界应力值,也可以求出在同一应力水平下的再热裂纹产生的敏感温度区,得到 $T(℃)-t(s)$ 的 C 形曲线。实践证明,采用这种物理模拟方法可以比较精确地评定材料的再热裂纹倾向,并可结合金相分析,研究冶金因素与工艺因素对接头再热裂纹敏感性的影响,揭示再热裂纹产生的微观机理。

顺便提及的是,采用物理模拟及冲击试验相结合的方法同样可以研究焊后热处理对接头再热脆性的影响。文献[41]表明再热脆性的敏感温度与再热裂纹的敏感温度相吻合,证明两者的产生机理是相通的。

3.6　物理模拟技术在层状撕裂研究中的应用

在核反应堆、潜艇建造、海洋工程等大型焊接结构中,往往采用 30~100mm 甚至更厚的轧制钢材,并大量使用 T 形接头、角接头或十字形接头。因此在焊接时,由于在板厚方向产生较大的拉伸拘束应力,因此可能沿钢板轧制方向产生如图 3-49 所示的阶梯形裂纹,这种开裂称为层状撕裂(lamellar tearing),这种裂纹又称为 Z 向裂纹,如图 3-49(a)~(c)所示。层状撕裂一般出现在角接接头和 T 形接头中,在对接接头中很少出现,但某些高强钢对接接头的焊趾和焊根处由于冷裂纹的诱发也会产生,如图 3-49(d)所示。

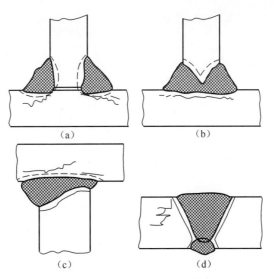

图 3-49　各种接头的层状撕裂

层状撕裂与冷裂纹不同,它的产生与钢种的强度级别无关,主要与钢中的杂质含量和分布形态有关。层状撕裂不但发生在一般轧制的低碳钢、低合金钢厚钢板中,而且铝合金的板材中也会出现。由于检测手段的限制,层状撕裂往往难以发现而造成潜在的危险,而且即使判明了接头中存在层状撕裂,修复也几乎是不可能的,即使勉强修复,在经济上也将损失极大。所以近 20 年来,层状撕裂引起了世界各国的普遍重视。

层状撕裂一般发生在焊接 HAZ 及母材中,焊缝中不可能出现。层状撕裂产生的原因除了力学因素(大的焊接应力)外,主要取决于冶金因素,即沿钢板轧制方向的"流线"上,存在有片状的 MnS、硅酸盐或 Al_2O_3 等夹杂物,成为层状撕裂的源泉与扩展路径。热应变时效也是导致基体脆化的一个因素,在焊接热影响区以外,被加热到 150~350℃ 的母材范围内产生层状撕裂,主要就是由于应变脆性起了促进作用。此外,在热影响区或母材中含氢量较高时,也将成为促使层状撕裂产生与扩展的原动力,以致层状撕裂像冷裂纹那样,会出现延迟开裂的特征。

在利用物理模拟方法进行材料或结构的层状撕裂研究时,必须注意试件的取向,使拉应力与钢板的轧制方向垂直。因此,制作拉伸试样时,若试件厚度不够应将试件接长,如图 3-50 所示。为了保证焊缝的强度略高于试板的强度,焊缝中不得有夹渣、未熔合等缺陷。若条件允许,则最好采用电子束焊或激光焊拼接。

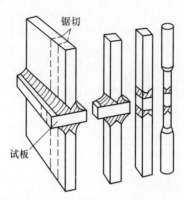

图3-50 Z向拉伸试棒的制备

物理模拟的试验程序首先要模拟热影响区中距熔合线不同距离点经历的峰值温度,如钢可分别设定为600℃、800℃、1000℃、1380℃,冷却速度当峰值温度为800℃时,$t_{8/5}=11s$;后两个峰值温度时,取 $t_{8/5}=13s$。达到峰值温度所需时间均相同,如取为16s。在升温过程中,试样自由膨胀,当到达峰值温度后,将程序改为恒应变拘束控制,此后随着试样的冷却收缩(试样一直冷却到室温),试样承受的拉应力逐渐升高,当达到所规定的应力值后(约为150~350MPa,峰值温度越高,应力越大),再改为恒应力控制,直到试件被拉断(约为2~20min),绘出破断应力-断裂时间曲线。从而可在同一拘束应力下,比较试样的断裂时间来判断不同材料的延迟层状撕裂(Z向延迟裂纹)敏感性的大小,也可评定在不同的热循环作用下某种材料的层状撕裂敏感倾向。

文献[7]还介绍了日本学者在 Thermorestor-W 试验机上用开缺口的试样来评定钢材的层状撕裂倾向。缺口深度为 0.5~1.5mm($R=0.25$mm),以与实际结构的 Z 向拘束大小相对应。试样加热峰值温度为 1000℃,$t_{8/5}$ 为 8s,冷却到600℃时改用刚性拘束控制,试样受到应力作用直至断裂,测定其断裂时的强度和断面收缩率,作为衡量 Z 向裂纹敏感性的标志。为了进一步研究层状撕裂的影响因素,还分别在冷却到 600℃、250℃时保温 3min,保温期间分别施加峰值为 $0.7\sigma_b(600℃)$ 及 $0.7\sigma_b(250℃)$ 的力循环。

如图3-51(a)、(b)所示,试样冷却到室温后,再以 50MPa/s 的应力速率将试样拉断,测其断裂强度和断面收缩率,研究热应变脆化对层状撕裂的影响。为了研究氢的影响,可将试件冷到900℃时保温并充氢 15min,之后冷到室温,再以50MPa/s 的应力速率将试件拉断,如图3-51(d)所示。图3-51(c)所示为研究交变载荷对层状撕裂的影响。

在上述各试验条件下用 Z 向及 L 向两种试样进行拉断试验,其断裂强度和

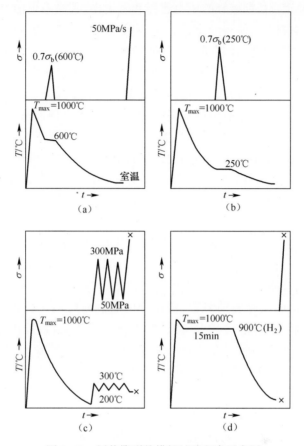

图3-51 层状撕裂热模拟试验程序示意图

（a）600℃时0.7σ_b（600℃）；（b）600℃时0.7σ_b（250℃）；

（c）200~300℃间加3次50~300MPa的应力循环；（d）充氢。

断面收缩率分别用σ_z、σ_L和ψ_z、ψ_L表示，试验结果的评定指标采用σ_z/σ_L及ψ_z/ψ_L两项比值。此两项比值越高，说明材料的层状撕裂敏感性越小。

3.7 物理模拟技术在应力腐蚀开裂研究中的应用

在拉应力和电化学腐蚀的共同作用下所引起的金属脆性断裂破坏，称为应力腐蚀开裂（stress corrosion cracking，SCC）。自20世纪70年代以来，在全世界因腐蚀发生的事故中，应力腐蚀破坏占60%，其中焊接残余应力引起的应力腐蚀破坏，占全部应力腐蚀破坏事故的70%以上。特别是随着石油和化学工业的发展,在与腐蚀介质长期接触的压力容器和管道中,其隐患更加突出。例如,采用低合金高强钢制造的储装液化石油气、液化天然气、液氨等的球形容器,以及采用奥氏体不锈钢制造的储存酸、碱溶液的容器和管道,经常发生由于 H_2S(对于超高强钢)或氯化物(对奥氏体不锈钢)介质的电化学作用,在焊接接头中产生应力腐蚀开裂,使用寿命仅 2~3 年,有的甚至只有十几天。

应力腐蚀裂纹虽然也有延迟开裂的特征,但产生机理和条件与冷裂纹并不完全相同。首先,不同金属材料对产生应力腐蚀的介质有匹配性;其次,裂纹的萌生和扩展与机械化学效应密切相关;最后,裂纹从构件表面向金属内部扩展。对于低碳钢、低合金钢、铝合金、钛合金、α 黄铜及镍合金等,其应力腐蚀大都属于晶间开裂,β 黄铜和在氯化物环境下奥氏体不锈钢发生的应力腐蚀多为穿晶断裂。

目前,关于应力腐蚀开裂敏感性试验方法在焊接界还未定型,这是由于影响因素较为复杂,操作起来也比较麻烦。采用物理模拟技术进行应力腐蚀敏感性研究,主要技术难点在于腐蚀环境的营造。为了避免对试验设备的腐蚀,必须要制备专用的试验辅助装置,将试样的腐蚀系统与主机相隔离。目前大多数人仍旧是利用热模拟试验机将试样进行热循环,制备焊接热影响区模拟试件,然后在其他的试验设备上进行应力腐蚀敏感性试验。例如,文献[48]为了研究不锈钢 0Cr18Ni9Ti 焊接接头在 $MgCl_2$ 溶液中的 SCC 抗力,先将试件在 Gleeble-1500 热/力模拟试验机上进行焊接 HAZ 不同峰值温度的各区域模拟,然后在附有腐蚀系统的插销试验机上进行拉伸试验,求出 SCC 临界应力,比较 HAZ 各区域的 SCC 抗力,并配合组织观察,从而判定出:HAZ 的细晶粒区和具有 $\gamma+\delta$ 双相组织的焊缝具有最高的 SCC 抗力。文献[49]为了研究航空工业广泛使用的 40CrNiMo 钢的焊接接头对水和潮湿空气的 SCC 抗力,先将试样(尺寸为 3mm×20mm×120mm)在热模拟试验机上进行粗晶区、细晶区和不完全相变区组织的物理模拟(图 3-52),然后在试样的均温区中部开缺口(深 0.1mm),再在疲劳试验机上用三点弯曲方法预制裂纹(裂纹深度为 9/20~11/20 的试样厚度),最后将试样浸入水中施以一定的拉应力(约为 1200~1400Pa),并记录断裂时间,测量裂纹尺寸变化,绘制各试样 K_1-t_f 曲线,如图 3-53 所示。最终求得临界应力强度因子 K_{1SCC},来比较各区域应力腐蚀敏感性。试验结果认为,40CrNiMo 钢焊接 HAZ 粗晶区在水中耐应力腐蚀能力很低,其 K_{1SCC} 仅为 18MPa·$m^{1/2}$,而细晶区 K_{1SCC} 值要比前者高得多。文献[47]中还对焊接热循环的试件进行了 600℃热处理模拟,确认焊后热处理能显著改善该钢种的抗应力腐蚀开裂性能。

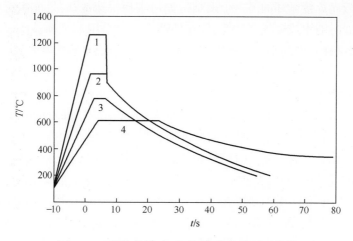

图 3-52 焊接热影响区不同部位的热循环曲线

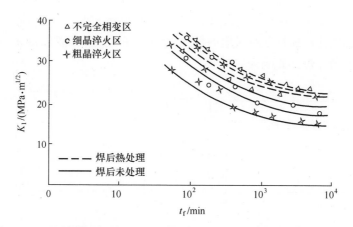

图 3-53 不同热模拟区组织下应力强度因子 K_1 对断裂延迟时间 t_f 的影响

3.8 激光/激光-电弧复合焊接热影响区的物理模拟

激光由于具有高的能量密度已被日益广泛地应用于焊接领域,特别是国防尖端产品及新型材料和复杂结构的焊接。激光焊时,热影响区很窄,接头加热速度可高达 10000℃/s,而且冷却速度极快,$t_{8/5}<1s$。这就为激光焊接 HAZ 的物理模拟及该区的力学性能和微观组织的检查带来了困难。目前,只有采用电阻加热方式的热模拟试验机才具有这种快速加热能力,并且如何实现温度的精确控制(防止温度过冲)也是实现精确模拟的先决条件。

模拟激光焊接循环的另一个困难是如何实现快速冷却,目前广泛应用的方法是在高温时喷水或喷气。然而,仅在外部冷却总会引起试样横截面上的温度梯度,导致试样表面和心部微观组织的不均匀,从而给力学性能的试验(如 HAZ 冲击韧性等)带来误差。同时,使用这种喷水(气)方法也难以使用径向应变传感器或激光膨胀仪来准确测量相变点,给绘制激光焊的 CCT 图带来困难。

为了克服上述困难,可采用等温淬火(isothermal quenching, ISO-Q)技术[29]。它是将试样中部均温区截面减小,试样两端钻孔通冷却水,如图 3-54 和图 3-55 所示。由于热量沿试样轴线方向快速传导散走,这样在均温区可以获得等温的横截面,同时获得高的冷却速度。当试样中部的试验区直径为 5 ～ 6mm 时,试样中部的冷却速度在 500 ～ 800℃ 的温度区间内可达 400℃/s。热循环试验前,采用设备自带软件(如 Gleeble HAZ 软件),可通过友好的用户界面编制激光焊接 HAZ 热循环的指数冷却曲线。加热速度、峰值温度、冷却速度、冷却时间 $t_{8/5}$,以及总的冷却时间均可输入程序。当试验结束后,被采集的数据同样可以借用基于 Windows 的 Gleeble CCT 软件进行处理,帮助用户确定相变点。根据一系列不同冷却速度下所采集的数据,在 Gleeble CCT 软件帮助下,可绘制出一幅完整的激光焊热影响区 CCT 图。

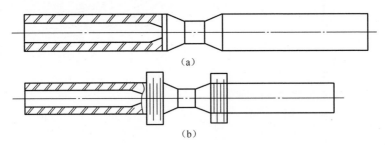

图 3-54　模拟高速冷却的等温淬火试样结构示意图

(a) 静态 CCT 试验;(b) 动态 CCT 试验。

图 3-54(b) 所示为在试样中部小截面区两端、卡块前方部位安装锁紧螺母,进行压缩试验时的试样结构图。在快速冷却的同时进行压缩,从而可绘出动态的 CCT 曲线,而且试样工作区被压缩后冷却速度被进一步提高。为了获得更高的冷却速度可以采用管状试样,试样在高温状态时内部通水冷却,可获得 3000℃/s 的冷却速度。

与单独激光焊接或电弧焊接相比,激光-电弧复合焊接生产率高、间隙容忍度大且接头综合性能好,是厚规格钢板激光焊接的优选焊接方法。因此,随着高功率激光器的快速发展,国内外学者在采用激光-电弧复合焊接厚规格钢板方面开展了一些非常有价值的研究工作[50]；也有一些学者利用物理模拟技术对激光-电弧复合焊接粗晶区的热循环和组织转变规律进行了研究，为后续的焊接工艺设计提供了重要的理论基础。

由于激光-电弧复合焊接技术不同于单纯的激光焊接和电弧焊接，其焊接热循环过程中的加热速度、峰值温度停留时间、冷却速度介于两种焊接方法之间，因此在进行物理模拟之前，需要利用接触式的热电偶法或非接触式的热像法测定焊接温度场，再初步确定其热循环曲线的变化规律。在此基础上，改变热循环曲线的主要特征参数，实现对激光-电弧复合焊接过程的物理模拟。

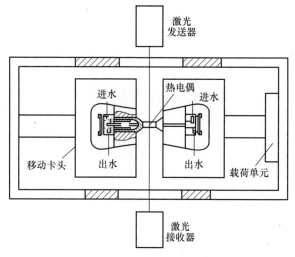

图 3-55　等温淬火技术试样装配图
（等温淬火试验可在真空环境或惰性气氛中进行）

哈尔滨焊接研究所王旭友等[51]根据上述方法，针对 JFE980S 高强钢焊接热影响区的组织脆化、软化问题，采用测温仪对激光-电弧复合焊和常规气保焊（metal active gas arc welding, MAG）两种焊接方法焊接热循环曲线进行测定（图 3-56），发现与常规 MAG 焊相比，激光复合焊冷却速度快，峰值温度停留时间、冷却时间 $t_{8/3}$、冷却时间 $t_{5/3}$ 分别为 0.5s、3s、10s 左右；而常规焊峰值温度停留时间、冷却时间 $t_{8/3}$、冷却时间 $t_{5/3}$ 分别达到 1s、20s 和 200s。随后，根据上述基本参数建立了焊接热循环曲线，用 Gleeble-3500 热/力模拟试验机对这两种焊接方法热影响区的焊接过程进行模拟，然后对其金相组织、拉伸性能及-20℃冲击吸收功进行了测试和分析，发现激光-电弧复合焊获得性能优异的板条马氏体组织，冲击吸收功明显高于常规气保焊，冲击性能是常规气保焊的两倍以上。

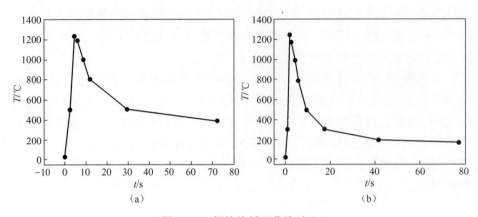

图 3-56　焊接热循环曲线对比

(a)常规气保焊;(b) 激光-电弧复合焊。

3.9　物理模拟技术在焊接领域的其他应用

△3.9.1　扩散焊

扩散焊是一种固相焊接方法。它是在一定的温度(金属熔点的 7/10 或 4/5 左右)和压力条件下,使待焊试件端部接触面之间的原子相互扩散形成金属键而实现两个焊件的冶金连接。扩散焊一般应在真空环境或保护气氛中进行。

对于异种金属或难以用熔焊方法获得优良接头的金属材料,扩散焊是一种比较理想的焊接方法。

扩散焊的加热方式有 3 种:辐射加热、感应加热和电阻加热。电阻加热方式虽然在接口处有温度峰值,但由于接触面变形小,其连接机理主要是扩散而不是再结晶,因此在物理本质上仍属扩散焊而不是电阻对焊。

上海交通大学楼松年等,曾用感应加热式的物理模拟试验机成功地进行了陶瓷与金属间的扩散焊。研究人员利用 Gleeble-1500 热/力模拟试验机成功地实现航天器用铝(镁)基复合材料,以及铝 钛、钛-不锈钢、铝-不锈钢等异种金属的扩散连接[51-52]。与普通的专用扩散焊机相比,Gleeble-1500 热/力模拟试验机可以更精确地调整焊接工艺参数,尤其是操作起来比较方便、省时。因此,对于大型构件的扩散焊,最经济的技术路线是先用小试样,采用物理模拟方法摸索出最佳焊接参数,然后在专用扩散焊机上进行实际构件的扩散连接。

试验时,热电偶可焊在焊口附近任意一侧的试样表面。当焊接铝或铝基复合材料时,焊到工件上的热电偶容易脱落,此时可在试样上距焊口 1mm 处钻一细孔,将热电偶"镶"入。此时,热电偶所测的温度比实际温度低 7℃,因此在编程时应将此误差值考虑进去。

3.9.2　电阻对焊

电阻对焊在原理上是将工件装配成对接接头,使其端面紧密接触,利用电阻热将接触面附近加热至热塑性状态,然后迅速施加顶锻压力实现两个工件的连接。电阻对焊与扩散焊的区别:与扩散焊相比,电阻对焊的加热温度高,加载速度快、载荷大,焊口及其附近区域塑性应变大;电阻对接接头连接的物理实质,除金属的原子互相扩散之外,还主要靠再结晶形成两个焊件金属的共同晶粒。

在用 Gleeble 或 MMS 热/力模拟试验机进行材料的电阻对焊试验时,试件直径可取 6~10mm,自由跨度不超过直径的 3.5 倍,以免压缩时失稳。待焊接试件表面,在焊前应清理干净,热电偶可焊在紧邻焊口的任意试样表面,试验应在真空或惰性气氛中进行。若焊后镦粗部分直径达两倍原始直径时,试验则可在空气中进行,因为此时原始表面的氧化物可全部挤出焊缝。

与扩散焊一样,电阻对焊接头可以被加工成力学性能试件或进行微观组织观察。

原则上,在 Thermorestor-W 或 Thermecmaster-Z 试验机上也能进行上述大应变的对接,由于此时对接头的加热主要靠感应加热,因此可称为热压焊。

3.9.3　相变超塑性焊接

金属材料在特定的组织结构和一定温度条件和应变速率下,可以呈现出异常高的塑性(延伸率可达百分之几百甚至更高),变形抗力也降低到常态的几分之一,甚至几十分之一,这种现象称为超塑性。按产生机理划分,超塑性可分为细晶超塑性和相变超塑性。前者主要靠细小、等轴的晶粒,易于移动和转动来满足材料的高塑性变形;后者主要靠同素异构转变诱发材料的高塑性,在应力作用下每次相变将得到一次跳跃式均匀变形,因此在相变温度附近的多次热循环即可累积得到大的应变[53-54]。

由于在相变超塑性变形时能产生低应力的塑性变形且金属处于扩散活化状态,即此时金属内部位错、空位、晶界和亚晶界及其他缺陷,不但数量多且比较松散,形成的通道利于原子的扩散,因此可利用相变超塑性工艺获得牢固的焊接接头。这种方法称为相变超塑性焊接。图 3-57 示出了 Q235(A3)钢多次热循环及在加压与不加压情况下应变与时间的关系[55]。

相变超塑性焊接是一种介于扩散焊和电阻对焊(或热压焊)之间的新型固

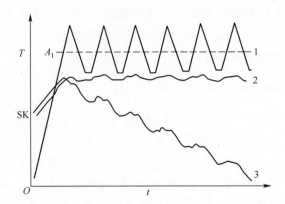

1—温度循环曲线；2—不加压时相变引起的形变循环曲线；3—加压时超塑性形变循环曲线。

图 3-57　Q235(A3)钢多次热循环及在加压与不加压情况下应变与时间的关系

相焊接方法。它与扩散焊不同的是，不需要长时间保温；与电阻对焊（热压焊）不同的是，不需要大的应变。

利用物理模拟试验机进行相变超塑性焊接是一种十分简便、精确而有效的方法，这是因为热/力模拟试验机比其他试验设备能精确、方便地控制温度的变化。文献[56-57]指出采用 Gleeble-1500 热/力模拟试验机成功地实现了碳钢、铸铁、不锈钢 1Cr13 及钛合金 TA4 等金属的同种或异种材料的相变超塑性焊接，并对这种焊接方法的机理及在相变超塑性条件下金属材料的组织与性能变化进行了有益的探讨。试样尺寸为 $\phi10\text{mm}\times55\text{mm}$。试样采用铜卡头，自由跨度为 35mm，以满足冷却速度的要求，如图 3-58 所示。热电偶焊在距焊口 1～1.5mm 范围内，以保证焊接区域温度精度。加热温度根据材料的相变点来确定。由于加热速度快，会出现相变点的提升现象，因此编制程序时，$T_{\max}$ 应比实际相变点高（如母材是钢铁材料时，A_1 点的设置应比平衡状态图高 50℃左右），以确保相变的完成。最低温度 $T_{\min}$ 根据所用材料的 CCT 曲线来确定。试验证明，母材为钢铁材料时，选取 CCT 曲线的 $A\rightarrow P$ 终了线鼻子区温度是合适的，这样可尽快完成冷却相变（$\gamma\rightarrow\alpha$），缩短焊接时间。保温时间的长短，也是依据这个原则。为防止氧化和过多的蠕变变形，加热速度和冷却速度取 50～100℃/s。热循环次数 n 是相变超塑性焊接的主要工艺参数，应通过试验来优化。试验时，采用力控制，记录温度、冲程信号。

一定的压力是实现超塑性焊接的必要条件，但在相变超塑性焊接时并不需要像扩散焊或电阻对焊（热压焊）那样大的压力。日本学者认为，相变超塑性焊接所需压力为屈服强度的 1/10～1/30[54]，但压力过小，会导致接触不良、表 3-7 列出了几种金属材料相变超塑性焊接时的工艺参数。由于相变引发接合面发生塑性流变,有力地促使氧化膜的破碎,以及随后的扩散和再结晶使接合面处的晶粒不断形成和分解,从而进一步使氧化膜破碎,因此相变超塑性焊接不必非在真空或惰性气氛中进行。从理论上讲,只要能产生高温同素异构转变的金属,以及某些陶瓷材料都可以进行相变超塑性焊接。对于非相变材料,也可以用具有相变超塑性功能的中夹层来进行焊接。

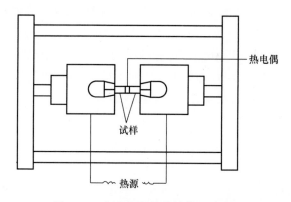

图 3-58　相变超塑性焊接装置示意图

表 3-7　几种金属材料相变超塑性焊接时的工艺参数[56]

金属材料	T_{max}/℃	T_{min}/℃	V_H、V_C/(℃·s^{-1})	挤压应力 σ/MPa	n
Q235(A3)-Q235(A3)	930	640	50~60	31	6
HT-HT	900	600	50~60	29	5
Q235(A3)-HT	880	605	50~60	34	5
TA4	950	700	50~60	26	9
1Crl3-Q235(A3)	935	605	50~60	51	7

3.9.4　高频焊接

由于高频焊接焊管在焊接过程中不需要添加填充金属,因此焊接速度较快、生产效率高,被广泛用于油气输送和钻采领域的焊管制造中。然而,高频焊接焊管质量受到原材料和焊接工艺等诸多因素的影响,生产质量控制难度较大,成品率有待进一步提高。物理模拟试验技术可以不通过直接高频焊接试验,方便地模拟出高频焊接接头的不同部位的温度及显微组织变化,从而对各特定温度区的组织及性能进行分析[58]。

高频焊接过程中经历了组织粗化、在挤压辊的机械挤压作用下焊缝金属挤出及快速加热与冷却等热/力过程,并最终在焊缝中心形成了一条宽度为 0.05~

2.00mm 的熔合线。由于焊接过程的特殊性,导致母材和焊缝区的显微组织性能出现差异,从而导致焊缝区的冲击韧性降低,成为焊管的薄弱环节,因此提高高频焊管焊缝的性能是高频焊管焊接研究的重点内容[59-60]。

国家石油天然气管材工程技术研究中心王军等[60]利用 Gleeble-3500 热/力模拟试验机模拟了高频焊接过程,研究了焊缝区金属挤出温度及其硬度和组织。试样用样品尺寸为直径 6mm、长度 80mm 的圆棒试样,峰值温度为 1350℃,焊接线能量选用 16kJ/cm,挤压应力(25MPa)通过在热循环过程中添加 Force 选项来施加,利用 Gleeble-3500 热/力模拟试验机自带的 HAZ 软件包生成热循环曲线。通过试验结果的分析,揭示了挤压形变量、挤压应力的波动变化主要与焊缝区金属挤出过程及焊后冷却过程中的相变有关。

参考文献

[1] 张文钺. 焊接传热学[M]. 北京:机械工业出版社, 1991.

[2] 周振丰. 金属熔焊原理及工艺:下册[M]. 北京:机械工业出版社, 1981.

[3] 雷卡林 H H. 焊接热过程计算[M]. 徐碧宇, 庄鸿寿, 译. 北京:中国工业出版社, 1962.

[4] 拉达伊 D. 焊接热效应(温度场、残余应力、变形)[M]. 熊第京, 等译. 北京:机械工业出版社, 1997.

[5] 武传松. 焊接热过程数值分析[M]. 哈尔滨:哈尔滨工业大学出版社, 1990.

[6] 美国焊接学会. 焊接手册:第一卷[M]. 7 版. 清华大学焊接教研室, 译. 北京:机械工业出版社, 1995.

[7] 陈楚, 张月嫦. 焊接热模拟技术[M]. 北京:机械工业出版社, 1985.

[8] 陈伯蠡. 金属焊接性基础[M]. 北京:机械工业出版社, 1982.

[9] 张文钺. 焊接冶金学(基本原理)[M]. 北京:机械工业出版社, 1995.

[10] 哈尔滨焊接研究所. 国产低合金钢焊接 CCT 图册[M]. 北京:机械工业出版社, 1990.

[11] 于启谌. 钢的焊接脆化[M]. 北京:机械工业出版社, 1992.

[12] 日本溶接協会 HES 委员会. 鋼溶接部の热ひずみ脆化(レビュー)[Z]. 1977.

[13] 吴佳林, 夏丕旭. 15MnVNq 钢 56mm 厚板对接接头应变时效敏感性的研究[J]. 焊接学报, 1989, 10(2):104-109.

[14] 佐藤邦彦. 溶接工学[M]. 东京:理工学社, 1979.

[15] 王一戎, 车小莉, 兰强. 热应变对低合金高强钢 HAZ 断裂韧性的影响[C]//国际动态热/力模拟学术会议论文集. 哈尔滨, 1990.

[16] WANG J, YANG L, SUN M, et al. A study of the softening mechanisms of laser-welded DP1000 steel butt joints[J]. Materials and Design, 2016, 97:118-125.

[17] 赵波, 李国鹏, 王旭, 等. X80 钢焊接热影响区脆化软化现象热模拟试验研究[J]. 焊管, 2016, 39(3):16-19.

[18] 蒋庆梅, 张小强, 陈礼清, 等. 1000MPa 级超高强钢的 SH-CCT 曲线及其热影响区的组织和性能[J]. 钢铁研究学报, 2014, 26(1):47-51.

[19] QI X, DI H S, SUN Q, et al. Comparative analysis on microstructure and fracture mechanism of X100 pipeline steel CGHAZ between laser welding and arc welding [J]. Journal of Materials Engineering and Performance, 2019, 28:7006-7015.

[20] 夏立乾, 屈朝霞, 许磊. 热模拟在钢种焊接性研究中的应用[C]//第六届全国材料与热加工物理模拟及数值模拟学术会议论文集. 武汉,2015.

[21] 刘艳, 刘岳, 杭宗秋, 等. Q345C 耐候钢多层多道焊焊接热影响区热模拟性能[J]. 电焊机,2016, 46(6):89-92.

[22] 邢淑清, 陆恒昌, 麻永林, 等. 800MPa 级高强钢焊接粗晶区再热循环的组织转变规律[J]. 材料工程, 2015, 43(7):93-99.

[23] 雷清华. 多次热循环对 SUMITEN950-TMCP 高强钢韧性的影响[J]. 华电技术,2013, 35(2): 18-20.

[24] 王新, 刘洁, 范光伟, 等. 层间温度对超级双相不锈钢 SAF2507 模拟热影响区组织转变规律及力学性能的影响[J]. 中国科技论文, 2016, 11(4):378-381.

[25] 田志凌, 屈朝霞, 杜则裕. 细晶钢焊接热影响区晶粒长大及组织转变[J]. 材料科学与工艺, 2000, 8(3):16-20.

[26] HRIVNAK I. Mathematical modelling of weld phenomena[Z]. 1995.

[27] 刘宇, 刘方明, 冯斌. 9%Ni 钢焊接热影响区的物理模拟研究[C]//2005 年全国计算材料、模拟与图像分析学术会议论文集. 秦皇岛,2005.

[28] WANG H T, Qu Z X, XU L. Microstructural analysis of the softened zone in the welding joint of 100kg class hot-rolled extra-high-strength steel [J]. Baosteel Technical Research, 2013, 7(3):10-13.

[29] 华中工学院,冶金部钢铁研究总院. 焊接热模拟试验装置及其应用[M]. 北京:机械工业出版社, 1980.

[30] 中国机械工程学会焊接分会. 焊接词典[M]. 2 版. 北京:机械工业出版社, 1998.

[31] CHEN W. Gleeble System and Applications[D]. New York:Gleeble Systems Training School, 1998.

[32] 赖朝彬, 黄庆芳. 连铸坯高温力学性能研究[J]. 江西冶金, 1997, 6:7-9.

[33] 陈忠孝, 李华新. 中碳低合金超高强结构钢焊接近缝区液化裂纹的研究[C]//第六届全国焊接学术会议论文选集. 西安,1990.

[34] 邹茉莲. 高温金属焊接结晶裂纹研究[C]//国际动态热/力模拟技术学术会议论文集. 哈尔滨,1990.

[35] 朱慧珍, 徐春珍, 李彦. 硅对 CrNiMoSi 双相奥氏体焊缝金属高温裂缝倾向的影响[C]//第七届全国焊接学术会议论文集. 青岛,1993.

[36] 于尔靖, 赵力东, 斯重遥. LD2 和 6061 铝合金液化裂纹的研究[C]//第六届全国焊接学术会议论文选集. 西安,1990.

[37] 董祖珏, 潘永明, 王源泉. 应变速率对不同金属焊接结晶裂缝敏感性影响规律的研究[C]//第六届全国焊接学术会议论文选集. 西安,1990.

[38] 王者昌, 李晶丽, 白良谋, 等. 金属的热塑性[C]//第六届全国焊接学术会议论文选集, 西安,1990.

[39] 韩怀月, 孙政. 凝固循环热拉伸试验——焊缝凝固裂纹有效评定方法[C]//第六届全国焊接学术会议论文选集. 西安,1990.

[40] 刘会杰, 闫久春, 魏艳红, 等. 焊接冶金与焊接性[M]. 北京:机械工业出版社, 2007.

[41] 蔡宏彬, 周昭伟, 张国九. 四种 80 公斤级低合金高强钢焊接过热区韧性及氢裂敏感性的研究 [C]//第六届全国焊接学术会议论文选集. 西安, 1990.

[42] NIU J, ZHANG Z, LI W. The Research on Microfusion Mechanism and its Effects on Welding Fused Bond Zone of Medium-Carbon Low-Alloy Steel by Using Gleeble-1500[C]//Proceedings of ICPS. Ottawa, 1988.

[43] 王者昌, 郑风珍, 白良谋. 氢在 TC4 钛合金焊接时的行为[C]//第六届全国焊接学术会议论文选集. 西安, 1990.

[44] 陈裕川. 低合金结构钢焊接接头中的热裂纹和再热裂纹及其防止措施[M]. 北京: 机械工业出版社, 2010.

[45] 石云哲, 王淦刚, 成鹏, 等. 热影响区组织对 12Cr1MoVG 再热裂纹敏感性的影响[J]. 焊接学报, 2015, 36(11):65-68.

[46] 罗志昌, 陈佩寅, 鹿安理, 等. 利用热模拟技术研究焊接粗晶区的再热脆性和再热裂纹敏感性 [C]//国际动态热/力模拟技术学术会议论文集. 哈尔滨, 1990.

[47] 王青峰, 刘建华. WDL 钢焊接再热裂纹的模拟试验研究[C]//中美双边暨第二届全国材料物理模拟会议. 海口, 1997.

[48] 周光祺, 张震, 董俊明. 用插销法研究 0Cr18Ni9Ti 不锈钢焊接接头在 MgCl2 溶液中的应力腐蚀破裂[C]//第六届全国焊接学术会议论文选集. 西安, 1990.

[49] 郭久柱, 周振华, 吴连波, 等. 40CrNiMo 钢焊接接头应力腐蚀的研究[C]//中美双边暨第二届全国材料物理模拟会议论文集. 海口, 1996.

[50] 王晓南, 陈长军, 朱广江, 等. 钢铁材料激光-电弧复合焊接技术研究进展[J]. 激光与光电子学进展, 2014, 51(3):55-61.

[51] 王旭友, 滕彬, 雷振, 等. JFE980S 高强钢激光-电弧复合热源热模拟试验分析[J]. 焊接学报, 2010, 31(11):25-29.

[52] 李志远, 胡伦骥, 刘建华. 焊接再热裂纹的模拟试验研究[C]//第六届全国焊接学术会议论文选集. 西安, 1990.

[53] 李志远, 刘建华, 熊建钢. 相变超塑性焊接[C]//国际动态热/力模拟技术学术会议论文集. 哈尔滨, 1990.

[54] 刘建华, 李志远, 胡仪骥, 等. 相变超塑性焊接试验研究[C]//第六届全国焊接学术会议论文选集. 西安, 1990.

[55] 楼松年, 吴鲁海, 袁志华. 陶瓷与金属的扩散焊接[C]//国际动态热/力模拟技术学术会议论文集. 哈尔滨, 1990.

[56] 熊建钢, 刘建华, 刘顺洪, 等. 异种材料的相变超塑性焊接[J]. 物理测试, 1997, 6:28-31.

[57] 牛济泰, 王慕珍, 孙永, 等. 利用 Gleeble-1500 热/力模拟试验机研究扩散焊参数对镁基复合材料接头性能的影响[C]//中美双边暨第二届全国材料物理模拟学术会议论文集. 海口, 1996.

[58] 李鹤林, 张亚平, 韩礼红. 油井管发展动向及高性能油井管国产化(上)[J]. 钢管, 2007, 36(6):1-6.

[59] 胡海波. HFW 钢管焊缝冲击性能研究[D]. 青岛: 中国石油大学(华东), 2015:1-2.

[60] 王军, 谈笑, 张峰, 等. Gleeble-3500 热模拟 HFW 焊接工艺研究[J]. 钢管, 2014, 43(6):24-29.

第 4 章
物理模拟技术在压力加工领域的应用

金属压力加工是物理模拟技术在热加工工艺研究中最活跃的领域之一。这是因为金属压力加工不但需要热模拟,而且大量地应用力学系统的模拟。与其他领域的模拟相比,压力加工模拟技术比较复杂,难度也较大,应用范围也更为广泛。

物理模拟技术在材料压力加工领域的应用研究涉及面很广,具体包括:变形抗力研究,动态、亚动态、静态再结晶特性研究,PTT(precipitation temperature time)研究,多道次压缩模拟热连轧等工艺过程的研究,热加工图的研究,动态连续冷却转变特性研究,超塑性研究等。

4.1　金属塑性变形及压力加工物理模拟的基本参数

金属的压力加工又称为金属的塑性加工,是利用金属的塑性使其改变形状、尺寸并改善其性能,获得型材、板材、棒材、线材或锻压件、挤压件的加工方法。

塑性是指固体材料在外力作用下发生永久变形,而不破坏其完整性的能力。金属塑性变形的实质是由于外力在金属内部形成较大的内应力(远高于焊接残余应力),迫使组成金属的晶粒内部产生滑移,同时晶粒间产生滑移与转动。因此,金属塑性的好坏既取决于金属本身的晶格类型、化学成分及金相组织,又取决于变形的外部条件,如变形温度、应变速率及受力状况等。

与衡量金属材料的焊接工艺难易程度的金属基本属性——"可焊性"一样,衡量金属材料压力加工工艺难易程度的物理概念称为"可锻性"。可锻性的好坏通常用金属的塑性和变形抗力来综合衡量。塑性越好、变形抗力越小,则认为金属的可锻性好;反之,可锻性则差。金属的塑性可用断面收缩率 Z、伸长率 A 和冲击吸收能量 K 等来表示。变形抗力是指在变形过程中金属抵抗工模具作用力的大小。变形抗力越小,则变形所需要的能量也越少,从而可降低生产成本或提高工作效率。

141

▲4.1.1　热变形流变应力曲线的类型

张鸿冰等[1]将金属在热变形过程中的流变应力曲线分为动态回复型、动态回复+动态再结晶型两大主要类型,各类型分为几个不同的阶段。图4-1(a)、(b)所示为第一大类,图4-1(c)、(d)所示为第二大类。图4-1(e)所示为动态再结晶型应力-应变曲线塑性变形几个阶段的分解。

动态回复型流变应力曲线可分为以下3个阶段:

(1) 线性硬化阶段。位错密度迅速增加,金属内部畸变能增加。

(2) 位错缠结,形成胞状结构阶段。位错进一步重排,通过滑移,异号位错对消;通过位移攀移,发生多边形化过程,加工硬化率较第一阶段明显降低。

(3) 动态回复阶段。这一阶段有两种情况:①当变形温度较低时($<0.5T_m$,T_m为金属的熔点温度),通过螺位错的交滑移产生动态回复,此时流变应力曲线表现为线性上升的趋势[图4-1(a)];②当变形温度较高时($>0.5T_m$),刃位错的攀移能力大大增加,成为这一阶段的主要软化机制,此时加工硬化与动态回复基本达到平衡,流变应力曲线的线性上升部分基本消失,应力趋向恒定值[图4-1(b)]。

动态回复+动态再结晶的流变应力曲线也分为两种类型:连续型[图4-1(c)]和周期型[图4-1(d)]。当应变达到临界值ε_c后,变形材料发生动态再结晶。而且材料经动态再结晶后,若晶粒应变又达到ε_c,则材料可以再次发生动态再结晶。假设基体再结晶率达到63.2%时所需的时间是t,在t时间间隔内所发生的应变为ε_R。如果$\varepsilon_R \gg \varepsilon_c$(如当应变速率很大、变形温度较低或合金元素含量较高时可发生这种情况),动态再结晶就可以在达到下一个ε_c之前充分完成,从而形成周期性的再结晶。动态再结晶使流变应力下降,而动态再结晶完成之后的变形又造成加工硬化,使流变应力重新上升,由此产生了周期性的流变应力曲线,如图4-1(d)所示。一般认为,动态再结晶开始于应变达到峰值应变(ε_p)的3/5~17/20时。而在此之前,仍然可能发生动态回复,因此,称为动态回复+动态再结晶型的流变。

如图4-1(e)所示,发生动态再结晶行为的典型金属材料塑性变形后的力学行为一般分为3个阶段。第一阶段(图中阶段Ⅰ):金属塑性变形后,晶粒的形状、尺寸将发生变化,晶粒间产生碎晶,晶格发生扭曲,增加了滑移阻力,从而出现加工硬化现象。其标志是强度和硬度上升,塑性和韧性下降。第二阶段(图中阶段Ⅱ):当继续经受加热时,原子运动加剧,金属内部错位的原子回复正常排列,消除晶格扭曲,可使加工硬化部分消除,这一过程称为"回复"(绝对回复

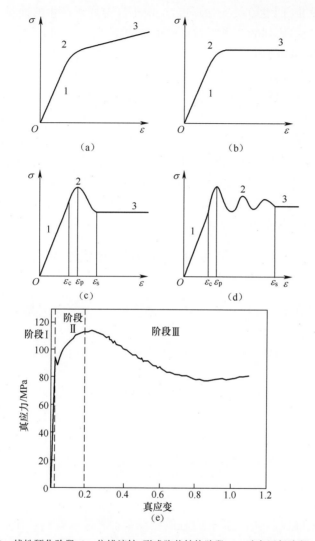

1—线性硬化阶段;2—位错缠结,形成胞状结构阶段;3—动态回复阶段;

Ⅰ—加工硬化阶段;Ⅱ—回复阶段;Ⅲ—再结晶阶段;ε_c—临界应变;ε_p—峰值应变;ε_s—稳态应变。

图 4-1 热变形流变应力曲线的类型以及金属塑性变形力学行为的几个阶段

温度是金属熔化温度 T_m 的 1/4~3/10)。第三阶段(图中阶段Ⅲ):当金属温度继续升高到绝对熔化温度 T_m 的 2/5 时,金属原子获得更高的热能,则开始以某些碎晶或杂质为核心生长新的晶粒,进而消除了全部加工硬化现象,这个过程称为"再结晶"。各阶段的特点如下:

(1)阶段Ⅰ(加工硬化阶段):晶粒形状及尺寸发生变化,位错增殖,加工硬化,变形抗力急剧增加。

（2）阶段Ⅱ（回复阶段）：变形继续，由于高温变形产生的能量，使得原子运动加剧，原本位错排列的原子重新形成正常的序列，动态回复缓解了加工硬化导致的变形抗力急剧增加。

（3）阶段Ⅲ（再结晶阶段）：应变增加，在满足一定条件的变形温度、应变及应变速率下，金属材料内部在位错及破碎的晶界处形成新的细小晶核，成长为新的晶粒。

从上述可以看出，金属在不同温度下变形时，最终得到的组织和性能是不同的。同时，应变、应变速率不同，塑性变形后的微观组织和性能也不同。另外，变形时的应力状态对材料的塑性变形能力也有重要影响。因此，在进行材料的压力加工物理模拟试验时，变形温度、应变、应变速率及变形抗力是必须考虑的基本条件，是物理模拟的基本参数。

▲ 4.1.2 材料热变形和冷却过程中显微组织和性能变化的物理模拟

研究钢材热变形和冷却过程中发生的各种显微组织和性能变化应该包括以下内容：

（1）研究热变形奥氏体连续冷却相变或等温相变的膨胀行为，如动态 CCT 的测定。

（2）利用高温压缩试验，测试材料的高温力学性能。

（3）研究热变形奥氏体动态再结晶行为的单道次压缩试验。

（4）研究热轧道次间隔时间内静态再结晶行为的双道次压缩试验。

（5）研究奥氏体向铁素体和贝氏体转变为主的连续冷却的多道次压缩试验。

然而，由于在生产现场轧机上进行工业试验费用太高，所要求的参数，如温度等也难以精确控制，因此热轧过程的实验室物理模拟就成了开发新型材料、改进金属材料产品质量、降低成本必不可少的手段。利用物理模拟技术可在实验室中再现工业生产的条件。每个重要工艺参数如温度、道次压下量、道次间隔时间、轧制速度和冷却速度等对产品质量的影响，都可借助热/力学模拟试验机来进行分析[2]。由于高温压缩模拟试验能够较好地模拟钢板生产的热轧过程，因此对于高温压缩模拟的研究有助于钢厂制定合理的热轧工艺，为钢厂开发新的钢种提供技术支撑。

对于热轧物理模拟而言，由于试样的尺寸很小，因此用常规的方法进行工艺性能测定具有较大的困难。所以，在建立模拟工艺的考核时，应参考钢铁材料的性能考核标准来进行，具体如下：

（1）组织鉴别：对于钢铁材料而言，组织调控是获得材料目标性能的最主要的因素。以复相钢为例，由于复相组织比较复杂，因此其相鉴别比较困难，但是组织鉴别对定量的分析研究相变的工艺条件及成分对组织转变的影响具有重要的意义。目前，利用彩色金相技术和电子背散射技术可进行各显微组织的相鉴别，也可进行一定的定量分析，两者结合使用可较系统地研究贝氏体含量对钢材力学性能的贡献。

（2）晶粒大小：由于晶粒大小对热轧钢的性能也有重要影响，通常会采用热轧模拟后水淬的试样进行原始奥氏体晶界的观察，来评判热轧模拟工艺对晶粒大小的影响。

（3）非标样品的力学性能测定：通过在热轧模拟后试样上加工缩小比例的特殊规格拉伸试样，可以测定物理模拟后材料的实际力学性能。

从上可以看出，材料压力加工的物理模拟，不但包括热/力过程的模拟，而且包括过程之后进行的试验研究及其相应的物理模拟参数。

以下针对压力加工中的一些基本问题分别阐述物理模拟的典型应用。

4.2 金属塑性变形抗力的物理模拟

金属塑性变形是大量金属原子在外力作用下，从一些稳定平衡位置向另一些稳定平衡位置的非同步移动过程。金属物体这种保持其原有形状而抵抗塑性变形的力，称为金属塑性变形抗力，简称变形抗力[3]，有时也称为金属的变形阻力[4]。

变形抗力是表征金属与合金塑性加工性能的一个最基本量。金属在塑性加工时的变形抗力大小，不仅是衡量材料可锻性优劣的重要标志，还是设备选择的依据及模具与有关装置设计的基本前提。同时，变形抗力的变化在一定程度上反映了材料微观组织的变化。因此，对于材料在压力加工时变形抗力的研究，具有重要的学术意义和工程价值。

影响变形抗力的因素，除了材料本身的冶金因素，还取决于变形温度、应变及应变速率等。从理论上说，可以用物理模拟和数学模拟的方法建立变形抗力（或流变应力）与各因素之间关系的物理模型与数学模型。在现代化的大生产中，为实现计算机控制的自动化生产过程，必须建立动态的模型，以计算加工过程各阶段的力和功，制定工艺规程，设计和校核压力加工设备和工具。因此，建立压力加工的变形抗力数学模型是学术界十分热门的研究课题。各国学者纷纷从不同的角度用不同的试验方法，以及不同的计算方法和计算机软件，建立了许多种计算公式。然而，数值模拟必须以物理模拟为前提，只有提供精确的、有典型意义的物理模拟试验数据和物理模型，才可以建立能真正反映客观实际的数学模型。

目前金属变形抗力试验测定的方法有拉伸法、圆柱体单向压缩法、平面应变压缩法、扭转法、轧制法等。其中，前 3 种方法比较常用；而在热力模拟试验机上进行轧制变形抗力的测定，主要采用流变应力压缩法（圆柱体单向压缩法）和平面应变压缩法。

▲ 4.2.1　圆柱体单向压缩法

1. 关于单向应力状态

金属在塑形加工中内部某点所受的应力状态往往是比较复杂的。不同的变形方式所产生的应力大小和力学性质（拉、压、剪、扭、弯）也不相同。为了研究方便，通常引入主应力和等效应力这两个物理概念。

在变形体内任意单元总可以找到 3 个相互垂直的平面，在这些平面内只有正应力而没有切应力，这些平面称为主平面。作用在主平面上的正应力称为主应力，按数值大小分别用 σ_1、σ_2、σ_3 表示。为了进一步反映各主应力的综合作用，又引入等效应力这个物理量。等效应力又称为应力强度，它代表复杂应力状态折合成单向应力状态的当量应力 σ_i，其表达式为[5]

$$\sigma_i = \frac{1}{\sqrt{2}}\sqrt{(\sigma_1 - \sigma_2)^2 + (\sigma_2 - \sigma_3)^2 + (\sigma_3 - \sigma_1)^2} \qquad (4-1)$$

等效应力是一个标量，且随应力状态不同而变化。它是衡量材料处于弹性状态或塑性状态的重要依据。

三向应力的同时测定是很难实现的，一般都是测单向应力，再通过一定的边界条件与计算，描述三向应力状态。由于绝大多数情况下变形抗力与变形物体的应力状态无关[6]，因此在单向应力状态下所测出的变形抗力，也可代表在同一变形条件时二向或三向应力状态下变形物体所具有的变形抗力，即设定 $\sigma_2 = \sigma_3 = 0$，则 $\sigma_i = \sigma_1$，此时物体所承受的单位变形力 σ_1 即为变形抗力。

从理论上讲，在变形热力学条件相同的情况下，单向拉伸与单向压缩所测得的变形抗力应该是相同的，单向压缩可以看作是反向拉伸[7]。采用单向拉伸法测定变形抗力时，试样出现颈缩前为单向拉应力状态，此时测出的拉应力即为变形抗力，因此用单向拉伸法可以方便地进行变形抗力的测定。但是，由于材料在拉伸时的塑性远低于压缩时候的塑性，拉伸时的应变受到限制，因此通常都采用单向压缩法来测定材料的变形抗力。

2. 在 Gleeble 试验机上进行圆柱体单向压缩试验

常规压缩试验可选用 $\phi10\text{mm} \times 15\text{mm}$、$\phi10\text{mm} \times 12\text{mm}$、$\phi8\text{mm} \times 12\text{mm}$ 的圆柱

体试样(大应变用长试样)。为了保证整个试样温度均匀一致,采用不锈钢耐热合金楔形底座及碳化钨(WC)圆柱形压头(ϕ19mm×20mm)。压头分为一体式和分体式两类,高温试验要用分体式压头保证试样温度均匀一致且温差极小。压头与试样的装配如图 4-2 所示。不锈钢的导热系数只有铜的 1/9,而碳化钨不仅有良好的热强性和高温硬度,且导热性也很低,从而能有效地防止热量的散失。经测试,采用 ϕ10mm×15mm 试样,在试验温度为 1000℃时,试样的中部和端部无论压缩前还是压缩后,其温差均不超过 5℃。

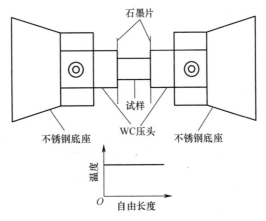

图 4-2　等温加热(ISO-T)圆柱体单向压缩试验装配示意图

　　以上试验时,试样端面的摩擦力是影响试验精度的主要因素。从理论上讲,只有压缩后试样中部无鼓肚,其轴向应变与横向应变相等,所测得的变形抗力才能反映整个试样塑性变形的真实情况。因此,如何减少试样端面摩擦是保证单向压缩物理模拟精度的技术关键。

　　早期,为保证试验精度,常用的方法是将试样端部开直径为 8mm、深 0.1～0.7mm 的凹槽,内填玻璃粉(玻璃粉用水搅和贴入凹槽内);后来多数人采用不开凹槽,直接在试样端部涂抹 MoS_2 或碳粉作为润滑剂。近年来,美国 DSI 公司又推荐在压头和试样之间夹入一层厚度为 0.25mm、直径为 12mm 的石墨片进行润滑(当应变为 0.4～0.7 时,石墨片破裂,试样将与碳化钨压头直接接触);对高温压缩试样,还推荐用厚度为 0.1mm 的钽片或高温合金片加入压头和试样之间(可用导电胶将钽片或高温合金片粘到试件端部或压头上),不仅可以防止试样粘连到碳化钨压头上,起到隔离与润滑作用,还由于接触电阻导致试样端部产生高的热量,进一步弥补热量向夹头的流失,使试样整体温度更加均匀。当石墨片与钽片一起使用时,真应变可达 1.2 而不至出现试样粘连到碳化钨压头上的情况。

在用石墨或碳粉作为润滑剂时，在高温（1150℃）或长时间保温情况下，可能发生由于碳原子向钢试样端部的扩散而形成共晶体，使得工件端部熔化、粘连。为此，可在试样的两端涂（或镀）一层镍，或者涂一层氧化钇，也可以起到良好的隔离作用。试验时，由冲程（stroke 位移）来控制应变，由负荷传感器记录变形力，由横向应变传感器或激光膨胀测量仪随时记录和计算面积并进行换算，应力、应变速率、应变量、温度均可精确控制。

在压缩后试样腰部发生"鼓肚"时，为了衡量单向热压缩试验的有效性，文献[8]推荐英国国家实验室的评判标准。该实验室经过大量对比试验及组织观察，提出鼓胀系数 B 这一物理量，即

$$B = \frac{L_0 d_0^2}{L_f d_f^2} \tag{4-2}$$

式中：B 为鼓胀系数；L_0 为试样原始高度；d_0 为试样原始直径；L_f 为压缩后试样平均高度（取试样两端部中心及圆周每隔 120° 的 3 个点，共测量试样 4 个高度值进行平均）；d_f 为压缩后试样平均直径（腰部和端部相平均）。

有英国学者认为，当 $B \geq 0.9$ 时，其单向热压缩试验结果是有效的；当 $B < 0.9$ 时，美国 DSI 公司推荐用下式进行修正计算[9]。

$$\sigma_i = \frac{4F_i}{\pi d_i^2}\left(1 + \frac{\mu d_i}{3L_i}\right)^2 \tag{4-3}$$

或

$$\sigma_i = \frac{2F_i}{\pi d_i^2}\left(\frac{\mu d_i}{L_i}\right)^2 \left(\exp\frac{\mu d_i}{L_i} - \frac{\mu d_i}{L_i} - 1\right)^{-1} \tag{4-4}$$

式中：σ_i 为真应力；F_i、d_i、L_i 分别为某瞬时测得的压力、试样的平均直径和平均高度；μ 为摩擦系数，与试验温度和压力有关，可从有关摩擦学文献中查询。

文献[6]在 Gleeble 试验机上进行了单向拉伸与单向压缩的对比试验，通过绘制真应力-真应变曲线，找出两种应力状态的变形应力差值。采用理论分析方法提出计算此差值的理论模型，根据试验结果确定此模型中的有关系数，从而提出了用压缩法测定变形抗力时，修正因鼓肚所产生误差的理论计算公式，即

$$\Delta\sigma_r = A\mu\frac{d}{h} - B\frac{d'-d}{d} \tag{4-5}$$

式中：$\Delta\sigma_r$ 为由于接触摩擦而引起的变形抗力误差值；d 为试样端部直径；d' 为试样腰部直径；h 为试样高度。其中，d、d' 和 h 均为压缩过程中的瞬时值，A、B 均为试样材质和变形条件（温度、应变、应变速率）有关的系数，可通过试验及回归求得。

式(4-5)中右侧的第一项表示由于接触摩擦和试样径高比的变化而使变形抗力的升高值,第二项表示因应变计测得的由于试样腰部尺寸的变化而造成的所测变形抗力的减小值。经此修正后,得到真实变形抗力为

$$\sigma_r = \sigma_r' - \Delta\sigma_r \tag{4-6}$$

式中:σ_r' 为用压缩法实测的单位正应力。

文献[6]还通过分析及计算确定在试样压缩过程中,从产生屈服到应力达到最大值之前,σ_r' 可用如下公式来计算。

$$\sigma_r' = 1.404\varepsilon^{0.157}\,\dot{\varepsilon}^{0.144}\exp\left(\frac{3272}{T_d}\right) \tag{4-7}$$

式中:ε 为压下率;$\dot{\varepsilon}$ 为变形速率;T_d 为变形温度。

图 4-3 所示为压缩中的试样。可见,试样上安装了测径向膨胀量的膨胀仪。

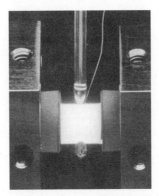

图 4-3 压缩中的试样(径向膨胀仪用于测定膨胀量)

3. 在 Thermecmaster-Z 试验机上进行圆柱体单向压缩试验

与 Gleeble 试验机上的单向压缩试验一样,在 Thermecmaster-Z 试验机上进行圆柱体单向压缩试验的试件尺寸可选 $\phi10\text{mm}\times15\text{mm}$、$\phi10\text{mm}\times12\text{mm}$、$\phi8\text{mm}\times12\text{mm}$。与 Gleeble 热/力模拟试验机不同的是,由于采用感应加热,因此压头可采用不导电的石英或陶瓷(Si_3N_4)材料,压头可为 $\phi20(30)\text{mm}\times40\text{mm}$。试件与压头的接触面用玻璃粉或云母作为润滑剂,云母片厚度为 0.2mm、直径为 19mm。由于压头与试件一起被加热,因此保证试样各部位温度的均匀性,并由于良好的润滑性能,使试件变形均匀。该设备曾成功地进行微合金钢[10]、不锈钢及碳锰钢的流变应力测定与动态回复与再结晶研究,以及钛合金的超塑性压缩试验。

日本学者通过试验及理论分析,也提出了当试样出现腰鼓时的流变应力计

算公式[11]。图 4-4 所示为试样压缩前后的形状与尺寸示意。图中，D_0 为压缩前试样原始直径，D_{th}、D_{max} 分别为试样压缩后腰部的理论直径和最大直径，L_0 为试样原始长度，ΔL 为压缩试样的长度变化量，真应变和真应力分别为：

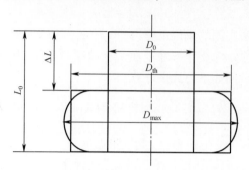

图 4-4　试样压缩前后的形状与尺寸示意图

真应变：

$$\varepsilon_i = \ln\left(\frac{L_0}{L_0 - \Delta L_i}\right) \tag{4-8}$$

真应力：

$$\sigma_i = \frac{P_i}{A_i(1 + G_i)} \tag{4-9}$$

式中：P_i 为瞬时压力载荷；A_i 为试样腰部最大直径处的面积，$A_i = \dfrac{\pi}{4}D_0^2 \cdot$

$(0.68\varepsilon_i + 1)^2$；$G_i$ 为 $\Delta\sigma/\sigma_0$ 的修正值 $G_i = \dfrac{0.059\varepsilon_i^2}{0.0392 + \varepsilon_i^2}$。

4. 在 Formastor-Press 热/力模拟试验机上进行圆柱体单向压缩试验

感应加热式 Formastor-Press 热/力模拟试验机专用于压力加工的模拟。它可以记录瞬时应力、应变、温度等的变化，并配有急冷装置来冻结高温时的组织。徐有容等[12]利用该设备研究了 Z 参数对 SS41 钢（C-Mn 钢）热变形流变特性的影响及多道次变形的流变应力规律。试验采用 $\phi 8 mm \times 12 mm$ 圆柱形试样，压缩前将试样首先在 1200℃下保持 10min 进行均匀化退火。变形温度为 850 ～ 1150℃，应变速率为 0.01～50s^{-1}，应变量为 0.65～1.2。在真空或氩气（Ar）保护下加热，并在高温时急冷冻结其高温变形组织。

图 4-5 所示为 SS41 钢在不同温度和应变速率条件下，单道次压缩时的流变应力（真应力）-真应变曲线。

图 4-6 所示为模拟七道次热连轧变形时的流变应力（真应力）-真应变曲线。

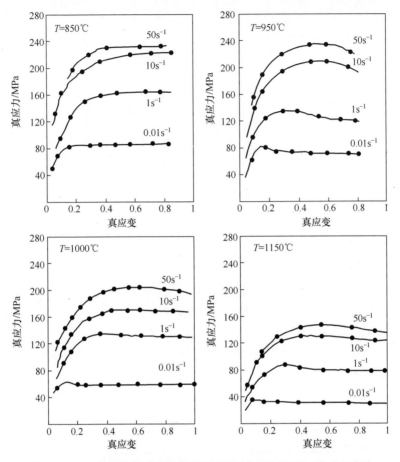

图 4-5 SS41 钢在不同变形温度和应变速率下的真应力-真应变曲线

　　根据图 4-5 的物理模拟试验结果,经作图与回归得到 SS41 钢奥氏体热变形时流变应力峰值 σ_p 与应变速率 $\dot{\varepsilon}$、变形温度 T 的关系为

$$\sigma_p = \left[\frac{\dot{\varepsilon}}{5.85} \times 10^3 \exp\left(\frac{33.84}{T}\right) \right]^{\frac{1}{6.46}} \tag{4-10}$$

　　由图 4-6 可知,该钢在热连轧多道次变形过程中发生强烈的动态软化,并导致道次间停歇时出现显著的静态软化,致使道次间的应变累积明显减弱,以至可忽略所谓的残余应变效应。此时,多道次变形与单道次变形均可应用下述公式来计算峰值前流变应力。

$$\sigma = 0.827\varepsilon^{0.353} \dot{\varepsilon}^{0.0000718T} \exp\left(\frac{4268}{T}\right) \tag{4-11}$$

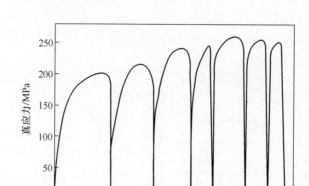

图 4-6　模拟七道次热连轧变形时的真应力–真应变曲线

▲4.2.2　平面应变压缩

平面应变压缩试验广泛地应用于轧制的模拟，这是由于与单向压缩试验相比，平面应变压缩试验的应力状态、变形状态及热传导等更接近于轧制。图 4-7 所示为圆柱体单向压缩和平面应变压缩两种压缩试验与实际轧钢过程的比较。另外，由于平面应变压缩试验不存在圆柱形试样压缩时的鼓肚问题，其流变应力的测定更加方便与精确。

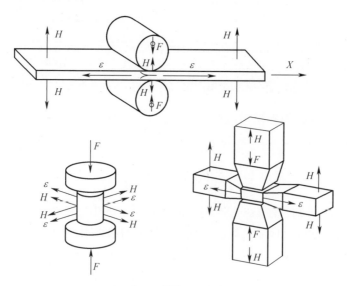

F—力；H—散热；ε—应变。

图 4-7　圆柱体单向压缩和平面应变压缩两种压缩试验与实际轧钢过程的比较

Gleeble-2000/3500/3800 热/力模拟试验机均配置有液压楔系统,除了可以进行圆柱体单向压缩试验,更适用于平面应变压缩试样,可实现多道次、快速及大应变量的热轧物理模拟。相对而言,圆柱体试样便于测流变应力,平面应变压缩试样适于观察组织。

在 Gleeble 热/力模拟试验机上进行平面应变压缩试验时,压头及试样的尺寸如图 4-8 所示,平面应变压缩试验中的样品如图 4-9(b)所示。压头(又称为砧子)材料为碳化钨或高温合金(Inconel 718 镍铬铁合金或 Waspaloy 镍基合金)。当压头的端部 $w \times l = 5\text{mm} \times 20\text{mm}$ 时,试样平面尺寸为 10mm×35mm。压头与试样间用专用的高温润滑剂或 MoS_2 润滑,也可用石墨片润滑。

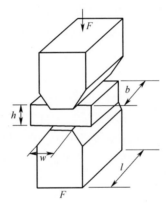

图 4-8 平面应变压缩试验压头及试样的尺寸

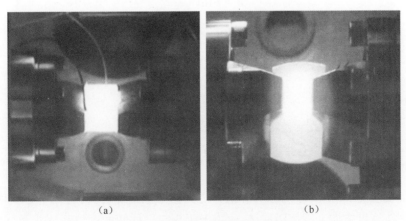

(a)   (b)

图 4-9 平面应变压缩试验的样品

(a)压缩前;(b)压缩中。

试样宽度 b 与压头宽度 w 之比应在 6 以上,以保证宽度方向的变形可以忽略不计,由于压头两端试样的弹性约束阻碍试样向宽度方向延伸,使试样变形控制在二维之内。

为保证压头之间变形均匀,压头宽度 w 与试样厚度 h 之比应为 $2 \sim 4$。试验时,应变的测量用冲程(stroke 位移)控制。当试样厚度为 10mm 时,伴随 50% 的应变量,应变速率可达 $140s^{-1}$,远远高于单向压缩试验。应变速率可以随试样厚度的变薄而升高,从而更适宜进行薄带材的热轧模拟研究。

平面应变压缩试验时的名义真应变计算公式为

$$\varepsilon_i = \ln\left(\frac{h}{h_0}\right) = \int_{h_0}^{h} \frac{\mathrm{d}h}{h_0} \tag{4-12}$$

式中:h 为试样变形后的厚度;h_0 为试样变形前的厚度。

名义平均应力(压头对试样所施加的平均应力)为

$$P = \frac{F}{wb} \tag{4-13}$$

式中:F 为压缩载荷;w 为压头宽度;b 为试样宽度。

由于试样在压缩时将发生一定的扩展,因此实际的应变量将略大于名义应变量,而实际的平均应力将略小于名义平均应力。为此,英国学者 Sellers 等通过试验与计算提出下列修正后的应力与应变的当量值计算公式,以表示实际的应力应变值[13]:

当量应变值为

$$\bar{\varepsilon} = f \ln\left(\frac{h_0}{h}\right) \tag{4-14}$$

当量应力为

$$\bar{\sigma} = \frac{2k}{f} \tag{4-15}$$

式中:f 为修正系数;$2k$ 为平面压缩应变的流变应力。

假设 b 为试样在压缩过程中的瞬时宽度,则

$$f = \frac{1.155(b - w) + w}{b} \tag{4-16}$$

流变应力 $2k$ 的大小与压头和试样之间的摩擦情况有关,当压缩变形时,试样在压头宽度方向上摩擦距离 Z_0 取决于压头与试样间的摩擦系数 μ 及试样的厚度 h,即

$$Z_0 = \frac{h}{2\mu} \ln\left(\frac{1}{2\mu}\right) \tag{4-17}$$

当 $Z_0 \geqslant w/2$ 时,压头与试样之间为滑动摩擦;当 $Z_0 < w/2$ 时,压头与试样之间有黏着摩擦发生。

因此,在滑动摩擦情况下($Z_0 \geqslant w/2$ 时),有

$$2k = \frac{p\mu w}{h\left[\exp\left(\dfrac{\mu w}{h}\right) - 1\right]} \qquad (4-18)$$

当黏着摩擦发生时($Z_0 < w/2$ 时),有

$$2k = \frac{p\mu w}{h\left[\left(\dfrac{1}{2\mu} - 1\right) + \dfrac{\dfrac{w}{2} - z_0}{\mu W} + \dfrac{\left(\dfrac{w}{2} - z_0\right)^2}{h\mu}\right]} \qquad (4-19)$$

综上,相对于单向压缩试验,平面应变压缩试验可以实现大应变速率和大应变量及多道次的轧制模拟,最高的应变速率可以达到 $140 s^{-1}$,远远高于单向压缩试验。因此,可以更好地模拟高速轧制时的变形情况。

复相钢多道次平面应变压缩试验模拟热连轧的应力-应变曲线,如图4-10所示。

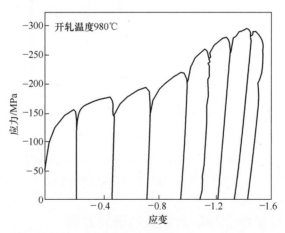

图 4-10　复相钢多道次平面应变压缩试验模拟热连轧的应力-应变曲线
（粗轧 3 道+精轧 5 道）

低碳钢多道次平面应变压缩试验模拟热连轧的应力-应变曲线,如图4-11所示。

低碳钢多道次平面应变压缩试验模拟热连轧的载荷-形变量曲线如图4-12所示。

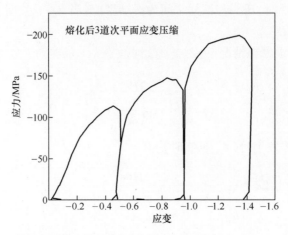

图 4-11　低碳钢多道次平面应变压缩试验模拟热连轧的应力-应变曲线

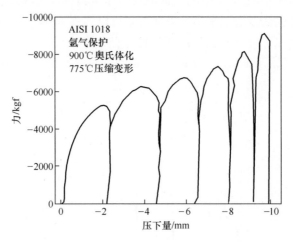

图 4-12　低碳钢多道次平面应变压缩试验模拟热轧的载荷-形变量曲线
（粗轧 3 道+精轧 3 道，1kgf=9.8N）

◢4.2.3　金属塑性变形抗力模型的研究进展

　　金属的流变应力是制定变形工艺和设计成形装备的重要参数。流变应力与再结晶、晶粒度、相变等有着密切的联系，它影响着金属的最终性能。因为流变应力与应变、应变速率、变形温度和化学成分关系复杂，传统工艺往往依据经验、半经验的方式制定，使得变形过程难以准确地控制。随着计算机技术的发展，用计算机来控制成形过程逐渐成为主流，发展高精度的数学模型成为迫切的要求。

　　金属塑性变形抗力的研究是伴随着金属压力加工生产的开展而兴起的，对它的研究至今已有八九十年的历史了,大致可分为以下 4 个历史阶段。

第一阶段:在 20 世纪 40 年代以前,是金属塑性变形抗力研究的萌芽阶段。在这个阶段,由于金属压力加工生产广泛开展,要求正确确定金属压力加工时的力参数,随之开展了对金属塑性变形抗力的研究。限于当时的生产水平和试验设备,很多学者只是直观地认识到钢种和变形温度对变形抗力的影响,所以在当时对变形抗力研究中,只是研究不同钢种在不同变形温度条件下强度极限与变形温度的关系,用函数式表示为

$$\sigma = f(x\%, T) \tag{4-20}$$

式中:$x\%$ 为钢种化学成分;T 为变形温度(K)。

利用强度极限代替塑性变形抗力,诚然,变形温度是影响变形抗力的一个最主要的因素,它对变形抗力的影响最为直观、最为强烈。但是,忽略应变速率对变形抗力的影响,会导致相当大的误差。另外,采用强度极限代替塑性变形抗力,不仅概念上是两回事,而且其数值上也截然不同。

第二阶段:从 20 世纪 40—50 年代,对变形抗力的研究向前迈进了一大步。不少学者同时考虑了变形温度和应变速率对变形抗力的影响[14],使得对变形抗力的研究从只考虑变形温度一个因素的影响,增加了考虑应变速率对变形抗力的影响,可用下列函数表示。

$$\sigma = f(x\%, T, \dot{\varepsilon}) \tag{4-21}$$

式中:$\dot{\varepsilon}$ 为应变速率。

在上述函数关系中,对影响变形抗力的因素考虑仍然不全,没有考虑到应变对变形抗力的影响,认为高变形温度下塑性变形的金属不存在强化。而之后的大量试验研究表明,在高变形温度和高应变速率下,塑性变形的金属同样存在着强化。

第三阶段:从 20 世纪 50—70 年代。这一阶段,在金属压力加工部门,以轧钢生产为代表,新设备、新技术在轧钢生产中大量采用,轧钢生产速度迅速提高,特别是电子计算机在线控制在轧钢生产中的应用,使塑性变形的力学模型——轧制压力数学模型成为电子计算机控制轧钢生产的关键之一。这就迫切要求科技工作者深入研究塑性变形理论,提供更多的变形抗力数据和数学模型。为此,许多学者广泛地开展了变形温度、应变速率和应变对变形抗力影响的研究,其研究结果可用下列函数式表示:

$$\sigma = f(x\%, T, \dot{\varepsilon}, \varepsilon) \tag{4-22}$$

在这一阶段中,研究是卓有成效的,发表了变形抗力研究的大量成果和文献资料,促进了轧钢生产的发展。

第四阶段:20 世纪 70 年代以后,在轧钢生产中发生了与轧制工艺有关的许多重大的技术革新,其中最重要的一项是钢的微合金化及控制轧制。在包含铌、钛、钒等合金元素的低合金钢及其控制轧制中,由于铌、钛、钒元素有阻碍再结晶进行和控制轧制中处于两相区轧制,使得在多道次轧制中,前面道次的加工硬化不能完全消除,而全部或部分地保存下来,这样在不同程度上影响着后续道次的变形抗力,称为残余应变率的影响。其变形抗力的函数表达式为

$$\sigma = f(x\%, T, \dot{\varepsilon}, \varepsilon, \lambda) \tag{4-23}$$

式中:λ 为残余应变率的影响,其值取决于材料的化学成分、组织、变形温度、应变和道次间隔时间。

经过众多研究者的努力,针对所研究的钢种,已建立如下的一些变形抗力模型。但需要注意的是,这些模型仅仅在其试验范围内有较好的效果,对其他材料和其他的试验条件,其计算结果可能有很大的误差。

金属塑性变形抗力是轧制工艺和设备力能参数设计的最基本参数之一。由于金属塑性变形组织结构复杂,导致各种变形条件对金属变形抗力的影响难以用理论进行解析,特别是在高温、高速下,金属塑性变形抗力理论研究的困难更大。

要获得具有一定性能和尺寸的钢材,不仅取决于钢种和生产设备、冶炼方法及技术,还取决于工艺规程。正确确定不同变形条件下(变形温度、应变速率、应变)材料的塑性变形抗力,是制定合理工艺规程必不可少的条件。

20 世纪 90 年代之前,国外已发表了一些有关塑性变形抗力的试验数据;而我国不仅缺乏系统的理论研究,而且对变形抗力的研究也远跟不上钢材生产厂对各种钢塑性变形抗力数据的需要。为此,北京科技大学的周纪华、管克智教授团队在对碳钢和部分合金钢塑性变形抗力试验研究的基础上[15-16],又对不锈钢、轴承钢、弹簧钢等合金钢进行了深入的研究,并建立了自己的模型[4,17],称为周纪华-管克智模型,如今通常简称周-管模型,被工业界和学术界广泛采用。

1. 井上胜郎模型

日本学者井上胜郎采用落锤式高速拉伸试验机,针对 15 个钢种的热轧变形抗力,建立了相应的变形抗力数学模型[18]:

$$\sigma = A\varepsilon^n \dot{\varepsilon}^m \exp\left(\frac{B}{T}\right) \tag{4-24}$$

式中:A、B、m、n 均匀取决于钢种和变形条件的系数。

2. 池岛俊雄模型

池岛俊雄采用落锤式高速压缩试验机测定了低碳钢在高温、高应变速率下

的变形抗力,得出变形抗力数学模型[19]为

$$\sigma = A\exp\left(\frac{B}{T}\right)\dot{\varepsilon}^m(1 + C\varepsilon^n)$$ (4-25)

式中:C 为取决于钢种的系数。

3. 丰岛清三模型

丰岛清三采用飞轮回转式高速拉伸试验机,对低碳钢在高温下的变形抗力进行了测定,得出的变形抗力数学模型[20]为

$$\sigma = \frac{m\lg\dot{\varepsilon} - p - q\lg\varepsilon}{L + h\lg\varepsilon}$$ (4-26)

式中:p、q、L、h 均为取决于钢种和变形温度的系数。

4. 美坂佳助模型

美坂佳助和吉本友吉采用落锤式压缩试验的方法,测定了碳钢(碳含量 0.05%~1.16%)的变形抗力,得出的变形抗力数学模型[21]为

$$\sigma = \exp\left(0.126 - 1.75C + 0.954 \times C^2 + \frac{2851 + 1968C - 1120C^2}{T}\right)\dot{\varepsilon}^{0.13}\varepsilon^{0.21}$$ (4-27)

式中:C 为碳含量(%)。

5. 志田茂模型

志田茂采用凸轮式高速形变机测定了 8 种碳钢(碳含量为 0.05%~1.16%)在各种试验条件下的变形抗力。他考虑了低碳钢在 800~900℃ 范围内,随着 γ/α 相变的出现所导致的变形抗力值的异常区域,把变形抗力数学模型以相变的临界温度来划分,其临界温度由下式[22]确定:

$$t_d = 0.95 \times \frac{C + 0.41}{C + 0.32}$$ (4-28)

式中:C 为碳含量(%)。

碳钢的变形抗力数学模型由下式表示:

$$\sigma = \sigma_f f\left(\frac{\dot{\varepsilon}}{10}\right)^m$$ (4-29)

式中:

$$\begin{cases} \sigma_f = 0.28\exp\left(\dfrac{5.0}{T'} - \dfrac{0.01}{C + 0.05}\right) & (T' \geq t_d) \\ \sigma_f = 0.28\exp\left(\dfrac{5.0}{t_d} - \dfrac{0.01}{C + 0.05}\right) \times g & (T' \leq t_d) \end{cases}$$,T' 为温度相关的参数;

159

$$g = 30 \times (C + 0.9)\left(T' - 0.95 \times \frac{C + 0.49}{C + 0.42}\right)^2 + \frac{C + 0.06}{C + 0.09};$$

$$f = 1.3 \times \left(\frac{\varepsilon}{0.2}\right)^n - 0.3 \times \frac{\varepsilon}{0.2}, n = 0.41 - 0.07C;$$

$$\begin{cases} m = (0.019C + 0.126)T' + 0.075C - 0.05 & (T' \geqslant t_d) \\ m = (0.081C - 0.154)T' + (-0.019C + 0.207) + \dfrac{0.027}{C + 0.32} & (T' \leqslant t_d) \end{cases}$$

$$T' = \frac{T}{1000} = \frac{t + 273}{1000}, t \text{ 为变形温度}(℃)\text{。}$$

一般认为,动态再结晶容易发生在层错能较低的金属及合金中(如铜、黄铜、γ-铁、不锈钢等)。由于它们的扩展位错很宽,位错难以从位错网中解脱出来,也难以通过交滑移和攀移而相互抵消,变形开始阶段形成的亚结构回复得很慢。此时,亚结构中位错密度很高,且亚晶尺寸很小,胞壁中有较多的位错缠结,在一定的应力和变形温度条件下,当材料在变形中储存能累积到足够高时,就会导致动态再结晶的发生。因此,在层错能较低的面心立方奥氏体合金中,动态再结晶是高温变形过程中的主要软化机制,也是细化晶粒的主要途径之一。

为了用一个公式表述在不同变形温度和应变下变形抗力与应变的关系,志田茂等采用非线性的公式,在分析大量试验数据的基础上,得出不同变形温度和应变下变形抗力与应变的关系式为

$$\frac{\sigma}{\sigma_0} = \alpha \left(\frac{\varepsilon}{0.4}\right)^n - (1 - \alpha)\left(\frac{\varepsilon}{0.4}\right) \tag{4-30}$$

式中:α、n 均为回归系数,取决于钢种;σ_0 为基准变形抗力(MPa),即 $T = 1273\mathrm{K}$、$\varepsilon = 0.1$、$\dot{\varepsilon} = 10\mathrm{s}^{-1}$ 时的变形抗力。

6. 新日铁模型

新日铁为我国热连轧机提供的变形抗力数学模型为

$$\sigma = \sigma_f f g_{\dot{\varepsilon}}$$

$$\sigma_f = a_1 \exp\left(\frac{a_2}{T} - \frac{a_4}{C_1 + a_3}\right)$$

$$f = \frac{a_5}{n + 1}\left(\frac{\varepsilon}{a_6}\right)^n - a_7 \frac{\varepsilon}{a_6}$$

$$g_{\dot{\varepsilon}} = \left(\frac{\dot{\varepsilon}}{a_8}\right)^m$$

$$m = (a_9 C_I + a_{10}) T + (a_{11} C_I + a_{12})$$

$$n = a_{13} + a_{14} C_I$$

$$C_I = C + \frac{1}{6} \text{Mn} \tag{4-31}$$

式中: C 为碳含量(%); Mn 为锰含量(%); C_I 为碳当量(%); $a_1 = 0.28$; $a_2 = 5.0$; $a_3 = 0.05$; $a_4 = 0.01$; $a_5 = 1.3$; $a_6 = 0.2$; $a_7 = 0.15$; $a_8 = 10$; $a_9 = -0.019$; $a_{10} = 0.126$; $a_{11} = 0.075$; $a_{12} = -0.05$; $a_{13} = 0.41$; $a_{14} = -0.07$。

7. В. И. Зюзин(久津)模型

苏联 В. И. Зюзин 等采用凸轮形变机测定了钢和合金钢、耐热合金等在高温高速变形条件下的变形抗力,以试验为依据建立的变形抗力数学模型[23]为

$$\sigma_s = \sigma_0 K_T K_\varepsilon K_{\dot{\varepsilon}} \tag{4-32}$$

式中: $K_T = A_1 \exp(-m_1 T)$; $K_\varepsilon = A_2 \varepsilon^{m_2}$; $K_{\dot{\varepsilon}} = A_3 \dot{\varepsilon}^{m_3}$。

8. 周纪华-管克智模型

我国学者周纪华、管克智在以前研究结果的基础上,用凸轮式高速形变试验机,在广泛的变形温度、应变速率、应变范围内测定了各种碳钢、低合金钢和合金钢等的变形阻力,详细分析了变形温度、应变速率、应变对变形阻力的影响,以钢种为单元模拟了 6 种变形阻力数学模型,然后用部分钢种和合金钢做试验验证 6 种模型,进行非线性回归后,分析比较回归方差,得到了拟合精度较高的变形抗力数学模型[4]:

$$\sigma_s = \sigma_0 \exp\left(a_1 \frac{T}{1000} + a_2\right) \left(\frac{\dot{\varepsilon}}{10}\right)^{\left(a_3 \frac{T}{1000} - a_4\right)} \times$$

$$\left[a_6 \left(\frac{\varepsilon}{0.4}\right)^{a_5} - (a_6 - 1)\left(\frac{\varepsilon}{0.4}\right)\right] \tag{4-33}$$

式中: $\dot{\varepsilon}$ 为应变速率(s^{-1}); ε 为真应变, $\varepsilon = \ln(h_0/h_1)$; $a_1 \sim a_6$ 均为回归系数,其值取决于钢种。

9. 熊尚武-王国栋模型

东北大学熊尚武、王国栋等利用 Gleeble-1500 热/力模拟试验机对 8 种成分差异很大的钢进行压缩试验测定其变形抗力,建立了以下数学模型[24]:

$$\sigma_s = \sigma_0 \exp(m_1 T + m_4) \left(\frac{\dot{\varepsilon}}{10}\right)^{m_5 T + m_3} \left(\frac{\varepsilon}{0.1}\right)^{m_2} \exp\left[\frac{-m_6 \varepsilon}{(\ln Z)^2}\right] \tag{4-34}$$

$$Z = \dot{\varepsilon} \exp\left(\frac{Q}{RT_k}\right)$$

式中：Q 为激活能；R 为气体常数；Z 为 Zener-Hollomon 因子。

10. 吴红艳-杜林秀模型

吴红艳、杜林秀等利用 MMS-100 热/力模拟试验机对低碳 Mn-Cu 耐候钢测定变形抗力，选用以下数学模型[25]。

$$\sigma_s = (a_1 T^4 + a_2 T^3 + a_3 T^2 + a_4 T + a_5)\left(\frac{\dot{\varepsilon}}{10}\right)^{a_6 T + a_7} \times$$

$$\left[a_8\left(\frac{\varepsilon}{0.4}\right)^{a_9} - (a_8 - 1)\left(\frac{\varepsilon}{0.4}\right)\right] \tag{4-35}$$

式中：$a_1 \sim a_9$ 均为回归系数。

11. 李龙—丁桦模型

李龙、丁桦等利用 Gleeble-1500 热/力模拟试验机对一种耐火钢做热模拟试验，建立了变形抗力模型[26]：

$$\sigma_s = a_1 \varepsilon^{a_2} \dot{\varepsilon}^{(a_3 + a_4 T)} \exp(a_5 T + a_6) \tag{4-36}$$

12. 甘斌—张梅模型

上海大学甘斌、张梅等利用 Gleeble-3500 热/力模拟试验机对一种高锰高铬高氮 Mn18Cr18 无磁奥氏体不锈钢做热模拟试验，建立了如下的变形抗力模型[27]：

$$\begin{cases} \sigma_{WH} = \left[\dfrac{c \cdot \exp(2k\varepsilon)}{k} - \dfrac{b}{k}\right]^{\frac{1}{2}} & (\varepsilon < \varepsilon_c) \\ \sigma_{WH} = \sigma + \sigma^*\{1 - \exp[-K_d(\varepsilon - \varepsilon_c)^{n_d}]\} & (\varepsilon \geq \varepsilon_c) \end{cases} \tag{4-37}$$

式中：$\sigma^* = -155.1 + 12.54\ln Z - 0.229\ln^2 Z$，其中 $Z = \dot{\varepsilon}\exp\left(\dfrac{331775}{RT}\right)$；$\varepsilon_c = 0.0055 Z^{0.1266}$；$k_d = k_1 \exp\left(\beta\dfrac{331775}{RT}\right)$，其中 $k_1 = 30.81 \dot{\varepsilon}^{-5.516 - 2.137\ln\dot{\varepsilon} - 0.209\ln^2\dot{\varepsilon}}$，$\beta = -0.086 + 0.169\ln\dot{\varepsilon} + 0.068\ln^2\dot{\varepsilon} - 0.007\ln^3\dot{\varepsilon}$；$n_d = 1.156 - 0.079\ln\dot{\varepsilon} + 0.062\ln^2\dot{\varepsilon} - 0.009\ln^3\dot{\varepsilon}$；$k = 963.4 Z^{-0.1663}$；$-\dfrac{b}{k} = n_1 \exp\left[(0.348 - 0.033\ln\dot{\varepsilon} - 0.017\ln\dot{\varepsilon}^2 - 0.001\ln\dot{\varepsilon}^3)\dfrac{331775}{RT}\right]$，其中 $n_1 = \exp(0.150 - 1.052\ln\dot{\varepsilon} - 0.608\ln\dot{\varepsilon}^2 - 0.043\ln\dot{\varepsilon}^3)$ 为回归系数；$\dfrac{c}{k} = -n_2\exp\left[(0.450 + 0.238\ln\dot{\varepsilon} + 0.118\ln\dot{\varepsilon}^2 + 0.013\ln\dot{\varepsilon}^3)\dfrac{331775}{RT}\right]$，其中 $n_2 = \exp(-3.620 - 7.558\ln\dot{\varepsilon} - 3.679\ln\dot{\varepsilon}^2 - 0.383\ln\dot{\varepsilon}^3)$，为回归系数；$c$、$k$、$b$ 均为取决于钢种和变形温度的参数。

综上所述,变形抗力可以表示成关于温度、应变和应变速率的函数。近年来,周纪华、管克智提出的变形抗力模型[式(4-33)]综合考虑了变形温度、应变速率和应变对变形抗力的综合影响,且具有广泛的适用性,因此得到了广泛的应用。例如,陈连生等[28]应用 Gleeble-1500 热/力模拟试验机研究低碳含铌双相钢变形抗力,孙蓟泉等[29]应用 Gleeble-3500 热/力模拟试验机研究 SPHC 钢的热变形行为等,在建立变形抗力数学模型时都用到了周纪华-管克智模型,并且验证了模型具有较高的拟合精度。变形抗力模型的研究进展还包括邵卫军等提出的用图形工具 GRAFTOOL 建立指数强化材料的变形抗力数学模型的具体方法[30],I. Schindler 及 E. Hadasik[31]通过高温扭转试验等利用等效应变和等效应力的方法,计算并给出了低合金高强度钢高温变形时应力-应变曲线的新模型,用来计算高温变形抗力和实际生产中平面轧制力的预测。S. Serajzadeh 与 A. Karimi Taheri[32]结合 Bergstrom 的位错模型和 Avrami 方程,应用叠加定律来考虑温度、应变速率变化的影响,推导出一个新模型来预测高温变形抗力,并用高、低碳钢做了验证。S. Serajzadeh[33]结合 Kocks-Mecking 位错模型和一阶速率方程,应用有限差分法、中心差分法等提出了热-黏塑性有限元模型。R. Ebrahimi 和 S. H. Zahiri 等[34]以应力-应变曲线图形现象表示法和传统应力-应变的指数本构方程为基础,提出了用峰值应力、峰值应变和稳态应力表示高温变形时应力-应变曲线的数学模型,并用 Ti-IF 钢做试验验证了模型适用性。Yongcheng Lin 等[35]应用 Gleeble-1500 热/力模拟试验机进行了 42CrMo 钢的高温压缩试验,结合 Zener-Hollomon 参数和 Arrhenius 方程利用应变补偿建立了 42CrMo 改进的变形抗力模型。戴铁军等[36]用 Gleeble-1500 热/力模拟试验机研究 30MnSi 钢变形抗力,在建立变形抗力数学模型时用到了周纪华-管克智公式。张梅课题组基于 Gleeble-3500 热/力模拟试验机和组织观察研究了高铬高锰高氮低镍低成本奥氏体不锈钢、汽车用超高强 TRIP980 钢及多种低碳中锰钢的高温变形抗力和再结晶行为,建立了相应钢种的应力-应变曲线数学模型[27, 37-40]。

4.2.4 建立变形抗力模型的案例

当钢的化学成分一定时,钢的热变形抗力与应变、变形温度和应变速率有关。对于成分确定的具体钢种而言,应变抗力主要受变形温度、应变速率和应变的影响。

一种微合金高强度钢的实测应力-应变曲线如图 4-13(a)~(c)所示。

1. 变形抗力建模的方法

对图 4-13 中微合金高强度钢的流动应力采用式(4-33)的周纪华-管克智

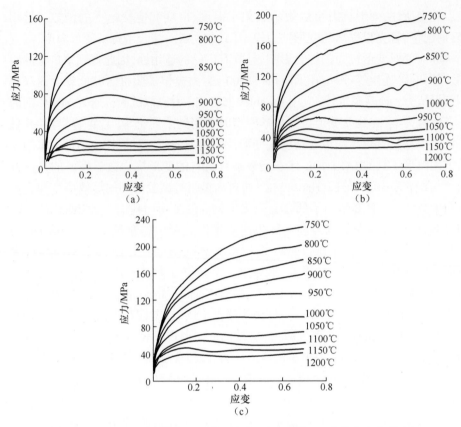

图 4-13　典型的流变曲线和钢种的应力-应变曲线(一种微合金高强度钢)

(a) $\dot{\varepsilon}=0.001\mathrm{s}^{-1}$; (b) $\dot{\varepsilon}=0.01\ \mathrm{s}^{-1}$; (c) $\dot{\varepsilon}=0.1\ \mathrm{s}^{-1}$。

模型进行拟合,综合考虑变形温度、应变速率和应变对变形抗力的影响。当其他变形条件一定时,变形抗力与变形温度成指数函数关系,与应变速率成幂函数关系,与应变成非线性关系。

　　根据以上对一种微合金高强度钢的变形条件对其变形抗力的影响分析,可以看出变形条件对变形抗力的影响与周纪华-管克智模型相符合。因此,采用周纪华-管克智模型对实验高锰钢的变形抗力进行拟合,比较合理。

　　根据最小二乘法计算方法,采用 Origin 软件对图 4-13 中的应力-应变曲线数据进行非线性回归,得到相关系数 σ_0、a_1 ～ a_6 及拟合度 R^2,如表 4-1 所示。

表 4-1　回归系数及拟合度

σ_0	a_1	a_2	a_3	a_4	a_5	a_6	R^2
167. 639	−2. 08852	2. 6831	0. 29999	−0. 24609	0. 46916	1. 6491	0. 98143

从表4-1中可以看出,其拟合度 R^2 为0.98143,拟合相关性较好,将回归系数代入式(4-33),得出这种微合金高强度钢的变形抗力模型如下:

$$\sigma_s = 167.639 \times \exp\left(-2.08852 \times \frac{T}{1000} + 2.6831\right) \times$$

$$\left(\frac{\dot{\varepsilon}}{10}\right)^{\left(0.29999 \times \frac{T}{1000} - 0.24609\right)} \times \left[1.6491 \times \left(\frac{\varepsilon}{0.4}\right)^{0.46916} + 0.6491 \times \left(\frac{\varepsilon}{0.4}\right)\right]$$

$$(4-38)$$

2. 变形抗力模型的检验

为考察模型预测的精度,将模型的变形抗力计算预测值与实测值进行比较,以验证模型的偏差情况。回归方程(4-38)计算值与实测值的比较如图4-14所示。

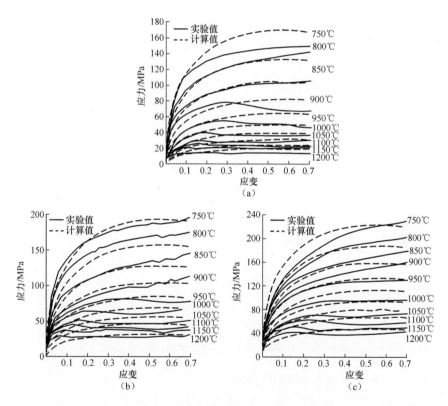

图4-14 回归方程(4-38)计算值与实测值的比较(应变量0.7,750~1200℃)

(a) 0.001s⁻¹;(b) 0.01s⁻¹;(c) 0.1s⁻¹。

在图4-14中,虚线为模型计算结果,实线为单向压缩试验的数据曲线。可以看出,总体上,模型计算值与实测值的吻合程度较好,证明模型的预报精度较高。

4.3 物理模拟在形变奥氏体动态再结晶规律研究中的应用

金属的再结晶行为不仅对于热塑性加工时的变形抗力或流变应力有重要影响,还是确定产品最终组织和性能的决定性因素。通常所说的热加工塑性变形就是指在再结晶温度以上的塑性变形。因此,对于压力加工过程中的再结晶规律的研究,是物理模拟的一项主要任务。

金属在塑性变形后被拉长了的晶粒及破碎的晶粒重新生核、结晶,变为等轴与整齐晶粒的过程称为再结晶。在冷变形后的加热过程中进行的再结晶或热变形后在冷却或保温过程中发生的再结晶统称为静态再结晶(前者又称为退火再结晶,后者有时称为亚动态再结晶),而在热变形过程中发生的再结晶称为动态再结晶。静态再结晶的驱动力主要靠温度,而动态再结晶则主要靠形变诱发。金属开始发生再结晶的最低温度称为再结晶温度。影响再结晶温度的因素有应变、保温时间、原始晶粒度及金属的化学成分等。统计资料表明,各种工业金属当变形较大时(70%以上),在1h的保温时间内完成再结晶的最低温度$T_{再}$约为其熔点T_{m}的2/5(以绝对温度值计算),即$T_{再} \approx 0.4T_{m}$。

当材料成分与初始晶粒度一定时,加热温度越高,再结晶速度越快。动态再结晶的发生还需要一个临界应变量,以获得足够的驱动力,这个应变量与加热温度和应变速率有关。

钢在热轧、热锻、热挤压等过程中,奥氏体的再结晶行为对控制轧制和产品质量有决定性的影响。因此,在制定轧制工艺之前,必须确定钢种的再结晶条件,研究奥氏体在热变形时的动态再结晶与轧制道次间隙的静态再结晶的变化规律,预测形变奥氏体的再结晶率(即软化百分数)及晶粒度等。

对于形变奥氏体再结晶规律的研究,通常用再结晶软化曲线来显示,也可以建立奥氏体的再结晶图来描述再结晶程度与变形温度、应变的关系。

4.3.1 动态再结晶的研究进展

自20世纪60年代以来,各国学者对钢的热变形过程中的组织变化规律开展了大量研究。最初,研究主要集中在热塑性变形过程中动态回复及再结晶的微观机理上。20世纪70年代,研究开始集中到动态回复、再结晶及晶粒长大过程的定量数学分析上。常用的有Yada[41-42]模型、Sellars[43]模型和Saito[44]模

166

型。目前在分析金属再结晶过程和晶粒演变情况时,多采用 Yada 模型,如 Bow-den、Samuel 和 Jonas[45]等。Yada 模型是由 H. Yada 等建立的一种关于再结晶晶粒度的数学模型。热变形中的奥氏体晶粒演变是钢板热轧时复杂的物理冶金现象。在热变形阶段,它的演变模式主要包括 4 类,分别是动态再结晶(DRX)、静态再结晶(SRX)、亚动态再结晶(MDRX)和完全结晶后的晶粒长大(GC)。总体来看,有关动态再结晶定量描述的方法很多,大体分为以下几类:

1. 基于位错理论的动态再结晶动力学模型

(1) Sandstrom-Langnerborg 模型[46]。该模型强调,晶内位错密度由亚晶界上的位错密度和亚晶内的均匀位错密度组成。通过计算临界形核能、晶界迁移速度和单位体积可动晶界面积,建立了再结晶率与位错密度体积分布函数的关系。

(2) Stuwe-Ortner 模型[47]。Stuwe 讨论了处于临界状态时的位错模型。假定热变形金属的位错密度达到某一临界值后发生动态再结晶,这时再结晶晶粒以某一速度长大并减小晶粒内部的位错密度。当再结晶晶粒内部的位错生成率小于变形基体的位错消耗率时,则发生周期性的动态再结晶;反之,发生连续动态再结晶。

(3) 其他位错模型。A. D. Rollet 等[48]通过研究单晶金属材料,提出了一组能够描述再结晶过程中螺型位错交滑移、刃型位错攀移及空位集聚等微观组织演化的非线性方程组。A. Laasraouia 和 J. J. Jonas[49]在试验的基础上给出了热变形过程中真应力–真应变的关系,与试验数据较为吻合。

在国内学者的研究工作中,金泉林[50]认为对动态再结晶过程进行数值模拟的关键是建立动态再结晶过程与宏观变形的耦合关系,提出了动态再结晶过程的演化方程和包含动态再结晶过程的热塑性本构方程,并在数值模拟计算中取得较好效果。高维林[51]在传统位错理论的基础上,利用耗散结构理论和协同学原理建立了金属动态再结晶模型,给出了一个动态再结晶的简明判据。

上述以位错理论为基础的再结晶模型虽然具有一定的物理基础,但由于位错密度从试验上很难定量测量,理论计算中又涉及很多难以获得的材料微观参数,因此使得以位错理论为基础的再结晶模型在应用上受到了一定限制。

2. 唯象理论模型

唯象理论是在金属镍扭转试验的基础上提出来的。假设热应变达到临界值后发生动态再结晶,而且发生过动态再结晶的晶粒可能再次发生动态再结晶过程。

目前,大多数学者都采用 Johnson-Mehl-Avrami(JMA)[52-54]唯象方程,即Avrami 方程,又称为 Johnson-Mehl-Avrami-Kolmogorov(JMAKK)方程来描述动

态再结晶动力学。1937年由莫斯科大学的 Kolmogorov 最初提出,之后因 Avrami 于1939—1941年在 Journal of Chemical Physics 上发表的一系列论文而广为人知[53-55]。方程描述了在恒定温度下由一个相转变为另一个相的固态相变过程,可以描述结晶动力学,也适用于材料的其他相转变过程[56]。方程的表达式为

$$X = 1 - \exp(-bt^n) \tag{4-39}$$

式中:X 为再结晶率;b 为常数;n 为时间指数;t 为时间(s)。

在高温状态下将奥氏体瞬间淬火,固定高温形变组织,是研究奥氏体动态再结晶时晶粒度的主要方法,也是用定量金相求得形变奥氏体再结晶率的重要手段。

在上述方向的研究中,世界各国的学者及工程技术人员充分利用了物理模拟技术。美国的 Gleeble-1500/2000/3500/3800 等热/力模拟试验机、日本的 Thermecmastor-Z 和 Formastor-Press 等热加工再现试验装置,以及中国的 MMS 系列热/力模拟试验机均可方便、快速、准确地实现上述试验要求。例如,第2章中所述,这些设备既可以测定应力-应变曲线,又具有瞬时冻结高温组织的功能。所有试验数据可通过专门的软件绘成基于笛卡儿坐标或对数坐标的曲线,建立再结晶规律的物理模型。

拉伸、压缩与扭转均可以测定金属或合金的再结晶行为。较大的应变量多数用压缩法,更大的应变需采用扭转试验。在利用压缩试验进行再结晶规律研究时,通常所采用的是圆柱体单向压缩试验方法。常用试件尺寸为 $\phi10mm \times 15mm$、$\phi10mm \times 12mm$、$\phi8mm \times 12mm$ 等规格,润滑及防粘连措施等如4.2.1节所述,试验需在真空或惰性气体保护下进行以防止试样高温下氧化。在压缩试验时,应变值可以用 C-Strain 传感器或 L-Strain 传感器测得,即

$$C_{\text{Strain}} = \ln\left(\frac{D_0^2}{D^2}\right) \tag{4-40}$$

$$l_{\text{Strain}} = \ln\left(\frac{l}{l_0}\right) \tag{4-41}$$

式中:D_0 为试样原始直径;D 为试样瞬时直径;l_0 为试样原始长度(即圆柱体的高度);l 为试样瞬时长度。

当试样端部的摩擦系数及试样中的温度梯度很小且可以忽略不计时,根据体积不变原理,径向应变与轴向应变应该是相等的。由于径向应变测量时 C-Strain 传感器或激光测量仪有时会出现偏差(试样腰部鼓胀或不均匀变形引起光束对中误差等),特别是当使用 C-Strain 传感器时为避免石英棒被压碎裂,应变量受到限制,所以在大应变量时推荐采用轴向应变(L-Strain)测量方式。

在进行 L-Strain 测量时,采用冲程(stroke 位移)控制,并随时采集载荷与位移的变化,此时真应力 σ 按下式计算:

$$\sigma = \frac{4Fl}{\pi D_0^2 l_0} \qquad\qquad (4\text{-}42)$$

式中:F 为试验机记录的瞬时载荷。

在 JMAK 方程的基础上,国内外的研究者建立了不同的描述动态再结晶率的数学模型[57-59],这些模型的计算值与实测值都吻合较好。

▲4.3.2　动态再结晶应力-应变曲线临界条件的判定

如 4.1 节所述,金属材料的应力-应变曲线通常分为如图 4-15(a)所示的 2 大类 4 小类。图 4-15(a)中,曲线 1、曲线 2 所示为加工硬化+动态回复型,曲线 3、曲线 4 为动态回复+动态再结晶型。其中,曲线 3 为连续动态再结晶型,曲线 4 为周期动态再结晶型(曲线后段呈现波浪形)。典型的动态再结晶型应力-应变曲线示意图如图 4-15(b)所示。

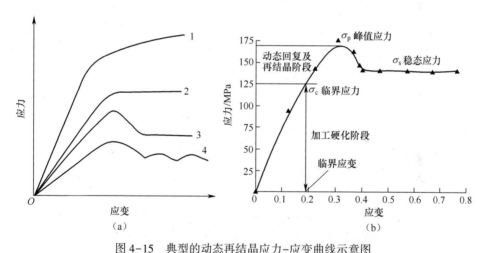

图 4-15　典型的动态再结晶应力-应变曲线示意图
(a)几种不同的应力-应变曲线;(b)典型的动态再结晶应力-应变曲线。

金属材料热变形过程中动态再结晶需在一定条件下才能发生。通常可以用 Z 参数来讨论其发生的条件。当 Z 一定时,随着加工程度 ε 的增加,材料组织发生由加工硬化—动态回复—部分动态再结晶—完全动态再结晶;当 ε 一定时,随着 Z 的变化,材料组织呈现由完全动态再结晶—部分动态再结晶—动态回复的变化。因此,动态再结晶能否发生,主要由 Z 参数和 ε 来决定。此外,材料的初始晶粒度也会影响动态再结晶的发生。当 Z 一定时,D_0 越小,临界应变量越小,即产生动态再结晶的变形范围变大[60]。

在模拟试验时，常通过观察应力-应变曲线上出现的峰值应力来判断，但是，动态再结晶在达到峰值应力前就已经开始，发生动态再结晶的临界应变量 ε_c 小于峰值应变 ε_p。动态再结晶临界应变量 ε_c 的确定对于控制完全再结晶的发生，进而细化奥氏体晶粒具有重要的价值。

图 4-16 所示为利用 Gleeble-3500 热/力模拟试验机测得的一种微合金高强度钢在相同应变速率不同温度下（900~1150℃）的应力-应变曲线。

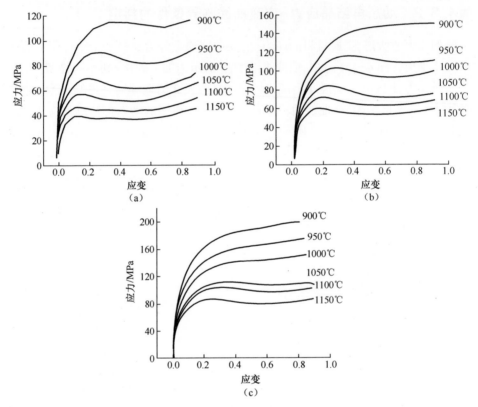

图 4-16　一种微合金高强度钢在相同应变速率不同温度下（900~1150℃）的应力-应变曲线
（a）应变速率为 $0.01s^{-1}$；（b）应变速率为 $0.1s^{-1}$；（c）应变速率为 $1s^{-1}$。

由图 4-16 可知，除了应力-应变曲线上未有明显动态再结晶的曲线（$0.1s^{-1}$，900℃；$1s^{-1}$，900℃、950℃、1000℃），其余变形下应力-应变曲线均为连续动态再结晶型。

许多科学家提出数学模型来预测动态再结晶的临界条件。其中，Poliak 和 Jonas[61]在等温恒应变速率单轴变形条件下，利用热力学系统的增量功平衡方

法推导出动态再结晶的临界条件为

$$\frac{\partial}{\partial \sigma}\left(-\frac{\partial \theta}{\partial \sigma}\right) = 0 \qquad (4\text{-}43)$$

式中：θ 为加工硬化率，可表示为

$$\theta = \frac{\partial \sigma}{\partial \varepsilon} \qquad (4\text{-}44)$$

图 4-17 所示为 σ-ε 曲线上临界应力、临界应变和稳态应力值的选取方法示意图。

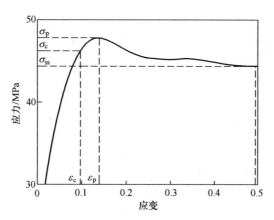

图 4-17 σ-ε 曲线上临界应力、临界应变和稳态应变值的选取方法示意图

采用 Poliak-Jonas 方法[61-62]，利用应力-应变曲线数据计算应变硬化率 θ ($\theta = \mathrm{d}\sigma/\mathrm{d}\varepsilon$)，并绘制 θ-σ 曲线。定义 σ_c 为加工硬化率 θ 对 σ 的二阶导数为 0 的点，代表动态再结晶的开始点。而饱和应力 σ_{sat} 定义为从动态再结晶开始点外延直线与 $\theta = 0$ 处相交位置所对应的流变应力。在连续变形时，σ_{sat} 可反映最大加工硬化时晶粒内的位错密度，是连续动态再结晶的驱动力[63]。

由式(4-43)和式(4-44)可知，用 σ-ε 曲线上的拐点可以确定临界应力 σ_c，其所对应的应变为 ε_c，具体选取方法如图 4-18 和图 4-19 所示。

图 4-19 所示为 σ-ε 曲线上各应力值选取方法的示意图。由图可知，θ-σ 曲线基本上可分为 4 段，其中直线段(Ⅰ)为线性硬化阶段，对应应变开始直到开始形成亚晶；此后动态回复，硬化率变慢，曲线斜率逐渐降低，变形进入第二个线性硬化阶段(Ⅱ)；当流变应力或应变量达到动态再结晶临界值时，则开始动态再结晶，应变硬化率快速下降(Ⅲ)，将曲线上 $\theta = 0$ 处的应力定义为峰值应力 σ_p；应力达到峰值应力后，动态再结晶不断进行(Ⅳ)，当动态再结晶完成时，θ 会再次回到 0，此时的流变应力即为稳态应力 σ_{ss}。与文献[56]方法类似。

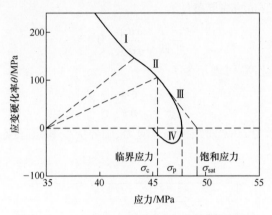

图4-18 θ-σ 曲线上各应力值选取方法示意图

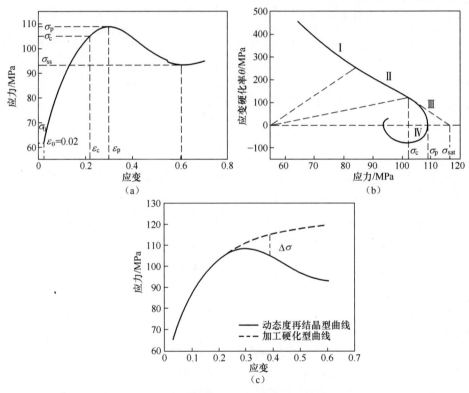

图4-19 动态再结晶的 σ-ε 曲线和期间的几个阶段

(a)σ-ε 曲线；(b)θ-σ 曲线；(c)发生动态再结晶的 σ-ε 曲线（实线）
与将加工硬化阶段的曲线外推所得未发生动态再结晶区域的 σ-ε 曲线（虚线）。

172

如文献[56]所描述,热变形中的微观组织变化会在 σ-ε 曲线得到反映,利用 σ-ε 曲线可以直接计算得到动态再结晶率。

发生动态再结晶的 σ-ε 曲线如图 4-19(a)所示,其 θ-σ 曲线如图 4-19(b)所示。在图 4-19(c)中,实线为动态再结晶的 σ-ε 曲线,将该曲线中加工硬化阶段的数据作曲线外推,可得到未发生动态再结晶区域的 σ-ε 曲线,如图 4-19(c)中虚线所示。定义动态再结晶开始于临界应变 ε_c 和临界应力 σ_c 处,在此之后由于动态再结晶导致的软化使再结晶曲线应力 σ_{DRX} 与加工硬化曲线应力 σ_{WH}(或称为 σ_{recov})不同,差值为图 4-19(c)中所示的 $\Delta\sigma$。

由图 4-16 的应力、应变数据求得的加工硬化率,走势与图 4-18 相似。加工硬化率 θ 先是随着应力 σ 的增加而缓慢降低,随后应变硬化率快速下降,曲线产生拐点,拐点处的应力值即为再结晶开始的临界应力值 σ_c;当 $\theta=0$ 时,应力值即为峰值应力 σ_p;当加工硬化率为负值时,标志着动态再结晶阶段。σ_c 对应流变曲线上的应变值,即是临界应变 ε_c。

在加工硬化至回复阶段,位错密度 ρ 与塑性应变 ε 符合如下关系[57]:

$$\frac{\mathrm{d}\rho}{\mathrm{d}\varepsilon} = h - r\rho \tag{4-45}$$

式中:h 为加工硬化率;r 为在一定温度和应变速率下的动态回复率。两者均与应变无关。由此,可获得加工硬化曲线的描述。

由再结晶前应力应变数据外推获得的加工硬化型曲线上的应力为

$$\sigma = \left[\sigma_{\text{sat}}^2 - (\sigma_{\text{sat}}^2 - \sigma_0^2)\exp(-r\varepsilon)\right]^{\frac{1}{2}} \tag{4-46}$$

式中:r 为给定温度和应变速率下的动态回复速率,$r = -2k$,$k = \mathrm{d}(\theta_\sigma)/\mathrm{d}(\sigma^2)$;$\varepsilon$ 为真应变。并有如下关系:

$$\sigma\frac{\mathrm{d}\sigma}{\mathrm{d}\varepsilon} = 0.5r\sigma_{\text{sat}}^2 - 0.5r\sigma^2 \tag{4-47}$$

通过位错与应力的关系可以推导得到动态再结晶率 X 与流变应力的关系为

$$X = \frac{\left[\sigma_{\text{sat}}^2 - (\sigma_{\text{sat}}^2 - \sigma_0^2)\exp(-r\varepsilon)\right]^{\frac{1}{2}} - \sigma_{\text{DRX}}}{\sigma_{\text{sat}} - \sigma_{\text{ss}}} \tag{4-48}$$

式中:σ_{DRX} 为发生动态再结晶时的应力,即流变应力(MPa);σ_{ss} 为稳态应力(MPa);

动态再结晶时间 t 用以下公式表示[46]:

$$t = \frac{\varepsilon - \varepsilon_c}{\dot{\varepsilon}} \tag{4-49}$$

式中:$\dot{\varepsilon}$ 为热变形流变应力曲线的实际应变速率。

由式（4-48）可计算得到动态再结晶动力学 Avrami 曲线。

Nb 等微合金化元素是控制奥氏体晶粒长大倾向和抑制形变奥氏体再结晶作用最有效的元素。Nb 对奥氏体再结晶的影响主要通过固溶原子产生的溶质拖曳作用和形变奥氏体内 NbC 析出相对界面的钉扎作用来阻碍形变奥氏体再结晶[64]。Nb 对再结晶的阻碍作用和 Nb 与 Fe 原子尺寸及电负性差有关[65]。Nb 原子尺寸大于 Fe 的，容易偏聚在位错线上，对位错攀移产生较强的拖曳作用，使奥氏体再结晶形核受到抑制，从而强烈阻碍再结晶。另外，热加工中形变诱导析出的 Nb 的碳氮化物粒子优先沉淀在奥氏体晶界、亚晶界和位错线上，从而能有效阻止晶界、亚晶界的移动和位错线的运动，推迟再结晶开始且延缓再结晶进行。研究表明，发生 50%动态再结晶的时间 t_{50} 与应变 ε、应变速率 $\dot{\varepsilon}$、初始晶粒度 d_0 及动态再结晶激活能 Q_{DRX} 和温度 T 有关[63]，可以用以下公式表示。

$$t_{50} = A\varepsilon^{-p} \dot{\varepsilon}^{-q} d_0^u \exp\left(\frac{Q_{DRX}}{RT}\right) \tag{4-50}$$

式中：A、p、q、u 均为与材料有关的常数；R 为气体常数，取 8.314J/mol；T 为变形时的绝对温度（K）。

4.3.3　动态再结晶的动力学方程的构建

如上所述，动态再结晶率 X_{dyn} 与变形条件的关系一般采用 Avrami 方程来表示[66]，即

$$X_{dyn} = 1 - \exp[-b(Z)t^{n(Z)}] \tag{4-51}$$

$$X_{dyn} = 1 - \exp\{-k[(\varepsilon - \varepsilon_p)/\varepsilon_p]^n\} \tag{4-52}$$

式中：X_{dyn} 为动态再结晶率；b、n 均为变形参数 Z 的函数。

假定达到临界应变 ε_c 时，再结晶率为 0.5%，稳态应变 ε_s 对应的再结晶率为 99%。则式（4-51）可改写为

$$X_{1dyn} = 0.005 = 1 - \exp[-b(Z)t_c^{n(Z)}] \tag{4-53}$$

$$X_{2dyn} = 0.99 = 1 - \exp[-b(Z)t_s^{n(Z)}] \tag{4-54}$$

式（4-53）和式（4-54）经变形得

$$n(Z) = \frac{\ln\left[\dfrac{\ln(1-0.005)}{\ln(1-0.99)}\right]}{\ln\dfrac{t_c}{t_s}} \tag{4-55}$$

$$b(Z) = -\frac{\ln(1-0.005)}{t_c^{n(Z)}} \tag{4-56}$$

其中

$$t_c = \frac{\varepsilon_c}{\dot{\varepsilon}}$$

$$t_s = \frac{\varepsilon_s}{\dot{\varepsilon}}$$

通过对一定变形条件下试验数据的参数回归,可得到 $n(Z)$、$b(Z)$ 的值。

4.3.4 动态再结晶的研究案例

根据 Zener-Hollomon 公式,综合表示应变速率、变形温度的综合因子,即 Z 参数为

$$Z = \dot{\varepsilon}\exp\left(\frac{Q_{def}}{RT}\right) \qquad (4-57)$$

式中:$\dot{\varepsilon}$ 为应变速率(s^{-1});Q_{def} 为热变形激活能(J/mol)。

$f(\sigma)$ 可表示成如下 3 种形式[67-69]:

$$f_1(\sigma) = A\sigma^p \qquad (\alpha\sigma < 0.8) \qquad (4-58)$$

$$f_2(\sigma) = B\exp(\beta\sigma) \qquad (\alpha\sigma > 1.2) \qquad (4-59)$$

$$f_3(\sigma) = C\left[\sinh(\alpha\sigma)\right]^n \qquad (4-60)$$

其中,双曲正弦方程在全部应力情况下都有较好的适应性,所以多数情况下都会采用式(4-60)。由式(4-57)和式(4-60)得

$$Z = \dot{\varepsilon}\exp\left(\frac{Q_{def}}{RT}\right) = A\left[\sinh(\alpha\sigma_p)\right]^n \qquad (4-61)$$

式中:A、n 均为与钢种有关的材料常数。由于稳态流变应力值,σ_s 的精度受测量精度的影响较大,因此一般用峰值应力 σ_p 代替稳态流变应力 σ_s。

根据 Uvira 和 Jonas[70]的研究,微合金钢的 α 最佳取值一般为 $0.012MPa^{-1}$。

为计算实验钢的热变形激活能,式(4-61)经变形得

$$\dot{\varepsilon} = A\left[\sinh(\alpha\sigma_p)\right]^n\exp\left(\frac{-Q_{def}}{RT}\right) \qquad (4-62)$$

对式(4-62)两边取对数整理得

$$\ln\left[\sinh(\alpha\sigma_p)\right] = \frac{1}{n}\ln\dot{\varepsilon} + \frac{1}{n}\left(\frac{Q_{def}}{RT}\right) - \frac{1}{n}\ln A \qquad (4-63)$$

由式(4-63)可知,温度 T 恒定,$\ln\dot{\varepsilon}$ 与 $\ln\left[\sinh(\alpha\sigma_p)\right]$ 呈线性关系,斜率为 n;应变速率 $\dot{\varepsilon}$ 恒定,$\ln\left[\sinh(\alpha\sigma_p)\right]$ 与 $1/T$ 呈线性关系,斜率为 $\frac{Q_{def}}{nR}$[71]。

作 $\ln\dot{\varepsilon}$ 与 $\ln[\sinh(\alpha\sigma_p)]$ 、$\ln[\sinh(\alpha\sigma_p)]$ 与 $1/T$ 的关系图,经线性拟合,可计算出 n、Q_{def}。

以下是采用物理模拟技术进行动态再结晶研究的案例。

案例 1:图 4-20 所示为碳钢在不同温度及不同应变速率下的应力-应变曲线。当加工硬化曲线上出现抖动(说明加工硬化与再结晶交替进行),或者出现一峰值时,说明动态再结晶已经发生[72]。

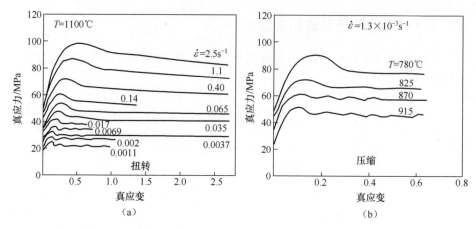

图 4-20　碳钢在不同温度及不同形变速度下的应力-应变曲线
(a)0.25%C 钢;(b)0.68%C 钢。

图 4-21 所示为铌钛微合金高强钢的动态再结晶图,形象描绘了应变速率 $\dot{\varepsilon}$ 和变形温度 T_d 对动态再结晶发生的临界应变量 ε_c 与稳态应力(再结晶完成)的临界应变量 ε_s 的三维关系[10]。

张梅课题组在研究开发第三代汽车先进高强度钢时,通过单道次热压缩试验系统研究了中锰钢(0.15C-7Mn)的动态再结晶(DRX)行为和晶粒度演化过程[73],对试验条件下的动态再结晶组织的微观结构进行了观察和分析。可以发现,热变形可使中锰钢的晶粒细化和微观结构优化有效且可控,得到了 0.15C-7Mn 中锰钢合适的热变形工艺参数并在流变应力曲线上观察到了单峰型和循环型两种类型的动态再结晶流动行为。经回归分析,建立了该钢种的动态回复(DRV)模型和动态再结晶模型。利用所建立的模型预测钢种的流变应力与试验结果相符,相关系数(R)和平均绝对相对误差(AARE)分别为 0.99% 和 4.95%,证实模型预测精度良好。通过组织结构分析发现,随着变形温度的升高或应变速率的降低,DRX 软化分数增大,细小的再结晶晶粒逐渐长大,也建立了 DRX 晶粒度演化的数学模型。另外,基于材料基因组数据,建立了 0.15C-7Mn

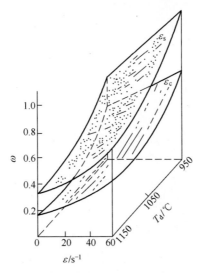

图 4-21   铌钛微合金钢的动态再结晶图

钢单道次压缩有限元模型,模拟了应变场、DRX 软化分数和应变场的演化行为。数值模拟结果与试验结果一致。

孙本荣等[74] 在论文中介绍了感应加热的 Formaster-Press 模拟机上进行的 0.9MnNb 低合金高强钢的相变奥氏体动态再结晶发生条件及晶粒细化行为研究。试样尺寸为 ϕ8mm × 12mm,试样两端加工成凹槽并填入玻璃粉作为润滑剂,防止"鼓肚"。首先在 1200℃ 温度下保温 10min 以均匀组织,然后在真空环境中分别在 1200℃、1000℃、950℃、900℃ 温度下压缩变形。真应变为 0.8,应变速率为 $2×10^{-3} \sim 5.0s^{-1}$。变形后的瞬时(0.1s)水淬固定试样的高温组织(奥氏体动态再结晶过程中的组织)。多道次等效模拟试验时也是用水淬固定各轧制道次间的奥氏体组织。采用过饱和苦味酸水溶液显示原奥氏体晶粒边界,并在光学显微镜下用图像分析仪测定奥氏体平均晶粒度。

图 4-22 所示为在 1000℃ 下不同应变速率测得的 0.9MnNb 低合金高强钢的真应力-真应变曲线。从图 4.22 中可以看出,当应变速率小于 1 s^{-1} 时,应力-应变曲线出现峰值,说明有动态再结晶发生;而当应变速率大于 5 s^{-1} 时,应力-应变曲线不再出现峰值,应力随应变单调增加,应力-应变曲线是加工硬化型曲线,说明没有发生动态再结晶。试验还进一步揭示了动态再结晶与变形温度的关系,当变形温度为 1200℃/1100℃ 时,在应变速率为 5s^{-1} 时应力-应变曲线也会出现峰值(发生动态再结晶);而在 950℃ 和 900℃ 变形时,发生动态再结晶的最高应变速率分别为 1s^{-1} 和 0.1s^{-1},说明变形温度较低时,只有在大的应变量及

较低的应变速率下动态再结晶才能显示出来。

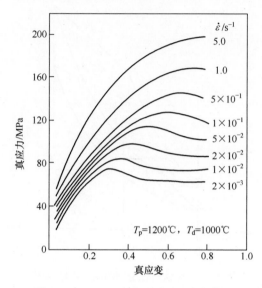

图4-22　0.9MnNb钢的应力-应变曲线

他们还通过物理模拟方法绘出了该钢种在不同变形温度、不同应变速率下的峰值应力 σ_p，与峰值应力相对应的应变量 ε_p（开始发生动态再结晶的临界应变量 $\varepsilon_c = 0.8\varepsilon_p$）及发生稳态应力（标志再结晶完成）的临界应变量 ε_s 的关系曲线及动态再结晶图。通过冻结高温组织，研究了奥氏体晶粒的平均晶粒度 $\overline{D_\gamma}$ 与应变速率 $\dot{\varepsilon}$ 和变形温度 T_d 的关系，如图4-23所示。

依据上述物理模拟的试验结果，通过数值分析计算，进而建立了奥氏体再结晶的数学模型。

案例2：日本作井诚太等的研究结果显示高温热变形过程与蠕变过程相似[75]。Z 方程用以下公式表示。

$$Z = \dot{\varepsilon}\exp\left(\frac{Q}{RT}\right) = A \cdot F(\sigma_p) = A \cdot \sigma_p^n \qquad (4-64)$$

式中：Q 为热变形激活能（J/mol）；A 为与试验条件和材料有关的常数；n 为应力指数；σ_p 为峰值应力。

经过回归分析，得到该试验条件下 Z 参数值与 σ_p 的关系为

$$Z = 5.75 \times 10^7 \cdot \sigma_p^{6.13} \qquad (4-65)$$

标志动态再结晶已经开始发生的流变应力峰值 σ_p 为

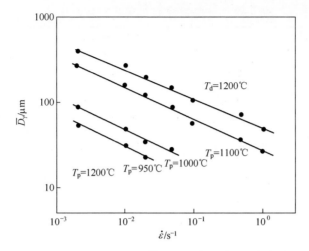

图 4-23　奥氏体晶粒的平均晶粒度 $\overline{D}_\gamma$ 与应变速率 $\dot\varepsilon$ 和变形温度 T_d 的关系

$$\sigma_p = \left[\frac{\dot\varepsilon}{5.75} \times 10^{-7} \cdot \exp\left(\frac{96.3}{RT}\right)\right]^{1/6.13} \tag{4-66}$$

计算热连轧精轧机组各道次变形时发生动态再结晶的奥氏体晶粒的平均晶粒度的临界值为

$$\overline{D}_\gamma = 6.58 \times 10^6 \cdot Z^{-0.2848} \tag{4-67}$$

由式(4-67)可知,在较高的 Z 参数下,发生动态再结晶奥氏体晶粒的平均晶粒度较小。将式(4-67)算出的 $\overline{D}_\gamma$ 值与模拟试验测得的 $\overline{D}_\gamma$ 值比较,可作为热连轧过程奥氏体是否发生动态再结晶的一个判据。

案例 3:曾伟明、韩坤、张梅等[76]用 Gleeble-3500 热/力模拟试验机对复相钢展开了系统的高温变形行为研究,对热压缩的数据进行线性回归,得到 Z 参数方程为

$$Z = \dot\varepsilon\exp\left(\frac{431110}{8.314T}\right) = 1.84053 \times 10^{17}\left[\sinh(0.012\sigma_p)\right]^{6.67} \tag{4-68}$$

与相近成分 C-Mn 系列钢种的热变形激活能进行比较,如表 4-2 所示。可以发现,复相钢的热变形激活能显著高于成分相近 C-Mn 钢,与其他含 Nb 微合金钢相比也较高。这是因为 Nb、Ti、V 元素能通过固溶和细小析出物的钉扎作用延迟钢的再结晶行为,试验钢中含有高达 0.11% 的 Ti,Ti 的碳氮化物对奥氏体晶界有强烈的钉扎作用,因此延迟了动态再结晶的发生,明显提高了形变激活能。表 4-2 中还列出了部分新研发高品质汽车用超高强度钢的热变形激活能。

表 4-2　一些钢种的热变形激活能比较

合金成分	变形激活能 Q_{def}	参考出处
0.04%C, 0.22%Mn	265	Poliak 等[77]
0.04%C, 0.22%Mn, 0.03%Nb	319	
0.085%C, 0.95%Mn	230	Cho 等[78]
0.085%C, 0.95%Mn, 0.045%Nb	314	
0.20%, 1.2%Mn	359	Zhang 等[79]
0.20%, 1.2%Mn, 0.03%Nb	419	
0.06%C, 1.71%Mn, 0.11%Ti	431	曾伟明等[76]
0.15%C, 5%Mn	321	Zhang 等[40]
0.20%C, 5%Mn	382	Wang 等[39]
0.31%C, 1.7%Mn, 0.91%Si, 0.96%Al, 0.17%Ti, 0.08%V, 0.01%Nb	436.7	Zhang 等[38]

　　根据实验数据所得的峰值应力 σ_p 与峰值应变 ε_p，通过回归得出 σ_p、ε_p 与 $\ln Z$ 的关系[80]，如图 4-24 所示。

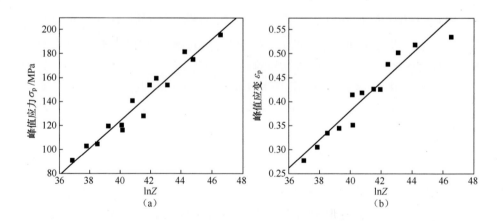

图 4-24　σ_p、ε_p 与 $\ln Z$ 关系

(a) σ_p 与 $\ln Z$ 关系；(b) ε_p 与 $\ln Z$ 关系。

$$\sigma_p = 11.37\ln Z - 330.78 \tag{4-69}$$
$$\varepsilon_p = 0.02972\ln Z - 0.808 \tag{4-70}$$

研究采用前文提及的 Poliak 和 Jonas[61] 提出的方法来确定试样钢动态再结晶临界应变 ε_c。在等温恒应变速率单轴变形条件下,按 Jonas 等利用热力学系统的增量功平衡方法推导出的动态再结晶的临界条件式(4-43)和式(4-44)进行计算获得的 $-\dfrac{\partial\theta}{\partial\sigma}-\sigma$ 及 $\theta-\sigma$ 曲线分别如图 4-25 和图 4-26 所示。

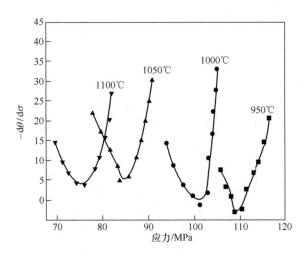

图 4-25　应变速率为 0.1 s^{-1} 时不同温度下 $-\mathrm{d}\theta/\mathrm{d}\sigma$ 与 σ 的关系

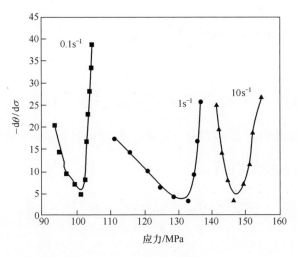

图 4-26　变形温度为 1000℃ 时不同应变速率 $-\mathrm{d}\theta/\mathrm{d}\sigma$ 与 σ 的关系

从图4-26中可以看出,在等温恒应变速率条件下,发生动态再结晶的临界条件对应于曲线中的最小值点,得到 $\varepsilon_c = 0.67\varepsilon_p$,如图4-27所示。所以

$$\varepsilon_c = 0.01190\ln Z - 0.5416 \tag{4-71}$$

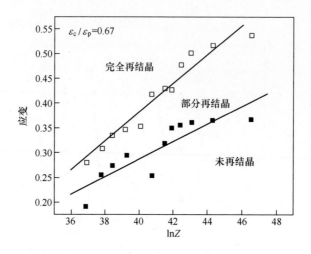

图4-27 应变与Z参数的关系

大多数学者都采用 Avrami 方程,又称为 Johnson-Mehl-Avrami(JMA)[47-49]唯象方程,式(4-39)来描述动态再结晶动力学,可转化为

$$X = 1 - \exp\left[-k \left(\varepsilon - \varepsilon_p \right)^n \right] \qquad (\varepsilon > \varepsilon_c) \tag{4-72}$$

变换后得

$$\ln\left[-\ln(1 - X) \right] = \ln k + n\ln(\varepsilon - \varepsilon_p) \qquad (\varepsilon > \varepsilon_c) \tag{4-73}$$

按动态再结晶的动力学方程式(4-48),对复相钢压缩试验数据进行回归分析,可计算出动态再结晶率 X 为

$$X = \frac{\left[\sigma_{sat}^2 - (\sigma_{sat}^2 - \sigma_0^2)\exp(-r\varepsilon) \right]^{\frac{1}{2}} - \sigma_{DRX}}{\sigma_{sat} - \sigma_{ss}}$$

$$= \frac{\sigma_{WH} - \sigma_{DRX}}{\sigma_{sat} - \sigma_{ss}}$$

各应力和临界应变值参考图 4-17~图 4-19 所示方法获得。

通过对一定变形条件下的参数回归,得到 $n(Z)$ 、$b(Z)$ 的值,见表 4-3。

表 4-3　$n(Z)$ 、$b(Z)$ 的值 ($\dot{\varepsilon} = 0.1\mathrm{s}^{-1}$)

$T/℃$	ε_p	ε_c	ε_s	t_c	t_s	$n(Z)$	$b(Z)$
1000	0.352	0.29216	0.578	0.29216	0.578	10.00039	1106.78
1050	0.29	0.2407	0.561	0.2407	0.561	8.063386	486.9171
1100	0.287	0.23821	0.558	0.23821	0.558	8.015673	494.4737

代入式(4-51)和式(4-72)得到不同应变量下的动态再结晶体积分数,如图 4-28 所示。

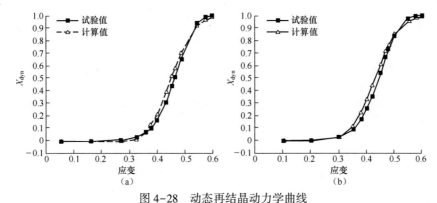

图 4-28　动态再结晶动力学曲线

(a)1000℃,$\dot{\varepsilon} = 0.1\ \mathrm{s}^{-1}$;(b)1050℃,$\dot{\varepsilon} = 0.1\ \mathrm{s}^{-1}$。

同时对参数 $\ln[-\ln(1-X)]$ 与 $\ln(\varepsilon-\varepsilon_p)$ 进行线性回归,斜率为 n,截距为 $\ln K$。如图 4-29 所示,得到复相钢的动态再结晶率为

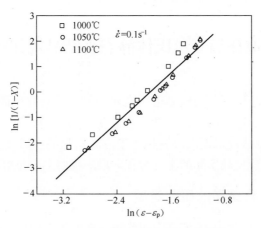

图 4-29　动态再结晶率的双对数曲线

$$X = 1 - \exp\left[-119.1\left(\varepsilon - \varepsilon_p\right)^{2.53}\right] \tag{4-74}$$

案例4：朱松鹤[81]通过单道次热压缩物理模拟试验研究了高强度船板钢动态再结晶中的变形效果，利用双道次热压缩试验评估了道次间软化的影响。在这些数据基础上获得奥氏体再结晶晶粒演变的公式[82]，如表4-4所示。

表4-4　高强度船板钢的奥氏体再结晶晶粒演变模型[81-82]

1. 动态再结晶（DRX）
$Z = \dot{\varepsilon}\exp\left(\dfrac{401473}{RT}\right) = 1.94 \times 10^{14}\left[\sinh(0.012\sigma_p)\right]^{5.4389}$
$\varepsilon_c = -1.02 + 0.037\ln Z$
$\varepsilon_c/\varepsilon_p = 0.717$
$X_{DRX} = 1 - \exp\left[-0.5104\left(\dfrac{\varepsilon - \varepsilon_c}{\varepsilon_p}\right)^n\right]$
$n = 0.01627Z^{0.1489}$
2. 静态再结晶（SRX）
$X_{SRX} = 1 - \exp\left[-0.693\left(t/t_{0.5}\right)^{0.2}\right]$
$t_{0.5} = 1.98 \times 10^{-14}\varepsilon^{-1.94203}\dot{\varepsilon}^{-0.4315}\exp\left(\dfrac{328246}{RT}\right)$
$d_{SRX} = 1.1d_0^{0.67}\varepsilon^{-0.67}$
3. 亚动态再结晶（MDRX）
$X_{MDRX} = 1 - \exp\left[-0.693(t/t_{0.5})\right]$
$t_{0.5}^{MDRX} = 4.42 \times 10^{-7}\dot{\varepsilon}^{-0.59}\exp(153000/RT)$
$d_{MDRX} = 1370\varepsilon^{-0.13}\exp(-45000/RT)$
4. 晶粒长大（GC）
$d^{4.5} = d_0^{4.5} + 4.1 \times 10^{23}t_{ip}\exp(-435000/RT)$

4.4　物理模拟在形变奥氏体静态再结晶规律研究中的应用

在钢的轧制生产过程中，轧制道次之间的停留将会发生静态再结晶及回复等软化行为，对轧后产品的组织及性能起着重要的作用。研究静态再结晶行为可以采用应力松弛法或双道次法。相比于应力松弛法，尽管双道次法试验量更大，但是其结果更能反映实际的生产过程。以下我们主要介绍双道次压缩法。

◢ 4.4.1　静态再结晶的研究进展

在热塑性变形过程中，不能完全消除奥氏体的加工硬化，这就造成了组织结构的不稳定性。因此,变形后的组织继续保持高温,就会因静态软化而发生变化,以消除加工硬化作用,使材料组织达到稳定状态。在多道次热变形过程中,当前一道次的应变量小于发生动态再结晶的临界应变时,道次间隔时间内将发生静态再结晶。静态再结晶和亚动态再结晶是变形后静态软化过程的主要机理,它决定着多道次热塑性变形过程中道次间隔时间内的软化过程,因此对热塑性变形过程中的组织变化与晶粒细化具有重要意义。

　　国内外冶金学者对金属奥氏体区加工时的静态回复和再结晶做了很多研究,比较著名的有加拿大 McGill 大学的 J. J. Jonas 教授课题组、英国 Sheffield 大学的 C. M. Seller 教授课题组和西班牙国家冶金研究中心的 S. F. Medina 教授课题组[67, 83]。目前普遍采用的奥氏体区静态再结晶动力学方程为 Avrami 方程[52-55]:

$$X_{\mathrm{SRX}} = 1 - \exp\left[-A\left(\frac{t}{t_{0.5}}\right)^n \right] \tag{4-75}$$

　　令静态再结晶率为 50% 时,其静态再结晶所需时间为 $t_{0.5}$,可得

$$0.5 = 1 - \exp\left[-A\left(\frac{t}{t_{0.5}}\right)^n \right] \tag{4-76}$$

　　变形后整理得

$$X_{\mathrm{SRX}} = 1 - \exp\left[-0.693\left(\frac{t}{t_{0.5}}\right)^n \right] \tag{4-77}$$

式中:X_{SRX} 为静态再结晶率(%);$t_{0.5}$ 为完成 50% 静态再结晶所需的时间(s);t 为静态再结晶时间(s);n 为时间指数。

　　一般认为,$t_{0.5}$ 与变形温度 T、应变速率 $\dot{\varepsilon}$、应变 ε、奥氏体晶粒的初始平均晶粒度 D_0 和静态再结晶表观激活能 Q_{SRX} 等有如下关系。

$$t_{0.5} = AD_0^s \, \varepsilon^{-p} \, \dot{\varepsilon}^{-q} \exp\left(\frac{Q_{\mathrm{SRX}}}{RT}\right) \tag{4-78}$$

式中:A、s、p、q 均为和材料相关的常数,A 是指前因子,它是一个只与反应本性相关而与反应温度及系统中物质浓度无关的常数,是反应的重要动力学参量之一。与反应速率常数 k 具有相同的量纲。k 是化学反应速率的量化表示方式,其物理意义使其数值相当于参加反应的物质都处于单位浓度($1\mathrm{mol} \cdot \mathrm{L}^{-1}$)时的反应速率,又称为反应的比速率(specific reaction rate)。

　　对式(4-78)两边取对数:

$$\ln t_{0.5} = \ln A + s\ln D_0 - p\ln\varepsilon - q\ln\dot{\varepsilon} + \frac{Q_{\mathrm{SRX}}}{RT} \tag{4-79}$$

　　通过计算,分别对式(4-79)进行线性回归,可求出斜率 s、$-p$、$-q$、Q_{SRX}/R,

从而得到再结晶动力学模型参数。

静态再结晶方面代表性研究有西班牙国家冶金研究中心的 S. F. Medina 教授等关于含铌微合金钢的静态再结晶动力学和应变诱导析出相的研究；伊朗德黑兰谢里夫科技大学的 M. Hosseinifar 教授等对高温合金 AEREX350 静态再结晶行为的研究[85]；中国中南大学的蔺永诚等[86] 利用双道次热压缩方法对 42CrMo 钢在高温变形道次间隔时间内静态再结晶行为的研究；东北大学曹宇[87]对 800H 合金的再结晶行为的研究；上海大学张梅等[88]在 Gleeble-3500 热/力模拟试验机上采用双道次法对 C-Mn-Ti 超高强度低碳微合金复相钢等钢种的热变形奥氏体静态再结晶行为及模型的研究。这些文献对变形温度、道次停留时间、应变及速率等与钢奥氏体晶粒的晶粒度间的关系进行了深入的探讨，为新材料的生产实践提供了理论指导及数据支持。

4.4.2 双道次压缩物理模拟试验

双道次压缩法是将圆柱体进行等量的两次变形，通过比较两段变形的屈服应力，判断第二次道次变形前道次停留时间内的静态再结晶情况。双道次压缩法研究静态再结晶的示意图如图 4-30 所示。相对于应力松弛法，双道次压缩法能排除回复对应力、应变的影响，直接得到静态再结晶率，试验结果更加精确。物理模拟试验是在 Gleeble 模拟试验机上进行的。

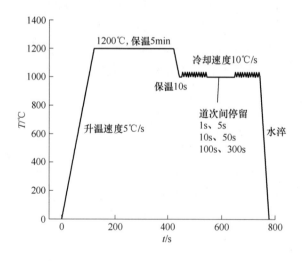

图 4-30 双道次压缩法研究静态再结晶示意图

如图 4-30 所示,将 $\phi10\times15\text{mm}$ 复相钢试样以 5℃/s 的速度加热到 1200℃,然后保温 5min,以 10℃/s 的速率冷却至变形温度,变形温度分别为 1150℃、1100℃、1050℃、1000℃、950℃。保温 10s 后,进行第一道次变形,如应变为 0.2,应变速率为 1s^{-1},分别保温不同时间,如 1s、5s、10s、50s、100s、300s,然后进行第二道次变形,应变和应变速率同第一道次。记录两次变形过程中试样的应力-应变曲线。为了研究不同压缩率对合金软化情况的影响,在其他条件相同的情况下,取变形温度为 1150℃,两道次应变分别为 0.1 和 0.3。为研究不同应变速率对该钢种软化行为的影响,取变形温度为 1150℃,应变速率分别为 $0.1\ \text{s}^{-1}$ 和 10s^{-1}。为保持原有高温变形组织,试样变形后立即进行水淬。试样平行于压缩轴切开,经镶嵌、磨制、抛光后采用过饱和苦味酸水溶液加少许洗涤剂进行加热腐蚀,然后进行再结晶晶粒观察。

图 4-31 所示为复相钢在 1150℃时双道次压缩的不同道次停留时间的应力-应变曲线[80]。对比发现,道次停留时间对应力-应变曲线产生很大的影响,其规律是随着道次停留时间的延长,应力出现了明显的回落。这是因为随着道次停留时间的延长,再结晶作用发生得更完全。随着再结晶率的升高,大部分的加工硬化被抵消,因此再进行第二道次变形时,流变应力会逐渐降低,峰值应力也明显减小。

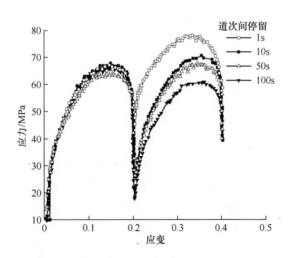

图 4-31　不同道次间停留时间的应力-应变曲线（$T=1150℃$,$\varepsilon=0.2$,$\dot{\varepsilon}=1\text{s}^{-1}$）

图 4-32 所示为不同道次停留时间对应的金相组织,发现随着道次停留时间的延长,晶粒度明显增大。这是因为随着道次停留时间的延长,晶粒在高温发

生了粗化长大过程,而第二道次压缩变形时发生的动态再结晶难以抵消这种粗化的影响,所以表现为随着道次停留时间的延长,其晶粒度明显增大。

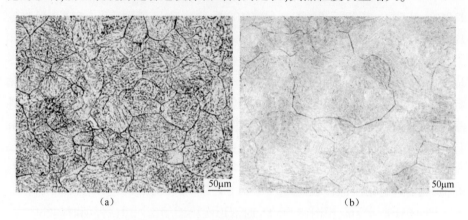

(a)　　　　　　　　　　　　　　　(b)

图 4-32　不同道次停留时间对应的金相组织（$T=1150℃$, $\varepsilon=0.2$, $\dot{\varepsilon}=1s^{-1}$）

(a)1s;(b)100s。

4.4.3　变形条件对静态再结晶率的影响

本节展示几个用物理模拟研究变形条件对静态再结晶率影响的典型案例。

案例1:静态再结晶软化分数的测定。

研究奥氏体的静态再结晶动力学,关键是静态再结晶率的测定,较多的研究采用双道次变形法的后插法[88-89],如图 4-33 所示。

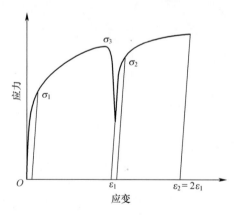

图 4-33　双道次变形法应力-应变曲线

双道次变形法计算静态软化分数的公式为

$$X = \frac{\sigma_3 - \sigma_2}{\sigma_3 - \sigma_1} \qquad (4-80)$$

式中:σ_3 为第一道次加载结束时对应的应力值(MPa);σ_1 为第一道次加载时的屈服应力(MPa);σ_2 为第二道次加载时的屈服应力(MPa)。

屈服应力取 2% 应变所对应的应力。研究[90-91]表明,相比于 0.2% 应变所对应的屈服应力,采用 2% 或 5% 应变所对应的屈服应力可以避免高温变形时屈服应力出现的鼻尖,提高了计算的精确性,同时更能使计算得到的软化率与金相组织相匹配,应用更多。

案例 2:变形参数对 Cr18Ni8 奥氏体不锈钢静态再结晶率的影响。

图 4-34 所示为牛济泰教授在芬兰工作期间,曾参与指导过的研究员 Juha Perttula 在 Gleeble-1500 试验机上用 L-Strain 方法测定的 18-8 奥氏体不锈钢的应力-应变曲线。通过模拟两道次热轧变形,研究了奥氏体静态再结晶动力学[91]。原始晶粒度为 180μm,变形温度为 1000℃,应变速率为 1s^{-1},每次压缩的工程应变量为 0.3。两道次间隔时间分别为 300s、30s 和 1s,测得第二次压缩后的流变应力分别为 σ_1 和 σ_2,σ_3 为连续压缩变形($\varepsilon = 0.6$)时的流变应力。由于两道次间隙的软化是回复与再结晶综合作用的结果,为抵消回复的影响,在计算再结晶率时,取第二道次压缩时 5% 工程应变量(图 4-34 中虚线)对应的流变应力值作为计算参数。

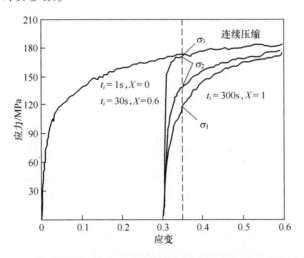

图 4-34　连续压缩、不同道次间隔时间的双道次压缩时的
应力-应变曲线及其再结晶率测定方法

从图 4-34 及式(4-80)可以看出,当道次间隔时间 $t_i = 1s$ 时,再结晶尚未

来得及发生,第二次压缩的流变应力与连续压缩流变应力相等,则 $X=0$;当间隔时间 $t_i=30s$ 时,部分再结晶发生, $X=0.6$;当间隔时间 $t_i=300s$ 时,完全再结晶, $X=1$。文献[91]还用瞬时喷水冻结高温组织,用定量金相法进行了验证。图4-35所示为第一次压缩后在静态再结晶过程中不同时刻所冻结的奥氏体微观组织照片。图4-36所示为两种不同原始晶粒度(平均原始晶粒度分别为 $30\mu m$ 和 $180\mu m$)的奥氏体钢在发生再结晶时,根据式(4-80)及定量金相法所测得的再结晶率的对比。从图4-36中可以看出,两种测试方法的结果是基本一致的。

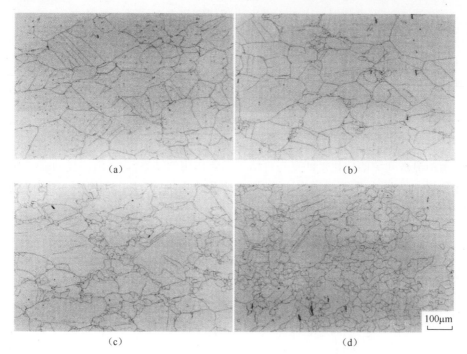

(a)

(b)

100μm

(c)

(d)

图4-35　Cr18Ni8奥氏体不锈钢静态再结晶过程中的微观组织照片

(试验统计: $\varepsilon=0.3, T_d=1000℃, \dot{\varepsilon}=1s^{-1}$)

(a) $t_i=1s, X=0$; (b) $t_i=3s, X=0.03$; (c) $t_i=10s, X=0.25$; (d) $t_i=30s; X=0.6$。

案例3:变形参数对复相钢静态再结晶率的影响。

图4-37所示为以铁素体和贝氏体组织为主的复相钢在不同道次停留时间及变形温度的软化曲线。从图4-37中可以看出,随着变形温度的增大,静态再结晶动力学随之加快。当变形温度分别为1000℃、1050℃、1100℃、1150℃时,试验钢的静态再结晶率达到0.5%所需的时间分别约为42.1s、21.53s、14.86s

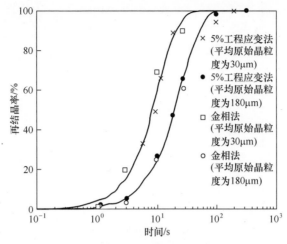

图 4-36 两道次变形法与定量金相法测得的奥氏体再结晶率对比

(Cr18Ni8 钢在 1000℃下,应变速率为 1s^{-1},两道次应变均为 0.3)

和 2.46s,当变形温度为 1150℃时,静态再结晶速度很快,而温度越低静态再结晶速度越慢。这是由于变形温度对结晶形核率 N 和长大速率 G 的影响都是指数关系型的。随着变形温度的降低,回复和再结晶的驱动力减小,结晶率减小,难以抵消由于位错增殖带来的加工硬化,因此变形温度越高,再结晶将越迅速地进行。

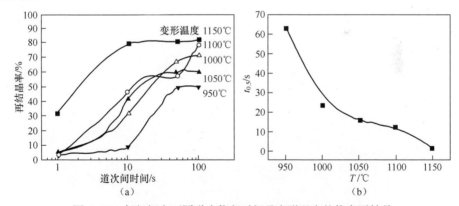

图 4-37 复相钢在不同道次停留时间及变形温度的静态再结晶

曲线随静态再结晶温度变化的趋势

(a)静态再结晶曲线;(b)$t_{0.5}$随静态再结晶温度变化的趋势。

图 4-38 所示为应变速率与再结晶率的关系曲线。随着应变速率的减小,静态再结晶的进程减慢。在应变速率分别为 10s^{-1}、1s^{-1}、0.1s^{-1}条件下,道次间

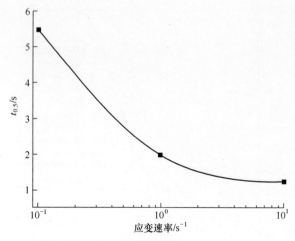

图 4-38　应变速率对再结晶率的影响（$T = 1150℃$，$\varepsilon = 0.2$）

隔时间 1s 内完成的再结晶率分别为 49.9%、30.2%、24.4%；再结晶率达到 50%所需的时间为 1.1s、2.0s、5.5s。图 4-39 所示为应变与再结晶率的关系曲线。同样可以得到，随着应变的增加，静态再结晶的速度随之增加。当真应变量为 0.1、0.2、0.3 时，其 $t_{0.5}$ 时间分别为 9.51s、2s 和 0.2s。

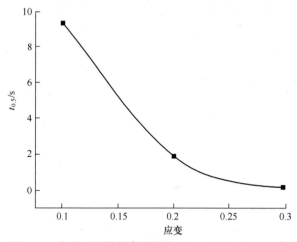

图 4-39　应变对再结晶率的影响（$T = 1150℃$，$\dot{\varepsilon} = 1s^{-1}$）

　　图 4-40 和图 4-41 分别为不同应变速率及应变的显微组织。可见，随应变及应变速率的增加，其晶粒度都明显减小。这是因为应变与应变速率的增大，会导致变形后的储存能增加，而形变储存能越大，再结晶的驱动力也就增大，再结晶数量明显增加，所以随着应变、应变速率的增大，晶粒度显著减小。

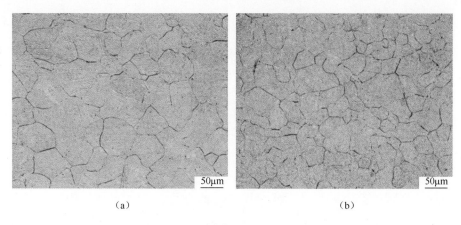

（a）　　　　　　　　　　　　　（b）

图 4-40　不同应变速率的显微组织（$T = 1100℃$，$\varepsilon = 0.2$，$t = 50s$）

（a）$\dot{\varepsilon} = 0.1s^{-1}$；（b）$\dot{\varepsilon} = 10s^{-1}$。

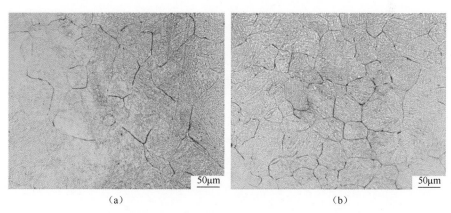

（a）　　　　　　　　　　　　　（b）

图 4-41　不同应变的显微组织（$T = 1100℃$，$\dot{\varepsilon} = 1s^{-1}$，$t = 50s$）

（a）$\varepsilon = 0.1$；（b）$\varepsilon = 0.3$。

▲ 4.4.4　静态再结晶动力学模型

如前所述,钢中奥氏体静态再结晶动力学一般遵守 Avrami 方程[63-64]
式(4-78):

$$X = 1 - \exp\left[- A\left(\frac{t}{t_{0.5}}\right)^n\right] = 1 - \exp\left[- 0.693\left(\frac{t}{t_{0.5}}\right)^n\right]$$

当 $X = 0.5$ 时,$A = 0.693$。

对式(4-77)进行整理并取对数,有

193

$$\ln[-\ln(1-X)] = n\ln\frac{t}{t_{0.5}} + \ln A \qquad (4-81)$$

图4-42所示为微合金复相钢双道次压缩(950~1150℃)试验结果线性回归的结果，求平均后可得：$n = 0.706$，$\ln A = -0.65$，$R = 0.954$。n小于文献研究[79, 92]中的平均值1.1。

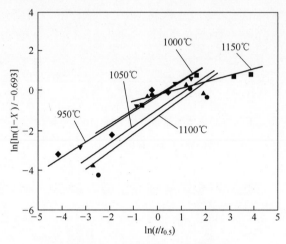

图4-42 时间指数 n 回归曲线

通过计算，得到复相钢静态再结晶的动力学模型参数为 $A = 4.696 \times 10^{-15}$，$p = 3.265$，$q = 0.3495$，$Q = 335.651 \text{kJ/mol}$，其计算结果如图4-43~图4-45所示。于是，再结晶模型为

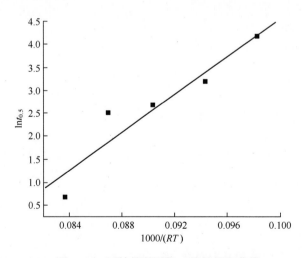

图4-43 再结晶激活能 Q 线性回归曲线

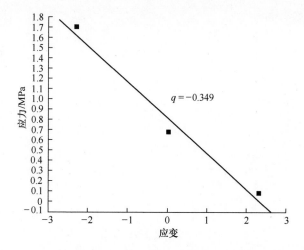

图 4-44　应变速率与 $t_{0.5}$ 之间的关系曲线（$T=1100℃$，$\varepsilon=0.2$）

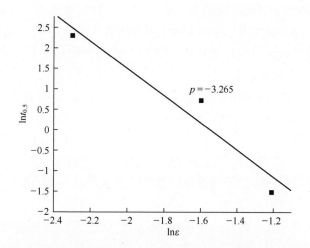

图 4-45　应变对再结晶率的影响（$T=1100℃$，$\dot{\varepsilon}=1s^{-1}$）

$$X = 1 - \exp\left[-0.693 \left(\frac{t}{t_{0.5}} \right)^{0.706} \right] \tag{4-82}$$

$$t_{0.5} = 4.467 \times 10^{-15} \varepsilon^{-3.265} \dot{\varepsilon}^{-0.349} \exp\left(\frac{335.651}{RT} \right) \tag{4-83}$$

图 4-46 所示为 $t_{0.5}$ 试验值与预测值的比较。

计算得到试验钢的 q 为 -0.349，低于其他研究[93-95]的结果，这说明较之其他钢种，在应变速率及试验情况相同的条件下，试验钢的 $t_{0.5}$ 时间明显增大，p 值

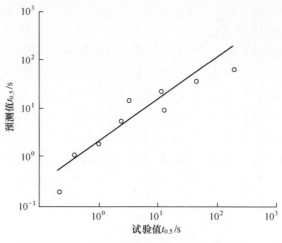

图 4-46　$t_{0.5}$试验值与预测值的比较

为-3.265，也略低于其他研究的平均值[95-96]。另外，Q 值为 335.651kJ/mol，明显高于其他 C-Mn 钢的再结晶激活能。其原因在于其高的 Ti 含量，Ti 的碳氮化物对奥氏体晶界有强烈的钉扎作用。通过上述物理模拟与数值模拟的联合应用，可以得出如下结论。

（1）变形条件对钢的奥氏体晶粒度有着显著的影响，随着应变速率及应变的增大，晶粒明显减小。道次停留时间的延长，会使奥氏体晶粒变大。另外，随着变形温度的降低，其晶粒变小，但是温度降低到 950℃时，由于到达发生再结晶的临界温度，其组织为粗大纤维状晶粒与细小晶核的混合组织。

（2）计算得到该钢的再结晶激活能为 335.651kJ/mol。建立了再结晶动力学模型[式（4-82）和式（4-83）]。

（3）随着道次停留时间的延长，变形温度、应变及应变速率的增加，钢的再结晶率也逐渐增大，但是相较于其他 C-Mn 钢，再结晶过程明显推迟。

4.5　应力松弛试验及析出-温度-时间（PTT）图的测定

▲4.5.1　应力松弛试验及其在热变形研究中的实际意义

试样在高温下被压缩后，在保持压头位移不变，即应变量恒定的情况下，会产生随保温时间延长而发生应力逐渐减小的所谓"应力松弛"现象。应力松弛过程，在微观上，实质是弹性变形转变为塑性变形的过程。这种应力的降低也可称为"软化",同样是由静态回复和静态再结晶所引起的。试验表明,在时间坐标(横坐标)以对数形式表示时,应力松弛曲线具有如下特征:在回复阶段应力值以一个恒定的斜率缓慢下降,然后当发生再结晶时,应力值又快速陡然下降。由于多道次热轧和热锻中静态再结晶是细化奥氏体晶粒的主要机理,因此可通过等温双道次模拟试验及应力松弛方法研究软化百分数和静态再结晶率,从而研究道次间发生的静态再结晶行为。图 4-47 所示为牛济泰教授与芬兰奥卢大学材料工程实验室主任 P. Karjalainen 教授等[97]合作在 Gleeble-1500 试验机上用单向圆柱体压缩法所做的含 Nb 微合金钢在两种变形温度下的应力、应变与时间的关系曲线。在 950℃压缩与保温时,应力松弛曲线基本上是一条直线,说明应力松弛过程仅有回复发生,真应力与时间的关系可用下式表示。

$$\sigma = \sigma_0 - \alpha \lg t \tag{4-84}$$

式中:σ 为真应力(MPa);σ_0 为压缩后的瞬时应力值(应力松弛开始时的初始应力值)(MPa);α 为常数,可通过最小二乘法线性回归求得;t 为压缩后的应力松弛时间(s)。

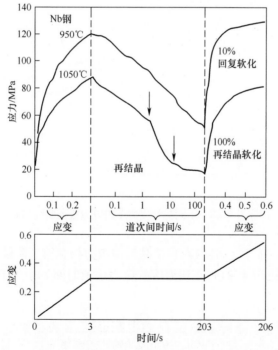

图 4-47　含 Nb 微合金钢两种温度下的应力、应变与时间关系曲线

当变形温度与保持温度为 1050℃时,在松弛曲线中段突然出现应力快速下

降的现象(图4-47中箭头所示区段)，说明形变奥氏体发生了静态再结晶或亚动态再结晶。

在图4-47中，显示的第二次压缩流变应力曲线，进一步反映了第一次压缩后在不同温度下松弛时的软化行为。当应力松弛进行到203s时，950℃的静态回复仅发生了10%的软化，而1050℃的保持温度，由于再结晶的发生，加工硬化基本消失。

图4-48所示为低碳钢变形温度为900℃、应变速率为0.1 s^{-1}，两种不同初始应变量分别为0.5和0.15情况下的应力松弛曲线[97]。

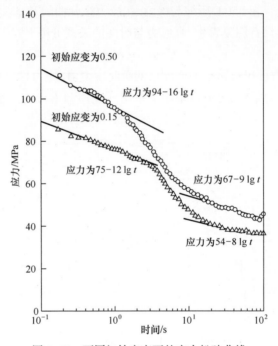

图4-48　不同初始应变下的应力松弛曲线

在松弛的第一阶段(回复)及再结晶后的应力松弛第三阶段，松弛曲线基本上是线性的，根据式(4-84)，在压缩后的应力松弛时间 t 时，奥氏体再结晶率 X 可用下式计算。

$$X = \frac{\sigma_{01} - \alpha_1 \lg t - \sigma}{\sigma_{01} - \sigma_{02} - (\alpha_1 - \alpha_2)\lg t} \qquad (4-85)$$

式中：σ 为应力松弛时间 t 所对应的真应力；σ_{01}、α_1、σ_{02}、α_2 分别为变形第一阶段和第三阶段的常数值，如图4-48中数值所示。

依据式(4-85)及图4-48所示的数值，可做出图4-49所示的再结晶率与时间的关系,并可得出静态再结晶动力学数学公式——式(4-77)。

n 可通过图 4-49 测定出来,在松弛第一阶段,$n \approx 2$;第三阶段,$n \approx 1$。

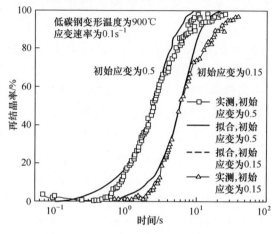

图 4-49　再结晶率与时间关系曲线

从图 4-49 中可以看出,通过应力松弛方法可以揭示道次间奥氏体的软化过程并计算再结晶率,为确定下道次所需的轧制力提供技术依据,并可预报热锻或热轧过程中微观组织的演变。

4.5.2　PTT 图的测定

在物理模拟试验机上用应力松弛方法,还可以测定含 Nb、V、Ti 等微合金化元素的低合金高强钢在热加工时的碳(氮)化合物析出现象。图 4-50 所示为 Nb-Ti 微合金高强钢应力松弛试验流程图。

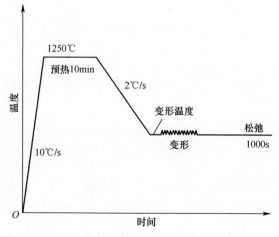

图 4-50　Nb-Ti 微合金高强钢应力松弛试验流程示意图

众所周知,在碳锰钢中加入微量与C(N)亲和力强的合金元素,可以通过沉淀强化的方式及细化晶粒的作用显著提高钢的强度和韧性。在实际生产中,在高温下(如钢坯在连续式加热炉内的温度为1250℃左右),合金元素及C、N元素原子将固溶在奥氏体基体中(如Nb与C、N的化合物在1050℃时将开始分解和固溶)。在热轧过程中,为了得到细小的晶粒组织,终轧温度一般都选择在接近奥氏体开始转变的温度。例如,对应含Nb的微合金钢,轧制温度一般选为950~1050℃。在此较低的温度下,C(N)化合物将析出,产生沉淀强化效应,使得流变应力上升。因此,在一定的变形温度进行应力松弛试验时,松弛曲线将出现"台阶"现象。图4-51和图4-52所示分别为徐有容教授等与牛济泰教授合作在Gleeble-1500试验机上所做的宝钢生产的含Nb、Ti微合金高强钢的应力松弛曲线。试验材料化学成分为(%(质量分数)):Fe-0.15C-0.35Si-1.39Mn-0.024Nb-0.016Ti-0.018P-0.13S-0.024Al-0.0027N。试样尺寸为ϕ8mm×12mm圆柱状试样,预热1250℃×10min是为了使合金元素充分溶解,变形前保温1min是为了使试样整体温度均匀。

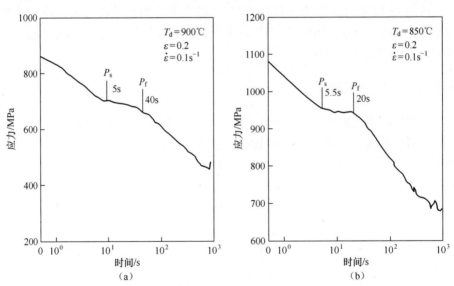

图4-51 不同形变温度时Nb-Ti微合金钢应力松弛曲线对比

(a)900℃；(b)850℃。

由图4-51可知,当预应变$\varepsilon=0.2$,应变速率为$0.1s^{-1}$的条件下,变形温度分别为900℃及850℃时,碳氮化合物开始析出(P_s)的时间分别为5s和5.5s,析出结束(P_f)的时间分别为40s和20s。

图4-52及图4-51(a)说明在相同的变形温度900℃和应变速率0.1s^{-1}条件下,不同的预应变 ε=0.2,0.1,0.05时,碳氮化合物开始析出时间与析出结束时间也随之变化,P_s分别为5s、5.5s和6s;P_f分别为40s、45s和70s。上述试验结果表明,在应力诱导下的碳氮化合物析出的驱动力与温度、应变量等因素有密切关系。

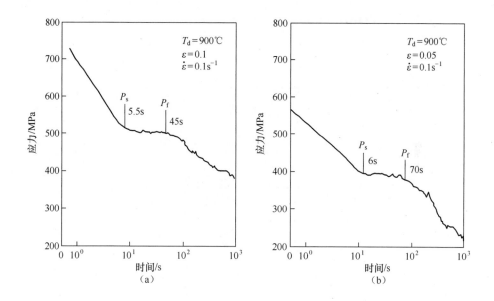

图4-52 不同应变时 Nb-Ti 微合金钢应力松弛曲线对比(0.1s^{-1}及900℃下)

(a)0.1;(b)0.05。

将一系列温度下测得的 P_s、P_f 点相连,即可得出在一定应变与应变速率时析出-温度-时间(PTT)的曲线。图4-53展示了北京科技大学党紫久等[98]用 Gleeble-1500 试验机所做的超低碳贝氏体钢的 PTT 曲线。在图4-53中,当800℃时的 P_f 左移,说明此时有 $\gamma \rightarrow \alpha$ 相变发生,使得材料急剧软化。图4-54展示了 Nb-Ti 微合金钢在不同温度下发生动态再结晶的 $\varepsilon_p - \ln\dot{\varepsilon}$ 关系曲线[10]。图4-54中台阶的出现,说明有碳氮化合物的析出,抑制、阻碍了再结晶过程。以图4-54中 P_s、P_f 点所对应的应变量和应变速率,可计算出不同温度下化合物析出开始与结束的时间,将一系列温度下测得的 P_s、P_f 对应的时间点相连,进而可绘制成如图4-55所示的动态析出和结束的 PTT 图。

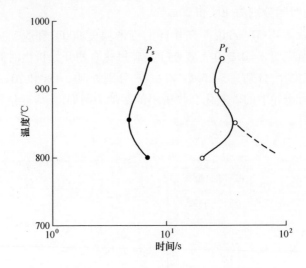

图 4-53　超低碳贝氏体钢的 PTT 曲线

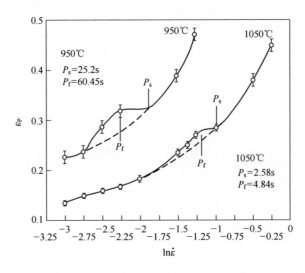

图 4-54　Nb-Ti 微合金钢在 1050℃ 及 950℃ 发生动态再结晶时的 $\varepsilon_p - \ln\dot{\varepsilon}$ 关系曲线

　　文献[10]还进一步研究了动态析出对动态再结晶的影响,通过物理模拟试验,绘制了析出与再结晶的交互作用物理模型,如图 4-56 所示。

　　图 4-56 同时展现了 Nb-Ti 钢的 RTT 图与 PTT 图。从图 4-56 中可以看出,在应变速率为 0.032s^{-1}时,在 PTT 图的"鼻子"附近温度（1050℃）,由于 Nb-Ti (CN)化合物的完全析出,使得再结晶被强烈抑制（时间向右推移,RTT 曲线呈

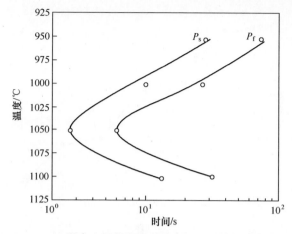

图 4-55　Nb-Ti 微合金钢热变形时动态析出开始和结束的 PTT 图

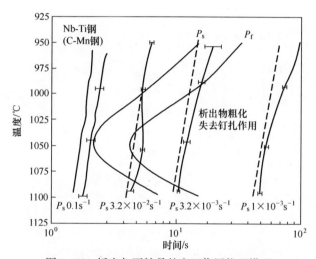

图 4-56　析出与再结晶的交互作用物理模型

反"鼻子"形)。在 0.001s⁻¹ 时,在 1050℃ 附近由于化合物的长大,对再结晶的钉扎阻碍作用减弱,但在低温区(950℃ 附近),析出的 Nb-Ti(CN)化合物质点尚来不及长大,仍使得再结晶被明显抑制。

图 4-57 所示为应力松弛法测得存在两种析出物的析出现象。图 4-58 所示为应力松弛法测定的析出相析出曲线。

从图 4-58 中可以看出,析出相析出过程表现为:随着温度的下降,析出的驱动力增加,析出时间减少,随着温度的进一步下降,原子扩散速度降低,析出速度随之降低,呈现出 C 形的析出曲线。

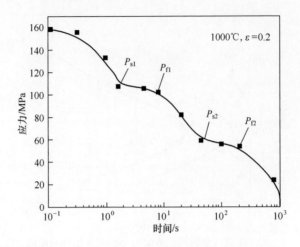

图 4-57　应力松弛法测得两种析出物的析出现象

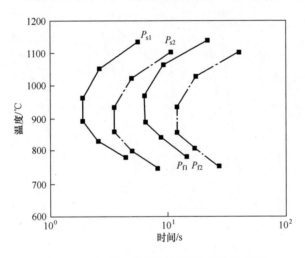

图 4-58　应力松弛法测定的析出相析出曲线

▲ 4.5.3　应力松弛试验的过程

在 Gleeble-3500 热/力模拟试验机上对 ϕ10mm×15mm 圆柱形试样进行了应力松弛试验,试样以 5℃/s 加热到 1200℃ 保温 5min,奥氏体均匀化后,以 5℃/s 的冷却速度分别冷却到 1150℃、1100℃、1050℃、1000℃、950℃ 的温度进行变形,应变速率为 1s⁻¹,应变为 0.2。变形后保持位移不变,力传感器记录变形后的应力变化情况。

◢4.5.4　应力松弛试验的结果分析

图 4-59 所示为复相钢不同变形温度的应力松弛曲线。从图 4-59 中可以发现,当变形温度在 1150℃时,应力从变形结束后,很快地降为零,说明加工硬化产生的位错快速被再结晶所抵消。这是因为高温时,再结晶的能量高,使得再结晶能够很快完成。而当温度降到 1100℃时,应力-应变曲线发生了很大的变化,从 1s 以后,应力松弛曲线出现了应力平台,这与双道次再结晶法测得的结果有很好的一致性。在此温度下,含钛的析出物的钉扎作用强烈抑制了再结晶的发生,使应力松弛的速度降低。1100℃以下的应力松弛曲线上均出现了类似现象,且在曲线上出现了第二个应力平台,这说明有新的析出物的形成。当温度下降到 950℃时,应力已经不能在 100s 内降到零了,这是因为随着温度的降低,促进再结晶的能量也随之降低,应力松弛到零需要更长的时间。

因此,从上面的结果分析,应力松弛试验和双道次压缩法测试析出物与再结晶动力学相吻合。

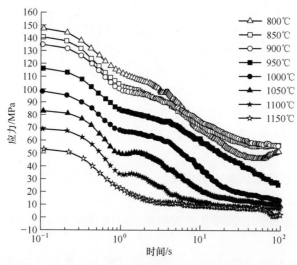

图 4-59　不同变形温度的应力松弛曲线

从图 4-59 中还可以看到,以时间对数为横坐标,应力松弛曲线包括 3 个阶段:第一阶段是变形奥氏体的回复过程,应力随着时间缓慢下降,两者基本上呈线性关系;第二阶段是奥氏体的再结晶过程(静态再结晶或亚动态再结晶),应力快速下降;第三阶段是再结晶完成后奥氏体的回复。

图 4-60 所示为应力松弛法求得的复相钢再结晶率曲线($1000℃$, $\varepsilon = 0.2$)。清晰可见有两种析出相的析出阻碍了静态再结晶过程的进行。

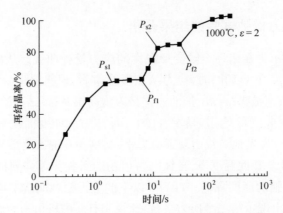

图4-60　应力松弛法求得的复相钢静态再结晶率曲线（$T = 1000℃$，$\varepsilon = 0.2$）

4.6　多道次压缩试验模拟热连轧过程案例

对于轧钢生产而言,由于实际生产线的生产过程十分复杂,工艺条件也十分苛刻,因此开发新工艺及新钢种不仅试验周期长、成本高,而且由于试验变量多,难以在短期内得到方向性的指导,从而进一步增加研发周期并加大了开发成本。通过物理模拟试验,可以模拟实际轧钢生产线上的工艺过程,物理模拟的试验结果能够为实际生产提供理论依据,优化生产工艺,不仅能够降低试验成本,而且可以大大缩短新钢种及新工艺的研发周期,对提高经济效益及产品竞争力具有重要的意义。

另外,利用连续热压缩或热扭转的方法来对钢的连续热轧过程进行模拟,可以帮助观察和理解热变形过程中,应力场、应变场及温度场的变化情况,从而对轧制力的变化、组织和性能变化情况做出准确的判断,从而对实际生产的工艺进行指导和评价。

本节通过复相钢开发中的压缩试验,制定轧制工艺及冷却制度,采用多道次压缩试验法模拟钢种的轧制工艺,探讨不同轧制工艺对钢种再结晶行为及力学性能的影响。

▲ 4.6.1　多道次压缩试验的过程

前文已经在单道次及双道次试验的基础上,探讨了复相钢的动态和静态再结晶行为及其组织的变化。研究发现,复相钢的再结晶行为对温度较为敏感。本节介绍在同时考虑应变速率及总的应变量等因素的情况下,多道次压缩试验的过程,着重从不同的开轧温度探讨温度对多道次轧制的再结晶行为和最终组织的影响。采用 Gleeble-3500 热/力模拟试验机多道次压缩模块,模拟不同变形温度对试验钢再结晶行为及最终组织的影响。试验为 8 道次的压缩试验,分别模拟了热轧过程中的粗轧和精轧整个热连轧过程,其中 1~4 道次为粗轧,5~8 道次为精轧。试验设计了 5 种不同的压缩开始温度,构成 5 种不同的轧制工艺。试验方案为:分别以 1100℃、1070℃、1040℃、1010℃、980℃ 5 种开轧温度进行 8 道次的压缩试验,对应精轧起始温度分别为 900℃、890℃、880℃、870℃、860℃,以模拟轧制工艺参数对组织的影响。其中,粗轧道次间隔 5s,精轧道次间隔 10s,粗轧和精轧之间间隔 30s。每种工艺的温度区间为 30℃,模拟粗轧道次之间的温度间隔为 20℃,模拟精轧道次之间的温度间隔为 10℃。同时,为了观察多道次累积变形对再结晶行为的影响,将模拟开轧温度为 1040℃ 的工艺进行 1 道、2 道、3 道、4 道、6 道的中断淬火试验。所有试样压缩完毕后,均立即喷水冷却,再沿压缩方向的垂直面从中间剖开试样,然后制样,采用苦味酸饱和溶液 + 少量海鸥牌洗发膏腐蚀后,观察金相组织。

▲ 4.6.2　多道次压缩试验的结果与分析

1. 多道次压缩试验的应力-应变曲线

在钢的轧制过程中,由于轧制机组轧制功率的限制,轧制力必须控制在一定范围内。由于道次应变对轧制力的影响很大,因此道次应变的研究显得尤为重要,特别是在国内钢厂轧机能力不强,而新的高品质钢材变形抗力普遍增高的情况下,合理利用热模拟技术,研究道次应变对应力变化的影响,是合理利用现有设备生产高品质钢材的良好途径。

图 4-61 所示为不同变形开始温度的热连轧模拟压缩试验的应力-应变曲线。

从图 4-61 中可以发现,随着道次之间变形温度的降低,峰值应力随之增加,在不同轧制模拟工艺之间也出现了这种趋势。另外,从图 4-61 中可以发现,每个轧制模拟工艺的应力-应变曲线中都出现了两个明显的应力-应变区域。

图 4-62 所示为不同轧制工艺在不同道次之间的峰值应力与变形温度的关系曲线[88]。

从图 4-62 中可以发现,应力-应变区域的界限更加明显,从峰值应力增长曲线做切线可将峰值应力-变形温度曲线分为两个明显的区域。区域 I 为高温变形区域,在这一区域,流变应力处于较低的阶段,道次之间应力的增长率也较低,这是因为内道次之间发生了明显的再结晶行为,明显降低了由于加工硬化带

207

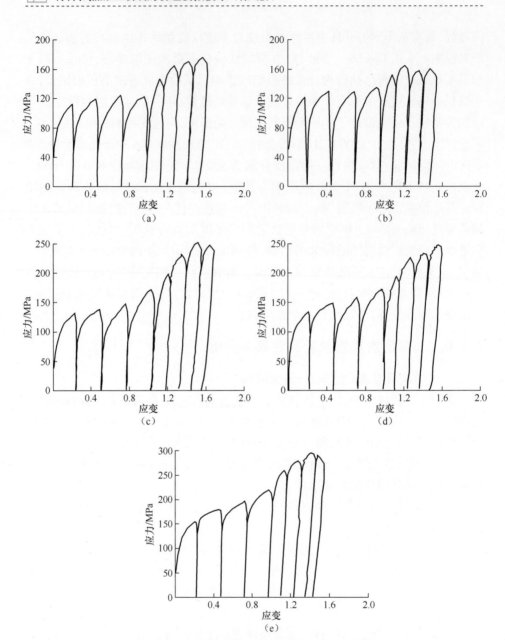

图 4-61　不同变形开始温度的热连轧模拟压缩试验的应力-应变曲线

(a)开轧温度1100℃；(b)开轧温度1070℃；(c)开轧温度1040℃；

(d)开轧温度1010℃；(e)开轧温度980℃。

来的应力增长。在区域Ⅱ内，由于温度的降低，促使再结晶的驱动能下降，以及析出物的析出作用，使再结晶受到抑制，加工硬化引起流变应力快速增长，从而

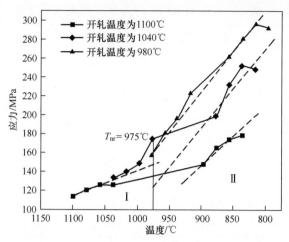

图 4-62 不同轧制工艺在不同道次之间的峰值应力与变形温度的关系曲线

使峰值应力-变形温度曲线上出现两个完全不同的增长区域。根据应力-应变的趋势,试验钢在此变形工艺下的非再结晶温度 T_{nr} 大致为 975℃。

另外,从不同的模拟方案对变形抗力的影响来看,不同的变形制度对变形抗力的影响十分显著。从图 4-62 中可以看出,开轧温度为 1100℃ 的方案,最终变形温度为 850℃,在 8 道次的模拟变形后,其最后一道次的峰值应力为 180MPa;而开轧温度为 980℃ 的方案,最终变形温度为 800℃。其最后一道次变形抗力却达到了 300MPa。可见,累积变形的再结晶行为对变形抗力的影响巨大。这是因为高温变形时的充分再结晶,使得加工硬化产生的位错能够得到充分的消除,而奥氏体晶粒的充分细化,提供了大量的晶界,有利于下一次回复和再结晶的发生,因而降低了累积变形对变形抗力的影响。而开轧温度为 980℃ 的方案由于道次变形发生在奥氏体非再结晶区,加工硬化产生的位错不能消除,因此随着累积变形的增加,位错密度增殖,使变形抗力急剧升高。

2. 累积应变下的应力增长

在目前大多数的研究中,主要采用单道次变形对轧制力进行计算,指导实际生产,较少关注累积应变情况下应力累积的情况,因此很难对实际生产过程中的轧机负荷起到精准指导作用。为了比较累积变形对变形抗力的影响,结合相关研究,对复相钢单道次变形的变形抗力和累积变形时的变形抗力进行了对比。

表 4-5 所示为轧制热模拟开轧温度为 980℃ 的方案与单道次变形的应力、应变比较。从表 4-5 中可以发现,热轧过程的多道次峰值应力与单道次变形的峰值应力有很大的不同。

表 4-5   轧制热模拟开轧温度为 980℃ 的方案与单道次变形的应力、应变比较

道次	应变量	多道次峰值应力/MPa	连轧变形温度/℃	单道次变形	
				峰值应力/MPa	变形温度/℃
1	0.2139	156.3	980	140.7	1000
2	0.44823	178.4	960	158.3	950
3	0.69664	194.6	940		
4	0.96004	219.7	920	181.1	900
5	1.1208	262.5	860		
6	1.26703	277.2	840	210.1	850
7	1.42779	296.3	820		
8	1.48638	293.4	800	231.6	800

图 4-63 所示为单道次变形峰值应力与多道次变形抗力的对比，可以更好地理解累积变形与峰值应力的关系。从图 4-63 中可以看出，在从上面试验数据得到的再结晶温度区内，单道次压缩的变形抗力与多道次变形基本上没有大的差异。

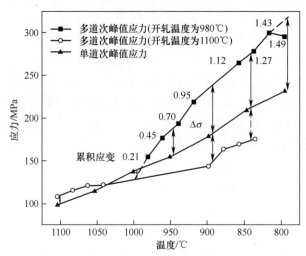

图 4-63   单道次变形峰值应力与多道次变形抗力的对比

图 4-62 中有同样的趋势。但是，当变形发生在非完全再结晶区时，变形抗力出现了不同的趋势，图上可见充分再结晶的模拟开轧温度为 1100℃ 方案的道次变形抗力相比于单道次变形抗力相对减少，而没有经过完全再结晶的开轧温度为 980℃ 方案的变形抗力则急剧增加。这两种截然不同的应力、应变行为，更好地解释和证明了再结晶和累积变形及变形抗力的关系。因此，对于实际生产

过程中的流变应力的预测,应该关注再结晶对累积应变的影响。根据轧钢工艺方案,如轧制多道次材料能够得到充分的再结晶,实际需要的轧制力要比单道次压缩试验测得的应力低。

3. 不同热轧模拟工艺下的形变组织

应力-应变曲线可以反映变形试样的组织变化,为充分说明再结晶行为对道次累积变形抗力的影响,对变形后的淬火样品进行取样,观察组织。

图 4-64 所示为原始组织及不同轧制模拟方案的组织对比。图 4-64(a) 所示为试样加热到 1200℃ 保温 5min 后晶粒组织,即变形前的原始组织。从图 4-64(a) 中可以发现,加热保温后的奥氏体晶粒较为粗大,直径约为 176μm。但是相比于非微合金钢,奥氏体晶粒长大还是相对较小,这是因为微合金元素 Ti 形成的碳/氮化物能够有效地钉扎晶界,阻止奥氏体晶粒的长大。

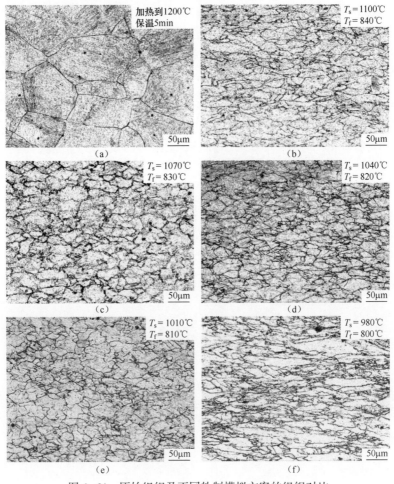

图 4-64　原始组织及不同轧制模拟方案的组织对比

图4-64(b)~(f)分别为不同热轧模拟工艺处理后的形变组织。从图4-64 (b)~(f)中可以看出，不同模拟方案的组织不尽相同，大致可以分为两个范围，与以上的应力-应变曲线有很好的一致性。方案1~4的最终变形组织[图4-64(b)~(e)]为充分再结晶组织，晶粒分布和形状都比较均匀，虽然经历了在精轧模拟的非再结晶区的变形，但仍然保持了较好的圆整度。而方案5的组织[图4-64(f)]却为细小的晶粒和纤维状晶粒的混合组织，晶粒形状不规则，纵截比大。方案5的第一道次的变形温度为980℃，因此，从动力学曲线及金相组织上，都可以看出说明975℃是该试验工艺下试验钢的非完全再结晶的临界温度。

为了进一步探讨连续冷却条件下的形变再结晶行为，对1040℃开轧试验方案的8道次变形进行了截取淬火试验，即对在该试验方案下不同累积道次进行淬火试验，观察各道次的再结晶及组织演变情况。

图4-65所示为不同道次的晶粒组织变化情况。从图4-65中可以看见，随着变形道次的增加，晶粒组织得到明显的细化。利用Graphics软件对晶粒组织进行统计可以发现，在8道次的变形过程中，奥氏体晶粒组织经过多次形变再结晶，从原始的157μm减少到了18.2μm。同时可以发现，奥氏体晶粒组织细化主要是在第1道次和第2道次，后面道次变形的组织细化效果不明显，且趋向于定值。这和其他的研究发现是一致的[99]。

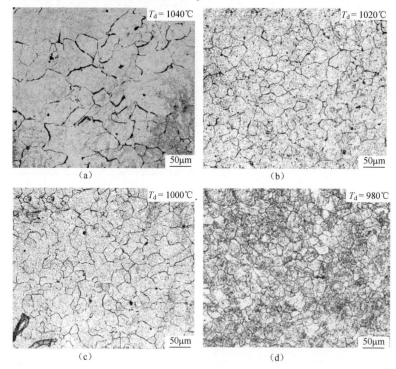

T_d = 1040℃
50μm
(a)

T_d = 1020℃
50μm
(b)

T_d = 1000℃
50μm
(c)

T_d = 980℃
50μm
(d)

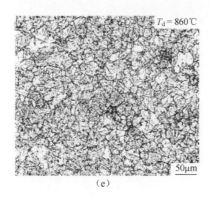

图 4-65 不同道次的晶粒组织变化情况（1040℃开始轧制）

(a) $T_d = 1040℃$；(b) $T_d = 1020℃$；(c) $T_d = 1000℃$；(d) $T_d = 980℃$；(e) $T_d = 860℃$。

Yada 及 Sellars 等认为粗轧的晶粒尺寸主要与 Z 参数有关,且轧制的晶粒有极限值[99-102]。Yada 提出的晶粒度方程为

$$D = AZ^m \tag{4-86}$$

式中:D 为原始奥氏体晶粒尺寸;Z 为 Zenner-Holloman 参数;A 为指前因子。

对式(4-86)进行变形后得

$$\ln D = \ln A + m\ln Z \tag{4-87}$$

使用统计后得到的数据回归,得到结果为 $A = 396820.77, m = -0.22212$。线性回归曲线如图 4-66 所示。所以晶粒度方程为

$$D = 396820.77Z^{-0.22212} \tag{4-88}$$

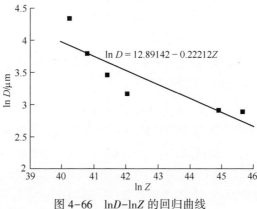

图 4-66 $\ln D$-$\ln Z$ 的回归曲线

数据回归方程计算结果与实验测得值进行了对比,如图 4-67 所示。从图 4-67 中可以看出,计算值和实验值相吻合。

213

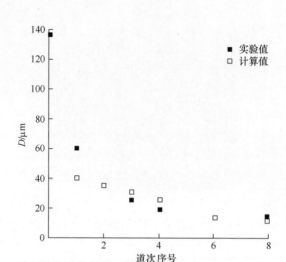

图 4-67　晶粒度的实验值与计算值的对比

▲4.6.3　非动态再结晶温度 T_{nr} 与 SRCT 的关系

SRCT(static recrystallization critical temperature)是静态再结晶临界温度。非再结晶温度 T_{nr}，又被称为再结晶限制温度，是控制轧制工艺的重要指标。其定义是在较长时间(一般为 100s)内完全不发生再结晶的最高温度。对于某特定钢而言，T_{nr} 取决于应变、应变速率、道次间隔时间。在钢中加入 V、Nb、Ti 元素，主要的目的就是提高奥氏体的非再结晶温度，扩大非再结晶区，在现有设备的载荷能量下，尽可能地提高精轧区的形变量，最终达到细化晶粒的作用。T_{nr} 常用多道次的模拟轧制来确定。通过物理模拟多道次压缩试验确定本试验钢的 T_{nr}，即为两个不同应力增长曲线的切线斜率的交点。从上面的动力学分析与金相分析可知，本试验钢的 T_{nr} 为 975℃。Cuddy 曾分析了有关的试验数据，得出了非再结晶温度与溶质原子含量之间的经验关系[103]。

$$T_{nr} = 780 + \alpha[M]^{\frac{1}{\alpha}}_{\alpha} \ (℃) \tag{4-89}$$

式中：$[M]_{\alpha}$ 为均热温度下溶于奥氏体中的微合金元素的原子百分比；780 为普通碳锰钢的非动态再结晶温度；α 为比例系数，Nb 的比例系数为 1350℃/[%(原子分数)]$^{1/2}$、Ti 的比例系数为 410℃/[%(原子分数)]$^{1/2}$、Al 的比例系数为 200℃/[%(原子分数)]$^{1/2}$、V 的比例系数(为 200℃/[%(原子分数)]$^{1/2}$。

由此，根据试验钢的化学成分，用式(4-89)计算钢的非再结晶温度 T_{nr}。通过各化学元素的原子量将其转化为原子百分比，试验钢的非再结晶温度 T_{nr} 为 960℃，试验结果与经验关系所得数值一致，均明显反映了高钛微合金化在提高非再结晶温度方面的作用。

对于微合金钢而言,析出的纳米级第二相粒子分布在晶界、位错、晶内各处,起着钉扎晶界的作用,妨碍了晶界的大角度迁移,从而阻碍了再结晶过程,提高了再结晶温度,这对钢厂的轧制工艺提出了挑战。因此,了解微合金元素在变形过程中的析出机制及其对再结晶的影响具有重要的意义。非再结晶温度 T_{nr} 和静态再结晶临界温度(SRCT)的研究能给出微合金元素的析出行为或固溶作用对再结晶行为影响的基本信息。但是,这两个参数对比起来有些困难,这是因为虽然这两个参数都是用来表示析出物对再结晶的抑制作用,但是它们有不同的定义。T_{nr} 一般由连续冷却多道次变形模拟给出,而 SRCT 则是通过等温双道次变形或者应力松弛法得到。按照理论,道次停留时间较短时,SRCT 一般要高于 T_{nr}。但是,从前述静态再结晶曲线数据来看,试验钢的 SRCT 要高于 1050℃,明显高于 975℃ 的 T_{nr}。

另外,从图 4-37 中可以发现,1000℃恒温变形,道次停留时间为 10s 的再结晶率为 30%,而在连续冷却变形时,1000℃变形停留 5s 后的再结晶率达到了 100%,这与累积变形再结晶的动力学有关。随着再结晶的发生,晶粒变得细小,奥氏体晶粒的晶界增多,潜在的再结晶的形核位置也随之增加。另外,随晶粒的减小及应变的增加,再结晶的储存能也在增加,从而促进了再结晶的发生[104],使再结晶过程能在很短的时间内完成。因此,使试验钢在低于 SRCT 的温度下,能克服应变诱发析出的析出物的钉扎作用,发生较为完全的静态再结晶。同样,晶粒细化也能加速微合金元素析出物的析出[105]。

◢ 4.6.4 模拟热连轧压缩试验试样的组织及显微硬度

图 4-68 和图 4-69 所示分别为不同热轧模拟工艺及部位的显微组织及显微硬度。为了区分传热速度及变形部位的影响,每个工艺试样分别截取了试样表面及中心两个部位进行组织观察和显微硬度测试。

从图 4-68 中可以看出,3 种不同工艺的组织有明显的不同,尤其是 1℃/s 时的试样,其中心部位组织为典型的铁素体加贝氏体组织,而表面组织则为铁素体,这与该钢的静态转变相一致。从前面的连续冷却转变来看,1℃/s 为试验钢铁素体/珠光体、铁素体/贝氏体的转变临界冷却速度,而一般认为,动态变形会导致转变提前,而中心部位为变形较小的部位,且温度要比外面高,因此受到的影响较小,故同时出现了珠光体组织。对比其他两种冷却速度的试样的组织,无论在中心部位或表面都为贝氏体组织,虽然数量有所不同,但是区别不大。

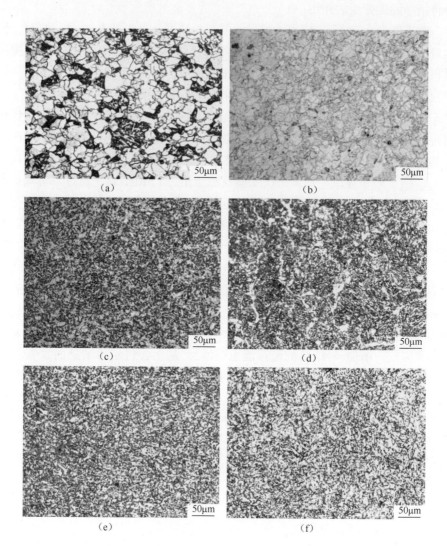

图 4-68　不同热轧模拟工艺及部位的显微组织

(a)1℃/s,中心部位;(b)1℃/s,表面部位;(c)5℃/s,中心部位;(d)5℃/s,表面部位;

(e)10℃/s,中心部位;(f)10℃/s,表面部位。

图 4-69 对比了不同组织的显微硬度,从中心部位的试验结果来看,中心部位组织的硬度受到冷却速度的影响较小,且 1℃/s 的显微硬度比其他两种冷却速度的显微硬度要高,有点难以解释。推断是由于中心部位组织受到试样厚度的影响,组织不均匀,因此出现了显微硬度不能准确反应组织情况的现象。而从表面部位的显微硬度来看,其结果与组织有良好的匹配,且具有很好的稳定性。

同时,通过该钢连续冷却转变的结果发现,试验钢动态转变的组织细化明显,硬度也提高了。

另外,通过图 4-68 与前面双道次压缩的结果对比可以发现,采用模拟轧制试验方案得到的晶粒组织比前面多道次的组织要细小,这与高温变形时的充分再结晶及较短的高温停留时间有关。充分的再结晶使晶粒变得细小,另外较短的高温停留时间,使得晶粒来不及长大。最后,贝氏体组织转变进一步细化了晶粒组织。

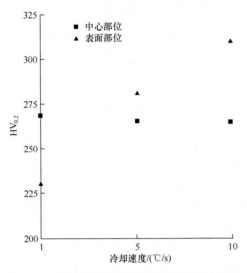

图 4-69 不同热轧模拟工艺及部位的显微硬度

◢ 4.6.5 模拟热连轧压缩试验试样的力学性能

为了考核物理模拟试验试样在不同工艺下的性能变化,设计了如图 4-70 所示的物理模拟试验试样专用微型拉伸试验夹具[106],以测试小型试样的力学性能,夹具材料采用上海大学吴晓春教授团队开发的冷作模具钢 SDC99。试验夹具的测量精度经过修正,误差小于 5%。3 种不同冷却速度试样钢的性能如表 4-6 所示。

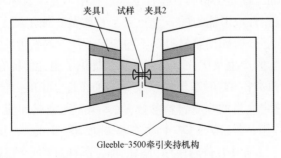

图 4-70 测试模拟试验试样力学性能的微型拉伸试验夹具

表 4-6　3 种不同冷却速度试样钢的力学性能

冷却速度/(℃/s)	强度/MPa	伸长率/%
1	780	22
5	790	23
10	830	19

从试验结果可以看出,模拟轧制试样的组织和性能差异不大,总体呈现出强度随着冷却速度升高的趋势,因此可以判定,在试验的"冷却"速度范围内,试验钢的组织对冷却速度不敏感,模拟卷曲的等温温度可能是影响试验钢最终组织及力学性能的主要因素。

4.6.6　多道次压缩模拟热连轧过程案例小结

（1）多道次试验结果表明,奥氏体变形前的再结晶情况等对其下一道次变形抗力具有很大影响,用单道次试验的结果作为计算机轧制模拟的方法并不准确。

（2）从多道次试验的动力学曲线及金相组织可以发现,复相钢在所试验条件下的 T_{nr} 温度为 975℃。

（3）累积变形再结晶的动力学促进了再结晶的发生。随着再结晶的发生,晶粒变得细小,奥氏体晶粒的晶界增多,潜在的再结晶的形核位置也随之增加。另外,随着晶粒的减小,以及应变的增加,再结晶的储存能也在增加,从而促进了再结晶的发生,因此使得奥氏体能够在低于 SRCT 温度下迅速再结晶,并促进动态析出。

4.7　热 加 工 图

材料的压力加工性是指材料在塑性变形过程中不发生破坏所能达到的变形能力,是表征材料塑性成形能力的一个重要工程参数。加工图是评价材料加工性优劣的图形,能够分析和预测材料在不同变形条件下的变形特点和变形机制,为避免热加工缺陷的产生及优化材料变形工艺提供了更为便捷有效的途径。目前加工图主要有两类:一类是基于原子模型的加工图,如 Raj 加工图[107],建立 Raj 加工图需要确定大量的基本材料参数,仅适用于纯金属和简单合金,对一般的复杂合金不适用;第二类是基于动态材料模型(dynamic materials model, DMM)的加工图。目前具有普遍应用价值的加工图都是基于动态材料模型的。

4.7.1　热加工图的研究进展

热加工图运用动态材料模型理论以不可逆热力学为基础描述材料热变形过程中能量消耗和组织变化之间的关系。此技术可以指导实际生产,优化加工工艺,确定不同加工区域的微观变形机制,避开失稳变形区域,获得预期的微观组织和使用性能。作为材料加工工艺的依据,以往常采用变形抗力图、再结晶图、塑性图等,但这几种依据都是从局部的观点出发,并不完善,不足以囊括影响微观组织的众多因素。因此,热加工图可以是一个很好的补充,通过少量的系统试验准确反应材料在不同变形条件下的组织演变规律及机理,进而优化材料的热加工工艺[108-109]。

由 Prasad 及 Gegel[110] 等根据大塑性变形连续介质力学、物理系统模型和不可逆热力学,提出了动态材料模型。基于热力学动态材料模型建立的热加工图能直观反映材料在不同条件下的宏观变形规律,方便材料成形性的分析研究[111]。随后,Prasad[110]、Gegel[112-113]、Malas[114]、Alexander[115] 等对 DMM 又进行了进一步完善和发展,在提出功率耗散图概念的基础上,建立流变失稳图,并将功率耗散图与流变失稳图叠加,形成了加工图。

国外的热加工和温加工图研究,涉及铁铝粉末冶金材料、钛合金、不锈钢、镍铬高温合金、铜合金、锆合金等 300 多种金属材料。国内的热加工和温加工图研究起步较晚,代表性的工作有:李慧中等[116]对 Mg-10Gd-4.8Y-2Zn-0.6Zr 合金本构方程模型及其加工图进行了大量研究,提出了该合金的最佳热加工工艺制度;王辉等[117]研究了粉末冶金 Ti-Al 合金热变形行为,建立了合金热加工图;刘娟等[118]在 Prasad 提出的二维加工图的基础上,建立了包含应变的镁合金 ZK60 三维加工图,讨论并解决了三维加工图绘制中的关键技术等。

4.7.2　热加工图的理论基础

1. 动态材料模型的原理

动态材料模型是构建热加工图的理论基础。它认为变形物体(热加工工件)是一个功率耗散体,在塑性变形过程中,将外界输入变形体的功率消耗分为两个方面:①功率耗散量,代表单位时间内以热的形式耗散的能量,用 G 表示;②功率耗散协量,代表单位时间内用于微观组织变化而消耗的能量,用 J 表示。工件在热加工过程中单位体积内吸收的功 P 可分为两部分。

$$P = \sigma \dot{\varepsilon} = G + J = \int_0^{\dot{\varepsilon}} \sigma \mathrm{d}\dot{\varepsilon} + \int_0^{\sigma} \dot{\varepsilon} \mathrm{d}\sigma \tag{4-90}$$

当温度和应变恒定时,工件所受的应力 σ 和应变速率 $\dot{\varepsilon}$ 的动态关系为

$$\sigma = K\dot{\varepsilon}^m \tag{4-91}$$

式中：K 为应变速率为 1 时的流变应力；m 为应变速率敏感指数，它决定了在热变形过程中材料塑性变形而消耗的能量 G 和材料组织动态变化所消耗的能量 J。它的定义式为

$$m = \left[\frac{\partial J}{\partial G}\right]_{\varepsilon,T} = \frac{\partial \ln\sigma}{\partial \ln\dot{\varepsilon}}\bigg|_{\varepsilon,T} \tag{4-92}$$

当 m 为常数时，有

$$J = \int_0^\sigma \dot{\varepsilon}\mathrm{d}\sigma = \int_0^\sigma \left(\frac{\sigma}{k}\right)^{\frac{1}{m}}\mathrm{d}\sigma = \frac{m\sigma\dot{\varepsilon}}{1+m} \tag{4-93}$$

对于黏塑性固体的稳态流变，m 的范围为 0~1。m 值越大，表示微观组织演化时所需的能量越大。当材料处于理想的线性耗散状态时（$m=1$），$J = J_{\max} = \sigma\dot{\varepsilon}/2$，对于非线性耗散体，引入 η 来表示微观组织演变引起的能量耗散效率，它表示为

$$\eta = \frac{J}{J_{\max}} = \frac{2m}{m+1} \tag{4-94}$$

式中：η 为一个关于温度、应变和应变速率的三元变量，是一个无量纲参数，称为能量耗散效率因子。在一定应变下，功率耗散率随温度和应变速率的变化就构成了功率耗散图，通常是一种在应变速率-温度构成的二维平面上的等值线图，它可以定量描述合金的热加工过程中组织变化规律。功率耗散越大，说明材料用于组织演变所耗的能量越多，材料局部变形减少，可以达到最高的伸长率[119-120]。

2. 塑性失稳判据准则

在材料的热变形过程中，动态再结晶能有效消除材料原来的缺陷，优化微观组织结构，被认为是最好的变形机制。而其他微观机制，如动态应变失效、空洞、裂纹、绝热剪切带等则会对材料的加工过程不利。为了避免加工过程中缺陷的产生，有必要对材料的加工失稳区域进行判断。目前，国内外学者基于动态材料模型发展出多种失稳判据，其中具有实际应用价值的有 Prasad 失稳判据和 Murty 失稳判据。

（1）Prasad 失稳判据[121]。并不是功率耗散率越大，材料内部的可加工性就越好，因为在加工失稳区的功率耗散率也可能很大，因此有必要判断材料的加工失稳区。Prasad 等[121-122]以应用于大塑性流变的不可逆热力学的极值原理为基础，认为当耗散函数 D 与应变速率 $\dot{\varepsilon}$ 满足以下不等式时：

$$\frac{\mathrm{d}D}{\mathrm{d}\dot{\varepsilon}} < \frac{D}{\dot{\varepsilon}} \tag{4-95}$$

有加工失稳判据：

$$\xi(\dot\varepsilon) = \frac{\partial\ln\left(\dfrac{m}{m+1}\right)}{\partial\ln\dot\varepsilon} + m < 0 \tag{4-96}$$

当 $\xi(\dot\varepsilon) < 0$ 时，则系统不稳定，进入流变失稳区。在温度-应变速率的二维平面上标出 $\xi(\dot\varepsilon)$ 为负的区域就得到加工失稳图。该失稳判据应用最为广泛，已在钢铁、铝合金、镁合金等材料中得到验证。

（2）Murty 失稳判据[124]。Murty 等考虑应变速率敏感指数 m 不是常数的情况，提出一种适用于任意类型 $\sigma - \dot\varepsilon$ 曲线的流变失稳准则。根据式（4-95）可以推导出：

$$\frac{\partial J}{\partial\dot\varepsilon} = \frac{\partial\sigma}{\partial\dot\varepsilon}\dot\varepsilon = \sigma\frac{\partial\ln\sigma}{\partial\ln\dot\varepsilon} = m\sigma \tag{4-97}$$

由式（4-94）可知，功率耗散系数表示为

$$\eta = \frac{J}{J_{\max}} = \frac{2J}{\sigma\dot\varepsilon} \tag{4-98}$$

$$\frac{J}{\dot\varepsilon} = \frac{1}{2}\eta\sigma \tag{4-99}$$

根据 $\dfrac{\partial J}{\partial\dot\varepsilon} < \dfrac{J}{\dot\varepsilon}$ 可推出材料塑性流变失稳准则为

$$2m < \eta \tag{4-100}$$

Murty 失稳判据简洁方便，适用于任何类型的流变应力和应变速率曲线，具有广阔的发展和应用前景。

根据 $\ln\sigma$ 和 $\ln\dot\varepsilon$ 的函数关系，回归求得各系数 a、b、c、d，即

$$\ln\sigma = a + b\ln\dot\varepsilon + c\,(\ln\dot\varepsilon)^2 + d\,(\ln\dot\varepsilon)^3 \tag{4-101}$$

由式（4-94）可得

$$m = \frac{\partial\ln\sigma}{\partial\ln\dot\varepsilon} = b + 2c\ln\dot\varepsilon + 3d\,(\ln\dot\varepsilon)^2 \tag{4-102}$$

将各系数和 $\ln\dot\varepsilon$ 代入，求得不同应变速率下的 m，结合式（4-94）得到能量耗散率 η，利用 Origin 绘制 $T\text{-}\dot\varepsilon$ 平面上的能量耗散率等值线图，即得到功率耗散图。

同理，利用已得 m 求解 $\ln[m/(m+1)]$，采用 3 次样条函数拟合 $\ln[m/(m+1)]$

和 $\ln\dot\varepsilon$ 的函数关系，如式（4-103）所示，回归求得各系数 k、l、m、n。

$$\ln\left(\frac{m}{m+1}\right) = k + l\ln\dot\varepsilon + m(\ln\dot\varepsilon)^2 + n(\ln\dot\varepsilon)^3 \qquad (4\text{-}103)$$

将各系数和 $\ln\dot\varepsilon$ 代入下式，得到 ξ 值为

$$\xi(\dot\varepsilon) = \frac{\partial\ln\left(\dfrac{m}{m+1}\right)}{\partial\ln\dot\varepsilon} + m = l + 2m(\ln\dot\varepsilon) + 3n(\ln\dot\varepsilon)^2 + m < 0$$

$$(4\text{-}104)$$

在 T-$\ln\dot\varepsilon$ 平面上绘制 ξ 负值的等值线图，即为失稳图。

将失稳图和功率耗散图两者叠加，即可得到材料的加工图。

4.7.3 热加工图的应用

目前，热加工图已经被广泛地应用于优化材料加工工艺，避免加工缺陷的产生，对材料的热加工过程的控制起到很好的指导作用。张梅等用 Gleeble 热/力模拟方法研究了超高强度汽车用 Fe-0.31C-1.70Mn-0.91Si-0.96Al-0.17Ti-0.08V-0.01Nb TRIP980 钢在温度为 900~1100℃、应变速率为 0.01~10s⁻¹ 条件下的热压缩变形行为，构建了应变为 0.5、0.7 和 0.9 时该钢的加工图，如图 4-71 所示[38]。获得较优的变形条件为标斜纹底色的区域。

下面是 Mg-4Al-2Sn-0.5Y-0.4Nd 镁合金的热加工图案例，该合金在 3 个应变下的热加工图如图 4-72 所示[125]。从图 4-72 中可以看到不同区域的功率耗散效率和流变失稳区域。应变为 0.1 的加工图中存在两个失稳区域：一个是低温高应变速率区域（T 为 200~300℃，$\dot\varepsilon$ 为 0.015~1s⁻¹）；另一个是高温中速区域（T 为 380~400℃，$\dot\varepsilon$ 为 0.03~0.2s⁻¹），而应变为 0.3 和 0.5 的失稳区为 3 个，增加的一个为中温高速区域（T 为 280~320℃，$\dot\varepsilon$ >1s⁻¹）。在加工图上选取功率耗散效率较大的区域，同时避免失稳区域，就有可能是最佳的热加工工艺范围。根据以上分析认为 Mg-4Al-2Sn-0.5Y-0.4Nd 合金的最佳热加工窗口是 T 为 350~400℃和 $\dot\varepsilon$ 为 0.01~0.03s⁻¹。

采用 Gleeble 热模拟方法研究了 Mg-6Zn-1Al-0.3Mn 镁合金在温度为 200~400℃、应变速率为 0.01~7s⁻¹ 条件下的热压缩变形行为，应变为 0.1 和 0.3 时合金的加工图如图 4-73 所示[126]。获得的较优的变形条件为：温度为 330~400℃、应变速率为 0.01~0.03s⁻¹，以及温度为 350℃、应变速率为 1s⁻¹。

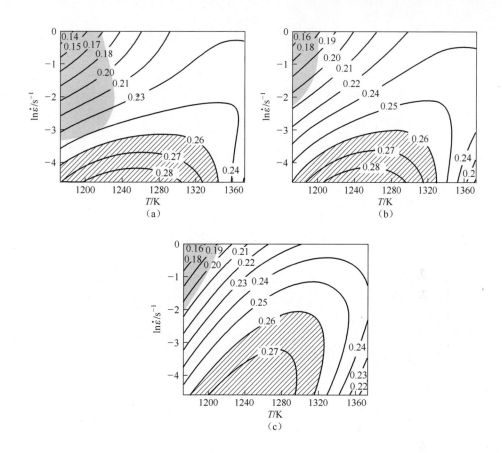

图 4-71　TRIP980 钢在不同应变时的热加工图

(a)应变为 0.5；(b)应变为 0.7；(c)应变为 0.9。

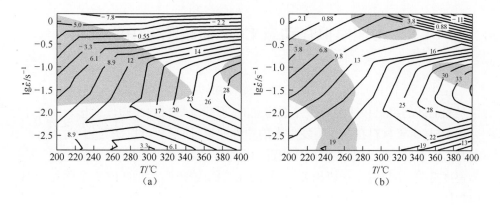

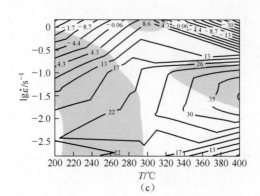

图 4-72　Mg-4Al-2Sn-0.5Y-0.4Nd 镁合金不同应变时的加工图

（a）应变 0.1；（b）应变 0.3；（c）应变 0.5。

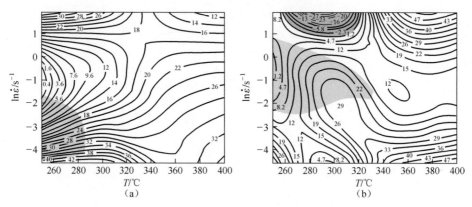

图 4-73　Mg-6Zn-1Al-0.3Mn 镁合金不同应变时的加工图

（a）应变为 0.1；（b）应变为 0.3。

4.8　物理模拟在动态 CCT 曲线测定中的应用

　　在 3.2.1 节中所讨论的 SH-CCT 连续冷却转变图，是针对焊接热影响区，特别是粗晶区的组织和性能的研究而建立的，不涉及材料的大塑性变形。而在压力加工时，由于材料在高温下发生大的塑性变形，而形变可以诱导相变，所有此时测得的连续冷却转变产物及其相百分比组成，以及转变温度范围等，不仅与冷却速度有关，还与应变密切相关。因此，在大的应变下测得的 CCT 图称为动态 CCT 图。

这种动态 CCT 图可以系统地显示出热变形参数及在线冷却速度对相变开始温度、相变进行速度和相变组织的影响情况,是优化钢种成分及选择适合的热变形工艺的重要依据。

采用物理模拟方法进行动态 CCT 图的测定,其试验方法多采用圆柱体单向压缩试验试样,尺寸为 $\phi 8mm \times 12mm$、$\phi 8mm \times 15mm$,热卡头,两端润滑,先将试样在 1200~1250℃保温 10min,使得奥氏体均匀,然后降温到某一温度(奥氏体温度区或奥氏体+铁素体两相温度区),按预定轧制工艺进行压缩变形,然后以不同的冷却速度进行冷却,用热/力模拟试验机上的附件径向膨胀量传感器或激光膨胀测量仪记录膨胀-温度曲线,找出相变点及其对应的时间,将各相变点相连,即构成所谓的动态 CCT 曲线图。

顺便提及的是,4.3 节讲的"动态"再结晶是指材料在变形过程中发生的再结晶。而本节所述的"动态"CCT 图,是先在奥氏体状态或奥氏体相变过程中变形,材料获得大的相变驱动力后,再在不同冷却速度下进行转变。也就是说,冷却转变时大的变形过程已经停止,其"动态"含义是相对于热处理或焊接热影响区(HAZ)的事前没有发生形变的"静态"而言。这是因为,静态 CCT 转变与静态再结晶,其驱动力主要依靠温度;而动态 CCT 转变与静态再结晶一样,其驱动力主要来源于形变诱发,形变与温度的共同作用,使得原子与空位高度激活,形核数量大大增加,这就是所谓"动态"与"静态"物理概念的本质差别与区分标志。

为适应可持续发展战略的要求,我国钢铁材料研究的主要目标定位于在经济性基础上大幅度提高钢材的强度、韧性。因此,研究新一代钢铁材料采用了低碳微合金化细晶强化的思路,主要通过在 C-Mn 钢或 C-Mn-Si 钢中添加极为少量的 Nb、V、Ti、B 等微合金化元素,以及控轧控冷工艺细化晶粒,以同时提高钢的强度和韧性[127-129]。

通过研究发现,变形奥氏体-铁素体相变也是细化钢材组织的一个不容忽视的重要环节,其细化效果甚至超过了高温变形再结晶所引起的组织细化。过去的研究多集中在未变形奥氏体-铁素体相变规律及其理论的探讨,而对变形奥氏体中铁素体转变及其相变机制缺乏深入系统的研究。变形奥氏体-铁素体相变具有很强的细化铁素体晶粒效应[60],近年来有关形变奥氏体-铁素体相变研究明显加强,但对于钢板控轧控冷过程中形变奥氏体-铁素体相变研究不多。因此,本节对新钢种形变对相变影响进行的研究,对指导生产实践有一定的参考价值。

◢ 4.8.1　动态 CCT 测定方案

使用 Gleeble-3500 热/力模拟试验机进行动态 CCT 图测定。动态 CCT 测定采用哑铃状试样,试样尺寸如图 4-74 所示。试样及装配如图 4-75 所示。

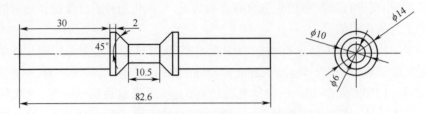

图 4-74　动态 CCT 试样及其尺寸(单位:mm)

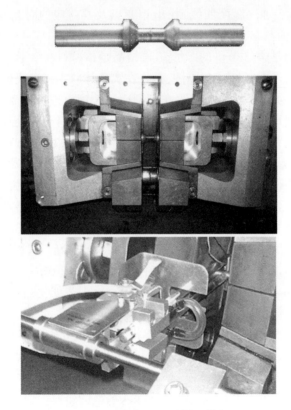

图 4-75　动态 CCT 试样及装配

　　试样以 10℃/s 的速度加热至 1200℃后,保温 5min;以 3℃/s 的速度冷却至 1150℃,压下 3.5mm(工程应变为 33%),应变速率为 5s^{-1};然后以 3℃/s 的速度冷却至 900℃,压下 1.75mm(工程应变为 17%),应变速率为 15s^{-1},变形后分别以 0.01℃/s、0.02℃/s、0.06℃/s、0.2℃/s、0.5℃/s、1℃/s,5℃/s 和水淬冷却至室温。试验总压下率为 50%。哑铃状试样可以保证在低冷却速度(0.06℃/s)

和较高冷却速度(>5℃/s)下温度控制的精确性。其工艺路线简图如图 4-76 所示,用热膨胀法测定动态 CCT 曲线。

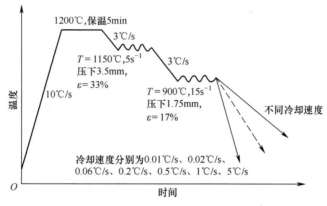

图 4-76 动态 CCT 工艺路线简图

4.8.2 动态 CCT 测定案例

图 4-77 所示为 22MnB5 钢和 10Nb 钢过冷奥氏体动态连续冷却转变曲线(动态 CCT 曲线)。由图 4-77 推测,动态转变时,A→F、A→B 及 A→M 转变均向左上方移动。

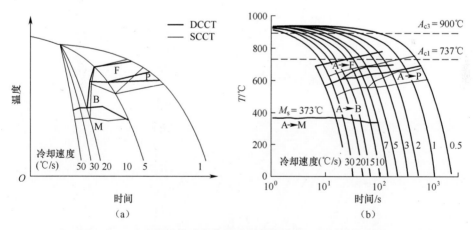

图 4-77 过冷奥氏体动态连续冷却转变曲线(动态 CCT 曲线)

(a)22MnB5 钢;(b) 10Nb 钢。

图 4-78 及图 4-79 分别为在 Gleeble-1500 试验机上所做的碳锰钢的静态与动态 CCT 曲线[130]。试验材料成分为:C,0.21%;Si,0.33%;Mn,1.35%;P,

0.013%，S，0.30%，Ti 0.045%。$A_{c1}=725℃$，$A_{c3}=845℃$，$M_s=360℃$。图 4-78 是在静态下测得的；图 4-79 是在动态下测得的，即试样先被加热到 1200℃，保温 5s，以 14℃/s 的冷却速度冷却至 1130℃，再保温 5s，以 2.1s^{-1} 的应变速率等温压缩 21%，再以 43℃/s 的冷却速度冷却至 1000℃，以 3.5s^{-1} 的应变速率等温压缩 35%，然后以各种不同冷却速度冷却至室温，测得动态 CCT 曲线。对比可以看出，图 4-79 的铁素体区比图 4-78 试样未变形的静态 CCT 扩大了，且铁素体开始转变温度明显提高并向左移，珠光体区缩小，贝氏体开始转变温度下降约 100℃。这是由于形变的诱导作用，使铁素体转变开始温度上升，增加了铁素体转变量，扩大了铁素体区，相应地减少了珠光体的含量，使得珠光体区缩小。由于铁素体转变量的增加，抑制了贝氏体转变，导致贝氏体转变至较低的温度才开始发生。诱导相变使得形核时间缩短，整个曲线左移。

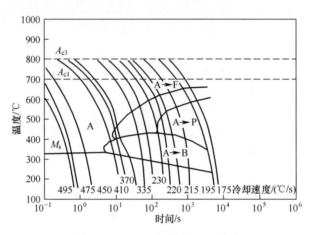

图 4-78　C-Mn 钢静态 CCT 曲线

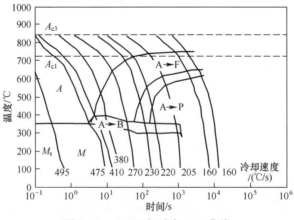

图 4-79　C-Mn 钢动态 CCT 曲线

图 4-80 所示为在 Formastor-Press 试验机上所做的 Cr-Mo 双相钢的动态与静态的 CCT 曲线比较[131]。其中,实线表示动态 CCT 曲线,虚线为静态 CCT 曲线。材料成分为:C,0.07%;Si,1.48%;Mn,1.20%;Cr,0.60%;Mo,0.47%;P,0.018%;S,0.008%。在动态 CCT 图测试时,试样从 936℃ 到 852℃ 按照热连轧精轧工艺模拟精轧 7 道次压缩(6.0~50s^{-1}),总应变量为 55%。然后(此时终轧温度为 852℃)吹 He、Ar 气体冷却,冷却速度为 0.1~80℃/s。从图 4-80 中可以看出,动态 CCT 图明显向左上方移动。有实际意义的是,由于 Cr、Mo 等合金元素的加入,加上应变速率大,道次间隔时间短,因此形变诱导相变更加显著。由于变形加快了铁素体的相变,使钢中固溶的 C、N 原子从 α 相移到未相变的 γ 相中,提高了 γ 相中的 C、N 浓度,使得 γ 相趋于稳定,因此在 600℃→500℃ 的中温区不再发生贝氏体相变,使贝氏体相变终了线向左大幅度移动,则在某一冷却速度范围内将出现二相分离型相变的“窗口”,可获得理想的铁素体+马氏体双相组织。

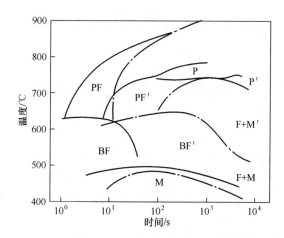

图 4-80 双相钢动态 CCT 曲线与静态 CCT 曲线的比较

文献[74]还指出,当终轧温度 ≥950℃ 时,相变诱导作用变得很弱,此时的动态再结晶曲线与该钢的静态 CCT 曲线相似,在此情况下无论采用哪种冷却工艺,很难产生出 F+M 双相钢。

当终轧温度为 852℃ 时,可以通过控制冷却来得到 F+M 双相组织。图 4-81 所示为终轧温度 852℃ 时轧后 3 种冷却工艺方案。方案 I 为轧后空冷到 800℃ 后喷水,快速冷却到卷曲温度 600℃,再以板卷的缓慢冷却速度冷却至室温;方案 II 为轧后喷水冷却到 720℃,空冷(停止喷水)至 680℃,然后再次喷水快速冷却至 600℃,最后以板卷的缓慢冷却速度冷却至室温。方案 III 为轧后以喷水冷却速度冷却到 650℃ 后空冷至 600℃,最后再以板卷的缓慢冷却速度冷却至室温。经过试验对比和理论分析,虽然 3 种方案均可得到双相组织,但以方案 Ⅱ 获得的组织和性能最优,最后确定方案 Ⅱ 为最佳生产工艺。

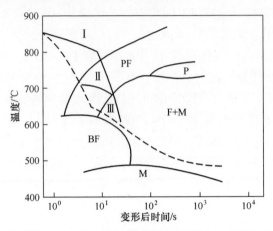

图 4-81　终轧温度为 850℃ 时 C-Mn 双相钢的动态 CCT 曲线及冷却工艺方案

4.9　物理模拟在超塑性研究中的应用

超塑性是指某些金属材料或合金在特定的条件下,即在低的应变速率（$\dot{\varepsilon}$ 为 0.0001~0.001s⁻¹）、一定的变形温度（约为热力学熔化温度 T_m 的一半）和稳定而细小的晶粒度（0.5~5μm）的条件下,呈现低强度及超 100% 伸长率的一种特性。

1912 年美国试验物理科学家 Bengough 发表的"某种特殊黄铜像玻璃一样拉伸到一个细点,获得极大伸长率",描述了黄铜在 700℃ 表现出 163% 的最大伸长率,是最早报道超高伸长率现象的文献[132]。1920 年德国人 Rosenhaim 等发现 Zn-4Cu-7Al 共晶合金在低速弯曲时,塑性极佳,可以弯曲近 180°。1934 年 Pearson 等发现 Pb-Sn 共晶合金在室温低速拉伸时可得到 2000% 的伸长率[133],1945 年 Bochvar 等发现 Zn-Al 共析合金具有异常高的伸长率并提出"超塑性"这一名词[134],1964 年 Backofen 等对 Zn-Al 合金进行了系统研究,并提出了应变速率敏感性指数 [$m=\mathrm{d}(\ln\sigma)/\mathrm{d}(\ln\dot{\varepsilon})$] 这一概念[135]。这些先驱的研究,为金属材料的超塑性研究奠定了基础。20 世纪 70 年代以后,发达国家开始重视和开发超塑性技术,掀起了超塑性理论研究及应用的热潮,除了早期的共晶和共析型超塑性铜合金,还开展了锌基合金、钛基合金、铝基合金、镍基合金、铁基合金(不锈钢、高碳钢和铸铁)等具有超塑性的 200 多种金属及合金的研究[136-143]。近半个世纪,随着研究范围不断扩大,超塑性现象已由个别金属材料的特异现象发展成为许多金属材料的普遍性能,超塑性研究也已发展成涉及金属材料学、金属物理、热处理、力学及塑性加工等多学科知识交叉的学科,超塑性的研发热点也从实验室的科学研究走向应用研究[144-150]。

4.9.1 金属材料超塑性的研发现状

一般按实现超塑性的条件和变形特点的不同,超塑性可分为组织超塑性、相变超塑性[144, 151-152]及内应力诱发超塑性。组织超塑性又称为微细晶粒超塑性、恒温超塑性或结构超塑性,要求材料具有均匀细小的等轴晶粒,通常晶粒变形小于 $10\mu m$,并且在超塑性温度下晶粒不易长大,即所谓稳定性好,其次要求变形温度 T 不低于 $0.5T_m$,并在变形时温度恒定,应变速率为 $0.0001 \sim 0.1 s^{-1}$。相变超塑性又称为动态超塑性或变温超塑性,这类超塑性不要求材料有超细等轴晶粒,但要求材料应具有固态相变,这样在外载荷作用下,在相变温度上下循环加热与冷却,诱发材料产生反复的组织结构变化从而获得大的伸长率。内应力诱发超塑性与相变超塑性一样需要热循环,但它的驱动力不是相变而是材料内部各相热膨胀系数的差异产生的内应力。虽然相变超塑性和内应力诱发超塑性不要求微细等轴晶粒,但要求变形温度频繁变化,这给实际应用带来困难,故生产应用受到限制。相对于相变超塑性,组织超塑性成为目前国内外超塑性材料研究与应用的主要方向。

1968 年,英国 Reland 汽车公司和 RioTinto 锌公司采用锌铝合金超塑成形小轿车的上盖和车门内板而轰动一时,开创了超塑性材料及技术的应用先例。20 世纪 70 年代起 Hamilton 等的研究成果使铝钛合金制造工艺发生了技术性革命[153-154]。此后,在航空航天领域,利用钛铝合金等材料的超塑性和超塑性状态下良好的固态黏合性能发展起来的超塑成形和超塑成形/扩散连接(superplastic forming/diffusion bonding,SPF/DB)集成创新工艺的研究及应用迅速发展。欧美及日本等许多国家相继投入了大量人力、物力和财力开展超塑性成形技术研究,技术进步非常迅速,也取得了明显的技术和经济效益。中国研究者从 20 世纪 70 年代初开始超塑性的研究工作,距今已近 50 年。在这段时间里,国内许多学校和科研院所对超塑性成形进行了研究,钛合金和铝合金的超塑成形产品已在航空、航天、仪表、电子、轻工、机械和铁道等领域得到应用。

超塑性的变形机制至今尚没有统一完整的认识[155],而开发各种先进的超塑性测试与研究方法,深入探索超塑性变形过程中微观组织的变化机制,是材料学界较关心的问题。

利用物理模拟技术，可以方便地进行材料超塑性变形的模拟研究。这是由于物理模拟试验设备不但可提供精确的加热温度，更主要的是可以方便地调节与控制拉伸速度，使得试样变形过程中真应变速率保持不变。

在 Gleeble 试验机上进行超塑性拉伸试验时，虽然可能出现因颈缩而使得标距区域内温度不均匀，但可利用 C-Strain 径向应变传感器精确地测出圆棒试样的真应力-真应变曲线，并确定 m 值（应变速率敏感指数），然后再以 Gleeble 的试验数据为基础在炉子中进行拉伸，测定伸长率。当试样截面为片状（无法使用 C-Strain 传感器直接测出真应力-真应变关系）时，可考虑使用 L-Strain 传感器，或者在 Gleeble 拉伸过程中记录位移及力，同样以恒应变速率拉伸测得应力-应变速率曲线。在应变不大时，加上使用热卡头，也可近似地看作标距内温度均匀，求得应力-应变曲线。抵消摩擦力的影响，以保证力的测量精度。

图 4-82 所示为白秉哲等所测的供货状态的 TC11 钛合金棒在超塑性拉伸中的应力、m 值及伸长率与应变速率的关系[156]。此种测量不经前处理，在 900℃时拉伸，m 值可达 0.5，伸长率可达 1000%，采用变速拉伸的方法，可使试样的伸长率达到 1900% 以上。他们还利用 Gleeble-1500 试验机进行了钛合金超塑性变形中的各向异性研究[157]。

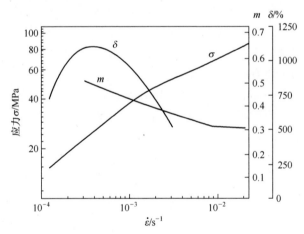

图 4-82　TC11 钛合金在超塑性拉伸中应力 σ、m 值及伸长率 δ 与应变速率 $\dot{\varepsilon}$ 的关系

如前所述，所有的材料在特定的温度、显微组织和应变速率下都可以呈现超塑性，包括通常条件下非常脆的陶瓷材料、金属间化合物和金属基复合材料等。

韩立红利用 Gleeble-1500 和带有加热装置的电子万能拉伸机进行了颗粒增强铝基复合材料超塑性的研究[158]。颗粒增强铝基复合材料超塑性与一般的合金材料相比有 3 个特点:①必须经过预处理,进行挤压或热轧,以弥合材料原始组织中的一些微观缺陷(气孔、疏松、微裂纹等),同时可细化晶粒和改善增强相在基体中的分布情况,使之分布更加均匀,以利于材料的协调变形,有利于应变速率敏感性指数的提高;②加热温度较高,一般接近或超过材料的固相线,使晶粒与晶粒之间或基体与增强相之间的界面出现少量液相,起到润滑作用,既可降低流动应力,又可松弛应力集中,使材料获得更高的伸长率;③可以在应变速率比较高的条件下进行(一般金属材料的超塑性应变速率应低于 $0.001s^{-1}$,而颗粒增强铝基复合材料超塑性的应变速率可达 $0.167s^{-1}$),这是由于在高温和高应变速率条件下,复合材料的塑性变形微观机制是基体晶粒间界面滑动和基体晶粒与增强相之间界面滑动共同作用的结果,同时在超塑变形条件下发生了动态回复和动态再结晶,变形初期由于高的应变速率导致重新形核生成了许多极细小的再结晶晶粒,进一步提高了塑性变形能力。

研究结果显示,对于粉末冶金制备的挤压态 $15\%(Al_2O_3)_p/6061Al$ 复合材料,在应变速率为 $0.00167s^{-1}$、变形温度为 580℃ 条件下,可获得 200% 的伸长率,应变速率敏感性指数 m 最大为 0.32;挤压后轧制态 $10\%AlNp/6061Al$ 复合材料在应变速率为 $0.167s^{-1}$、变形温度为 580℃ ~ 600℃ 条件下,可获得超过200% 的伸长率,应变速率敏感性指数 m 最大为 0.35;而 $20\% \sim 30\%AlN_p/6061Al$ 复合材料在应变速率为 $0.167s^{-1}$、变形温度为 580 ~ 600℃ 条件下,可获得超过300% 的伸长率,应变速率敏感性指数 m 最大分别为 0.40 和 0.42。同时,发现增强相含量对复合材料超塑性有一定影响。

为了深入研究超塑性变形的微观机制,更好地解释超塑性变形过程中晶界滑动的微观本质,韩立红[158]还用分子动力学方法,从原子角度模拟了不同晶界模型的微观滑动过程,以及原子的扩散和迁移情况。

▲ 4.9.2　钢铁材料超塑性的研究进展

经过百余年(1912—2019 年)的超塑性机制与材料研究[134-145, 159-164],人们发现了铝及铝合金、镁及镁合金、钛及钛合金,以及其他众多金属及合金具有超塑性。但在低中碳合金钢领域很难实现超塑性成形,更无法获得商业化的供货态低中碳合金钢超塑性产品[165-170]。

超塑性材料未来的研发方向是高应变速率超塑性、供货态超塑性和低温超塑性[144]。近期具有良好超塑性的低中碳钢研发引起了重视,期望可以形成低成本超塑性材料,替代价格昂贵的超塑性钛合金和铝合金,促进中国汽车工业、航空航天工业和卫生医疗领域的超塑性成果应用。未来超塑性碳钢的研究,必须将钢铁材料的热稳定性控制由传统间隙固溶原子碳控制改变为置换固溶元素控制,从而大幅度提高高温下的碳钢组织结构稳定性,满足超塑性变形过程中具有稳定超细晶组织结构的要求。

20世纪70年代,美国科学家Sherby等掀起了以碳质量分数为1.0%~2.1%的超高碳钢超塑性的研究热潮[171-177]。另外,在高合金的不锈钢领域(奥氏体不锈钢与双相不锈钢,其镍、铬、钼、锰等贵重合金质量分数达30%左右),发现在900~1200℃的温度范围内也可以获得100%~2500%的超塑性[178-181]。但因为超高碳钢可焊性差,不锈钢合金含量高,人们一直在探索研究低中碳合金钢的超塑性及其产业化,但一直没有取得可工业化的突破性进展[182-188]。至今,现有低中碳合金钢还是难以实现比较好的超塑性指标,更没有开发出可大规模工业化的供货态超塑性低中碳钢铁材料。

图4-83所示为高碳钢、高合金钢和低中碳钢超塑性研究结果总结[144, 171-190]。可以看出,钢铁材料超塑性严重受到应变速率和变形温度的影响。

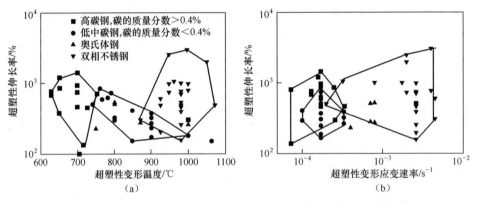

图4-83　低中碳钢、高碳钢、奥氏体钢和双相不锈钢等钢种的超塑性性能对比
(a)超塑性变形温度对超塑性伸长率的影响;(b)超塑性变形应变速率对超塑性伸长率的影响。

为此,钢铁研究总院汽车钢研究团队曹文全等研究了新型低中碳合金钢材料的超塑性性能,结果如图4-84和图4-85所示[144]。研究结果表明,新型超塑性低中碳合金钢具有非常高的加工硬化率,表现在超塑性拉伸应力-应变曲线上的真应力随着应变的提高而近乎线性的增加趋势。新型低中碳合金钢的加工硬化能力达到了加工硬化率0.5的水平,确保了新型低中碳合金钢的均匀超塑性变形。为了探讨新型低中碳合金钢的超塑性机制,他们利用扫描电镜、透射电镜和EBSD等先进组织结构表征手段,对材料的初始组织结构和超塑性变形后的微观组织结构进行了初步表征分析,发现了静态退火条件下,材料保持超细双相的微观组织结构和大量的小角度晶界;而经过超塑性变形后,材料的微观组织结构发生了显著的变化,表现为晶粒长大和大角度晶界或相界增加。可见尽管经过 850℃、十余小时的保温加超塑性形变,钢的晶粒度依然不到 10μm,显示出极高的组织稳定性。

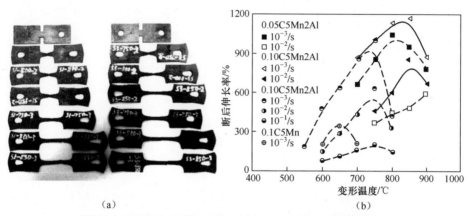

（a）

（b）

图 4-84　新型低中碳合金钢材料在 550~900℃的超塑性性能

（a）不同碳质量分数的两种拉伸样品超塑性拉伸形貌;

（b）不同碳、锰和铝合金化样品的超塑性伸长率结果。

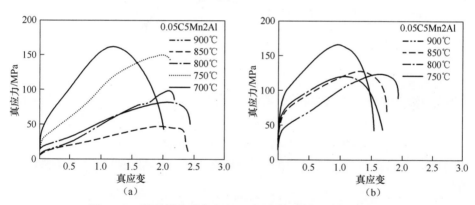

（a）

（b）

图 4-85　新型低中碳合金 0.05C5Mn2Al 钢在 700~900℃及

不同应变速率条件下的超塑性应力-应变曲线

（a）0.001s^{-1};（b）0.01s^{-1}。

4.9.3　新型低中碳合金钢与传统钢铁材料超塑性对比

将新型超塑性低中碳合金钢与文献报道的其他钢种研究结果进行初步对比,结果如图 4-86 所示[144]。

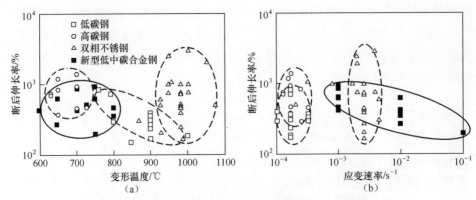

图4-86 传统钢材与新型超塑性低中碳合金钢的超塑性
变形温度、超塑性应变速率和超塑性伸长率等对比

(a)超塑性伸长率与变形温度的关系；(b)超塑性伸长率与应变速率的关系。

从图4-86中可以看出,在温度为600℃和变形速度为0.01s⁻¹的超塑性变形条件下,新型超塑性低中碳合金钢可以获得500%的超塑性伸长率;在温度为800℃和变形速度为0.001s⁻¹的超塑性条件下,可以获得1250%的超塑性伸长率。在550~1250℃温度加上在0.001~0.1s⁻¹的变形速度范围内可获得100%~1500%伸长率的超塑性性能。相对于传统碳质量分数为1.0%~2.1%的超高碳超塑性钢,新研发钢为碳质量分数为0.01%~0.49%的中低碳钢,通过冶炼、热轧和冷轧得到具有超塑性的热轧态和冷轧态的供货态板材,可以通过超塑性成形实现高强板材和其他复杂零部件的近净成形。超塑性成形后的钢板或零部件具有700~1500MPa的室温抗拉强度和良好的焊接性能。该超塑性钢板成本低、易生产,可以通过常规的冶炼、连铸、热轧和冷轧进行大规模工业化生产,弥补了传统超高碳超塑性钢的不可焊接性能和传统低中碳钢在供货态下不具有超塑性的缺陷,为复杂零部件钢板成形、减少焊接工序及轻量化提供了令人鼓舞的前景。

📖 参考文献

[1] 张鸿冰, 张斌, 柳建韬. 钢中动态再结晶力学测定及其数学模型[J]. 上海交通大学学报, 2003, 37(7):1054-1056.

[2] 陈伟昌, 党紫九. 热轧过程的物理模拟[J]. 特殊钢,1996,17(3):27-35.

[3] 曹乃光. 金属塑性加工原理[M]. 北京:冶金工业出版社,1983.

[4] 周纪华, 管克智. 金属的变形阻力[M]. 北京:机械工业出版社,1989.

［5］中国机械工程学会锻压学会．锻压词典［M］．北京:机械工业出版社，1989.

［6］王占学，李生智，崔光珠，等．金属热塑性变形的物理模拟—变形抗力的测定［C］//国际动态热/力模拟技术学术会议论文集．哈尔滨，1990.

［7］金属机械性能编写组．金属机械性能［M］．北京:机械工业出版社，1978.

［8］CHEN Wayne. Gleeble System and Application［D］. New York：Gleeble System School，1998.

［9］Dynamic System Inc. Flow Stress Correction in Uniaxial Compression Testing［Z］. New York：Appnotes/Unistsc. doc，1998.

［10］徐有容，王德英，许华平，等．热变形加工物理模拟与微合金钢力学冶金模型研究［C］//中美双边暨第二届全国材料物理模拟学术会议论文集．哈尔滨，1996.

［11］富士電波工機株式会社．真応力．真歪の演算．熱間加工再現試験装置［Z］．1997.

［12］徐有容，秦勇，王德英．SS41 钢热连轧动态热/力模拟的研究［C］//国际动态热/力模拟技术学术会议论文集．哈尔滨，1990.

［13］SELLERS C M，SAH J P，BEYNON J H，et al. Plane Strain Compression Testing at Elevated Temperature［R］. Report on Reserch Work Supported by Science Research Council Grant B/RG/148/University of Sheffield. Sheffield，1976.

［14］NADAI A，MANJOINE M J. High-Speed Tension Tests at Elevated Temperatures - Part 1［J］. Proc. ASTM 40，1940，822-837.

［15］管克智，周纪华，朱其圣，等．高温、高速下铬钢和碳素工具钢塑性变形阻力研究［J］．北京钢铁学院学报，1983，1:123-139.

［16］管克智，周纪华，等．高温高速下合金钢塑性变形阻力的研究［J］．钢铁，1984，19(10):15-21.

［17］管克智，周纪华，伦怡馨．热变形工艺对钢的变形抗力影响的实验研究［J］．钢铁，1989，24(9):30-32，42.

［18］井上勝郎．鋼の高温加工強度に關する研究［J］．鐵と鋼：日本鐵鋼協會々誌，1955，41:506-515.

［19］池島俊雄.扶桑金属工业报告(1950)［J］．日本金属学会志．1953，17(1)：A1-A5.

［20］丰岛清三，坂本九州男，并手正喜．高速度引张实验机にょる软钢の变形抵抗の测定［J］.铁と钢，1955，41(3):344-347.

［21］美坂佳助，吉本友吉．普通炭素钢热间变形抵抗数式化［J］．铁と鋼，1966，52(10)：1584-1587.

［22］志田茂．炭素鋼の变形抵抗の实験式［J］．塑性と加工，1969，10(103):610-617.

［23］зюзин В И. броемая М Я，Мельников А Ф.Сопротивление деформашии сталей［M］．Издательство：Металлугия，1964 .

［24］熊尚武，王国栋，张强．新变形抗力数学模型的建立与应用［J］．钢铁，1993，28(5)：21-26.

［25］吴红艳，沈开照，杜林秀，等．低成本耐候钢的高温热变形行为［J］．钢铁研究学报，2006，18(10):54-58.

［26］李龙，丁桦，孝云祯，等．一种建筑用耐火钢变形抗力模型的建立［J］．材料与冶金学报，2002(3):233-236.

［27］GAN B，ZHANG M，LI H. et al. A Modified Constitutive Model and Dynamic Recrystallization Behavior of High-N Mn18Cr18 Alloy［J］. Steel Research International，2017，88(9):433.

［28］陈连生，狄国标，张洪波，等．低碳含铌钛双相钢的塑性变形抗力模型［J］．塑性工程学报，2007，14(6)：127-129.

［29］孙蓟泉，张金旺，王永春．SPHC 钢热变形行为的研究［J］．钢铁，2008，43(9)：44-48.

237

[30] 邵卫军, 钟春生. 用图形工具 GRAFTOOL 建立指数强化材料变形抗力模型的方法探讨[J]. 中国钼业, 1997, 21（增刊）: 62-64.

[31] SCHINDLER I, HADASIK E. A new model describing the hot stress-strain curves of HSLA steel at high deformation[J]. Journal of Materials Processing Technology, 2000, 106: 131-135.

[32] SERAJZADEH S, KARIMI TAHERI A. Prediction of flow stress at hot working condition[J]. Mechanics Research Communications, 2003, 30: 87-93.

[33] SERAJZADEH S. A mathematical model for evolution of flow stress during hot deformation[J]. Materials Letters, 2005, 59: 3319-3324.

[34] EBRAHIMI R, ZAHIRI S H, NAJAFIZAD A. Mathematical modelling of the stress strain curves of Ti-IF steel at high temperature[J]. Journal of Materials Processing Technology, 2006, 171(2): 301-305.

[35] LIN Y C, CHEN M S, ZHANG J. Modeling of flow stress of 42CrMo steel under hot compression[J]. Materials Science and Engineering: A, 2009, 499(1-2): 88-92.

[36] 戴铁军, 刘相华, 刘战英, 等. 30MnSi 钢金属塑性变形抗力的数学模型[J]. 塑性工程学报, 2001, 8: 17-20.

[37] ZHU D, ZHANG M, WANG Y. Electron Backscattered Diffraction Study of Microstructural Evolution During Isothermal Deformation of High-N Mn18Cr18 Alloy[J]. Metallurgical and Materials Transactions B, 2019, 50(4): 1662-1673.

[38] ZHANG M, LI H, GAN B. et al. Hot Ductility and Compression Deformation Behavior of TRIP980 at Elevated Temperatures[J]. Metallurgical and Materials Transactions B, 2018, 49(1): 1-12.

[39] WANG Y, ZHANG M, SUN X. Investigation on High Temperature Compression Deformation Behavior of 0.2C7Mn Steel[J]. Procedia Manufacturing, 2019, 37: 327-334.

[40] ZHANG M, SUN X, WANG Y. Elevated Temperature Deformation Characteristics of 15Mn7 Steels[J]. Procedia Manufacturing, 2019, 37: 360-366.

[41] YADA H, SENUMA T. Resistance to Hot Deformation of Steels[J]. J.Jpn.Social Technology Plast., 1986, 27(1): 34-41.

[42] SENUMA T, YADA H. Annealing Processes. Recovery, Recrystallization and Grain Growth [C]//Proc. 7th Int.Symp.on Metallurgy and Materials Science. Demark, 1986.

[43] SELLARS C M, WHITEMAN J A. Recrystallization and grain growth in hot rolling[J]. Metal Science, 1979, 13(3-4): 187-194.

[44] SATIO Y. Modeling of Microstructural Evolution in Thermomechanical Processing of Structural Steels[J]. Meterials Science and Engeneering, 1997, A233: 134-145.

[45] BOWDEN J W, SAMUEL F H, JONAS J J. Effect of interpass time on austenite grain refinement by means of dynamic recrystallization of austenite[J]. Metallurgical & Materials Transactions A, 1991, 22(12): 2947-2957.

[46] SANDSTRÖM R, LAGNEBORG R. Model for hot working occurring by recrystallization[J]. Acta Metallurgica, 1975, 23(3): 387-398.

[47] STUWE H, ORTNER B. Recrystallization in Hot Working and Creep[J]. Methods Science, 1974, 8(6): 161-170.

[48] ROLLET A D, SROLOVITZ D J, DOHERTY D R, et al. Computer simulation of recrystallization in non-uniformly deformed metals[J]. Acta Metallurgica, 1989, 22(2): 627-639.

［49］ LAASRAOUIA A, JONAS J J. Prediction of steel flow stresses at high temperatures and strain rates［J］. Metall. Trans. A, 1991, 22A(7)：1545-1558.

［50］ 金泉林. 金属动态再结晶的数值模拟［C］. 第七届锻压年会,北京,1995.

［51］ 高维林. 金属塑性变形的耗散结构和协同学模型及含铌低碳钢的热变形行为［D］. 沈阳:东北大学, 1993.

［52］ JOHNSON M A, MEHL R F. Reaction kinetics in processes of nucleation and growth［J］. Trans Am Inst Min, Metall Pet Eng, 1939, 135：416-442.

［53］ AVRAMI M. Kinetics of phase change Ⅰ: general theory［J］. The Journal Chemical Physics, 1939, 7：1103-1107.

［54］ AVRAMI M. Kinetics of phase change Ⅱ: transformation-time relations for random distribution of nuclei ［J］. The Journal Chemical Physics,1940, 8：212-219.

［55］ AVRAMI, M. Kinetics of Phase Change. III. Granulation, Phase Change, and Microstructure［J］. Journal of Chemical Physics, 1941, 9（2）：177-184.

［56］ AVRAMOV I. Kinetics of distribution of infections in networks［J］. Physica A：Statal Mechanics and its Applications, 2007, 379(2)：615-620.

［57］ 刘凯.300M 钢的热态变形特性及其动态再结晶模型研究［D］. 南京:南京航空大学, 2012.

［58］ 吾志岗, 李德富, 郭胜利, 等. GH625 镍基高温合金动态再结晶模型研究［J］. 稀有金属材料与工程, 2012, 41(2)：235-240.

［59］ LIU P, LIU D, LUO Z, et al. Flow Behavior and Dynamic Recrystallization Model for GH761 Superalloy during Hot Deformation［J］. Rare Metal Materials & Engineering, 2009, 38(2)：275-280.

［60］ 王有铭, 李曼云, 韦光. 钢材的控制轧制和控制冷却［M］. 北京：冶金工业出版社, 2009

［61］ POLIAK E I, JONAS J J. A one-parameter approach to determining the critical conditions for the initiation of dynamic recrystallization［J］. Acta Mater, 1996, 44(1)：127-136.

［62］ 吴晋彬, 刘国权, 王浩. Nb、Ti 和 V 对含 Nb 微合金钢热变形行为的影响［J］. 金属学报,2010, 46 (7)：838-843.

［63］ JONAS J J, QUELENNEC X, JIANG L, et al. The Avrami kinetics of dynamic recrystallization［J］. Acta Materialia, 2009, 57(9)：2748-2756.

［64］ MEDINA S F, MANCILLA J E. Influence of Alloying Elements in Solution on Static Recrystallization Kinetics of Hot Deformed Steels［J］. ISIJ International, 1996, 36(8)：1063-1069.

［65］ 齐俊杰,黄运华,张跃. 微合金化钢［M］. 北京:冶金工业出版社,2006.

［66］ KIRIHATA A , SICILIANO F, MACCAGNO T M, et al. Mathematical Modelling of Mean Flow Stress during the Hot Strip Rolling of Multiply-alloyed Medium Carbon Steels［J］. ISIJ International,1998,38(2)：187-195.

［67］ MEDINA S F, HERNANDEZ C A. General expression of the Zener-Hollomon parameter as a function of the chemical composition of low ally and microalloyed steels［J］. Acta mater,1996,44：137-148.

［68］ BANERJEE S, ROBI P S, SRINIVASAN A, et al. High temperature deformation behavior of Al－Cu－Mg alloys micro-alloyed with Sn［J］. Material Science & Engineer A, 2010,527：2498-2503.

［69］ SELLARS C M, METEGART W J. On the mechanism of hot deformation［J］. Acta Mater., 1966, 14：1136-1138.

［70］ UVIRA J L, JONAS J J. Compression testing of homogenous materials and composites［J］. Transactions of the metallurgical society of AIME, 1968, 242(8): 1619-1627.

[71] 康娅雪, 蔡大勇, 张春玲, 等. 微碳钢的热变形方程及热加工图[J]. 材料热处理学报, 2012, 33 (6): 74-79.

[72] 毛卫民, 赵新兵. 金属的再结晶与晶粒长大[M]. 北京:冶金工业出版社, 1994.

[73] SUN X, ZHANG M, WANG Y, et al. The Kinetics and Numerical Simulation of Dynamic Recrystallization Behavior of Medium Mn Steel in Hot Working[J]. Steel Research International, 2020(2):6.

[74] 孙本荣, 曾秀珍. 热连轧含 Nb 低碳钢吧卷奥氏体再结晶研究[C]//国际动态热/力模拟技术学术会议论文集. 哈尔滨, 1990.

[75] 作井诚太, 酒井拓. オーステナイト领域における0.16%炭素鋼の变形挙动[J]. 铁と鋼. 1977, 63 (2):87-95.

[76] 曾伟明, 韩坤, 张梅, 等. 超高强度 Ti 微合金复相钢再结晶行为研究[J]. 材料科学与工艺, 2011 (3): 132-136.

[77] POLIAK E I, JONAS J J. Initiation of dynamic recrystallization in constant strain rate hot deformation[J]. ISIJ International, 2003(5): 684-691.

[78] CHO S H, KANG K B, JONAS J J. Mathematical modeling of the recrystallization kinetics of Nb microalloyed steels[J]. ISIJ International, 2001, 41 (7):766-773.

[79] ZHANG Z H, LIU Y N, LIANG X K, et al. The effect of Nb on recrystallization behavior of a Nb micro-alloyed steel[J]. Materials Science and Engineering A, 2008, 474(1-2): 254-260.

[80] 曾伟明. 超高强度低碳微合金复相钢轧制工艺物理模拟研究[D]. 上海:上海大学, 2011.

[81] 朱松鹤. F40 船板钢高温变形模拟研究[D]. 上海: 上海大学, 2010.

[82] 沈斌. 船板钢控轧控冷过程中组织演变的模拟研究[D]. 上海:上海大学, 2014.

[83] MEDINA S F, MANCILLA J E. Determination of static recrystallisation critical temperature of austenite in miy6croalloyed steels[J]. ISIJ International, 1993, 33(12):1257-1264.

[84] 张聪. 碳锰钢再结晶行为研究[D]. 武汉:武汉科技大学, 2011.

[85] HOSSEINIFAR M, ASGARI S. Static recrystallization behavior of AEREX350 superalloy[J]. Materials Science & Engineering A, 2010, 527(s 27 - 28):7313-7317.

[86] 蔺永诚, 陈明松, 钟掘. 42CrMo 钢形变奥氏体的静态再结晶[J]. 中南大学学报:自然科学版, 2009, 40(2):411-416.

[87] 曹宇. 800H 合金组织演变规律与热加工工艺研究[D]. 沈阳:东北大学, 2011.

[88] ZHANG M, HUANG C B, ZENG W M, et al. Recrystallization Behavior of 0.11% Ti-Added Complex Phase Steel during Hot Compression[J]. Materials Science Forum, 2013, 762: 128-133.

[89] LI G, MACCAGNO T M, BAI D Q, et al. Effect of initial Grain Size on the Static recrystallization Kinetics of Nb Microalloyed Steels[J]. ISIJ International, 1996, 36(12): 1479-1485.

[90] Fernández A I, López B, Rodrguez-Ibabe J M. Relationship between the austenite recrystallized fraction and the softening measured from the interrupted torsion test technique[J]. Scripta Mater, 1999, 40: 543-549.

[91] PERTTULA J. Physical Simulation of Hot Working—Measurements of Flow Stress and Recrystallization Kinetic[C]. Acta University of Oulu, C 119, Oulu, 1990.

[92] ROUCOULES C, HODGSON P D, YUE S, et al. Softening and microstructural change following the dynamic recrystallization of austenite[J]. Metall. Trans. A, 1994, 25:389-401.

［93］ Fernández A I, López B, Rodriguez J M. Static Recrystallization mechanisms in a coarse grained Nb-microalloyed austenite［J］. Metallugical and Materials Transactions A, 2002,33A(10): 3089-3098.

［94］ ZAHIRI H, KIM S I, BYON S M. Models for static and metadynamic recrystallisation of interstitial free steels［J］. Materials Science Forum,2005,475-479:157-160.

［95］ Fernández A I, Uranga P, López B. Dynamic recrystallization behavior covering a wide austenite grain size range in Nb and Nb-Ti microalloyed steels［J］. Materials Science and Engineering A, 2003,361:367-376.

［96］ SU W P, HAWBOLT E B. Comparison between static and metadynamiec recrystallization: an application to the hot rolling of steels［J］. ISIJinternational,1997,37(10):1000-1009.

［97］ KARJALAINEN P, PERTTULA J, NIU J, et al. Stress Relaxation. A Novel Technique for Measuring the Softening Kinetics in Hot-Deformed Austenite［J］. 哈尔滨工业大学学报(增刊), 1996(12):205-212.

［98］ 党紫久, 张艳, 吴娜, 等. 用应力松弛方法研究低碳贝氏体钢的析出过程［J］. 物理测试, 1995, 1:1-5.

［99］ SUHIRO M, SATO K, TSUKANO Y, et al. Computer Modeling of Microstructural Change and Strength of Low Carbon Steel in Hot Strip Rolling［J］. ISIJ Int. ,1987, 27(6): 439-445.

［100］ LIVESEY D W, SELLARS C M. Hot-deformation characteristics of Waspaloy［J］. Materials Science and Technology, 1985,1(2): 136-144.

［101］ SELLARS C M, WHITEMAN J A. Recrystallization and Grain Growth in Hot Rolling［J］. Metal Science, 1979, 13(3): 187-194.

［102］ DEVADAS C, SAMARASEKERA I V, HAWBOLT E B. The Thermal and Metallurgical State of Steel Strip during Hot Rolling:Part III. Microstructural Evolution［J］. Metallurgical Transactions A, 1991,22A(2):335-345.

［103］ 雍歧龙, 马鸣图, 吴宝榕. 微合金钢:物理和力学冶金［M］. 北京:机械工业出版社, 1989.

［104］ KAZEMINEZHAD M. On the modeling of the static recrystallization considering the initial grain size effects［J］. Mater. Sci. Eng. A, 2008, 486: 202-207.

［105］ QUISPE A, MEDINA S F, Gómez M, et al. Influence of austenite grain size on recrystallisation-precipitation interaction in a V-microalloyed steel［J］. Materials Science & Engineering A, 2007, 447(S1-2): 11-18.

［106］ 张梅, 韩坤, 李清山, 等. 小型试样拉伸试验用牵引夹持机构:CN201120076048.2［P］. 2011-09-07.

［107］ RAJ R. Development of a processing map for use in warm-forming and hot-forming processes［J］. Metall. Trans. A, 1981, 12A: 1089-1097.

［108］ 鞠泉, 李殿国, 刘国权. 15Cr-25Ni-Fe 基合金高温塑性变形行为的加工图［J］. 金属学报, 2006, 42(2): 218-224.

［109］ 向嵩. 薄板坯连铸连轧微合金钢析出物与加工图的研究［D］. 北京:北京科技大学, 2007.

［110］ PRASAD Y, GEGEL H L, DORAIVELU S M, et al. Modeling of dynamic material behavior in hot deformation: forging of Ti-6242［J］. Metallurgical Transactions A, 1984, 15(10): 1883-1892.

［111］ 时伟, 王岩, 邵文柱, 等. GH4169 合金高温塑性变形的热加工图［J］. 粉末冶金材料科学与工程, 2012, 17(3): 281-290.

［112］ GEGEL H L. Synthesis of Atomistic and Continuum Modeling to Describe Microstructure［J］. Computer

Simulation in Materials Science, OH：ASM, 1986(9)：291-344.

[113] GEGEL H L, MALAS J C, DORAIVELU S M, et al. Modeling techniques used in forging process design [M]. ASM Handbook. , 1988, 14：417-438.

[114] MALAS J C, SEETHARAMAN V. Using material behavior models to develop process control strategies [J]. JOM, 1992, 44(6)：8-13.

[115] ALEXANDER J M. Modelling of Hot Deformation of Steels[M]. Berlin：Springer Verlag,1989.

[116] 李慧中, 王海军, 刘楚明, 等. Mg-10Gd-4.8Y-2Zn-0.6Zr 合金本构方程模型及加工[J],材料热处理学报,2010,31(7)：88-93.

[117] 王辉, 刘咏, 张伟等. 粉末冶金 TiAl 合金热变形行为及加工图的研究[J]. 稀有金属, 2010, 34 (2)：159-165.

[118] 刘娟, 崔振山, 李从心. 镁合金 ZK60 的三维加工图及失稳分析[J]. 中国有色金属学报, 2008, 18(6)：1020-1027.

[119] 向嵩, 谭智林, 梁益龙. 基于 Murty 流变失稳判据的 Nb-V-Ti 低碳微合金钢加工图分析[J]. 材料热处理学报, 2013(9)：243-247.

[120] GUO S, LI D, WU X, et al. Characterization of hot deformation behavior of a Zn-10.2Al-2.1Cu alloy using processing maps[J]. Materials & Design, 2012, 41：158-166.

[121] PRASAD Y V R K. Processing Maps：A Status Report[J]. Journal of Materials Engineering and Performance, 2013, 22(10), 2867-2874.

[122] PRASAD Y V R K. Author′s Reply：Dynamic Materials Model：Basis and Principles[J]. Metallurgical and Materials Transactions A, 1996, 27A(8)：235-236.

[123] DURMAN M, MURPHY S. Precipitation of metastable e-phase in a hypereutectic zinc-aluminium alloy containing copper[J]. Acta Metall Mater,1991,39(10)：2235-2242.

[124] MURTY S V S N, RAO B N. On the development of instability criteria during hotworking with reference to IN718[J], Mater. Sci. Eng. A, 1998, 254：76-82.

[125] WANG J, SHI B L, YANG Y S. Hot compression behavior and processing map of cast Mg-4Al-2Sn-Y-Nd alloy[J]. Transactions of Nonferrous Metals Society of China, 2014, 24(3)：626-631.

[126] SHI B L, LUO T J, WANG J. et al. Hot compression behavior and deformation microstructure of Mg-6Zn -1Al-0.3Mn magnesium alloy[J]. Transactions of Nonferrous Metals Society of China, 2013, 23(9)：2560-2567.

[127] 负冰. 变形对 γ→α 相变的影响及变形诱导 γ→α 相变的数值模拟研究[D]. 北京：钢铁研究总院, 2007.

[128] 张红梅, 刘相华, 王国栋. 变形工艺参数对铁素体相变行为的影响[J]. 钢铁研究, 2000, 115 (4)：36-39.

[129] 兰勇军, 黄成江, 李殿中, 等. 热变形条件下 C-Mn 钢奥氏体-铁素体相变模拟[J]. 金属学报, 2003, 39(3)：242-248.

[130] 黄德垲, 薛可平. 热变形对低合金钢的奥氏体连续冷却转变曲线的影响[C]. 中美双边暨第二届全国材料物理模拟学术会议,哈尔滨, 1996.

[131] 孙本荣, 曾秀珍. 热轧双相钢轧后快速冷却工艺基础研究[J]. 钢铁,1989, 24(1)：26-30.

[132] BENGOUGH G D. A study of the properties of alloys at high temperatures[J]. J Inst Met, 1912, 7 (1)：123.

［133］PEARSON C E. The viscous properties of extruded eutectic alloys of lead-tin and bismuth-tin［J］. J Inst Metals, 1934, 54(1):111.

［134］NOVIKOV I I. 50th anniversary of Russian investigations on super- plasticity［J］. Materials Science Forum, 1994, 170/171/172(4):3-12.

［135］BACKOFEN W A, TURNER I R, AVERY D H. Superplasticity in an Al-Zn alloy［J］. Trans ASM, 1964, 57(4):980-990.

［136］BALL A, HUTCHISON M M. Superplasticity in the aluminium-zinc eutectoid［J］. Metal Science Journal, 1969, 3(1):1-7.

［137］LANGDON T G. Grain boundary sliding as a deformation mechanism during creep［J］. Philosophical Magazine, 1970, 22(178): 689-700.

［138］LANGDON T G. A unified approach to grain boundary sliding in creep and superplasticity［J］. Acta Metallurgica et Materialia,1994,42(7): 2437-2443.

［139］MUKHERJEE A K. The rate controlling mechanism in superplasticity［J］. Materials Science and Engineering, 1971, 8(2): 83-89.

［140］ASHBY M F, VERRALL R A. Diffusion-accommodated flow and superplasticity［J］. Acta Metallurgica, 1973, 21(2): 149-163.

［141］GIFKINS R C. Grain-boundary sliding and its accommodation du- ring creep and superplasticity［J］. Metallurgical Transactions:A, 1976, 7(8): 1225-1232.

［142］GITTUS J H. Theory of superplastic flow in two-phase materials: roles of interphase-boundary dislocations, ledges, and diffusion［J］. Journal of Engineering Materials and Technology, 1977, 99(3): 244-251.

［143］RUANO O A, EISELSTEIN L E, SHERBY O D. Superplasticity in rapidly solidified white cast irons［J］. Metallurgical Transactions: A, 1982, 13(10): 1785-1792.

［144］曹文全, 张万里, 徐海峰, 等. 超塑性材料现状及新型超塑性低中碳合金钢研发［J］. 钢铁, 2017, 52(11):1-8.

［145］PATON N E. Superplastic Forming of Structural Alloys［M］. San Diego: A Publication of the Metallurgical Society of AIME, 1982.

［146］BONET J, GIL A, WOOD R D, et al. Simulating superplastic forming［J］. Computer Methods in Applied Mechanics and Engineering, 2006, 195(48-49): 6580-6603.

［147］ABDEL-WAHAB E M, KEN-ICHI M, NISHIMURA H. Superplastic forming of AZ31 magnesium alloy sheet into a rectangular pan［J］. Materials Transactions, 2002, 43(10): 2443-2448.

［148］TAN M J, LIEW K M, TAN H. Cavitation and grain growth during superplastic forming［J］. Journal of Achievements in Materials and Manufacturing Engineering, 2007, 24(1):307-314.

［149］ZHANG B L, MACLEAN M S, BAKER T N. Hot deformation behaviour of aluminium alloy 6061/SiCMMCs made by powder metallurgy route［J］. Materials Science and Technology, 2000, 16(7-8): 897-902.

［150］YAGODZINSKY Y Y, PIMENOFF J, TARASENKO O, et al. Grain refinement processes for superplastic forming of AISI 304 and 304L austenitic stainless steels［J］. Materials Science and Technology, 2004, 20(7): 925-929.

［151］刘庆. Al-Li-Cu-Mg-Zr 合金超塑性变形机理研究［D］. 哈尔滨:哈尔滨工业大学, 1991.

[152] 曹富荣. 金属超塑性[M]. 北京:冶金工业出版社, 2014.

[153] GHOSH A K, HAMILTON C H. Mechanical behavior and hardening characteristics of a superplastic Ti-6Al-4V alloy[J]. Metallurgical and Materials Transactions: A, 1979, 10(6):699-706.

[154] PATON N E, HAMILTON C H, WERT J A, et al. Characterization of fine-grained superplastic aluminum alloys[J]. Journal of the Minerals, Metals and Materials Society, 1982,34(8): 21-27.

[155] 吴诗谆. 金属超塑性变形基础理论[M]. 北京:国防工业出版社, 1997.

[156] 白秉哲, 傅捷, 王勇, 等. TC11合金超塑性拉伸变形的不均匀现象[C]//国际动态热/力模拟技术学术会议论文集. 哈尔滨,1990.

[157] 白秉哲, 杨鲁义. Ti-6Al-4V及Ti-10V-2Fe-3Al合金超塑性变形中各向异性研究[J]. 哈尔滨工业大学学报(增刊), 1996(12):161-165.

[158] 韩立红. 颗粒增强铝基复合材料超塑性及晶界滑移的分子动力学探讨[D]. 哈尔滨:哈尔滨工业大学, 2002.

[159] ARIELI A, ROSEN A. Superplastic deformation of Ti-6Al-4V alloy [J]. Metallurgical and Materials Transactions:A, 1977, 8(10):1591-1596.

[160] MISHRA R S, STOLYAROV V V, ECHER C, et al. Mechanical behavior and superplasticity of a severe plastic deformation processed nanocrystalline Ti-6Al-4V alloy[J]. Materials Science and Engineering: A, 2001, 298(2):44-50.

[161] KAIBYSHEV R, MUSIN F, GROMOV D. Effect of Cu and Zr Additions on the superplastic behavior of 6061 aluminum alloy[J]. Materials Transactions, 2002, 43(10):2392-2399.

[162] NIEH T G, HSIUNG L M, WADSWORTH J, et al. High strain rate superplasticity in a continuously recrystallized Al-6%Mg-0.3%Sc alloy[J]. Acta Materialia, 1998, 46(8):2789-2800.

[163] BALL A, HUTCHISON M M. Superplasticity in the Aluminium-Zinc Eutectoid[J]. Metal Science, 1969, 3(1):1.

[164] MATSUBARA K, MIYAHARA Y, HORITA Z, et al. Developing super-plasticity in a magnesium alloy through a combination of extru-sion and ECAP[J]. Acta Materialia, 2003, 51(11):3073-3084.

[165] CAO F R, DING H, LI Y L, et al. Superplasticity, dynamic grain growth and deformation mechanism in ultra-light two-phase magnesium-lithium alloys[J]. Materials Science and Engineering:A, 2010, 527(9):2335-2341.

[166] ZHANG H, BAI B, RAABE D. Superplastic martensitic Mn-Si-Cr-C steel with 900% elongation[J]. Acta Materialia, 2011, 59(14):5787-5802.

[167] ZHANG H, PRADEEP K G, MANDAL S, et al. Enhanced superplastici-ty in an Al-alloyed multicomponent Mn-Si-Cr-C steel[J]. Acta Materialia, 2014, 63(3):232-244.

[168] FURUHARA T, SATO E, MIZOGUCHI T, et al. Grain boundary character and superplasticity of fine-grained ultra-high carbon steel [J]. Materials Transactions, 2002, 43(10):2455-2462.

[169] OSADA K, UEKOH S, TOHGE T, et al. Superplasticity of a duplex stainless steel produced by a direct strip casting technique[J]. Transactions of the Iron and Steel Institute of Japan, 1988, 28(1):16-22.

[170] SPEIS H J, Frommeyer G. Superplastic behaviour of rapidly solidified ultrahigh carbon alloy tool steel X380 CrVMo 25 93[J]. Materials Science and Technology, 1991,7(8): 718-722.

[171] TSUCHIYAMA T, NAKAMURA Y, HIDAKA H, et al. Effect of initial microstructure on superplasticity in ultrafine grained 18Cr-9Ni stainless steel[J]. Materials Transactions, 2004, 45(7): 2259-2263.

[172] 李小军, 吴建生, 章靖国, 等. 超高碳钢超塑性的研究进展[J]. 机械工程材料, 2004, 28(2): 4-6.

[173] SHERBY O D. Ultrahigh carbon steels, damascus steels and ancient blacksmiths[J]. ISIJ International, 1999, 39(7): 637-648.

[174] SHERBY O D, WALSER B, YOUNG C M, et al. Superplastic ultra high carbon steels[J]. Scripta Metallurgica, 1975,9(5):569-573.

[175] WADSWORTH J, SHERBY O D. Influence of chromium on superplasticity in ultra-high carbon steels [J]. Journal of Materials Science, 1978,13(12): 2645-2649.

[176] SHERBY O D, OYAMA T, KUM D W, et al. Ultrahigh carbon steels[J]. Journal of the Minerals, Metals and Materials Society, 1985,37(6): 50-56.

[177] KIM W J, TALEFF E M, SHERBY O D. Superplasticity of fine-grained Fe-C alloys prepared by ingot and powder-processing routes[J]. Journal of Materials Science, 1998, 33(20): 4977-4985.

[178] ACOSTA P, Jiménez J A, FROMMEYER G, et al. Superplastic behaviour of powder metallurgy 1.3% C - 1.6% Cr- 0.8% B steel[J]. Materials Science and Technology, 1997,13(11):923-927.

[179] SAGRADI M, PULINO-SAGRADI D, MEDRANO R E. The effect of the microstructure on the superplasticity of a duplex stainless steel [J]. Acta materialia, 1998,46(11):3857-3862.

[180] LI S, REN X, JI X, et al. Effects of microstructure changes on the superplasticity of 2205 duplex stainless steel[J]. Materials and Design, 2014,55:146-151.

[181] HAN Y S, HONG S H. Microstructural changes during superplastic deformation of Fe- 24Cr- 7Ni- 3Mo - 0.14N duplex stainless steel[J]. Materials Science and Engineering: A, 1999, 266(1): 276-284.

[182] MAEHARA Y, LANGDON T G. Superplasticity of steels and ferrous alloys[J]. Materials Science and Engineering: A, 1990,128(1): 1-13.

[183] TOKIZANE M, MATSUMURA N, TSUZAKI K, et al. Recrystallization and formation of austenite in deformed lath martensitic structure of low carbon steels[J]. Metallurgical Transactions:A, 1982, 13(8): 1379-1388.

[184] MORRISON W B. Superplasticity of low-alloy steels[J]. ASM Trans Quart, 1968, 61(3): 423-434.

[185] MATSUMURA N, TOKIZANE M. Austenite Grain Refinement and Superplasticity in Niobium Microalloyed Steel[J]. Transactions of the Iron & Steel Institute of Japan, 1986,9:315-321.

[186] BARNES A J. Superplastic Forming 40 Years and Still Growing[J]. Journal of Materials Engineering & Performance, 2013, 22(10):2935-2949.

[187] CHOKSHI A H, MUKHERJEE A K, LANGDON T G. Superplasticity in advanced materials[J]. Materials Science and Engineering: R, 1993,10(6): 237-274.

[188] MAEHARA Y, LANGDON T G. Superplasticity of steels and ferrous alloys[J]. Materials Science and Engineering:A, 1990,128(1): 1-13.

[189] WOODFORD D A. Strain-rate sensitivity as a measure of ductility[J]. Asm Trans Quart, 1969, 62(1): 291-293.

[190] BURKE M A, NIX W D. Plastic instabilities in tension creep[J]. Acta Metallurgica, 1975, 23(7): 793-798.

第 5 章

物理模拟技术在铸造领域的应用

5.1 铸件形成过程的热/力学行为及物理模拟的基本参数

　　铸造是将熔融的金属或合金浇注、压射或吸入型腔,待其冷却凝固后,获得一定形状的零件或毛坯的成形方法。随着科技的发展,传统的铸造工艺已经由重力铸造发展成为集快速铸造、熔模铸造、压铸、反重力铸造、挤压铸造、消失模铸造等各种现代工艺的重要学科[1-4]。

　　铸件和铸锭的质量是金属零件质量的基础,并对后续的压力加工及其他冷、热加工工艺产生重要影响。如果工艺参数不合理,铸件就会产生缩松、气孔、裂纹、偏析、形状尺寸不合格等多种缺陷,而铸件形成过程的热/力学行为对其质量有重要影响。因此,铸造加工工艺的物理或数值模拟,必须尽可能充分地再现铸造过程的热/力学条件,以研究热/力学参数对铸件质量的影响规律,并确定最佳的铸件化学成分及铸造工艺参数[1-3,5]。

1. 液体金属的流动性及充型能力

　　流动性是衡量金属及其合金铸造性能好坏的主要标志之一,也是获得完整健全铸件的前提条件。充型能力既取决于液态合金的流动能力,又受铸型性质、浇注条件和铸件结构等因素的影响。就金属本身性质而言,一般来讲,合金的流动性与状态图上对应的结晶温度范围大小有关,范围越窄,流动性越好。所以,纯金属、金属间化合物和共晶成分的合金流动性较好。金属流动性好,不但可以浇注出轮廓清晰、薄而复杂的铸件,而且可以补充凝固时的收缩,并有利于液态金属中非金属夹杂物和气体的分离。

2. 铸件的凝固与收缩

　　液态合金被浇入铸型后,由于铸型的冷却作用,液态合金的温度逐渐下降,当其温度降到液相线与固相线之间范围,合金将发生由液态转变为固态的相变过程,这种状态变化称为凝固。从热/力学观点出发,凝固过程伴随着金属的初次结晶(金属晶体的成核长大)过程。

铸件在凝固和冷却过程中,其体积和尺寸将不断减小,即发生所谓的"收缩"现象。收缩是铸造合金的基本物理性质,是铸件产生缺陷(缩孔、缩松、裂纹、变形、残余应力等)的基本原因,也是衡量合金铸造性能优劣的主要标志之一。液态金属是由原子团及空穴所组成的,其原子间距比固态大得多。在合金由浇注温度(一般为液相线以上 50 ~ 150℃)到凝固前的冷却过程中,由于温度下降,空穴数量及原子间距变小,体积将发生收缩。在合金凝固后的继续冷却中,原子间距还要缩小。因此,从浇注开始直至冷却到室温,铸件要发生 3 个互相联系的收缩阶段:液态收缩——从浇注温度冷却到凝固开始温度(液相线温度)的收缩;凝固收缩——从凝固开始温度到凝固结束(固相线温度)的收缩;固态收缩——从凝固终止冷却到室温的收缩。

铸件中产生的热裂纹,与液态模锻过程中产生的裂纹及焊接热裂纹一样,其产生条件和机理是相似的,即通常产生在凝固收缩的后期或固态收缩前期,在金属高温塑性最低的温度范围。此时,当外加或收缩引起的内应力导致的应变超过金属的塑性变形能力(临界应变量)时,裂纹将在晶界产生。

3. 铸造应力与变形

铸件从凝固的后期到室温的冷却过程中,由于收缩受到了种种阻碍,因此可能会产生内应力。内应力按形成原因分为 3 种类型,即热应力、相变应力和机械应力。热应力是由于铸件内部的温度不均匀、收缩量不同引起的;相变应力是由铸件内部各部位冷却速度不同、固态相变时间不一致引起的;机械应力是由铸件线收缩时受到铸型、型芯、浇冒口、披缝等的机械阻碍而产生的,故又称为机械阻碍应力。内应力是导致变形及热、冷裂纹产生的原因。

4. 铸件的结晶

在固相线温度以上,金属的结晶与凝固指的是同一个状态变化过程,即液→固转变过程。但结晶是从热/力学的观点出发,研究这一转变过程中金属晶体的生核、成长和晶粒形状与尺寸的变化;而凝固是从宏观和传热学角度,表述物质状态的变化,研究凝固特性与铸件质量的关系。

金属铸锭的结晶组织,一般由 3 个晶区组成,即表层的细等轴晶区、紧邻外壳层的柱状晶粒区及铸锭中心部分的粗等轴晶粒区[6-7],如图 5-1 所示。金属铸锭的结晶是从模壁开始的,当液态金属注入铸型后,由于与型壁接触的那部分液体金属受到急剧冷却,达到很大的过冷度,同时,型壁表面物质对液态金属形核有促进作用,因此靠近铸型的区域将形成大量的细小晶粒,结晶成具有等轴晶粒的外壳层。外壳层形成后,随着铸型温度的升高,与凝固壳层紧挨的液态金属过冷度变小,形核量也相应减少,但仍有一定的晶粒长大速度,因而壳层内壁上的一些晶粒仍可继续向液态区长大。由于垂直于型壁方向的散热最快,那些生长方向与型壁垂直的晶粒获得了较其他晶粒更好的生长动力学条件,抑制了其他生长方向的晶粒或枝晶的生长,因此形成了与型壁垂直的、彼此平行而密集的柱状晶。

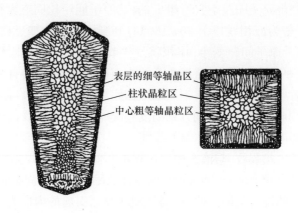

表层的细等轴晶区
柱状晶粒区
中心粗等轴晶粒区

图 5-1　铸锭组织示意图

如果型壁散热较快,那么柱状晶有可能一直长大到铸锭中心。但一般情况下,随着柱状晶粒的长大,型壁的温度继续升高,散热越来越慢,柱状晶前沿由于结晶潜热的释放还会使温度继续升高,因此剩余的合金液温度逐渐变得均匀。当这些剩余合金液冷却到液相线以下温度时,则开始生成晶核,在铸锭心部形成粗等轴晶粒区,并且阻止柱状晶的继续长大。与外壳层相比,由于中心部分过冷度小,形成的晶核少,因此铸锭心部的等轴晶粒较粗大。柱状晶由于较粗大,且具有方向性,因此铸件的性能具有各向异性。

5. 铸造物理模拟的主要任务与基本参数

影响铸件质量的主要因素是合金的化学成分、铸型的材料与结构、浇注条件及冷却方式等。因此,铸造物理模拟的主要任务是尽可能妥善地控制熔化与结晶,再现凝固结晶条件,研究金属的铸造特性和高温性能,优化合金成分,确定合理的铸造工艺。

5.2　铸造物理模拟试验技术的特点与基本要求

与焊接和压力加工相比,铸造物理模拟控制参数的变换(如力与冲程的转换)相对简单,但是参数控制精度的保证却有一定的难度,主要是高温液态金属状态的保持,温度的精确测量与控制,以及在小的载荷下加载精度的实现。

1. 试样准备

在电阻加热或感应加热的热/力模拟试验机上均可进行铸造的物理模拟研究。但相对而言,试样处于立式状态的感应加热式模拟试验机,不如试样处于卧式状态的电阻加热式模拟试验机更便于进行液态金属状态的控制。在试样处于卧式状态的电阻加热式模拟试验机(Gleeble 或 MMS)上进行模拟试验时,试样可为圆棒状或矩形截面。圆棒状试样多用于研究金属的高温性能,矩形截面试样主要用于连铸的模拟。在 Gleeble 上试验时,标准的圆棒状钢试样尺寸一般为 $\phi 10mm \times 120mm$,试样两端分别车螺纹以便于拉伸加载,螺纹部分长度为 15mm。采用铜卡头冷却,自由跨度为 $34 \sim 38mm$。为了支撑高温液态金属,在试样中部套一个向上开缝的石英管,其装配关系如图 5-2 所示。石英管长度为 20mm、内径为 10.2mm,石英管直径要比试样直径大 2%。石英管端部距卡头间距为 $2 \sim 4mm$。试验时,可在试样中部产生一段长为 $12 \sim 14mm$ 的液态区。石英管直径比试样直径大 2% 的主要原因是出于对试样熔化时物理状态变化的考虑:试样熔化时体积膨胀,若间隙太小,则可能将石英管胀裂;若间隙太大,则液态金属将沉陷,导致试样失形或热电偶掉脱。石英管向上开缝的目的是便于熔化时气体的逸出和便于热电偶的安装。

2. 温度测量

温度的测量可用铂铑-铂热电偶或光学高温计。当使用热电偶时,为了防止高温时热电偶脱落,可采用以下几种方案。

1) 热电偶压附法

热电偶与试样焊好后,在两热电偶丝上套一个双孔的陶瓷管,如图 5-3 所示。将陶瓷管倚附在石英管缝缘上,再将热电偶丝压弯,靠热电偶丝的弹性及陶瓷管的约束将热电偶热端压敷在试样上。

2) 热电偶卷绕法

将已焊在试样上的热电偶缠绕在石英管下面形成悬吊,然后将热电偶弯转过来成 U 形,冷端连到接线柱上,靠热电偶丝的弹性与自重阻止电偶的热端在高温下从试样上脱开。

3) 胶黏剂固定法

将无机胶合剂涂在热电偶热端的焊点接合处,固化后可防止热电偶的高温脱落。硅酸盐无机胶黏剂或氧化铜无机胶黏剂,固化后可耐 1500℃ 以上的高温。

3. 试样的工作环境

为了防止高温时金属的氧化,铸造物理模拟必须在真空或惰性气氛中进行。在真空中不仅可以防止氧化,还可减轻试样的径向散热。但从保护效果来说,采

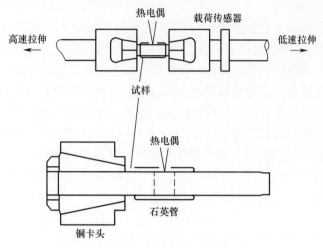

图 5-2　铸造模拟拉伸试样装配示意图

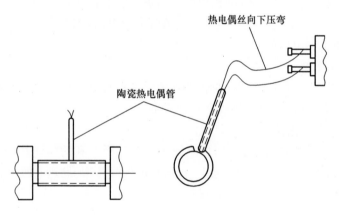

图 5-3　铸造模拟热电偶安装示意图

用先抽真空后充入惰性气体的方案为最佳,尤其是进行连铸喷水冷却模拟试验时。抽、充应反复几次,最终充入的惰性气体的量以略低于一个大气压为好。为了防止某些金属熔化时放出气体污染真空系统,也可使用流动性充气,流量为5~10L/min。惰性气体应采用氩气而不用氦气,因为氦气相对分子质量小,易于散热,使试样径向温度不均匀。

4. 力学控制

铸造物理模拟的力学系统通常采用冲程控制。由于金属在高温下变形抗力很低,因此铸造物理模拟时所测出的载荷比较小。另外,在真空环境下做拉伸试验时,由于真空槽内外有近一个大气压的压差,且移动轴与真空槽之间的摩擦力比较大,因此在进行应力计算时应考虑上述因素的影响。本书主编曾经在哈尔滨工业大学引进的服役已有10年的Gleeble-1500物理模拟试验机上实际测量,在非真空状态下,真空槽与移动轴的摩擦力为170~200N;在真空槽内真空度达0.4Pa情况下,移动轴外移(按轴向拉伸方式移动,但卡头并未夹持试件)时,经测力传感器反映到液晶显示器上的力为400N,而移动轴内移(按轴向压缩方式移动)时,显示为100N。操作者可以根据自己所使用的模拟机的具体情况,采用上述方法把摩擦力测试出来。

在Gleeble加载系统中,压力活塞与连接器(联轴节)之间有一个4mm间隙,因此在拉伸之前应使活塞与移动轴良好接触,同时应考虑在加热过程中试件膨胀会补偿这个间隙,而冷却时又会使间隙加大。因此,应通过试验测出合适的补偿量,手动或编入运行程序,进行位移的适时调节。

5.3　铸造物理模拟时金属的熔化与凝固控制

精确地控制金属熔化和凝固是铸造物理模拟的前提条件[8-11]。试验前,应查阅相图了解被试合金材料的液相线与固相线温度。若查不到,则可利用热分析法借助于物理模拟试验机的X-Y记录仪记录温度—时间关系曲线进行测定。加热时,由于金属由固态开始熔化将吸收热量使温度的升高受到抑制,而冷却时,由液态开始凝固要放出结晶潜热使温度的下降受到滞缓,因此连续加热或冷却时X-Y记录仪所测的温度变化曲线上将出现"平台",平台所对应的温度即为合金的熔化或凝固温度。熔点的测定应使用铂铑-铂或双铂铑热电偶,同时使用熔化遥控器,通过电缆线与加热控制模块(module 1530)相连,一边调节遥控器缓慢升温,一边观察试样的颜色与物态变化。想要获得更高的测量精度,还可使用差热分析法,测量液→固相变点(详见第6章)。

在进行圆棒状试样的熔化试验时,为了获得12~14mm长的熔化区域,试验前可在距热电偶热端(试样跨度的中心位置)6~7mm处焊一条细金属丝(注:不一定非用热电偶丝),利用无机胶合剂固定,然后金属丝的另一端连在真空箱内热电偶的接线柱上,连接时应将金属丝绷紧,产生轻微的拉应力,然后以20~50℃/s的加热速度将试样加热到熔点以下50℃左右,再用遥控器以2℃/s的速度慢慢升温,直至试样由跨度中心部位熔化到金属细丝的焊点处,由于金属熔化加上原先的拉应力作用,迫使金属丝在焊点处脱离试样,此时加热即可停止。

当液态金属凝固时,体积发生收缩,如果收缩时受阻,产生内应力,那么由于金属在高温凝固期间塑性很低而发生开裂。因此，如果想得到致密的铸造组织，在凝固收缩的同时应施加压力进行补偿。收缩量随合金不同而不同，应通过几次试验获得合适的压缩量与压缩时间。经验的方法是凝固时应保持试样在石英管中的横截面形状不变，而且热电偶不脱离试样。

图5-4示出了在 Gleeble 试验机上进行的某钢种圆柱形标准试样(ϕ10mm×120mm)的熔化程序图解范例。其中图5-4(a)、(b)分别表明了凝固(温度)与压缩量(冲程)随时间的对应关系。从图5-4中可以看出，用15s时间将试样加热到1430℃使之熔化，然后改用缓慢的加热，保持此熔化温度75s，在试样上获得所希望的熔化区长度，与此同时在前25s时压缩0.05cm以使液态金属充满石英管。随后以2℃/s的冷却速度用25s将试样工作区冷却到固相线温度(约为1380℃)，同时试样再被压缩0.04cm，以防止热撕裂。试样全部凝固后，以20℃/s的冷却速度冷却到室温。之后，这些具有铸造状态组织的模拟试样可被用来继续进行其他力学性能测试。另外，在冷却过程中，还可以用喷水急冷的方法冻结凝固后某温度下的高温组织。

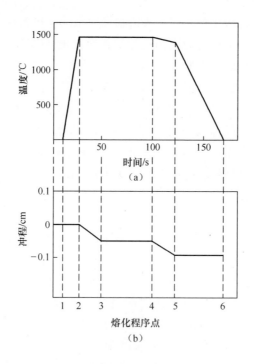

图5-4　钢试样熔化程序图解

(a)凝固随时间对应关系；(b)压缩量随时间对应关系。

5.4　金属晶粒生长方向的模拟与控制

　　金属凝固过程组织模拟能够在晶粒及更细小的尺寸上模拟铸件凝固的微观演变过程,实现铸件凝固组织及力学性能的预测,在组织层面通过控制金属晶粒的生长方向能有效实现金属力学性能的控制[12-15]。液态金属在凝固、结晶过程中,热流会沿试样轴向向铜卡头传导,造成试样中部的液态金属产生与试样轴线平行的柱状结晶。这对于模拟与研究高温合金单相奥氏体组织的单方向晶粒生长是十分有用的。航空发动机叶片也希望具有单向结晶结构而利用其各向异性。另外,这种圆柱形试样更适宜进行 SICO(应变诱导裂纹张开)试验,研究晶界对于裂纹的敏感性,因为试样被压缩后,在试样中部的镦粗部分的圆周方向将产生与晶界垂直的拉应力。如前所述,这种试验方法也适用于研究焊接热裂纹及压力加工时的高温塑性。改变圆棒形试样直径或自由跨度,可以调节冷却速度和温度梯度,从而调整柱状晶体的尺寸及枝晶生长情况,进行合金研制的基础研究。想要获得缓慢的冷却速度,还可以改用导热系数比铜小得多的不锈钢卡头,特别是进行铝合金的铸造模拟试验时。获得与试样表面垂直的柱状晶生长方向(则枝晶方向与表面平行)的模拟可采用图 5-5 所示的矩形(15mm×25mm)截面或薄带状(厚度为 2mm)试样来实现,这种截面的试样主要用于连铸的模拟。这是因为连铸时的二次喷水冷却将产生与钢坯表面垂直的柱状结晶。对于这种试样在模拟试验时,要在试样表面刚刚凝结一层薄壳时立即进行喷水或喷气冷却。Gleeble 模拟试验机不仅配备有自动喷水(气)装置,还附有特殊的坩埚装置衬托液体金属。试验时,热电偶焊在试样的底部,以免喷水时对温度测量精度的干扰,5.5 节将对此种模拟方法做进一步介绍。

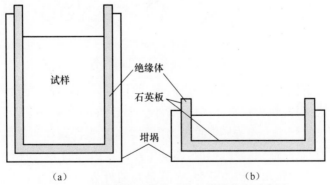

图 5-5　矩形截面和带状试件与坩埚装配示意图

(a)矩形棒连铸模拟;(b)薄带连铸模拟。

5.5 物理模拟技术在特种铸造领域的应用

▲5.5.1 原位熔化模拟连铸的裂纹敏感倾向

连铸是一种先进铸造技术。连铸与普通的异形模铸不同，它是将高温液态金属连续不断地浇注到一个或几个用强制水冷并带有"活底"（引锭槽）的结晶器内，当浇入的液态金属液面达到一定高度，且下部液态金属凝固成一定厚度的坯壳后，开动拉锭机构，从结晶器下端引出锭头，导引器以一定的速度下降，并带动已凝固的金属随之下降，这样已凝固成一定厚度的铸坯就会连续不断地从结晶器内被拉出来，接着在二次冷却区继续喷水冷却。带有液心的铸坯边移动边凝固，最后矫直、切割。若以一定的速度连续不断地浇注液态金属，则可以得到理论上任意长度的铸锭或铸件（管子或固定界面的长形铸件）。图5-6所示为连铸生产工艺流程图。

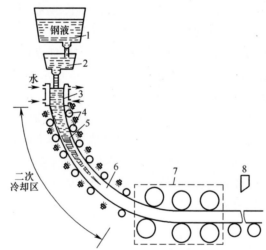

1—盛钢桶；2—中间罐；3—结晶器；4—夹送辊；5—液相穴；6—铸坯；7—拉矫机；8—切割装置。

图5-6 连铸生产工艺流程图

连铸工艺不但可以大大提高生产效率，而且连铸坯与普通型模铸锭相比，由于凝固速度快，因此组织致密，成分偏析小。但连铸也带来一些质量问题，特别是连铸坯裂纹的产生。连铸坯裂纹分为内部裂纹和表面裂纹两种类型。内部裂纹的产生原因与焊接结晶裂纹相似，即发生在铸坯内部的液-固相并存的区间，脆性薄膜在拉应力作用下被拉开裂，尤其是与铸件表面垂直生长的粗大柱状晶的晶界上有较多的杂质时，更容易产生晶间微裂。表面裂纹是由已凝固的坯壳在二次喷水冷却区,由于铸坯收缩、温度不均、坯壳鼓肚、夹辊不对中及相变等,致使坯壳受到外力和热负荷间歇式突变而产生的开裂。

因此,对于连铸坯裂纹敏感性的研究,应深入了解合金的化学成分、组织结构、冷却条件及应变速率等冶金因素和热力学因素的影响规律。

图 5-7 及图 5-8 分别为原位熔化连铸模拟方法及这种试验方法的试件装配图和喷水冷却时热流方向示意图[16],它比较形象地模拟了连铸时铸坯的形状、受力状态与冷却方式。上面喷水(或喷气)是为了模拟连铸工艺二次冷却并获得与表面相垂直的柱状晶生长。试样两端的销钉孔用于固定支点,对试样施加载荷。试验时,如图 5-5 所示用坩埚或石英片将试样中间熔化部分支撑住,以防钢液的流出,铂-铂铑热电偶焊在试样的底部。试样融化后,先喷气在试样表面形成薄壳,随即迅速喷水。在试样凝固过程中或凝固后继续冷却到矫直温度时,可根据试验要求对试样加压或拉伸。压缩时,试样上表面将产生拉应力;拉伸时,试样下表面产生拉应力。冷到室温后,检查试样表面是否有裂纹产生或裂纹数量的多少,进而评定该钢种在连铸时的裂纹敏感倾向。

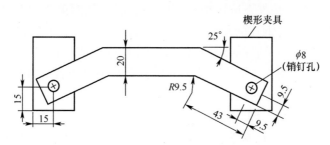

图 5-7　原位熔化连铸模拟方法及试样装配图(单位:mm)

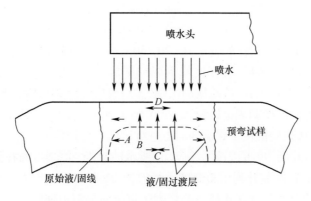

A—向夹具传热;B—向淬火区传热;C—压应变;D—拉应变。

图 5-8　连铸模拟喷水冷却时热流方向示意图

这种试验方法虽然可以模拟连铸的整个生产过程,但试验起来比较麻烦,试验成本也较高,目前用得不多。

5.5.2 连铸钢坯的高温力学性能试验

金属材料的高温热塑性测试方法有很多种,如第 3 章中图 3-38 所示的 SICO 试验,就是用压缩的方法来评定材料的高温塑性和裂纹敏感倾向。

研究金属热塑性更广泛的试验方法是拉伸试验,这是因为它可以比压缩法获得更多的热塑性评定指标。在 Gleeble 试验机上采用拉伸法进行金属材料高温力学性能试验的方法,最早是 20 世纪 60 年代由美国纽约州的 M. Glicksman 教授提出来的,但这种方法成功地用于连铸的模拟研究是由日本新日铁的铃木 (H. Suzuki)博士于 20 世纪 70 年代予以改进和完善的[17]。后来美国田纳西大学的郎丁(C. D. Lundin)教授在研究金属的焊接热裂纹时,又将此方法进一步规范化。此方法还被许多学者用于压力加工时金属热变形能力的研究。在进行焊接或压力加工领域的热拉伸试验时,由于试样温度梯度大,工作区窄,高温停留时间短,因此多数情况下试样并不需要套石英管,如同第 3 章中图 3-35 所示的那样。在进行连铸钢坯的高温拉伸试验时,由于熔化区长,必须采用图 5-2 所示的圆棒试样套石英管的技术方案。试验时,首先要确定被试材料的熔点,可根据相图估算或采用 5.3 节所述的热分析方法测定。若熔点的测定遇到困难,则可依照 3.3.2 节所述的试验方法,首先测出零塑性温度,然后根据美国材料试验标准 ASTM-A276 中 430 钢的规定,将此零塑性温度减去 28℃作为该材料加热时的峰值温度[18]。日本学者铃木在进行低碳钢的固相线温度研究后,认为用零强度温度减去 50℃作为峰值温度比较适宜[19]。

如前所述,标准的圆棒形拉伸试样尺寸为 ϕ10mm×120mm。但可根据模拟的需要,采用大直径或小直径(如 ϕ6mm)的试样。原位熔化试验采用图 5-9(a)所示的热循环。

按照 5.3 节所述的控制方法,以 20~50℃/s 的加热速度将试样熔化并达到 12~14mm 长的熔化区后,可在此峰值温度下施加一个很小的压应力(或 1%~2%的压应变),以防止孔洞、疏松的出现,然后自熔点降到试验温度过程中,可依据连铸工艺各阶段冷却规范的要求,在 0.05~20℃/s 的冷却速度范围内调节热循环曲线,并在试验温度下保温 30s 之后对试样进行拉伸。

为了进行比较,也可采用图 5-9(b)所示的热循环方案,将液态金属凝固冷却到较低温度后再上升到试验温度进行拉伸,或者如图 5-9(c)所示将试样直接加热到试验温度。这些比较试验是为了更全面地模拟连铸坯在冷却各阶段所经受的各种不同的热/力循环过程。

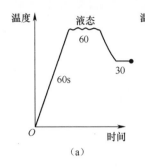 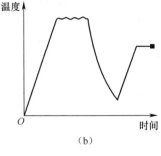 

图 5-9 连铸模拟拉伸试验热循环图

(a)原位熔化与凝固;(b)再加热;(c)直接加热。

拉伸应变速率对一定温度范围内的热塑性有一定的影响。根据连铸生产实际,热塑性试验选取的应变速率范围一般为 $10^{-2} \sim 10^{-5} s^{-1}$。

热塑性拉伸试验时,高温力学性能的评定指标主要是强度极限和断面收缩率。热塑性曲线(R. A. $-T$)及强度曲线($\sigma_{max}-T$)是表征钢的高温力学性能的特征曲线。

图 5-10 所示为铃木等所做的铝镇静低碳钢的热塑性曲线和强度曲线。为模拟连铸连轧工艺中的热轧参数对高温塑性与强度的影响,采用了大的应变速率 $5s^{-1}$。从图 5-10 中可以看出,强度随温度升高呈连续下降趋势,而塑性却随峰值温度的不同出现了复杂的变化过程。对于峰值温度为 1473K(1200℃)的试样,在 $5s^{-1}$ 的应变速率下,试验温度的变化对塑性(断面收缩率)基本没有影响。当峰值达 1573K(1300℃)以上时,塑性从试验温度 1393K(1120℃)开始下降,且峰值温度为 1723K(1450℃)时,在试验温度为 1000~1500K(727~1227℃)范围内拉伸时,塑性最低。断口分析表明,这是由于在 1300℃以上高温下,微小的、直径约 $0.3\mu m$ 的硫化物、氧化物质点在奥氏体晶界析出,成为裂纹孔洞的启裂核心。他们还以此应变速率测得该钢种的零强温度为 1700K(约 1427℃)。

为了从理论上深入研究连铸坯在凝固后冷却过程中的高温性能,铃木等又系统地做了从熔化温度到 600℃的铝镇静低碳钢的高温塑性变化曲线,发现了 3 个低塑性区,如图 5-11 所示[20]。从图 5-11 中可以看出,在零塑性温度到 1200℃区间内(Ⅰ区),在 1300℃左右,由于高温下的动态回复与再结晶,材料表现出高的塑性(尽管如图 5-10 所示,在高温下材料的抗拉强度降低),但在高于 1300℃时,由于晶界开始初熔,导致塑性陡降,并且此温度区间塑性的降落与应变速率关系不大;第二区域是在 1200~900℃之间(Ⅱ区),此时钢处于奥氏体状态。由于结晶过程中硫、磷及氧化物等杂质在奥氏体的晶间析出,提供了晶界空

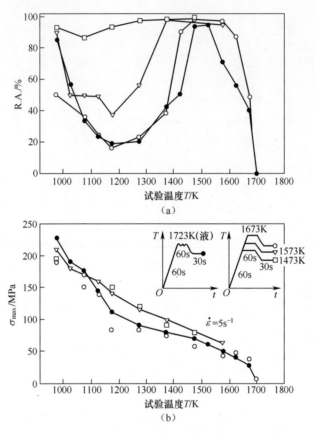

图5-10　铝镇静低碳钢的热塑性曲线和强度

(a)热塑性曲线；(b)强度曲线。

洞的形核源,而导致塑性下降,而且这种下降随应变速率的提高变得更加急剧。比较试验还表明,图5-9(a)的原位熔化试样比图5-9(b)的再加热试样更易产生开裂。因此,对于原位熔化试样,在900~1200℃温度区间内,降低应变速度和延长等温保温时间,有利于材料的塑性的恢复;第三个低塑区域是在900~600℃之间(Ⅲ区),此时脆性是由于先共析铁素体薄膜的形成,以及这种析出导致基体晶内强化和晶界滑动,此时脆性伴随应变速率提高而增加。

　　铃木等还进一步研究了从峰值温度到拉伸试验温度的冷却速度,以及拉伸前在拉伸温度下的保持时间对高温塑性的影响。试验结果表明,在1200℃以下,降低冷却速度,或者延长保持时间,均可使塑性升高。断口分析显示,这是由于长的受热时间使析出物长大(平均直径大于3μm)而不再成为晶界断裂的形核源。

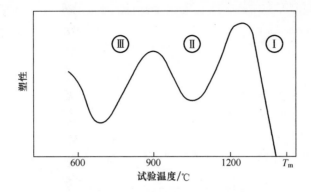

图 5-11 钢在热拉伸时的 3 个低塑性温度区

连铸坯从结晶器到输出辊道的整个温度范围为从熔点到 600℃,在此温度阶段产生的裂纹将对后续的轧制工艺与产品质量带来极为不利的影响。因此,以上所讨论的连铸钢在不同温度区的塑性变化规律及其影响因素,对于制定合理的连铸工艺具有极其重要的指导意义。

5.5.3 用物理模拟方法绘制连铸图

由以上分析可知,合金成分、冷却速度、变形温度、保持时间、应变速率等对连铸坯的塑性均有不同程度的影响。大量试验表明,当拉伸试验测得的断面收缩率大于 60%时,此条件下的连铸坯不会出现裂纹;而小于 60%时,铸坯的裂纹敏感性升高。因此可以把断面收缩率60%作为门槛值来划分 3 个温度区内的高塑性与低塑区范围,建立如图 5-12 所示的连铸图[20]。它是将不同温度区内,在一定的应变速率和不同冷却速度与保持时间下测得的断面收缩率为 60%的点相连,以此塑性点作为温度与时间的函数,建立在连续冷却时连铸坯塑性的温度–时间(continuous cooling ductility temperature-time, CCDT)曲线,作为评判裂纹是否产生及制定合适的连铸工艺的重要依据。

由图 5-12 可知,可以用两种方法降低铸坯的裂纹倾向:一种是控制钢种的杂质和合金元素,特别是 S、P、N、O 的含量,以缩小 I 区温度范围;另一种是降低连铸坯在 II 区(从 1200℃到 900℃) 时的冷却速度,并使其矫直温度设在 III 区之上,图中"C"形曲线所示的是一条理想的冷却曲线。铃木认为,在实际的操作中,用水气混合冷却代替喷水冷却对防止坯裂有利。

利用物理模拟技术,不仅可系统地进行连铸钢的高温流变行为研究,还可进行钢的高温蠕变性能研究[21-24],以及液态模锻模拟和压铸模拟[25-29]。物理模拟技术还可为铸件凝固过程的数值模拟提供必要的技术数据,实现铸件凝固组

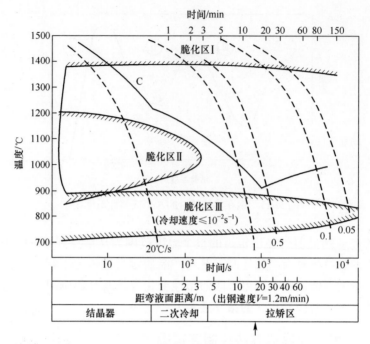

图 5-12　铝镇静低碳钢的连铸图

织的控制,文献[30-32]就是以 Gleeble 的模拟试验数据为基础,通过离散方法与识别技术,建立了钢在高温下的应力-应变本构方程,实现了对铸件凝固过程的应力-应变场模拟和裂纹产生敏感性的评定或预测。

▲5.5.4　连铸坯枝晶生长热模拟

关于连铸坯凝固过程的研究无疑是一个世界性难题。连铸坯不仅具有高温、不透明等金属凝固过程共有的特点,而且由于是大规模工业生产,使倾出法、热分析法、直接观察法和物理模拟法等目前比较成熟的试验方法都遇到了一定困难。要实现连铸凝固过程热模拟的设想,必须从技术上解决以下几个关键问题:

（1）方便可靠地模拟浇注初期型壁附近的爆发式形核。

（2）获取并实现函数可控的温度梯度与晶体生长速率。

（3）适时冻结并观察固液界面形貌、溶质偏析及夹杂物演变规律。

围绕上述关键问题,上海大学先进凝固技术中心研发了原位翻转浇铸、温度场与枝晶生长调控、原位液淬等一系列核心技术,并先后开发了两代连铸坯枝晶生长热模拟试验机。该装备成功地将十几吨铸坯的凝固过程"浓缩"到实验室用百克钢研究,不仅可以揭示钢液成分、过热度、冷却制度、铸坯拉速、铸坯尺寸等因素对凝固组织和元素分布的影响规律,而且可获得铸坯固液界面形貌、界面前沿溶质和夹杂物演变等其他手段无法得到的重要信息,以及凝固裂纹形成的可能性及条件、夹杂物促进异质形核的能力等冶金界关注的问题[33-35]。

1. 连铸坯枝晶生长热模拟的原理

由于连铸钢坯凝固传热主要在厚度(径向)及宽度方向进行,拉坯方向的凝固传热比例很小,可以忽略不计。这种传热的方向性造成了铸坯中绝大部分区域由侧面向中心“顺序凝固”而成。而板坯的宽度远大于厚度,所以厚度方向的传热又占据主导地位,因此可将板坯大部分部位的传热视为一维传热,其凝固过程可视为局部稳定的单向凝固,凝固行为适合用单向凝固技术进行较为近似的研究。与现有的单向凝固实验技术不同的是,连铸坯凝固过程中固−液界面推进速率是非线性变化的,固−液界面前沿温度和温度梯度也是不断变化的。基于以上认识,翟启杰等[33]在单向凝固技术的基础上,研制了国内外首台连铸坯枝晶生长热模拟实验装置(图 5-13)。该装置选用连铸板坯厚度方向的一个凝固单元作为模拟对象(图 5-13 中的模拟单元),将相同尺寸的试棒置于单向凝固炉中,同时将连铸坯固−液界面前沿温度变化和固−液界面推进速度输入到控制系统中,再现该模拟单元的传热凝固过程,从而实现用 $100 \sim 500g$ 金属研究十几吨连铸坯的凝固过程和组织。通过改变试样直径,该装置可以模拟不同对流条件;通过试样旋转,可以模拟搅拌条件;通过液淬,可以研究不同时刻铸坯固−液界面形貌和成分分布。

但是,该装置为了简化结构,将水平生长的连铸坯凝固组织在垂直生长条件下进行模拟研究。事实上,重力场对金属液流动和凝固组织有很大影响,这样处理的结果造成模拟试验结果与实际连铸坯凝固过程有一定的偏差。因此,在此基础上仲红刚等[34-35]提出了水平式连铸坯枝晶生长热模拟方法,如图 5-14 所示。

如图 5-14(a)所示,板坯厚度方向大部分区域(除去边角部分)都可以近似视为一维传热的非稳态定向凝固过程,抽取其中的一个凝固单元,如图 5-14(b)所示,尺寸为 $5mm \times 15mm \times$ 板坯厚度的一半,封装在坩埚内,并置于两段加热式水平式定向凝固炉内再现其传热过程,见图 5-14(c),即可实现连铸坯枝晶生长的热模拟。为了再现凝固单元在连铸坯里的传热过程,需要控制加热体温度梯度和炉体后退速率来实现固−液界面温度梯度和枝晶生长速率的控制。同样,可以在热模拟试样凝固的任意时刻将其液淬、中止凝固过程,从而观察不同时刻固−液界面形貌并分析相应的溶质分布状态。

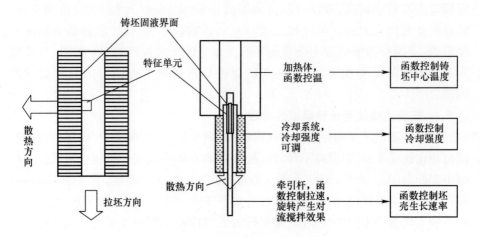

图 5-13　垂直式连铸坯枝晶生长热模拟试验方法

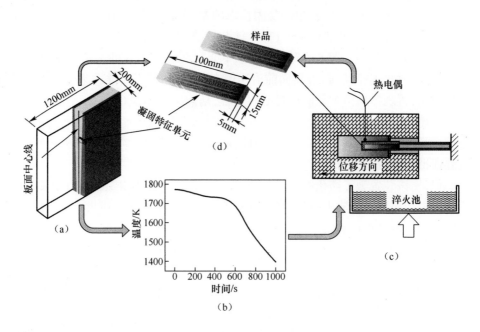

图 5-14　水平式连铸坯枝晶生长热模拟方法

2. 热模拟试验的流程

热模拟具体流程(图 5-15)如下:①将金属料盛放到管状坩埚中,坩埚固定在水冷支撑杆上,将坩埚置于真空两段式加热炉内,按照设定的温度曲线加热;②金属料温度达到设定温度并保温数分钟后,进行炉内浇注,同时电炉按照数值模拟的连铸坯心部冷却曲线降温;③浇注后,金属液一端与水冷型壁接触,迅速形成表面激冷晶,接着试样开始水平单向凝固;④保持试样不动,将加热体按照设定速度(固-液界面推进速度)曲线后移,同时按照设定的温度(连铸坯固-液界面处温度)曲线控制固-液界面处的温度,从而实现试样凝固速率和所处温度条件的精确控制;⑤当试样凝固到某一位置(根据研究计划需要确定)时,保持试样不动,将加热体迅速后移,同时液淬槽上升,实现液淬,从而获得连铸坯枝晶生长过程中在给定时刻的固-液界面;⑥如果要研究整个试样的凝固过程,或者需要确定柱状晶向等轴晶转变的位置,就在步骤④后不做步骤⑤的操作,直至试样完全凝固。

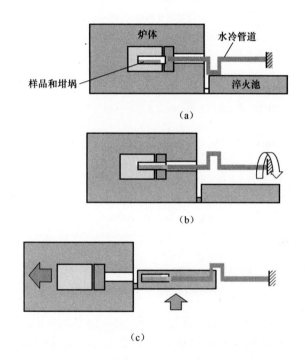

图5-15　铸坯枝晶生长热模拟试验流程

(a)电炉升温,试样在电炉高温区内熔化;(b)在设定温度,坩埚旋转180°进行浇注,同时电炉按照设定的曲线变速后退,试样开始凝固;(c)在设定时间,电炉迅速后退,液淬槽上升,实现淬火。

运动及其控制系统采用直线电机,加热体移动,试样保持不动。这种设计可以保证试样凝固过程无外加机械扰动,且液淬时固-液界面可保持原状。直线电机可以精确控速,定位精度可以达到 $1\mu m$;快速移动用于液淬动作,保证最短时间内将试样淬火。

参考文献

[1] 吕志刚. 我国熔模精密铸造的历史回顾与发展展望[J]. 铸造,2012(4):347-356.

[2] 齐丕骧. 挤压铸造技术的最新发展[J]. 特种铸造及有色合金,2007(9):688-694,653.

[3] 柳百成. 铸造技术与计算机模拟发展趋势[J]. 铸造技术,2005(7):611-617.

[4] 铸造行业"十三五"技术发展规划纲要[J]. 铸造,2015,64(12):1165.

[5] 凌云,王红红,周建新. 钛合金离心铸造数值模拟技术及应用[J]. 铸造设备与工艺,2015,(1):31-34.

[6] 曾龙. X12CrMoWVNbN10-1-1 不锈钢铸锭组织均匀化和细化研究[D]. 上海:上海交通大学,2015.

[7] 王玉刚. 高纯度 3003 铸锭组织特征及均匀化处理研究[D]. 长沙:中南大学,2014.

[8] 高增,牛济泰. 材料物理模拟技术的发展及其在中国的应用[J]. 机械工程材料,2014,(11):1-6.

[9] 时坚,陈五星,成京昌. 热模拟技术在铸造领域的应用[J]. 铸造,2013,(8):736-739,743.

[10] 张环月. 铝合金板坯连铸过程流动现象的 DPIV 物理模拟[D]. 大连:大连理工大学,2006.

[11] 李弘. 连铸过程热物理模拟实验体系的建立及实验研究[D]. 大连:大连理工大学,2003.

[12] 张黎伟. 基于包晶相变的定向凝固 TiAl-Nb 合金组织控制与力学性能研究[D]. 北京:北京科技大学,2016.

[13] 张元. 定向凝固 Ti-46Al-2Cr-2Nb 合金的领先相选择及其取向变化规律[D]. 哈尔滨:哈尔滨工业大学,2013.

[14] 邢博. 镁合金自孕育凝固过程及其半固态流变成形的研究[D]. 兰州:兰州理工大学,2013.

[15] 李传军. 磁场下金属凝固过程形核与生长的差热分析研究[D]. 上海:上海大学,2011.

[16] Duffers Scientific Inc. Dynamic thermal /mechanical metallargy, Using the Gleeble-1500[Z]. 1987.

[17] SUZUKI H G,NISHIMURA S,YAMAGUCHI S.Characteristics of embrittlement in Steels above 600 deg C [J].Tetsu-to-Hagane,1979,65(14):2038-2046.

[18] 蔡开科,党紫九,等. 连铸钢高温力学性能[J]. 北京科技大学学报,1993:15.

[19] HIROWO G, SUZUKI, S N, YASUSHI N. Improvement of Hot Ductility of Continuously Cast Carbon Steels[J]. Transaction ISll,1984,24:55-60.

[20] SUZUKI H G, NISBIMURA S, YOMAGANCHI S. Physical simulation of continuous casting[C]// Proceedings of International Physical Simulation of Welding, Hot Forming and Continuous Casting. Ottawa, 1998.

[21] 姚永泉. 新型 Fe-Cr-Ni-Nb-Al-Mo 奥氏体钢的高温抗氧化及蠕变行为研究[D]. 镇江:江苏大学,2016.

[22] 张鑫. CLAM 钢 TIG 焊焊接接头的高温蠕变性能研究[D]. 镇江:江苏大学,2016.

[23] 秦超. 高氮奥氏体不锈钢的高温蠕变行为研究[D]. 长春:长春工业大学,2016.

[24] 梁浩宇. 金属材料的高温蠕变特性研究[D]. 太原:太原理工大学,2013.

[25] 房元明. 7075 铝合金螺旋电磁搅拌流变压铸工艺研究[D]. 北京:北京有色金属研究总院,2016.

[26] 邢博. 镁合金自孕育凝固过程及其半固态流变成形的研究[D]. 兰州:兰州理工大学,2013.

[27] 张磊. 铝合金半固态流变铸锻成形技术基础研究[D]. 武汉:华中科技大学,2012.

[28] 朱旭中. 铝合金分段式倾斜板法半固态压铸工艺及性能研究[D]. 昆明:昆明理工大学,2012.

［29］张琳．半固态铝合金熔体流变压铸工艺研究［D］．北京：北京交通大学，2007．

［30］伍永刚．20 钢轧制热模拟及组织结构研究［D］．重庆：重庆大学，2015．

［31］侯丹丹．AerMet100 超高强度钢高温变形行为研究［D］．秦皇岛：燕山大学，2015．

［32］王小巩．抗大变形管线钢热变形行为及流变应力模型研究［D］．秦皇岛：燕山大学，2013．

［33］李仁兴．连铸坯凝固组织生长过程的物理模拟方法及其装置［P］.2007-11-21．

［34］仲红刚．凝固组织水平生长过程的模拟方法及装置［P］.2010-06-09．

［35］ZHONG H，CHEN X，HAN Q，et al. A thermal simulation method for solidification process of steel slab in continuous casting［J］. Metallurgical and Materials Transactions B，2016，47(5)：2963-2970．

第6章
物理模拟在新材料研制及热处理领域的应用

6.1 现代科学技术对材料的要求及提高结构材料性能的途径

　　材料、能源与信息被列为当代技术的三大基础。现代科学技术的发展对于材料的要求已远远超出传统结构材料的范围,各种功能材料、半导体材料、激光工作物质、新能源材料等正在迅猛发展。然而,与工业应用和国民经济最密切相关的仍然是结构材料,特别是金属材料。当前,先进结构材料开发的主要方向是高比强度、高比刚度和高温强度,以适应航天、航空部门,特别是某些高技术产业和国防尖端产品发展的需要。核能工业领域则对结构材料的耐腐蚀、抗辐照提出更高的要求。

　　新材料的研制与材料的设计和制备工艺密切相关,提高材料性能的根本出路一是优化成分,二是采用先进的制造技术,包括合理的热处理工艺。而先进工艺的基础则是优化材料在制备时所经受的热/力过程。因此物理模拟技术在新材料研制领域的主要任务,就是研究新材料组元的合理配比、杂质与夹杂物的控制与利用、组织结构与材料性能的关系,以及热/力处理工艺对材料组织变化的影响,为获得优越的微观组织和优良的使用性能提供基础理论和技术依据,并实现材料性能的定量分析和预报。

　　本章主要结合几种典型实例来介绍物理模拟技术在新材料研制及热处理工艺中的应用。

6.2 物理模拟技术在碳/碳复合材料超高温力学性能研究中的应用

　　碳/碳复合材料(C/C)早在20世纪70年代就被用做洲际导弹的端头帽和固体发动机的喷管内衬,90年代初又被用做航天飞机的机翼和尾翼防护层。在非氧化环境中,直到 2500℃的高温 C/C 复合材料仍能保持室温时的力学性能。在氧化环境中,使用温度可达 1650℃。C/C 复合材料的高热导率、低热膨胀系数使得它具有优异的抗热震性能。由于 C/C 复合材料的可设计性,通过改变纤维、编织方式、铺层方式和致密化次数,可以在很宽的范围内裁选 C/C 复合材料的力学性能以满足使用要求。为了满足某航天产品构件选材的需求,我们用 Gleeble-1500 热/力模拟试验机进行了细编穿刺 C/C 复合材料的超高温力学性能与微观结构演化试验,首次在国内完成了该种材料的高达 2800℃的拉伸性能和高达 2900℃的压缩性能测试,探讨了其随温度的变化规律,为 C/C 复合材料结构件的设计和强度分析提供了科学技术依据[1]。

Gleeble 试验机有两种测温方法:热电偶法及光电高温计法。利用镍铬-镍铝热电偶可测最高温度为 1300℃,铂铑-铂热电偶可达 1500℃,利用 PULSARII-1700 型光电高温计最高测温可达(1650 ± 1)℃。显然,有必要对热模拟试验机的测温功能进行开发,以满足更高温度的试验要求。我们采用了 3 种简易的测温方法,并取得了满意效果[2]。

6.2.1 钨铼热电偶测温

增添钨铼热电偶测温模块,设计了针对国产 W-3Re/W-25Re 钨铼热电偶的线性化补偿器,在 2300℃范围内,温度读数显示精度可达 1%。

6.2.2 高温计控制测温

PULSARII-1700 型光电高温计是通过其敏感元件提供一个与物体辐射能成正比的电压,直接测量辐射能,由此读出发热体温度 T。由黑体辐射定律可知,实际物体总的辐射通量密度为

$$W = C\varepsilon\sigma T^4 \tag{6-1}$$

式中:W 为总的辐射通量密度(W/m^2);ε 为黑度系数(发射率);σ 为玻耳兹曼常数[$W/(m^2 \cdot K^4)$];C 为比例系数。

因此,敏感元件实际接收到的辐射能(光通量)为

$$\Delta F = MW \sin^2 u' \Delta S \tag{6-2}$$

式中:M 为常数;u' 为出射孔径角(图 6-1);ΔS 为受光面积。

由式(6-2)可见,改变出射孔径角 u' 和受光面积 ΔS 可达到调节的目的,假设其他变量均不变(包括吸收角)的情况下,ΔF 的减小可以增加高温计的量程,也就是说,可以通过加入孔径光栅(图 6-1),减少出射孔径角 u' 来改变敏感元件所实际接收到的光通量。

在同一温度 T 下,

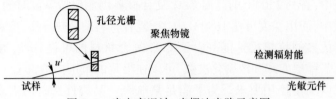

图 6-1　光电高温计-光栅法光路示意图

未加光栅时

$$\Delta F = \text{in}^2 u' T_{\text{实}}^4 \quad (T_{\text{实}} \text{为实际温度}) \tag{6-3}$$

加入光栅后

$$\Delta F_1 = \text{in}^2 u_1' T_{\text{表}}^4 \quad (T_{\text{表}} \text{为仪表显示温度}) \tag{6-4}$$

则有

$$\frac{\Delta F_1}{\Delta F} = \frac{\sin^2 u_1'}{\sin^2 u'} = \frac{T_{\text{表}}}{T_{\text{实}}} = \alpha \tag{6-5}$$

所以可知

$$T_{\text{实}} = \frac{1}{\alpha} T_{\text{表}} \quad (0<\alpha<1)$$

上述分析表明，加入光栅后，实测出比例系数 α，就可根据仪表显示读数（Gleeble-1500 光电模块 1560 上 DPM 液晶所显示）直接算出试件试验温度，我们采取如下步骤完成了对温度的校验和测定。

（1）设计和加工不同孔径的光栅，在 PULSARII-1700 型光电高温计上加入孔径光栅，缩小孔径角。

（2）仿照 Gleeble-1500 试验机中热电偶系统测温模块原理，设计适宜钨铼热电偶的新模块自动测温，可测温度达 2300℃，测量精度为±1%。

（3）用钨铼热电偶测温系统校准加孔径光栅后的高温计到 2300℃，找出线性化系数（比例系数）α，图 6-2 所示为 3 种不同孔径光栅所测的温度校验曲线。

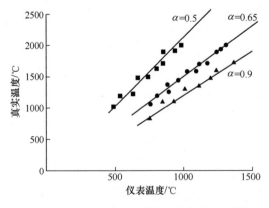

图 6-2　加光栅后光电高温计的温度校验曲线

（4）用校验后的 PULSARII-1700 型光电高温计外推到需要的量程值,用以进行超高温的测量,可控测量温度可达 2800℃甚至更高(用我们设计的光栅孔径与物距,当光电高温计最大量程 DPM 显示 1650℃时,实测温度为 3200℃)。图6-3所示为不同光栅的升温特性曲线。

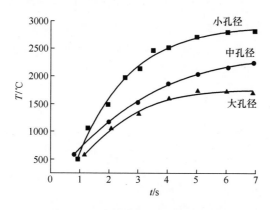

图 6-3　不同光栅的升温特性曲线

6.2.3　温差法

温差法利用镍铬-镍铝和钨铼热电偶丝(或改装后的高温计)测定试件长度方向上相应一定距离的低温点和高温点,通过控制低温点温度达到测量试件高温点真实温度的目的。

如图 6-4 所示,将一试样夹持在夹具之间,夹具温度为 T_0,夹具间距为 L ,在高温点 A 放置钨铼热电偶(或高温计),低温点 B 放置镍铬-镍铝热电偶。由于 A、B 两点离夹具距离不同,热的传导、对流及辐射引起的热损失不同,因此各

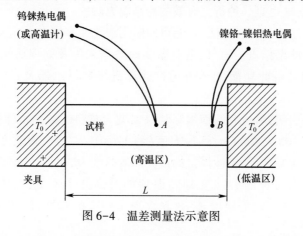

图 6-4　温差测量法示意图

点对应不同温度,温度最高点在试样中部,沿试样长度方向上存在温度梯度,在理想情况下有近似抛物线关系。这样,可通过试验实测得 A、B 两点的温度对应关系,找出其规律,如图6-5所示。

因此,当两点温度的对应关系确定后,在保证试样的几何形状、尺寸、材料、加热速度、峰值温度、停留时间、输送功率以及夹具、气氛环境均不变的情况下,可通过测定 B 点温度来控制任意试样工作区 A 点的实际温度。

上述3种测温方法,在所测温度≤2300℃时,用第1种方法(钨铼热电偶)最为精确。

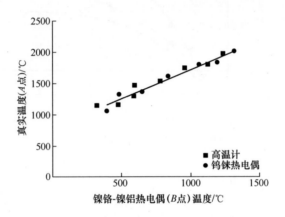

图6-5 温差法 A、B 点温度对应关系

第2种方法(高温计法)比较简便,适用于不同试件及材料的测温,在光栅孔径与物距一定情况下有较好的再现性;而第3种方法(温差法)的再现性受试验条件影响较大,对操作要求较严格,且必须保证试样有足够的长度或卡头冷却条件(以使试件长度方向的中心部分与卡头附近有足够温差),在不具备光电高温计的情况下,这也是一种行之有效的测高温方法。

在实施上述3种测温方法时,还可同时用双笔或多笔 X-Y 记录仪记录被测点温度并校核测温精度。另外,若具备实时数据采集及处理功能时(多数物理模拟试验机均具备此功能),还可通过计算机终端显示器及打印机显示测温结果。

试验结果表明,所研究的细编穿刺 C/C 复合材料的 Z 向拉伸强度随温度升高而增加,到2100~2200℃时达最大值(约170MPa),之后随温度的继续升高,材料的强度又缓慢降低;弹性模量的最高点的温度为2050~2100℃,略低于强度最高点温度;而拉伸断裂应变却随温度的升高几乎不变,只有当温度高于2300℃时,断裂应变成倍地增长,材料表现出一定的塑性,但变形能力不超过

3%。试验还测试了材料的压缩性能,并用最小二乘法对给定的数据点作曲线拟合,建立了力学性能与温度变化的数学模型,对该种材料的织物结构参数对材料性能的影响程度进行了预报。

6.3　铝基复合材料高温压缩变形行为的物理模拟试验研究

　　金属基复合材料因其优异的物理性能和力学性能成为当今材料界研究的热门及我国今后新材料研究发展的重点;铝基复合材料由于具有高的比强度、比刚度、尺寸稳定性以及抗振、耐高温、不老化、抗宇宙射线等优点,在航天、航空、机械、电子等工业领域具有广泛的使用价值,成为当今金属基复合材料发展与研究工作的主流[3]。就晶须增强铝基复合材料而言,增强相的体积百分比、增强相的分布状态,以及增强相与基体的界面结构等因素,对材料的性能有决定性影响。

　　我们利用热/力模拟试验方法,对碳化硅晶须增强铝基复合材料(SiCw/6061Al)的高温压缩变形行为进行了研究[4]。试验材料的晶须直径 0.1~1.0μm,长度 30~100μm,体积百分数为 20%。对这种晶须混乱分布的铸态 SiCw/6061Al 复合材料在 450℃温度下进行 1∶11(面积比)的挤压变形,在流变应力驱动下,可得到晶须沿挤压变形方向取向的挤压态复合材料(试验证明,1∶7 的挤压比即可得到方向性很明显的晶须取向)。然后对挤压态的复合材料沿挤压方向、垂直于挤压方向以及与挤压方向成 45° 的方向分别截取直径 4.5mm、长度 7mm 的圆柱形压缩试样,并对未挤压的铸态复合材料截取同样尺寸的压缩试样。在 400℃ 温度下以 $0.08s^{-1}$ 的应变速率对上述几种试样在 Gleeble-1500 热/力模拟试验机上进行压缩试验,记录真应力-真应变曲线,并对其中一些试样在其压缩的不同阶段卸载,用扫描电镜观察不同压缩阶段复合材料中的晶须转动现象。

　　试验结果如图 6-6 所示。从图中可以看出,当晶须取向与压缩方向垂直时,复合材料的压缩强度和变形规律与基体铝合金相似(图中 d、e 曲线);当晶须取向与压缩轴向成 45°时(曲线 c),压缩强度有很大提高,但仍低于未挤压的铸态复合材料(曲线 b)。当晶须取向与压缩方向平行时(曲线 a),复合材料表现出最大的压缩抗力。

　　试验还指出,由于晶须的转动,晶须混乱分布以及晶须取向与压缩方向成 0° 和 45° 的复合材料的压缩曲线上出现了峰值。上述试验结果及其试验方法为深入研究晶须在复合材料中的强化机制,以及该种复合材料的二次加工性能提供了重要的技术依据。

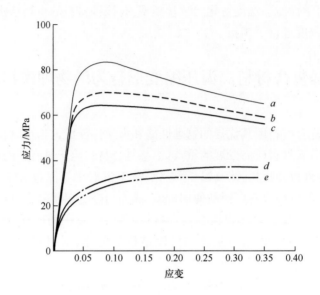

a—纵向挤压复合材料;*b*—铸态复合材料;*c*—挤压态 45°压缩复合材料;

d—横向挤压复合材料;*e*—6061 铝基体合金。

图 6-6　SiCw/Al 复合材料和 6061Al 的压缩变形真应力-真应变曲线(变形温度为 400℃)

6.4　金属间化合物的拉伸性能模拟试验研究

　　金属间化合物主要指金属与金属间、金属与类金属间形成的化合物。金属间化合物具有特定的组成成分,具有长程有序的特殊的晶体结构、电子结构与能带结构,从而具有固溶体所没有的特殊性质。例如,固溶体材料的强度随温度升高而降低,而许多金属间化合物的强度却随温度的升高而升高,这就使得金属间化合物具有作为高温高强度结构材料的基础。此外,某些金属间化合物还有特殊的各向异性、高硬度,以及优异的电磁性能和光学性能。因此,金属间化合物将是 21 世纪重要的新型结构材料和新型功能材料[5]。

　　金属间化合物的研制与开发同样离不开热/力条件下的性能测试与分析。文献[5]利用 Gleeble-1500 热/力模拟试验机对于表 6-1 所列的 3 种可选作核反应堆结构材料的(Fe,Ni)$_3$V 有序金属间化合物的拉伸性能进行了系统的研究。

表 6-1　3 种金属间化合物、成分、电子浓度、结构和有序化转变温度

化合物	化合物成分	e/a	结构	$T_c/℃$
A16	$(Fe_{60}Ni_{40})_3V$	7.850	Y′	680
A16T2	$(Fe_{60}Ni_{40})_3(V_{98}Ti_2)$	7.845	Y′	680
A16T4	$(Fe_{60}Ni_{40})_3(V_{96}Ti_4)$	7.840	Y′	680

　　试验采用小尺寸的试件,标距尺寸为 1mm × 4mm × 20mm,如图 6-7 所示,展示了半副夹具结构示意图(不锈钢材料),槽深≤0.5mm,肩部圆弧过渡与试样一致,以使变形完全发生在标距范围内。试验温度范围从室温到 950℃分别为 22℃、200℃、400℃、600℃、800℃和 950℃,工程应变速率为 $8.33×10^{-4}s^{-1}$,试验在真空气氛中进行。拉伸过程中记录载荷随时间的变化。

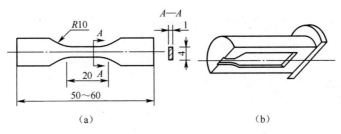

图 6-7　金属间化合物拉伸试样及夹具图(单位:mm)

(a)试样尺寸;(b)夹具示意图。

　　一般情况下,由于 Gleeble 试验机采用的是电阻加热方式,试验过程对试样截面变化敏感,当出现颈缩现象时,温度调节来不及或沿轴线方向温度分布不均匀,将可能造成测试误差。但采取上述试样尺寸及夹具后,结果表明,材料在整个标距范围内的变形是均匀的,几乎不发生颈缩。

　　试验结果如图 6-8~图 6-11 所示。图 6-8 是 3 种金属间化合物在不同温度下的工程应力-应变曲线,它是根据应变速率及试验时所记录的载荷-时间曲线求得的。依据图 6-8,可用图解法测得屈服强度,绘出图 6-9 所示的屈服强度与温度的关系曲线。从图 6-8 可见,3 种材料的变形规律是相似的。由图 6-9 看出,材料由室温到 T_c(T_c 为有序化转变温度,即 680℃) 的范围内,屈服强度随温度升高而升高,这是该材料的一个显著优点,因为一般的固溶体的屈服强度是随温度升高而下降的。由图 6-8 还可以得到图 6-10 所示的抗拉强度与试验温度的关系,图 6-10 表明,虽然金属间化合物与传统固溶体材料一样,抗拉强度随温度升高而下降,但仍高出传统的无序固溶体材料 Hastelly-X 合金和 316 不

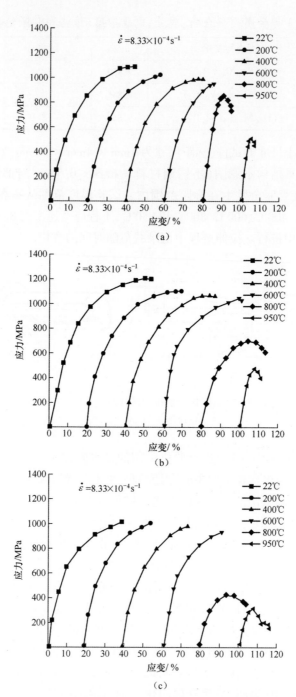

图 6-8　3 种金属间化合物的工程应力-应变曲线

（a）$A_{16}(Fe_{60}Ni_{40})_3V$；（b）$A_{16}T_2(Fe_{60}Ni_{40})_3(V_{98}Ti_2)$；（c）$A_{16}T_4(Fe_{60}Ni_{40})_3(V_{96}Ti_4)$。

锈钢 1~2 倍。图 6-11 为拉伸试验时伸长率与试验温度的关系,在 700℃ 以下具有 20%~40% 的伸长率。

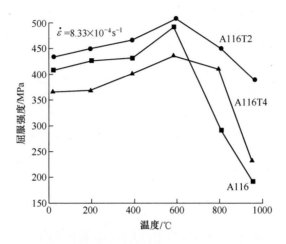

图 6-9 屈服强度与试验温度的关系

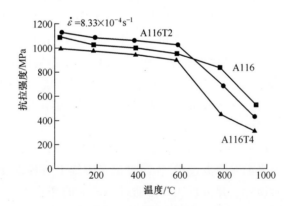

图 6-10 抗拉强度与试验温度的关系

由上可以证明,3 种材料均可以发展用于核反应堆结构材料,但相比之下,$(Fe_{60}Ni_{40})_3(V_{98}Ti_2)$ 的性能更优,这种材料是在 $(Fe_{60}Ni_{40})_3V$ 的基础上加入不到 0.1%(质量分数)的 Ti 经特殊熔炼而制成的。

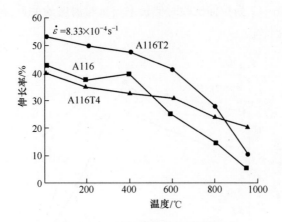

图 6-11　伸长率随试验温度的变化

6.5　差热分析法测量相变点

相变点的测量是建立材料的 CCT 曲线或 TTT 曲线的基础,也是研究物态变化,从事新合金研制的重要手段。相变点的测量方法有很多,如热膨胀法、磁分析法、热分析法及金相法等。第 3 章和第 4 章所述的 CCT 曲线的绘制,使用的是热膨胀法。这种方法虽然操作起来比较方便,但是从测量精度来说比较适于温度梯度不太大的较慢的冷却速度。当非常快的冷却速度时,则采用热分析法测相变点比较准确。另外,热分析法更适宜对于金属的熔化与凝固过程的检测,而用热膨胀法则难度较大。

物质在升温或降温过程中,如果发生了物理的或化学的变化,有潜热的释放或吸收,就会改变原来的升降温过程,在温度记录图线上有异常反应,称之为热效应,如图 6-12(a)所示。热分析法就是通过热效应的变化来研究材料内部的物理或化学过程。然而,简单的热分析对于试样内部的物理和化学过程的映射是不灵敏的,对于相变点的高灵敏度测量,一般都采用差热分析法(differential thermal analysis,DTA)。

差热分析法的原理是采用一个参考样品与被试验样品在完全相同的条件下加热或冷却,记录二者的温差随时间和温度的变化, 从而得到差热分析曲线,如图 6-12(b)所示[6]。这种分析方法的前提条件是参考样品在所选择的温度范围内没有热效应(相变)发生,而且与试验样品具有相同的热性质,即在没有发生热效应时,差热曲线为一条稳定的水平线,即温差 $\Delta T = 0$。

当被测试样发生了放、吸热效应,它的升降温的速度将陡然高于或低于参考样品,在差热分析曲线上隆起一个热效应峰值。因为没有热效应时 ΔT 为零,仅在热效应发生时才有信号输出,所以差热分析具有比简单的热分析高得多的灵敏度。

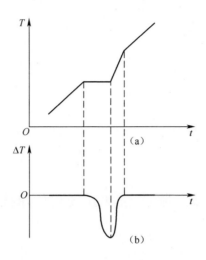

图 6-12　热分析曲线示意图

(a)简单热分析;(b)差热分析。

利用物理模拟方法可以成功地进行金属材料的差热分析试验。图 6-13 所示为在 Gleeble 试验机上进行的试验方案设计布局图。被试样品 B 材料为低合

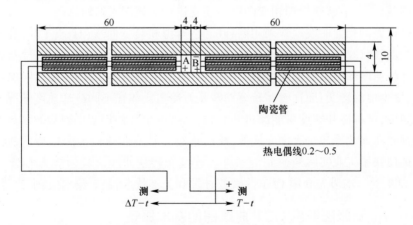

图 6-13　差热分析法测量相变点试样装配布置图(单位:mm)

金钢,参考样品 A 材料为镍(因镍的热物理性能与钢相近,且镍为面心立方晶格,无同素异构转变)。示差热电偶为两副完全相同型号的铂铑-铂热电偶,以同名极相连(反向串联)而构成。示差热电偶有两个热接点,分别接于 A、B 两样品的端部中心,热电势取决于两热接点的温度差。试验时同时记录 ΔT-t 曲线与 T-t 曲线,在 ΔT-t 曲线上找到特征点,在 T-t 曲线上找到对应的相变温度。

试验时的加热方式是用"管炉"加热,即采用直径 10mm,壁厚 3mm,长 124mm 的管状材料作为加热热源,两端用热卡头固定,热电偶的控制端直接与真空槽内的冷端接线柱相连,热端可与 X-Y 记录仪相接,并用石棉将"管炉"两端堵塞,以防止"炉"内热量向外对流散失。试样应与管内壁紧密接触,以使传导加热均匀。

在通常情况下,"管炉"材料选用耐热钢、高温合金或石墨。但可根据被加热的温度范围,特别是加热与冷却速度的要求选用不同的"管炉"材料。

6.6　膨胀法测定 CCT 曲线

材料的最终性能取决于它的微观组织。对于具有同素异构转变特性的材料,特别是钢材,微观组织不但取决于钢的成分,而且取决于热处理工艺。因此制定相变曲线对于反映相变过程及其相变产物,从而制订合适的热处理规范,具有十分重要的意义。

3.2.1 节和 4.8 节分别介绍了焊接热影响区的连续冷却转变图 SH-CCT 和大应变下测得的动态 CCT 图。而热处理的 CCT 图是衡量或评价钢材本身的淬透性的基础,本节就热处理相变曲线的建立进行比较深入的讨论。

表征钢的相变曲线通常采用两种形式:等温相转变曲线(IT 或 TTT)和连续相转变曲线(CCT)。等温相转变曲线是基于恒定温度下钢的奥氏体分解,即将奥氏体快速冷却到临界温度(共析钢为 A_1,亚共析钢为 A_3)以下,在不同温度下保温,发生恒温转变;而连续相转变曲线是过冷奥氏体在不同冷却速度情况下的组织转变,某种冷却速度可能通过几个相变区,发生几种相变。因为大多数的热处理都是在连续冷却过程中完成的,所以连续相转变曲线比等温相转变曲线更精确地反映了工业实践所遇到的条件。连续相转变曲线又分为静态 CCT[7] 和动态 CCT[8]。本节先介绍 CCT 曲线的开发和关键技术,最后给出实例。

◢ 6.6.1　膨胀法开发 CCT 曲线图的基本原理

测定 CCT 曲线的方法有差热法(DTA)、示差扫描量热法(DSC)、膨胀法等。

Formaster 相变膨胀仪或大多数热模拟试验机都是采用膨胀法,这种方法的优点是测量速度快,精度高。

膨胀法是根据热胀冷缩的原理。如果在冷却的过程中,材料为单相,如为全奥氏体,那么膨胀曲线的斜率为定值,膨胀线为一条直线。但是由于相变发生,材料组织不是单相,那么膨胀曲线便会偏离原来的直线。对于钢铁而言,由于奥氏体比体积最小,因此无论奥氏体发生铁素体相变、珠光体相变还是贝氏体马氏体相变都是体积膨胀的,所以在发生相变时,膨胀量都是上升的,加上冷却材料本身是体积收缩的,因此会出现驼峰。当相变发生完全,当然可能发生完全会是单相(如全马氏体),也可能是两相或多相混合组织,只要在冷却的过程中相比例固定,那么冷却的过程中膨胀线斜率又会恢复直线,只是此时直线斜率(新混合组织的热膨胀率)为另一定值。对于钢铁而言,各项组织的比容(单位质量物质所占有的体积)大小不同,即奥氏体<铁素体<珠光体<贝氏体<马氏体,所以奥氏体的斜率应该最大,发生铁素体相变、珠光体相变、贝氏体相变和马氏体相变后,斜率依次减小。

CCT 曲线是由在不同的冷却速度下所有相变开始点和结束点的边界线所组成的,也可包括相转变体积百分数。当在冷却过程中发生相转变时,由于两种相的晶体结构不同,材料的体积就会发生改变,因此相变点就可以通过将材料加热到完全奥氏体化后(高于亚共析钢 A_{c3} 或过共析钢 A_{cm} $10 \sim 60℃$)以某一特定冷却速度冷却时记录体积变化。试样体积的变化与温度的关系通常用线膨胀法获取数据。为了获得有效的数据,各个时刻包括快速冷却情况下整个测量长度上都必须是等温面或等温体积,这在 Gleeble 试验机上很容易实现。其膨胀仪的精度为 $±0.25\mu m$。

首先,测试钢试样得到冷却曲线和温度-膨胀量曲线。相变开始点和终了点的确定是非常灵敏的,因为具有面心立方晶体结构的奥氏体的热膨胀系数与具有体心立方晶体结构的铁素体或其他相变产物的热膨胀系数很不相同。基本上,在冷却的过程中,相变起始点就是奥氏体正常热收缩率变化点,同时相变终了点的热收缩率开始回归生成相正常收缩率点。如果冷却过程中,不止一种相变发生,理论上热收缩率发生变化点对应相应的相转变点。把每一相变所有开始点和终了点连线画在温度线性-时间对数坐标中,就创建了一个完整的 CCT 曲线。如果需要表示体积百分数 10%、50% 和 90% 相变等值线,也可以通过分析膨胀量-温度曲线添加到相图上。

一个 CCT 曲线图的创建看起来简单,但手工完成时却是很乏味的事情,而且手工确定相变点因不同的操作者而带来人为误差。精确地确定相变点对于建立 CCT 曲线图是非常关键的。因此,需要一个基于 Gleeble 试验数据的既快又准确的计算机辅助软件[9]。

切线法：为了确定相变的开始点和终了点，对膨胀量-温度曲线未发生相变的热膨胀段数据进行回归建模，得

$$D_t = D_0(1 + aT + bT^2 + \cdots) \tag{6-6}$$

式中：D_t 为某一温度下的膨胀量；D_0 为基准温度（如室温）下的膨胀量；a、b 为常数。

二次回归对于热膨胀已经足够精确了，有时仅仅线性回归就可以了。相变开始点就是回归线开始偏离试验数据线，即热膨胀率变化点。同理，上面的方法可以用于终了点的确定。当多于一个相变发生时，即对于亚共析钢首先是铁素体相变，接着贝氏体相变，快速冷却条件下的马氏体相变，上述的方法也可以用来确定第二个相变的开始点。然而当第二相的含量很少时，确定第二相开始点可能十分困难，因为少量的第二相不能引起膨胀量的显著变化。在这种情况下，不得不采用金相法观察转变相产物来确定。相组织可以采用水淬的方法在特定的温度进行冻结。如果每一个相转变体积百分数需要在 CCT 曲线图中显示出来，对应每一个百分数的温度和相应的时间也需要依据开始点和终了点之间的膨胀曲线来确定。

数值微分法：用于确定相变开始点和终了点。数值微分曲线形状的改变点就是相变开始点或终了点。数值微分法比切线法更精确。如图 6-14 所示，采用切线法确定的相变开始点和终了点分别是 685℃ 和 745℃，而数值微分法确定的相变开始点和终了点分别为 645℃ 和 760℃。从图 6-14 还可以看出数值微分法确定的点处在原始膨胀曲线上，其偏离非常小（与切点非常接近），而切线方法具有较高的可视性。

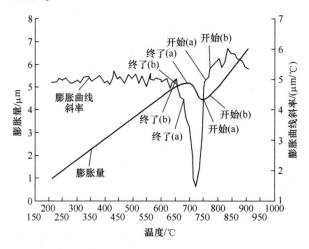

图 6-14　两种方法的膨胀响应[图中(a)为直接膨胀响应法,(b)为微分法]

综上,完成一系列试验,创建在不同冷却速度下所有相变开始点和终了点的数据组,这些数据画到温度线性-时间对数坐标下,并把相同相的所有开始点和终了点都连接起来,这样一个完整的 CCT 曲线图就创建成功了,如图 6-15 所示[10]。

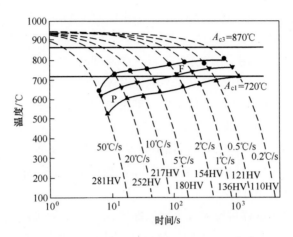

图 6-15　C-Mn 钢过冷奥氏体连续冷却相转变曲线

冷却速度可以加到 CCT 曲线图上,表示在给定的冷却速度下奥氏体相变产物,从而确定实际生产时不同的冷却方式,如炉冷、空冷、油淬和水淬等。

对于非常复杂的相变,或者钢种具有很小体积变化(不显著的相变点)时,没有有效的膨胀技术可以处理测量数据,可以采用微观组织金相法来进一步确定相变的类型和相变组织。如渗碳体或金属间化合物的膨胀量非常小,微观组织金相法是非常必要的。金相法也适合于相变反应及其特征不易理解的新材料。

6.6.2　物理模拟试验方法的具体应用

1. 试样设计

通常采用一个直径为 6mm 或 10mm 的试样用于相转变测量。小直径试样具有较高的加热速度,而大直径试样则可以产生较大的膨胀量。试样的自由长度越短,可以获得的冷却速度越大。试样的两端都要夹持紧。当开发静态 CCT 时,为了避免热膨胀或收缩引起的变形的影响,建议采用零力控制或低力夹具控制。

2. 试验方法

Gleeble 系统采用铜夹具。对于钢试样,自由长度为 15mm 时的最大冷却速度为 78℃/s。为了开发完整的 CCT 曲线图,特别是对一些低碳钢,由于淬透性较差,常常要求采用气冷或水冷以实现高冷却速度。在外部淬火时,试样横截面上会有很陡的温度梯度,可能导致截面组织不均匀,引起相转变点测量误差。并且,传统上采用的激光或 LVDT 类型的传感器膨胀量测量方法,在外部淬火冷却情况下几乎不可能使用。因此,对于高冷却速度时,如低碳钢测量 M_s 点,很难开发其 CCT 曲线图。为此,开发了一种等温淬火技术(ISO-Q)可以满足高冷却速度要求。一种 LVDT 类型的传感器也可用于等温淬火技术中。采用两端钻孔的减缩断面试样,其减缩断面部分的直径较小,为 5~6mm。在减缩断面的两端采用水淬,这样在高冷却速度时试样中间保持等温面,这是因为热流发生在试样的轴向上。试验证明,减缩断面直径为 5mm,温度从 800℃到 500℃(即 $t_{8/5}$)时,冷却速度可以达到 400℃/s。

这个等温淬火试样可以修改为减缩断面两端带螺纹颈圈结构,以满足压缩试验的要求。建立"动态"CCT 图。值得补充的是,压缩之后减缩断面中间的冷却速度能力可能会进一步增大。

当要求更高的冷却速度时,可以采用薄壁管试样,例如,对于外径 5mm、内径 3mm 的管状试样进行通水冷却,冷却速度可以大于 2000℃/s。但是当冷却介质通过该管时会产生径向温度梯度(这个温度梯度与试样材料的热传导系数有关),这个温度梯度对于 CCT 测量会产生一些误差,并且这种薄壁管不适用于变形试验。

当板状试样被加热时,试样边部的温度通常比中间的温度低(对于厚度 1mm、宽度 50mm 的板,在温度为 1000℃时,其边部温度比中部温度低 15℃),这是因为边部具有较大的比表面积。由于温度的偏差将会导致在加热和冷却的过程中相变点测量的误差,因此应该采取独特的板状试样的横向等温技术。

在测量标距之内的宽带上形成等温宽度是测量板状试样相变点的关键。为此可以采用带孔槽的试样,如图 6-16 所示。槽的尺寸为 6mm×13mm。标距宽度为 25mm。当试样被加热到 1000℃并保温 30s,试样加热的边部与中部温差为 12℃。用膨胀仪上的直径为 5mm 的石英棒插到试样上两孔槽之间的测量标距上,标距之间的温差被减小到 -5~5℃之间。于是在加热和冷却的过程中获得了标距上的近似等温面。

所用膨胀仪主要有 3 类:LVDT 类型、激光型和最新的 LED 型。

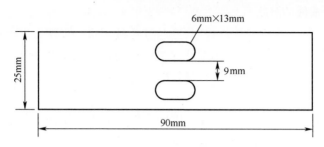

图 6-16　板状试样图

▲6.6.3　几个关键技术

1. 临界点的选取

从膨胀曲线上确定临界点的方法通常有两种：顶点法和切线法。顶点法是取膨胀曲线上拐折最明显的顶点作为临界点。这种方法的优点在于拐点明显，容易确定（图 6-17 中的 a 点和 c 点）。但这种方法确定的临界点并不是真正的临界点，它确定的转变开始温度将比真实的低，而转变结束温度又比真实的高。根据这种方法确定的临界点对制定实际的热处理工艺不会带来很大的影响，但对 CCT 曲线的位置却会带来一定的影响。因此，在 CCT 曲线测量中一般都采用切线法。切线法是取膨胀曲线直线部分的延长线与曲线部分的分离点作为临界点（图 6-17 中的 a' 点和 c' 点）。这种方法的优点在于它接近真实的转变开始/结束温度。缺点在于分离点的确定带有一定的随意性，因而误差较大。为此在实际测量中需多测几个试样，按国家标准规定，两次测量结果相差应小于 7℃，若超过此值应进行 3 次测量。

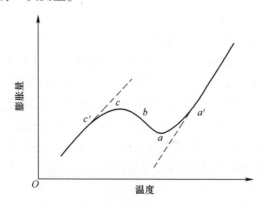

图 6-17　亚共析钢冷却时膨胀曲线示意图（仅有铁素体、珠光体产物）

2. 膨胀曲线的分析

钢的奥氏体在连续冷却过程中，要经过高温、中温、低温几个转变区域，因此得到的组织往往是混合组织，识别这种组织可通过观察金相组织和测定组织的显微硬度，或者借助电镜、X 射线结构分析等完成。但分析膨胀曲线和观察金相组织是确定转变类型的主要方法。

钢试样在加热和冷却时，试样长度的变化是由两部分叠加而成的。

$$\Delta L = \Delta L_H + \Delta L_P \tag{6-7}$$

式中：ΔL_H 为试样由于热胀冷缩引起的长度变化；ΔL_P 为试样由于相变引起的长度变化。

发生相变时，由于钢中各相的比容不同，膨胀曲线就出现拐折。而钢中珠光体、贝氏体和马氏体的拐折也会出现在不同的温度范围内。因此，可以根据膨胀曲线上拐折所处的温度范围，来判断该拐折处发生了什么类型的转变。例如铁素体析出和珠光体转变一般在 750℃ 至 550℃ 范围内，贝氏体转变一般在 550℃ 到 M_s 点之间，M_s 点以下为马氏体转变。

钢中各组织的比容关系是：奥氏体<铁素体<珠光体<贝氏体<马氏体。对于低碳的亚共析钢，其膨胀曲线如图 6-17 所示。图中 ab 段相当于铁素体析出，bc 段为珠光体转变。因为珠光体的比容大于铁素体，所以 bc 段的斜率小于 ab 段，b 点处有较明显的折点，b 点应对应珠光体转变开始温度。但对某些钢种，在实际测量中，b 点很不明显，为此可用金相法来确定珠光体转变开始点。当既有铁素体、珠光体转变，又有贝氏体转变时，通常的膨胀曲线如图 6-18 所示。图中 ab 段对应铁素体、珠光体转变，cd 段对应贝氏体转变。由于奥氏体的比容最小，因此上部直线段 a'a 的斜率应最大，如果在 b 点铁素体、珠光体转变中止，那么直线段 bc 的斜率应由铁素体、珠光体和未转变的奥氏体决定，它应比上部直线段 a'a 的斜率小，而比下部直线段 dd' 的斜率大。这是因为在 bc 段未转变的奥氏体已转变成贝氏体，dd' 段的斜率由铁素体、珠光体和贝氏体决定。当三段直线部分的斜率表现为 aa'>bc>dd' 时，就表示高温转变区和中温转变区断开，中间有一段奥氏体的稳定区。在 CCT 曲线图上，这两部分转变区分开，中间有一点转变中止区。反之，如果中间段 bc 的斜率比下段 dd' 的斜率还小，即 bc<dd'，就说明 bc 段一直在相变，直到 c 点贝氏体转变开始。这说明此处不存在奥氏体稳定区，在 CCT 曲线图中铁素体、珠光体转变区和贝氏体转变区未分开，中间不存在转变中止区。取点时 b 点要舍去。同理，也可以判断贝氏体转变区和马氏体转变区是否断开。

3. 组织含量计算

确定 CCT 曲线中各组织含量的方法很多，如网络法、图像分析仪定量法、膨

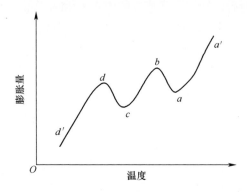

图 6-18　亚共析钢冷却时膨胀曲线示意图(当有多种相变产物时)

胀曲线计算法(杠杆计算法)和作图法等。但各种方法都有各自的局限性,如网络法费时费力;定量法只能测定色差大的组织含量,对混合组织、色差小的组织难以确定;计算法也是一种近似的方法。所以在实际测量中,应把几种方法结合起来确定其含量[11]。

　　计算法是在假定相变量直接与相变的体积效应成正比的前提下进行的。如图 6-19(a)所示为当试样从奥氏体化温度开始冷却时,随温度降低,试样基本上呈线性收缩,收缩曲线大体为一直线(ao 段)。当温度达到 T_a 后,发生相变,因此膨胀曲线在 a 处发生拐折。如果没有相变发生,那么在温度 T 时,膨胀曲线应到达 ao 段的延长线 A 处,但现在膨胀曲线却到达 C 处,显然线段 AC 是由于相变引起的试样长度的变化。当相变在温度 T_b 时结束后,那么由于相变而引起的试样长度变化则为线段 $A'b$。按照杠杆原理,在温度 T 时所形成的新相应为

$$\alpha_{新} = \frac{AC}{AB} \times Q_{max} \tag{6-8}$$

式中:AB 为通过转变温度范围的中点 C 作横坐标的垂线与膨胀曲线两相邻直线部分延长线交点间的线段;Q_{max} 为该温度范围内最大转变量。

　　若转变发生在高温区,则 $Q_{max} = 100\%$;若转变发生在中温区,则由于转变不完全,Q_{max} 中应减去残余奥氏体量,即 $Q_{max} = (100 - A_{残})\%$。但对一般中碳、低碳合金钢,$Q_{max}$ 仍可近似看作 100%。

　　在图 6-19(b)的情况下,转变发生在两个温度范围,那么高温区和中温区的转变相对量可用下式计算。

$$\alpha_{高} = \frac{AB}{AB + EF} \times Q_{max} \tag{6-9}$$

$$\alpha_{中} = \frac{EF}{AB + EF} \times Q_{max} \tag{6-10}$$

式中：AB、EF 分别为通过转变温度范围的中点 C 和 G 作横坐标的垂线与膨胀曲线两相邻直线部分延长线交点间的线段；Q_{max} 为两个温度范围内的总转变量。

对于贝氏体和马氏体混合组织，如果膨胀曲线上存在明显的拐折点，可用上述公式计算；如果不存在明显的拐点，对低碳合金钢可按马氏体点不变的原则来确定其含量。

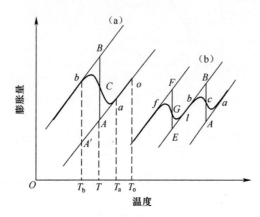

图 6-19　杠杆原理计算组织转变量示意图

6.7　板带状试样 CCT 图的建立

第 3 章和第 4 章曾详细讨论过利用物理模拟技术建立 CCT 图的过程。众多的研究者在用膨胀法测相变点时，所用的试样形状多为圆柱形。当需要快速冷却时，Gleeble 试验机还可采用 ISO-Q 快速冷却技术。用板带状试样也可以测定相变点，可以获得较快的冷却速度，并节省试验材料。用带状试样时遇到的主要问题是试样边缘的冷却造成试样截面温度不均匀。为此，可以设计图 6-20 所示的在试板上开两条缝槽试样的方法来克服上述弊端，其中图 6-20(a)为使用 C-Strain 传感器时两石英棒插入缝槽时的接触配合情况；图 6-20(b)为使用激光膨胀测量法时的缝槽尺寸[12]。这种开槽方法可获得缝槽之间（25mm 宽区域）一个均匀的等温截面。经测定，在接触式测量时[图 6-20(a)]，试样在两石英棒间的温差≤3℃。使用非接触式的激光测量法时[图 6-20(b)]，在 1000℃ 保温 30s，两缝槽处的温差也在 3℃ 之内。

两种膨胀测量法均可测得带状试样在加热与冷却时相变点的变化。比较而言，激光法的分辨率较高，但反应速度（扫描速率）受限制，不如接触法快。然而在过高的温度下,接触法可能使试样在与石英棒的接触处被压印,引起测量误差。

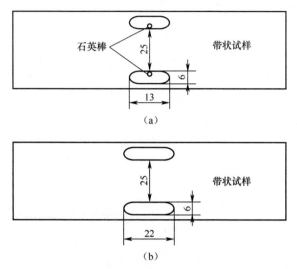

图 6-20　用带状试样测试 CCT 图时等温截面的获得方法(试样尺寸单位:mm)
(a)用 C-Strain 法测量截面膨胀;(b)用激光法测量截面膨胀。

6.8　金属材料高温断裂极限的测定

金属材料高温断裂极限的测定,对于判断材料的热加工性能及构件的抗脆断能力至关重要,同时是研制耐高温材料的必要步骤。

用物理模拟测定材料的断裂极限有两种方法:一个是应变诱导裂纹张开试验(strain induced crack opening,SICO)方法;另一个是 Gleeble 断裂极限(Gleeble fracture limit,GFL)技术。前一种方法已经在 3.3.5 节中予以论述,本节主要介绍 GFL 试验技术。

众所周知,在室温下,断裂机制的表达式为

$$\int_0^{\bar{\varepsilon}_F}\left(\frac{\sigma_1}{\bar{\sigma}}\right)\bar{\sigma}\mathrm{d}\bar{\varepsilon} > C \tag{6-11}$$

式中:σ_1 为主应力;$\bar{\sigma}$ 为等效应力;$\bar{\varepsilon}$ 为等效应变;C 为标志材料发生断裂的额定极限。

为了评定一种塑性材料在一定的高温及应变量时的抗裂能力 C 值,采用拉伸试验方法是科学的,这是因为最大的拉伸主应力 σ_1,总是与加载方向一致。

由于式（6-11）中的 $\bar{\sigma}$ 及 $\bar{\varepsilon}$ 计算非常麻烦，文献［13］采用拉伸应变去代替等效应变，此时，评判断裂的表达式（6-11）可改写为无量纲的形式[13]，即

$$\int_0^\varepsilon \left(\frac{\sigma_1}{\sigma_{UTS}}\right) \mathrm{d}\varepsilon_1 > C \tag{6-12}$$

式中：σ_{UTS} 为材料最终的抗拉强度，由最大拉伸力除以试样的原始截面积求得；ε 为拉伸真应变，由拉伸时的颈缩点测出。

这种以 σ_{UTS} 替换 $\bar{\sigma}$ 是合理的，因为它们都是在一个确定温度下的度量。用单轴拉伸真应变 ε 代替等效应变 $\bar{\varepsilon}$ 则更有意义，因为是在单轴拉伸方向的拉伸应变 ε 的积分导致了断裂。这样一来，用式（6-12）取代式（6-11）来计算断裂极限变得非常简单，因为最终抗拉强度 σ_{UTS}、拉伸应变 ε 以及最大拉伸应力 σ_1（真应力）很容易通过 Gleeble 试验来获得。通过测量拉伸真应力和真应变，则材料的断裂极限 C 能够用求积分的方法来确定，即

$$C = \int_0^{\varepsilon_F} \left(\frac{\sigma_1}{\sigma_{UTS}}\right) \mathrm{d}\varepsilon_1 \tag{6-13}$$

为了测定在颈缩时的真应力与真应变，以含碳量 0.18% 的普通碳钢为例予以证明。拉伸试样尺寸如图 6-21 所示。直径为 10mm 的圆棒试样两端带螺纹以备施加载荷，试样中间部位截面变小（直径 9.90mm），形成一个大于 10% 的锥度。采用 C-Strain 传感器或双反射激光测量方法（两套反射镜，一套安装在固定卡头上，另一套安装在移动卡头上）来跟随中间截面的移动并随时测量截面尺寸的变化。热电偶也焊在此截面上。试验温度范围为 800~1437℃（1437℃ 为该钢的零强温度）。分别采用两种不同的自由跨度（10mm 和 30mm）以产生沿试样轴线方向不同的温度梯度（经测量，在 1000℃ 时，自由跨度 10mm 和 30mm 的试样温度梯度分别为 60℃/mm 和 160℃/mm）。每个试样以 20℃/s 的加热速度被加热到试验温度，保温 15s，然后以 50mm/s 的冲程速度拉伸至断裂。记录载荷、冲程及试样截面尺寸变化。

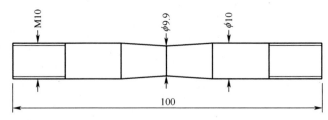

图 6-21　断裂极限试验试样尺寸（单位：mm）

图 6-22、图 6-23 分别示出了该钢种在 800℃ 及 1300℃ 时载荷-冲程曲线和相应的真应力-真应变曲线。从两图对比可以看出,伴随着最大载荷点所对应的颈缩的开始,虽然载荷在逐渐减小,但真应力并不一定降低,这归因于在不同温度下变形时材料的动态硬化或软化的影响,并且反映出最终拉伸强度、最大拉伸真应力及真应变在断裂评判中所发挥的作用。

根据式(6-13)及图 6-22 和图 6-23,可以求出断裂极限 C 值。

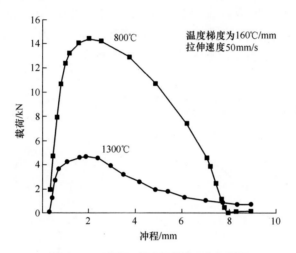

图 6-22　两种温度下的载荷-冲程曲线

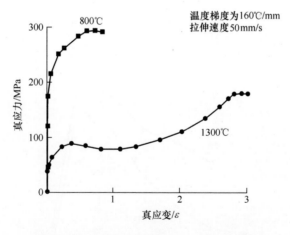

图 6-23　两种温度下的真应力-真应变曲线

图 6-24 示出了该钢种在不同温度下的热塑性与热加工断裂极限的对应关系,从中可以看出,试验温度由 1300℃ 到 800℃,热塑性(断面收缩率)并未发生

明显变化,但断裂极限却显著降低。图6-25示出了热梯度对断裂极限的影响,从中可以看出大的温度梯度将导致断裂极限下降。该模拟试验还可得出不同梯度下断裂应力极限与断裂应变极限的对应关系,如图6-26所示。

综上可以看出,对于一定温度范围内材料的热加工性能的判定,断裂极限值比较保守,这是由于断裂极限兼考虑应力与应变两种因素对材料断裂行为的影响。另外,除温度和应变速率外,断裂极限值还受试样温度梯度的影响,温度梯度越大,断裂极限越低,从而说明在工业生产中不能忽视构件上的热梯度。断裂极限值还被用来量化断裂前最大的拉伸应变和拉伸真应力,从而为建立预报材料断裂行为的计算机数学模型提供宝贵的技术数据。

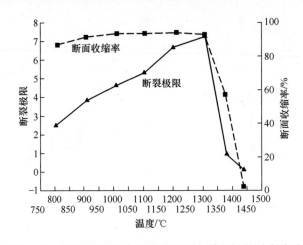

图6-24　不同温度下热加工断裂极限与热塑性的对应关系

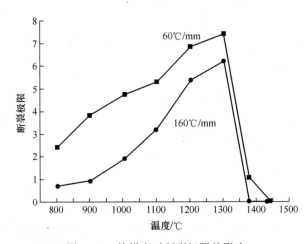

图6-25　热梯度对断裂极限的影响

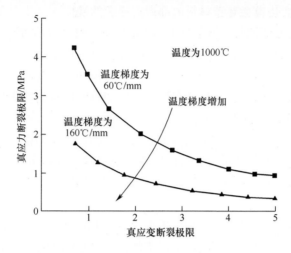

图 6-26　断裂应力极限和断裂应变极限的对应关系

6.9　热/力疲劳物理模拟

材料在重复或交变的应力与应变作用下产生的断裂现象称为疲劳。疲劳断裂时构件所承受的应力通常都低于材料的屈服极限,而且断裂时不产生明显的塑性变形,属于低应力脆断破坏。疲劳破坏具有极大的危险性,往往会造成灾难性的后果。常见的发动机曲轴、机器传动轴或车轴,以及齿轮、弹簧的破坏多为疲劳断裂。飞机受到波动气流或突风的冲击,也是一种无规则的疲劳现象。

疲劳断裂是损伤积累的结果,即材料或构件在交变应力作用下,经过一段时期后,在材料的表面或内部缺陷以及零件的应力集中部位,产生细微裂纹,裂纹萌生后在交变应力作用下又逐渐扩展,最终导致构件在应力远小于屈服点或强度极限下突然失稳断裂。在微观上,疲劳断裂一般为穿晶断裂。

金属的疲劳现象,按产生条件分为高周疲劳、低周疲劳、热疲劳、腐蚀疲劳和接触疲劳等。不同条件下的疲劳抗力变化规律是不同的,对选择的材料成分和组织状态的要求也不相同。

在物理模拟试验机上可以进行热疲劳及低周热/力疲劳的模拟。

1. 热疲劳模拟

在反复加热和冷却的交变温度下,构件内部便产生较大的热应力,由于热应力的反复作用而产生的疲劳称为热疲劳。例如,某些航天器构件的工作环境、某些化工容器及高温高压锅炉的热能交换系统,均会引起构件的热疲劳破坏。另

291

外,温度的反复变化也会导致材料内部微观组织的演变。

单纯的热疲劳模拟是十分简单的,因为热模拟机可以方便而精确地模拟各种波形的热循环曲线。当需要大的冷却速度时,可采用小试件及小的自由跨度,更大的冷却速度可使用第3章所述的ISO-Q(等温快速冷却)技术获得。

试验时采用零力控制,使试样在加热与冷却时能够自由膨胀与收缩。

2. 热机械疲劳模拟

在实际构件中,大多数的疲劳都是温度与应力共同作用下的热机械疲劳。热与机械力可能是同相位或异相位的。物理模拟试验可以实现温度与力的同相或异相交变模拟。只是由于冷却速度及机器吨位的限制,热循环曲线及力循环曲线的频率受到局限。

在进行热机械疲劳模拟试验时,需要一套专用的卡具,包括方形的螺帽、方形的垫片及力的支撑板等,以满足反复施加拉-压载荷的试验要求[12]。试样的尺寸如图6-27所示。

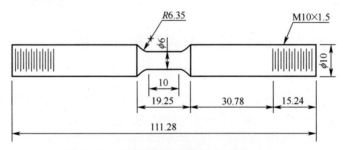

图6-27　疲劳试验的试样尺寸(单位:mm)

试验前应将试样妥善装配、拉紧,并将控制载荷调零。试验可采用力控制或冲程控制,而冲程控制比较容易实施。也可采用应力或应变控制,但最好使用工程应力或工程应变,因为真应力、真应变控制时需使用C-Strain传感器,将增加试验难度。

由于物理模拟试验机不是专门为疲劳试验设计的,因此机械疲劳的频率模拟受到限制。由于在高的加载频率下,伺服误差,峰值载荷难以达到。因此,施加载荷越大,则频率必须降低。对于加载能力为100000N的Gleeble-3500试验机,最大的加载频率为10Hz,此时可获得25000N的最大加载载荷。在编制程序时应注意加载频率与峰值载荷的对应关系。

通过热/力疲劳的物理模拟,可以评定材料在低周疲劳状态下的疲劳极限,也可确定在一定的使用寿命规定下,所允许的交变载荷循环及热循环的频率与幅值,这对于空间材料的研制和航空航天构件使用性能和安全可靠性的预测具有特殊的意义。

6.10　板带材退火过程模拟

在航空、航天、汽车等工业部门及仪表、器皿等产业领域,大量地使用板带状金属材料。由于这些板带材的终轧温度一般较高,轧后冷却速度不一,组织不均匀,因此给随后的冲压等二次加工性能带来隐患。为此,在冷拉伸变形前通常都需要进行退火处理,以获得良好的组织与力学性能,包括小的成形 R 角半径及大的极限拉伸系数。

这种退火工艺比一般的退火处理较为复杂,因为为了最终获得细小、均匀的微观组织,其退火工艺除了加热、保温,还包括不同冷却速度的各阶段连续冷却过程。为了确定最佳的热处理规范,可用物理模拟方法,研究不同的热循环参数对材料组织和性能的影响规律。在物理模拟试验机上进行这种热模拟试验时,需采用不同的夹具以及与其相对应的水(气)喷头。电阻式加热及感应式加热的热/力模拟机均设有由计算机自动控制的喷水、喷气或水气混喷的冷却系统。本节主要以目前对该项技术应用水平较高的 Gleeble 试验为例予以说明[12]。

对于 12mm 宽、120mm 长、1mm 厚的小尺寸板带试样,普通不锈钢或铜夹头(Gleeble 试验机的标准附件)即可使用。当采用大尺寸的试样时,如宽 50mm 以上、长 200mm、厚 1~2mm 的试样,需设计特殊的夹具。

Gleeble-3500 试验机和 Gleeble-3800 试验机附有先进的多喷头喷雾系统,可对试板提供均匀的水、气或水气混合冷却方式,各喷头喷雾时间及喷雾量由计算机控制,在长 50mm、宽 40mm 的范围内,在冷却期间各处温差≤25℃。

热电偶安装在试板的上表面,试板下表面对着喷头。热电偶丝的两个焊点必须位于与试板长度方向垂直的同一直线上。控制热电偶被焊在试板的正中央。对于 50mm×260mm×1mm 普通碳钢试样,另一副热电偶焊在与控制热电偶同一条与试板轴线垂直的直线上,距试板边缘 5mm 处,第三个热电偶焊在与控制热电偶同一条与试板轴线平行的直线上,距控制热电偶 25mm 处。这样,这 3 对热电偶即可覆盖一个宽 40mm、长 50mm 的范围。经测量,在冷却过程中 3 个热电偶测的温差为-10~10℃。这个面积对于切取一个单向拉伸试件是足够的。

图 6-28 所示为在 Gleeble 试验机上进行的碳钢的连续退火热循环控制曲线。以 50℃/s 的加热速度升到 800℃(奥氏体),保持 60s,然后靠卡具的热传导以 5℃/s 的冷却速度冷却到 675℃(发生相变)。此时将喷雾系统打开,以可控的冷却速度(40℃/s)将试板冷却到 350℃,再保温 60s 后,在室温下自然冷却。通过上述工艺,最终可得到细小均匀的铁素体+珠光体组织。

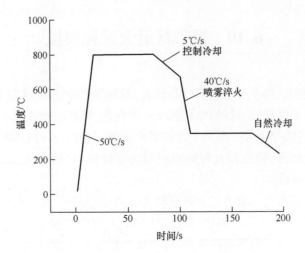

图 6-28　碳钢板带材连续退火热循环曲线

　　为使试件在加热时自由膨胀，防止试板因两端约束被压弯，在加热前应将活塞与卡头移动轴的连轴节脱开，主液压轴向后移动 5mm。另外，抽真空之前，空气活塞系统应处于拉伸状态（活塞拉力 800～1200N 即可），以防止在抽真空期间大气压力迫使移动轴向槽内推移，将试板压弯。当真空度达到初级真空水平时，即可向真空槽内充入惰性气体，以减轻在加热时试板的氧化。

　　为了获得更长的均温区以满足板带材力学性能试验的需要，在电阻加热式试验机上，还可采用如图 6-29 所示的自感应自阻加热技术[12]。将板料折叠起两个凸弯部分，当交流电流从凸弯侧流过时，由于电磁场的扭曲和邻近效应，在凸起部分附近产生感应加热，弥补夹具导热的损失，并与串联的电阻一起加热，在两凸起之间形成一个大跨度的均温区，而且无须采用热卡头。改变两凸起部分的高度及距离，可调节自感应自阻所产生的热量。凸起越高或距离越近，则产生热量越大。

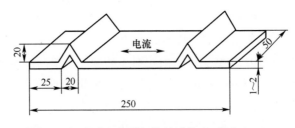

图 6-29　自感应自阻加热试验技术（单位：mm）

6.11 带钢连续退火的物理模拟

带钢连续退火热处理在冷轧带钢生产中占有重要的地位,这种热处理在 20 世纪 50—60 年代就开始应用,并且 1972 年第一条冷轧板连续退火机组就已经建成[14]。本节就物理模拟技术在带钢连续退火热处理中的应用做一介绍。

1. 带钢连续退火工艺

带钢连续退火工艺如图 6-30 所示,主要包括加热段、均热段和不同的冷却段。典型钢种的加热和冷却示意如图 6-31 所示。

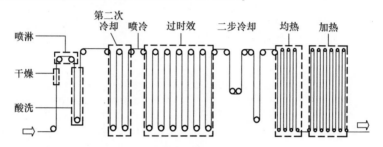

图 6-30 带钢连续退火工艺示意图

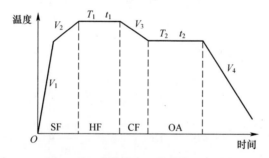

图 6-31 连续退火工艺曲线示意图

2. 带钢连续退火的物理模拟

连续退火试验在 Gleeble-1500D 试验机上进行,材料为宝钢股份公司所生产的 50CrV4 轧硬板钢,表 6-2 所示为钢的化学成分,试样尺寸为 1.6mm×20mm ×200mm。

表 6-2 50CrV4 的化学成分　　　单位:%(质量分数)

C	Cr	V	Si	Mn	P	S	Al
0.5433	1.012	0.1373	0.23	0.827	0.011	0.02	0.019

参考实际生产工艺条件制定带钢连续退火的物理模拟工艺过程和工艺参数,如图 6-31 和表 6-3 所示。图 6-31 中,SF 为加热段,HF 为均热段,CF 为冷却段,OA 为时效段,T_1 为均热温度,T_2 为时效温度[15]。

表 6-3　连续退火的具体参数

试验编号	V_1 /(℃/s)	V_2 /(℃/s)	T_1 /℃	t_1 /s	V_3 /(℃/s)	T_2 /℃	OA 阶段 t_2 /s	V_4 /(℃/s)
1-1			850	120				
1-2			875	120				
1-3	8	3	900	120	5	700	200	8
1-4			950	120				
1-5			1000	120				
1-6			1100	120				
1-7			875	200				
1-8	8	3	900	60	5	700	200	8
1-9			900	200				
2-1					2			
2-2	8	3	875	120	10	700	200	8
2-3					20			
2-4					40			
2-5					2			
2-6	8	3	900	120	10	700	200	8
2-7					20			
3-1	8	3	875	120	5	690	200	8
3-2						710		
3-3	8	3	900	120	5	690	200	8
3-4						710		
4-1							60	
4-2	8	3	875	120	5	700	120	8
4-3							300	
4-4							60	
4-5	8	3	900	120	5	700	120	8
4-6							300	

3. 模拟结果

退火后所得的组织如图 6-32 所示,主要为珠光体、铁素体。

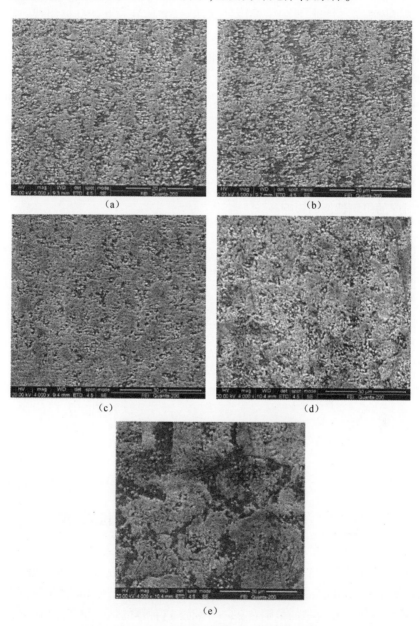

（a）　　　　　　　　　　　　（b）

（c）　　　　　　　　　　　　（d）

（e）

图 6-32　均热温度不同的连续退火微观组织(SEM)
（a）850℃;（b）875℃;（c）900℃;（d）950℃;（e）1000℃。

由图 6-32 可以看出，当均热温度为 850℃时，组织主要由铁素体、珠光体和部分粒状渗碳体组成，球状渗碳体所占比例较小，仍有较多的片状珠光体存在；当均热温度为 875℃时，组织主要由铁素体、珠光体和粒状渗碳体组成，球状渗碳体所占比例增大；当均热温度为 900℃时，试验钢的组织主要为珠光体、铁素体和较少的球状渗碳体，随均热温度的继续升高，组织主要为片状珠光体和铁素体，基本没有球状渗碳体。

图 6-33 所示为试验钢力学性能与均热温度的关系曲线，由图可以看出，在 850~1000℃，随着均热温度的升高，试验钢的屈服强度和抗拉强度先降低后增大，伸长率先升高后缓慢降低。在 875℃时，试验钢的强度最小，伸长率最高，从而确定 875℃为最佳均热温度。

同理，还可以研究不同均热时间、不同缓冷速度、不同缓冷温度和不同缓冷时间对应的组织性能的影响。

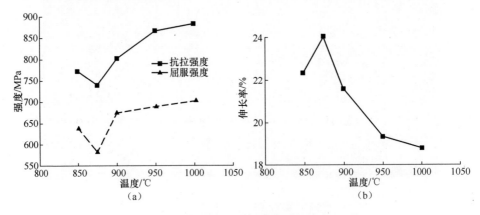

图 6-33　不同均热温度连续退火试样的力学性能
(a)强度；(b)伸长率。

6.12　TWIP 钢的开发和力学性能测试

1997 年，Grassel 和 Frommeyer 等[16-19]在研究 Fe-Mn-Si-Al 系 TRIP（transformation induced plasticity）钢的相变与力学性能时发现，当 Mn 含量达到 25%，Al 含量达到 3%，Si 含量的范围在 2%~3%时，这种钢的强塑积高达 50GPa·%，远高于一般的 TRIP 钢的力学性能。这种钢在室温下呈现出单相的奥氏体组织，经扫描电子显微镜（scanning electron microscopy，SEM）和透射电子显微镜（transmission electron microscopy，SEM）观察发现，在形变过程中有大量的孪晶产生,从而导致这种钢不仅具有高强度,更获得了极高伸长率。因此,Grassel 等提出了孪晶诱发塑性(twin induced plasticity,TWIP)钢的概念,并通过成分筛选研发出第一代 TWIP 钢,即 Fe-Mn-Si-Al 系 TWIP 钢,他直到最近仍然在用物理模拟的方法深入研究这种钢[20],本节对此做介绍。

◢6.12.1 Fe-Mn-C 系 TWIP 钢的开发[21]

试验用 TWIP 钢经真空感应炉熔炼成 35kg 铸锭,铸锭在 1200℃保温 2h 进行均匀化处理后热轧成 12mm 厚板材,再采用线切割加工成 ϕ8mm×15mm 的圆柱形热模拟试样。其主要化学成分如表 6-4 所示。

表 6-4 TWIP 钢的化学成分 单位:%(质量分数)

试验钢编号	C	Mn	Si	Al	P	S	V
1 号	0.59	22.43	0.25	0.035	0.011	0.0005	
2 号	0.58	22.15	0.31	0.038	0.01	0.009	0.19

热变形工艺模拟采用热压缩模拟试验在国产 MMS-300 热模拟试验机上进行。试样以 10℃/s 的升温速度加热至 1200℃,保温 180s,然后以 10℃/s 的速度冷却至变形温度并保温 10s,再以不同的应变速率压缩至真应变为 0.7,在压缩热变形结束的瞬间快速喷水冷却,以保留高温变形组织。变形温度分别为 800℃、850℃、900℃、950℃ 和 1000℃,应变速率为 0.01s^{-1}、0.10s^{-1}、1s^{-1} 和 10s^{-1}。热压缩工艺如图 6-34 所示。热压缩试验的结果如图 6-35～图 6-37 所示。

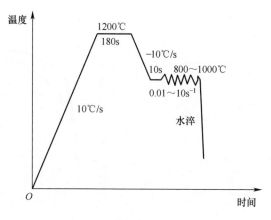

图 6-34 热压缩工艺示意图

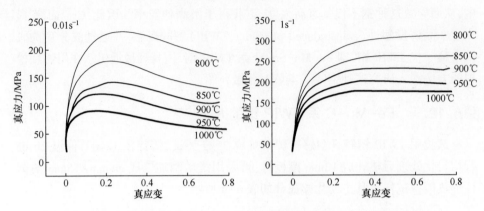

图 6-35　1 号钢相同应变速率及不同变形温度下的真应力-真应变曲线

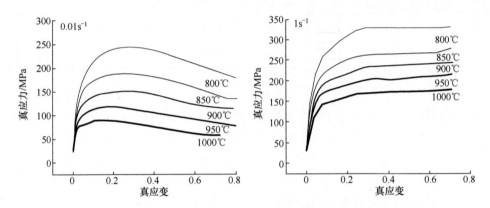

图 6-36　2 号钢相同应变速率及不同变形温度下的真应力-真应变曲线

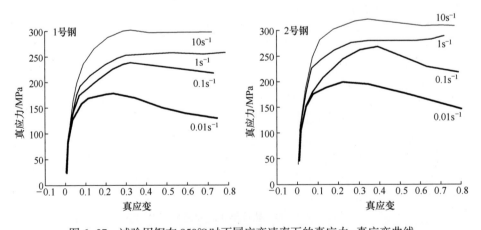

图 6-37　试验用钢在 850℃时不同应变速率下的真应力-真应变曲线

在高温热变形过程中,流变应力主要受变形温度和应变速率的影响,它们的关系可用下式表示[22],即

$$\dot{\varepsilon} = A\left[\sinh(\alpha\sigma_P)\right]^n \exp\left[-Q/(RT)\right] \tag{6-14}$$

式中:A 为常数;α 为应力因子,一般取 0.012;σ_P 为峰值应力(MPa);n 为应力指数;Q 为热变形激活能(kJ/mol);R 为气体常数,$R = 8.314$ J/(mol·K)。

对式(6-14)两边取对数并求偏微分可以得到热变形激活能的关系式为

$$Q = R\left\{\frac{\partial\ln\dot{\varepsilon}}{\partial\ln\left[\sinh(\alpha\sigma_P)\right]}\right\}\bigg|_T \left\{\frac{\partial\ln\left[\sinh(\alpha\sigma_P)\right]}{\partial\ln(1/T)}\right\}\bigg|_{\dot{\varepsilon}} = Rnb \tag{6-15}$$

在温度相同的条件下,$\ln\left[\sinh(\alpha\sigma_p)\right]$ 与 $\ln\dot{\varepsilon}$ 之间满足线性关系,其斜率的倒数即 n。将峰值应力值代入获得该关系曲线,如图 6-38(a)所示,直线斜率的平均值 $n = 4.545$。在应变速率相同的条件下,$\ln\left[\sinh(\alpha\sigma_P)\right]$ 与 $1000/T$ 也呈线性关系,其斜率为 b,关系如图 6-38(b)所示,可以求得 $b = 11.15$。将 n、b 代入式(6-15)可求得材料热变形激活能 $Q = 421.37$kJ/mol。将各变形条件下的 Q、n、σ_p 代入式(6-14),可求得 A 的平均值,$A = 6.14 \times 10^{14}$。因此,当变形温度在800~1000℃时,1 号试验钢的热加工流变方程为

$$\dot{\varepsilon} = 6.14 \times 10^{14}\left[\sinh(\alpha\sigma_P)\right]^{4.545}\exp\left[-421370/(RT)\right] \tag{6-16}$$

同理,求得 2 号钢的热加工流变方程为

$$\dot{\varepsilon} = 7.23 \times 10^{16}\left[\sinh(\alpha\sigma_P)\right]^{4.55}\exp\left[-485486/(RT)\right] \tag{6-17}$$

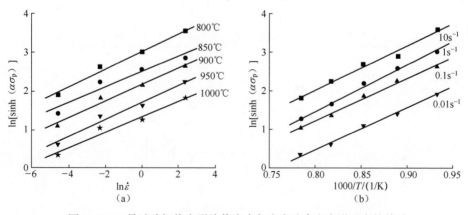

图6-38 1号试验钢热变形峰值应力与应变速率和变形温度的关系

⚠6.12.2　TWIP 钢的力学性能测试

第一代 TWIP 钢的典型成分是 Fe-25Mn-3Si-3Al,其具有中等的抗拉强度(650MPa)和极高的伸长率(92%)[16]。第二代 TWIP 钢,即 Fe-Mn-C 系 TWIP 钢,典型成分是 Fe-22Mn-0.6C[23-27]和 Fe-18Mn-0.6C[28-31],这些 TWIP 钢具有很高的抗拉强度(大于 1000MPa)和良好的伸长率(超过 50%)。第三代 TWIP 钢,即 Fe-Mn-Al-C 系 TWIP 钢,典型成分为 Fe-(15~18)Mn-1.5Al-0.6C,抗拉强度可达到 891MPa,总伸长率可达到 69%[32]。

1. 第一代 TWIP 钢的力学性能测试[33]

与宝钢提供的 Fe-20Mn-2.5Si-2Al TWIP 钢(为传统或典型 TWIP 钢)作为对比,加氮 TWIP 钢的化学成分如表 6-5 所示。这些钢种的状态为热轧终轧温度大约 900℃,空冷至室温。拉伸试样根据 GB/T 228.1—2010《金属材料 拉伸试验 第 1 部分:室温试验方法》加工,尺寸如图 6-39 所示,试样厚度为 1mm。拉伸试验在 Zwick/Roell 标准拉伸试验机上进行,拉伸速率从 $1\times10^{-3}s^{-1}$ 至 $5\times10^{-1}s^{-1}$。试验温度从 20℃至-78℃,试样放于无水乙醇中拉伸,采用干冰冷却。测试结果如图 6-40、图 6-41 及表 6-6 所示。可见,随着温度的下降抗拉强度逐渐升高;伸长率的变化比较复杂,含 N 与不含 N 规律有所不同;强塑积方面,在常温下含 N 钢的强塑积较低,但是低温下则较高。

表 6-5　试验钢的化学成分　　单位:%(质量分数)

试验钢编号	C	Mn	Si	Al	N
TW0	0.01	20.24	2.44	1.95	
TW1	0.01	22.57	2.46	1.18	0.011
TW2	0.01	21.55	3.00	0.69	0.052
TW3	0.01	20.72	2.00	2.46	0.022

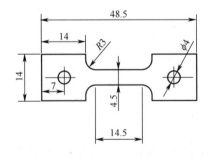

图 6-39　拉伸试样尺寸(厚度为 1mm,图中单位:mm)

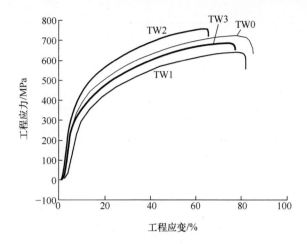

图 6-40 室温下 4 种试验钢的应力-应变曲线(陡降部分表示断裂)

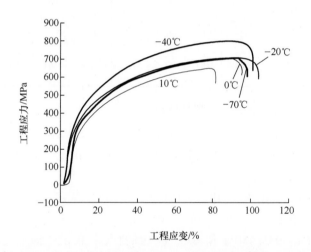

图 6-41 TW3 在不同温度下拉伸的应力-应变曲线(陡降部分表示断裂)

表 6-6 4 种试验钢在不同温度下的抗拉强度、伸长率及强塑积

试验钢编号	温度/℃	10	0	−10	−20	−30	−40	−50	−60	−70
TW0	抗拉强度/MPa	724	724	732	778	780	788	766	765	827
	伸长率/%	65.3	61.4	60.3	62.5	53.4	62.9	57.5	54.5	54.4
	强塑积/(MPa·%)	47277	44460	44140	48656	41660	49597	44030	41708	45005

303

试验钢编号	温度/℃	10	0	-10	-20	-30	-40	-50	-60	-70
TW1	抗拉强度/MPa	695	719	732	758	771	783	800	831	831
	伸长率/%	57.0	65.7	61.5	63.4	69.3	57.0	72.4	66.7	60.5
	强塑积/(MPa·%)	39640	47259	45046	48062	53463	44616	57940	55422	50248
TW2	抗拉强度/MPa	778	779	806	810	838	871	882	866	872
	伸长率/%	47.4	37.2	34.2	46.0	48.4	49.1	43.2	42.7	40.6
	强塑积/(MPa·%)	36871	28992	37054	39187	41160	37630	37653	35165	36810
TW3	抗拉强度/MPa	646	698	679	703	719	703	758	777	794
	伸长率/%	52.5	59.7	66.0	77.2	74.1	57.7	63.0	59.1	72.6
	强塑积/(MPa·%)	33905	41671	44781	54272	53278	40563	47748	45903	57644

2. 第二代 TWIP 钢的力学性能测试[34]

试验钢的化学成分如表 6-7 所示，拉伸试样的尺寸示意图如图 6-42 所示，标距的长度为 25mm，标距的宽度为 6mm，厚度为 1.4mm。拉伸的应力-应变曲线如图 6-43 所示。

图 6-43 显示了退火态 0Re 和 0.02Re 这两种 TWIP 钢在室温下的工程应力-应变曲线。由图 6-43 可知，0Re TWIP 钢的屈服强度、抗拉强度和伸长率分别为 490.3MPa、1031.4MPa 和 67.7%。而加入了 0.02% 稀土元素的 0.02Re TWIP 钢的屈服强度、抗拉强度和伸长率分别达到了 511.0MPa、1057.4MPa 和 72.2%，这说明稀土元素的加入使 TWIP 钢的屈服强度、抗拉强度和伸长率都得到了提高。

表 6-7 试验用的两种 TWIP 钢的化学成分

单位:%(质量分数)

试验钢编号	Mn	Al	C	Re	Fe
0Re	13.89	1.22	0.57	0	其余
0.02Re	13.91	1.23	0.59	0.02	其余

注:Re 表示稀土元素。

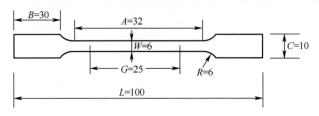

图 6-42 拉伸试样及其尺寸示意图(单位:mm)

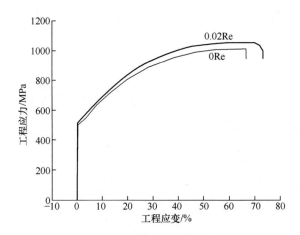

图 6-43 退火态 0Re 和 0.02Re TWIP 钢在室温下的工程应力-
应变曲线(陡降部分表示断裂)

3. 第三代 TWIP 钢的力学性能测试[35]

试验钢的化学成分如表 6-8 所示。拉伸试样根据 GB/T 228.1—2010《金属材料 拉伸试验 第 1 部分:室温试验方法》加工,尺寸如图 6-44 所示,单位均为 mm。试样标距为 30mm,拉伸试验全部在室温环境下进行。对于本次试验的要求,设定应变速率为 $10^{-3} s^{-1}$,相应于本次试验所采用的试样尺寸,拉伸速度为 3mm/min。

表 6-8 试验钢化学成分 单位:%(质量分数)

试验钢编号	Mn	Al	C	Fe
6Al 试验钢	26.03	5.84	1.00	其余
12Al 试验钢	25.76	11.58	0.95	其余

(1) 不同温度固溶处理后 No.6Al 试验钢的力学性能。测试结果如图 6-45 和表 6-9 所示,可见随着固溶温度的上升,试验钢的强度呈下降趋势,而伸长率逐渐升高。

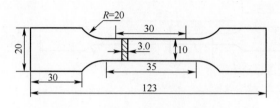

图 6-44　拉伸试样尺寸(单位:mm)

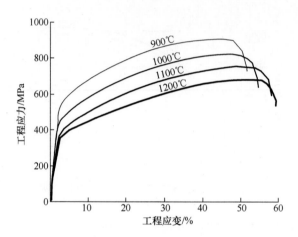

图 6-45　6Al 试验钢不同温度固溶处理后的拉伸应力-应变曲线

表 6-9　6Al 试验钢不同温度固溶处理后拉伸试验的力学性能

固溶温度/℃	抗拉强度/MPa	屈服强度/MPa	伸长率/%
900	904	539	52
1000	820	447	55
1100	756	378	57
1200	680	350	59

（2）不同温度固溶处理后 12Al 试验钢的力学性能。测试结果如图 6-46 所示。可以看出:①900℃固溶处理后的试验钢塑性很差。这是因为 900℃低于铁素体向奥氏体的转变温度 912℃,所以试验钢的组织中铁素体的含量较高;而铁素体的塑性不如奥氏体的好,所以 900℃固溶的试验钢塑性很差。②在 1000℃、1100℃、1200℃ 3 个温度固溶处理后,试验钢的伸长率比 900℃增大很多。这是因为在这 3 个温度,奥氏体化比较完全,试验钢的组织是以奥氏体为基体、铁素体分布在奥氏体晶粒之间的两相组织,因此塑性较好,且 3 个温度的屈服强度和

抗拉强度相差不多。③在总体趋势上,固溶时间保持不变,12Al 试验钢的强度随着固溶温度的升高而下降,伸长率随着固溶温度的升高而升高。

综合起来,可以得出,12Al 试验钢经过固溶处理后,应变硬化不显著,所以其工程应力的屈服强度和抗拉强度相差不大。其中 1000℃固溶处理试验钢的屈服强度和抗拉强度分别为 952MPa、943MPa,伸长率为 37.3%。

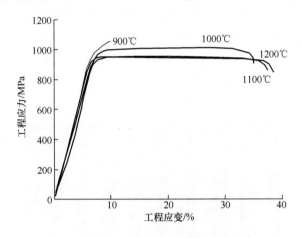

图 6-46　不同温度固溶处理后 12A1 试验钢的应力-应变曲线

6.13　QP 钢工艺对显微组织及力学性能的影响

为满足汽车行业在节能、降耗、环保和安全等方面的需求,研究人员一直将开发新一代高性能的汽车用钢作为工作重点,发展以淬火-配分(quenching and partitioning,QP)钢为代表的第三代先进高强钢,以实现汽车的轻量化,在降低燃油消耗和排放的同时,又可提高汽车的安全性。同时,QP 为淬火延性钢,在保证较高强度的同时,塑性在第一代及第二代超高强钢之间,具有一定的成形能力,因此这种钢在汽车结构钢和部件中被广泛应用[36]。

QP 工艺是由美国科罗拉多矿业大学的 Speer 等于 2003 年提出的一种热处理新工艺[37-38]。该工艺是通过将钢淬火至马氏体转变开始温度(M_s)和马氏体转变结束温度(M_f)之间温度,随后在该温度下或在 M_s 温度以上保温,从而使得残余奥氏体富碳并在随后冷却至室温的过程中保持稳定。经过 QP 工艺处理后,组织中得到的马氏体基体为钢材提供了高强度,适量的稳定残余奥氏体为良好的塑性和韧性做出贡献。宝钢集团也于 2010 年成功实现了 QP980 钢的工业化试制,其抗拉强度大于 1000MPa,伸长率大于 15%[39],类似等级的还有含铌 QP 钢,其抗拉强度大于 1150MPa,伸长率大于 16%[40]。

采用物理模拟技术,可以通过单向拉伸试验的方法来分析比较 QP 钢的性能,选择 4 种常用的高强度板 CR340、DP600、DP800 和 DP1000 进行对比试验,每种材料分别沿与板材轧制方向成 0°、45° 和 90° 的方向取样制作拉伸试件,每个方向取 3 个试件,如图 6-47 所示,每种材料共 9 个试件,通过 5 种材料的单向拉伸试验,在 Gleeble1-500D 试验机上测得 QP980 和常用的高强度板的力学性能参数,进而可以从理论上分析 QP980 和常用高强度板的成形性能,为冲压成形数值模拟提供准确的力学性能参数[41]。试验测得的几种钢的材料力学性能如表 6-10 所示。

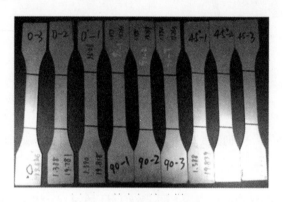

图 6-47　单向拉伸试样

表 6-10　力学参数测试结果

钢种	抗拉强度/MPa	屈服强度/MPa	伸长率/%	应变硬化指数 n	塑性应变比 $r_{0°}$	塑性应变比 $r_{45°}$	塑性应变比 $r_{90°}$
CR340	495	380	21.5	0.128	0.96	0.92	1.20
DP600	631	361	20.1	0.162	0.93	0.86	0.95
DP800	850	516	14.4	0.132	0.81	0.74	0.79
DP1000	1011	626	9.9	0.107	0.73	0.72	0.75
QP980	1027	662	18.1	0.132	0.94	0.88	1.01

注:塑性应变比 r 指材料宽度方向真应变与厚度方向真应变的比值。$r_{0°}$ 为平行于轧制方向取样拉伸而得的塑性应变比;$r_{90°}$ 为垂直于轧制方向取样拉伸而得的塑性应变比;$r_{45°}$ 为与轧制方向呈 45° 取样拉伸而得的塑性应变比。

从 5 种材料的测试结果来看,第三代高强度钢 QP980 的伸长率接近于

DP600 的伸长率,而且各向异性参数还略高于 DP600 的各向异性参数,说明 QP980 的成形能力与 DP600 的成形能力相当。从材料抗拉强度指标来看, QP980 的抗拉强度是 1027MPa,已经超过了 DP1000 的抗拉强度 1011MPa,说明 QP980 的强度与 DP1000 的强度相当。

此外,通过不同的热处理工艺对其微观组织和力学性能的影响进行研究,以期找到试验成分体系最优的 QP 处理工艺。试验钢在 ZGJL0.07-100-2.5D 真空感应炉冶炼,化学成分为 0.28C-2.2Mn-1.68Si,经热轧成 3.5mm 后冷轧成 1.2mm 薄板。在 Gleeble-1500D 试验机上通过热膨胀法测得各相变点为 A_{c1} = 660℃、A_{c3} = 856℃、M_s = 304℃和 M_f = 190℃。在 CCT-AY-Ⅱ连退模拟试验机上进行 QP 热处理工艺退火试验,工艺路线示意图如图 6-48 所示。即以 10℃/s 的加热速度加热到 890℃保温 5min,以 25℃/s 的冷却速度分别淬火至 T_1 (190℃、210℃和 230℃),随后升温至 400℃进行配分处理,分析淬火冷却终止温度对其组织性能的影响;选取合理的淬火冷却终止温度,分析不同的配分温度 T_P(300℃、350℃和 400℃)和配分时间 t_P(10s、60s 和 120s)对组织性能的影响[42]。

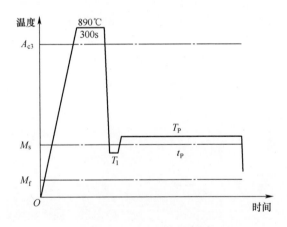

图 6-48　QP 工艺示意图

针对经过此工艺处理后的试验钢,采用光学显微镜 NEOPHPT-2100 及 CAMBRIDGE S 360 型扫描电镜进行微观组织观察。金相样品制备时,先用线切割从经受不同热处理工艺处理后的试样上截取横截面为 5mm×5mm 的样品,然后进行镶嵌,再在自动磨样机上先进行两道粗磨,然后依次采用 15μm、6μm 和 1μm 的抛光液进行机械抛光,待抛光完成后用 4%的硝酸酒精溶液进行腐蚀,得到金相样品,分别在光学显微镜和扫描电子显微镜下观察,如图 6-49 所示。观察照片可以发现，所得组织基体主要为板条马氏体。如果在扫描电镜下不能清楚地分辨残留奥氏体，采用 TEM-2000FX 型电镜进行精细结构观察，透射电镜的试样制备时先用线切割切出几片约 300μm 厚的试样，然后机械研磨至大约 70μm 厚，此时通过冲孔机冲下直径为 3mm 的小圆片，再放到双喷仪中进行双喷（电解双喷减薄所用腐蚀液为 7% 高氯酸乙醇溶液，温度 −20℃）以获得有薄区的待观测试样，其精细结构如图 6-50 所示。图 6-50(a)、(b) 为试验钢经 QP 工艺处理后典型的板条马氏体组织，且板条的亚结构为高密度位错[43-44]。

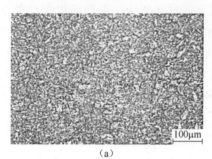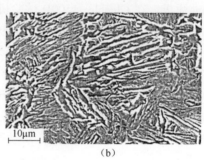

图 6-49　QP 钢的典型组织
(a) 显微组织照片；(b) 扫描电镜照片。

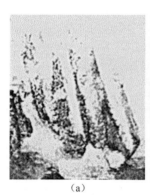

图 6-50　QP 钢的精细组织结构（透射电镜照片）
(a) 马氏体的位错结构；(b) 马氏体及板条间残留奥氏体；(c) 晶界处的块粒状残留奥氏体。

通过分析以上模拟试验及对试件的组织观察，得出影响 QP 钢的工艺的因素有以下两点：

（1）淬火冷却终止温度的高低决定了初次淬火所生成马氏体的比例，即未转变过冷奥氏体的含量，从而影响后续配分过程中的微观相演变和原子扩散行为。随着淬火冷却终止温度的升高，初生马氏体量减少，奥氏体含量逐渐升高，板条间距增大。淬火至 210℃时，抗拉强度达到 1630MPa 的同时，伸长率达到 17.04%，具有最优的力学性能，这与基体马氏体的硬度及残留奥氏体在拉伸过程中发生的 TRIP 效应有关。由试验可知，试验钢分别经 890℃→190℃→400℃×60s、890℃→210℃→400℃×60 s、890℃→230℃→400℃×60s 处理后，微观组织为马氏体与残留奥氏体的组合，淬火冷却终止温度越高，未转变的奥氏体量越大，配分后冷却至室温时，越容易出现新生大块隐晶马氏体。

（2）随配分温度的升高，抗拉强度呈现下降的趋势，而伸长率逐渐增大。当配分温度分别为 300℃、350℃和 400℃时，抗拉强度分别为 1767MPa、1636MPa 和 1566MPa，伸长率分别为 8.46%、9.12%和 13.92%。在 300℃到 350℃的配分温度区间，抗拉强度降低了 131MPa，而伸长率只提高了 0.66%；而在 350℃到 400℃的配分温度区间，抗拉强度仅降低了 70MPa，而伸长率却明显提高，升高了 4.8%。在较低温度区间配分，抗拉强度下降明显，但是伸长率变化不大，较高的配分温度对伸长率的提高有利，可获得良好的综合力学性能。但配分温度为 400℃时，抗拉强度随配分时间的延长而降低，而伸长率则逐渐提高。配分时间由 10s 延长到 120s 后，抗拉强度降低了 57MPa，而伸长率提高了 2.98%。

6.14　带钢烘烤硬化的物理模拟

烘烤硬化钢既具有强度又具有较高的可成形性。通过加工过程中的加工硬化和烤漆过程中的时效现象来获得最终零件的强度，最初是 BH（baking hardening）钢，即烘烤硬化钢，后来发现其他一些钢种也具有烘烤硬化性[45-46]。DP980 钢是先进高强度钢，抗拉强度达 980MPa，多用于制造结构件。之前的研究很少有这么高强度的钢。本例以 Gleeble-1500D 热模拟机为手段，通过改变 DP980 钢热处理工艺参数模拟连续退火及烘烤硬化处理，研究工艺参数对 DP 钢烘烤硬化性能的影响，为合理制定 DP980 钢热处理工艺提供依据[47-48]。

1. 试验材料

所用材料为 DP980 钢，其化学成分如表 6-11 所示。

表 6-11　DP980 钢的化学成分　　单位:%（质量分数）

C	Si	Mn	P	S	Al	Ti
0.0853	0.273	2.326	0.009	0.0012	0.0195	0.0179

2. 热处理试验方法

为了模拟退火温度和冷却速度对 DP980 钢烘烤硬化性能的影响，热处理试

验在 Gleeble-1500D 热力模拟试验机上进行,具体工艺如图 6-51 所示。试样长
150mm,宽 25mm,厚 1.2mm,装卡方法采用热夹具(具有接触面积小的镂空夹
具,如图 6-52 所示),自由跨度 130mm,均温区约 60mm。将 DP980 钢试样从室
温以 10℃/s 分别升温至 750℃、850℃ 和 950℃,保温 2min,然后分别以 10℃/s、
20℃/s 和 50℃/s 的速度冷却;接着将所有试样加工成图 6-53 所示的拉伸试样
并做 2%预变形,然后进行烘烤硬化处理,即将电阻炉升温至 170℃后放样保温
20min,最后再在 Gleeble-1500D 试验机上进行室温拉伸试验,拉伸速度为
$0.001s^{-1}$,按 GB/T 228.1—2010 要求测得屈服强度 $R_{p0.2}$,用于后面计算烘烤硬
化值。

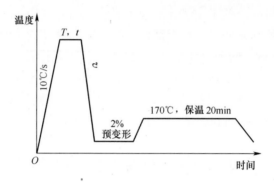

图 6-51　热处理工艺

T—温度;t—保温时间;v—冷却速度。

图 6-52　连续退火板状试样与热夹具

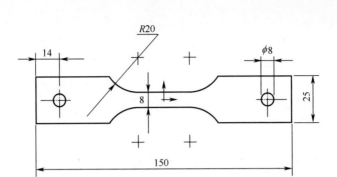

图 6-53　拉伸试样(单位:mm)

3. BH 值检测方法

根据烘烤硬化的定义,BH 值为烘烤硬化之后材料的屈服强度和烘烤之前的屈服强度之差,参见图 6-54。应变 0.2% 和 2% 情况下的 BH 值的计算公式分别为

$$BH_{p0.2} = R'_{p0.2} - R_{p0.2} \tag{6-18}$$

$$BH_{p2} = R'_{p2} - R_{p2} \tag{6-19}$$

式中:$R'_{p0.2}$ 为烘烤硬化后应变 0.2% 的屈服强度;$R_{p0.2}$ 为烘烤硬化前应变 0.2% 的屈服强度;R'_{p2} 为烘烤硬化后应变 2% 的屈服强度;R_{p2} 为烘烤硬化前应变 2% 的屈服强度。

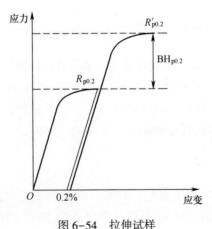

图 6-54　拉伸试样

计算的结果如图 6-55~图 6-58 所示。

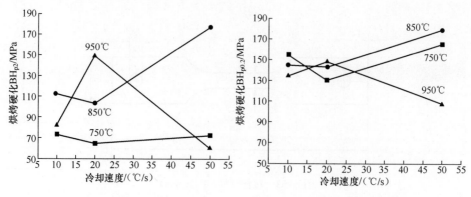

图 6-55　DP980 不同冷却速度的 BH$_{p2}$　　　图 6-56　DP980 不同冷却速度的 BH$_{p0.2}$

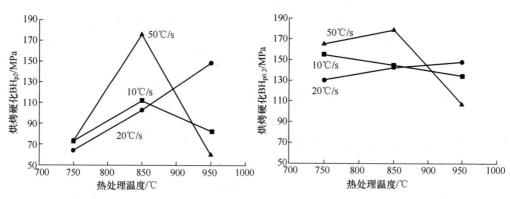

图 6-57　DP980 不同热处理温度的 BH$_{p2}$　　　图 6-58　DP980 不同热处理温度的 BH$_{p0.2}$

4. 热处理工艺参数对 DP980 钢烘烤硬化性能的影响

热处理温度和冷却速度对 DP980 钢烘烤硬化值的影响见图 6-55 ~ 图 6-58。从图中可以看出,对于 DP980 钢,尽管热处理温度及冷却速度对烘烤硬化值都有很大的影响,但在 850℃、冷却速度为 50℃/s 的情况下,DP980 钢的烘烤硬化值最为理想。

5. 透射电镜观察

将 850℃ 时 50℃/s 冷却速度下 DP980 烘烤前和烘烤后的试样切割后磨到 0.05mm 以下,然后做离子减薄,采用日本电子的 JEM-2100 型透射电镜观察显微组织,如图 6-59 所示。

从透射电镜图片可以看出,烘烤前已经出现了大量细小的马氏体板条,板条内部有大量位错,铁素体中位错较少。烘烤处理后,铁素体相中出现了很多析出

图 6-59　DP980 钢烘烤前后的透射电镜图片

相,析出相大小 10~20nm,其马氏体上看不清楚,因为其中大量的位错掩盖了背景。对于 DP980 钢来说,其烘烤后拉伸曲线没有明显屈服点,这是因为马氏体形成时,与原残余奥氏体相比,体积增加较大且膨胀迅速,将周围铁素体晶粒压迫变形;同时在变形的铁素体晶粒内,与马氏体相邻的晶界附近形成了大量的可动位错,在双相钢拉伸变形时有足够的可动位错,不需要通过位错"脱钉"过程来积累可动位错,因此拉伸曲线上没有屈服现象。烘烤时效中出现的很多析出相,分布在基体上和位错周围,则是烘烤硬化的主要原因。

6.15　微型齿轮的热挤压模拟

随着微/纳米技术的兴起,形状尺寸微小或操作尺寸微小的微机械技术已成为人们认识微观领域和改造客观世界的一种高新技术。同时,微机电系统 MEMS(micro electro-mechanical system)技术的逐渐兴起,也给微成形技术提供了一个大力发展的机会,目前,人们把尺寸在毫米或毫米量级以下的塑性加工统称为微细塑性加工。本节设计一种微型齿轮试验,并在 Gleeble 试验机上进行物理模拟[49-50]。

1. 微齿轮热挤压工艺方案

(1)齿轮参数的确定。已知齿轮模数 $m=0.125mm$,压力角 $\alpha=2.5°$,齿数 $z=6$。齿轮形状参见挤压凹模图 6-60。

齿轮的分度圆半径: $r = m \times z/2 = 0.375mm$

齿轮的基圆半径: $r_b = r \times \cos(\alpha) = 0.3746mm$

齿轮的周节: $P = \pi m = 0.3925mm$

齿轮的分度圆齿厚: $S = P/2 = 0.1625mm$

齿顶圆半径：$r_a = r + m = 0.5\text{mm}$

齿根圆半径：$r_f = r - 1.25m = 0.21875\text{mm}$

齿轮的基圆齿厚：$S_b = 2r_b(S/2r + \tan\alpha - \pi\alpha/180) = 0.1961\text{mm}$

齿轮的基圆的齿间角度：$\theta_w = 360/z - \theta = 30°$

齿轮的基圆齿厚角度：$\theta = (S_b/r_b)(180/\pi) = 30°$

根据条件，选择高径比=3/3=1，坯料的直径为3mm，进行挤压。可得正挤压比

$$G = 7.065/0.42 = 16.82$$

（2）试验材料及挤压模具。H62黄铜齿轮材料的化学成分如表6-12所示。

表6-12　H62黄铜的化学成分

化学成分	Cu	Fe	Pb	Sb	Bi	P	Zn
含量/%（质量分数）	60.5~63.5	≤0.15	≤0.08	≤0.005	≤0.002	≤0.01	其余

热挤压模具材料选择4Cr5MoSiV。挤压模具的零件图如图6-61所示，总装图如图6-62所示。

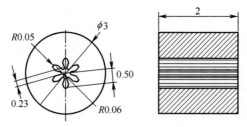

图6-60　挤压凹模(单位：mm)

2. 微齿轮热挤压模拟步骤

微型挤压模具及试验实物如图6-63和图6-64所示。在Gleeble-1500D试验机加热装置中采用热电偶控温，能够满足坯料快速加热和温度分布均匀要求，加热功率由热模拟试验机控制（为了让坯料受热均匀并且考虑工作效率，刚开始用大功率加热，当加热到接近成形温度时换用小功率加热，当达到挤压成形温度后保温10min，目的是让成形坯料和模具受热均匀），外层为不锈钢材料套筒，中间开一个小孔（小孔一方面让电热电偶丝通过；另一方面是为了方便观察挤压成形、挤压杆移动状况），电热电偶丝穿过小孔点焊在模具上，可以较准确地测出模具工作实际温度。

316

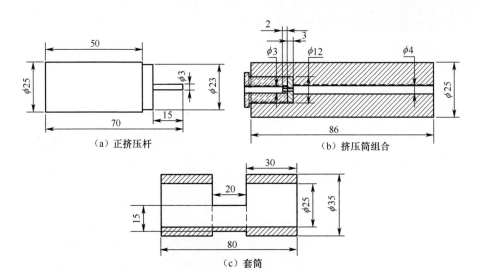

（a）正挤压杆 　　　（b）挤压筒组合

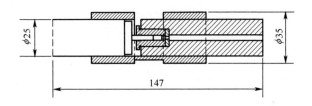

（c）套筒

图 6-61 挤压模具的零件图（单位：mm）

（a）正挤压杆 ；（b）挤压筒组合；（c）套筒。

图 6-62 模具装配图（单位：mm）

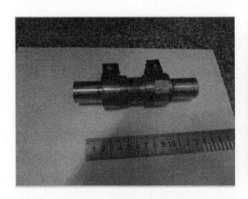

图 6-63 模具总装照片 　　　　图 6-64 热挤压加热试验照片

3. 微齿轮热挤压模拟结果

试验挤出的微型齿轮如图 6-65 和图 6-66 所示。

可以看出，这个长约 40mm 的微型齿轮柱毛坯（可以加工多个小齿轮）挤压成形充填饱满，齿形轮廓清晰完整，没有出现拉裂、折叠等缺陷，表明挤压试验的物理模拟成功，该微型齿轮可以用在精密机械上。

 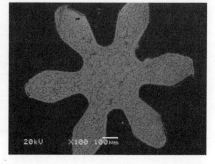

图 6-65　微型齿轮柱图（齿顶圆直径为 1mm）　　图 6-66　微型齿轮截面扫描电镜图

参考文献

［1］韩杰才．多向碳/碳复合材料超高温力学性能与微结构演化［D］.哈尔滨：哈尔滨工业大学,1992.

［2］牛济泰,韩杰才,翟瑾蕃,等．碳基纤维复合材料的高温模拟试验方法［C］// 国际动态热/力模拟技术学术会议论文集．哈尔滨,1990.

［3］国家自然科学基金委员会．自然科学学科发展战略调研报告：金属材料科学［M］.北京：科学出版社,1995.

［4］张杰,耿林,翟瑾蕃,等．SCw/Al 复合材料高温压缩变形行为研究［C］// 国际动态热/力模拟技术学术会议论文集.哈尔滨,1990.

［5］姚学兴,康飞宇,陈南平．金属间化合物(Fe60Ni40)3V 的拉伸试验研究［C］// 国际动态热/力模拟技术学术会议论文集.哈尔滨,1990.

［6］陈洪荪．金属材料物理性能检测读本［M］.北京：冶金出版社,1991.

［7］李露,周旭东,陈学文,等．PCrNi3MoV 钢静态 CCT 曲线的测定与分析［J］.材料热处理学报,2020,41(1)：138-142.

［8］熊飞龙,王丽萍,辛明,等．高性能转向架用钢动态 CCT 曲线及组织研究［J］.　哈尔滨理工大学学报,24(6)：47-50.

［9］Dynamic systems inc. Continuous cooling transformation (CCT) software for windows Version 1.5.1［M］. New York：Dynamic Systems Inc.,2002.

［10］郭俊锋．等温热处理对 C-Mn 钢冷轧板组织与性能的影响［D］.洛阳：河南科技大学,2015.

［11］徐光．金属材料 CCT 曲线测定及绘制［M］.北京：化学工业出版社,2009.

［12］CHEN W. Gleeble System and Application［M］. New York：Gleeble System Training School. 1998.

[13] CHEN W C, FERGUSON H S. Evaluation of High Temperature Fracture Limit of Ductile Materials Using Gleeble System[C]// Proceedings of 7th ISPS. Tsukuba, 1997.

[14] 许斌, 李守华, 曹晓恩, 等. 中锰 Q&P 钢连续退火过程碳元素分配行为[J]. 材料热处理学报, 2020, 41(1): 66-72.

[15] 胡继东. 50CrV4 中碳高强弹簧钢热处理工艺研究[D]. 长沙:中南大学, 2012.

[16] GRASSEL O, KRUGER L, FROMMEYER G, et al. High strength Fe-Mn-(Al, Si) TRIP/TWIP steels development properties application [J]. International Journal of Plasticity, 2000, 16(10): 1391-1409.

[17] FROMMEYER G, BRUX U, NEUMANN P. Supra-ductile and high-strength manganese TRIP/TWIP steels for high energy absorption purposes [J]. ISIJ International, 2003, 43(3): 438-446.

[18] GRASSEL O, FROMMEYER G. Effect of martensitic phase transformation and deformation twinning on mechanical properties of Fe-Mn-Si-Al steels [J]. Materials Science and Technology, 1998, 14(12): 1213-1217.

[19] GRASSEL O, FROMMEYER G, DERDER C, et al. Phase transformations and mechanical properties of Fe-Mn-Si-Al TRIP-steels [J]. Journal de Physique IV, 1997, 7(C5): 383-388.

[20] 韩雨, 李大赵, 申丽媛, 等. 不同退火工艺下 TWIP 钢微观组织及力学性能演变[J]. 钢铁研究学报, 2019, 31(12): 1092-1099.

[21] 张志波. Fe-Mn-C 系 TWIP 钢组织性能及变形机制的研究[D]. 沈阳:东北大学, 2013.

[22] ABBASI S M, SHOKUHFAR A. Prediction of hot deformation behavior of 10Cr-10Ni-5Mo-2Cu steel[J]. Materials Letters, 2007, 61(11-12): 2523-2526.

[23] ALLAIN S, CHATEAU J P, BOUAZIZ O. A physical model of the twinning-induced plasticity effect in a high manganese austenitic steel [J]. Materials Science and Engineering: A, 2004, 387: 143-147.

[24] ALLAIN S, CHATEAU J P, BOUAZIZ O, et al. Correlations between the calculated stacking fault energy and the plasticity mechanisms in Fe-Mn-C alloys[J]. Materials Science and Engineering: A, 2004, 387: 158-162.

[25] BOUAZIZ O, ALLAIN S, SCOTT C. Effect of grain and twin boundaries on the hardening mechanisms of twinning-induced plasticity steels [J]. Scripta Materialia, 2008, 58(6): 484-487.

[26] SCOTT C, ALLAIN S, FARAL M, et al. The development of a new Fe-Mn-C austenitic steel for automotive applications [J]. Revue de Métallurgie, 2006, 103(06): 293-302.

[27] YEN H W, HUANG M, SCOTT C, et al. Interactions between deformation-induced defects and carbides in a vanadium-containing TWIP steel [J]. Scripta Materialia, 2012, 66(12): 1018-1023.

[28] CHEN L, KIM H S, KIM S K, et al. Localized deformation due to Portevin-Le Chatelier effect in 18Mn-0.6C TWIP austenitic steel [J]. ISIJ International, 2007, 47(12): 1804-1812.

[29] CHUN Y S, PARK K T, LEE C S. Delayed static failure of twinning-induced plasticity steels [J]. Scripta Materialia, 2012, 66(12): 960-965.

[30] JEONG K, JIN J. E, JUNG Y S, et al. The effects of Si on the mechanical twinning and strain hardening of Fe-18Mn-0.6C twinning-induced plasticity steel [J]. Acta Materialia, 2013, 61(9): 3399-3410.

[31] KIM J, LEE S J, DE COOMAN B C. Effect of Al on the stacking fault energy of Fe-18Mn-0.6C twinning-induced plasticity [J]. Scripta Materialia, 2011, 65(4): 363-366.

[32] SO K H, KIM J S, CHUN Y S, et al. Hydrogen delayed fracture properties and internal hydrogen behavior of a Fe-18Mn-1.5Al-0.6C TWIP steel [J]. ISIJ International, 2009, 49(12): 1952-1959.

[33] 黄宝旭. 氮、铌合金化孪生诱发塑性（TWIP）钢的研究[D]. 上海：上海交通大学，2007.

[34] 赵阳阳. 稀土元素对 TWIP 钢显微组织与力学性能的影响以及 TWIP 钢的变形机制研究[D]. 上海：上海交通大学，2015.

[35] 杨恩娜. 高锰高铝钢的组织及力学性能研究[D]. 沈阳：东北大学，2011.

[36] 许秀飞. QP 钢汽车板热处理工艺与设备探讨[J]. 钢铁技术，2019（3）：12-18.

[37] MATLOCK D K, BRAUTIGAM V E, SPEER J G. Application of the quenching and partitioning（Q&P）process to a medium-carbon, high-Si microalloyed bar steel[J]. Mater. Sci. Forum, 2003, 426-432（2）：1089-1094.

[38] SPEER J G, MATLOCK D K, De COOMAN B C, et al. Carbon partitioning into austenite after martensite transformation[J]. Acta Mater., 2003, 51（9）, 2611-2622.

[39] 刁可山, 蒋浩民, 陈新平. 基于成形特性的宝钢 QP980 试验研究及典型应用[J]. 锻压技术, 2012, 37（6）：113-115.

[40] 金永盛, 郭宏吉. 铌微合金化对 1000MPa 级 QP 钢组织和性能的影响[J]. 金属世界, 2019（5）：20-23.

[41] 郑德兵, 柳一凡, 吴纯明, 等. 汽车用第三代高强度钢 QP980 冲压成形性研究[J]. 中国机械工程, 2014, 25（20）：2810-2813.

[42] 李辉, 房洪杰, 代永娟, 等. 热处理工艺对 Q&P 钢组织及力学性能的影响[J]. 金属热处理, 2016, 41（2）：167-169.

[43] 陈铭明. 一种热变形和 Q&P 处理一体化工艺的探索[D]. 上海：上海交通大学, 2013.

[44] 董辰, 江海涛, 陈雨来, 等. 热处理工艺对 Q&P 钢微观组织及力学性能的影响[J]. 上海金属, 2009, 31（4）：1-5.

[45] 张继诚, 符仁钰, 张梅, 等. 新型汽车钢板的 BH 值与预应变量的关系[J]. 上海金属, 2006, 28（6）：18-21.

[46] 王稳, 程晓农, 韦家波, 等. 等温球化退火温度对超细化 H13 钢组织与力学性能的影响[J]. 金属热处理, 2019, 44（09）：161-165.

[47] 曲璇. DP 钢板的烘烤硬化性能研究[D]. 洛阳：河南科技大学, 2015.

[48] 刘香茹, 周旭东, 李俊, 等. 热处理温度和冷却速度对 DP980 钢烘烤硬化性能的影响[J]. 机械工程材料, 2017, 41（3）：54-57.

[49] 刘香茹, 刘春阳, 魏伟. H62 黄铜微齿轮热挤压模具的设计[J]. 河南科技大学学报（自然科学版）, 2011, 32（6）：4-6.

[50] ZHOU X, LIU X. Experimental Study of Hot Extrusion Micro Gear of Brass H62[J]. Advanced Materials Research, 2011, 189-193：2903-2906.

第7章
材料物理模拟试验操作经验分享

物理模拟的精度和工作效率不但需要先进的模拟试验设备,而且需要科学、正确,乃至巧妙的试验方法与操作方法[1]。以上各章结合各热加工领域的模拟需求和所用模拟设备的功能,分别讲述了各种模拟方案的设计、模拟参数的管控,以及模拟样件的加工和装配等,为实现物理模拟的再现性和可重复性,以及提高物理模拟的工作效率,在理论与实践的结合上做了十分宝贵的说明和启迪[2]。

北京科技大学新金属材料国家重点实验室 1987 年引进一台 Gleeble-1500 试验机,笔者有幸赴美参加了操作技术的培训。之后,自该设备在北京科技大学安装之日起,一直负责操作使用该设备直到退休。通过几十年的工作实践,积累了一些经验,愿意与同行们分享,也许对新手有所帮助。虽然本章讲的案例主要是针对在 Gleeble-1500 试验机上的操作经验,但是对于其他类型的模拟设备同样具有参考价值。

7.1 单向压缩试验

单向压缩试验在金属材料热加工物理模拟中占有重要地位。其试验精度与试样尺寸的设计、装配、润滑等因素密切相关。

◢7.1.1 试样尺寸设计

单向压缩试验的试样尺寸选择,原则上高径比应小于2∶1,通常为1.5∶1,目的是保证试验过程不失稳,或避免出现双鼓[3]。

同时,还应考虑以下几个方面的因素。

1. 变形温度/材料抗力因素

如果试验工艺要求变形温度较低或材料的变形抗力较大时,由于需要设备提供比较大的压力,建议把试样尺寸减小一些,以免造成变形困难,达不到设计应变的结果。具体可参照 Gleeble 试验机的动态载荷曲线。

2. 鼓肚

压缩试验出现的"鼓肚"现象对模拟精度有重要影响。解决样品变形后的鼓肚问题首先试样尺寸不宜过长。试样尺寸过长容易造成试样温度梯度增大,导致变形后的鼓肚过大。为保证变形后试样鼓肚最小(近乎均匀变形),必须保证试样的温度均匀,同时端面摩擦最小。

3. 材料晶粒度

对于一些晶粒度大的材料可适当加大试样尺寸,但原则是各试样初始晶粒度雷同,以保证初始条件的一致性。

7.1.2 温度均匀性

由于 Gleeble-1500 试验机采用电阻加热方式,试样的均温性与材料自身的物理性能有关,更与试验用砧子(又称压头)有关。试样的温度均匀性是影响到变形是否均匀及鼓肚大小的重要因素之一。

碳化钨材料导电、导热性差,热强度高,是用来做压头的较好材料,能保证较小的温度梯度,使试样温度均匀;缺点是容易氧化,淬火时容易碎裂,不耐用,如图 7-1 所示。

高温合金材料也可用作压头材料,较耐用,也有一定的强度,但由于导电性好,导致试样的温度梯度较大,试样温度不均匀,变形后试样的鼓肚较大,如图 7-2 所示。为了克服这个缺点,可以在高温合金压头外(在试样和高温合金压头之间)垫碳化钨压块,可以达到较好的效果,如图 7-3 所示。

图 7-1 碳化钨压头

图 7-2 高温合金压头

图 7-3 高温合金+碳化钨压头

7.1.3 端面润滑问题

单向压缩试验时,试样两端与压头的润滑问题直接影响到试样变形的均匀性及变形后鼓肚的大小。为此,试验可以采用以下几种润滑方式。

1. 玻璃粉润滑

玻璃粉润滑是选用两端开槽试样,如图 7-4 所示。将玻璃粉填入槽中,两端垫上钽片或其他高温金属垫片。

使用钽片的目的是防止试样压缩变形后粘结到压头上,同时进一步增加了端面电阻以保证试样温度的均匀性。试样槽壁的厚度一般在 1mm 左右,比如,10mm 直径的试样内槽的直径在 8mm 左右。但要达到更好的润滑效果,必须根据不同的变形温度选用相对应温度段的玻璃粉。

图 7-4 所示为填入玻璃粉的压缩试样。

图 7-4　填入玻璃粉的压缩试样

采用玻璃粉做润滑剂使得试验过程烦琐,玻璃粉装填不好也容易不导电或两端不对称,造成试验误差或失败,为此可采用石墨片或镍基润滑剂润滑。

2. 石墨片或镍基润滑剂

采用石墨片润滑可以达到很好的润滑效果,变形后的试样几乎没有鼓肚产生,但是石墨片的使用受到一定限制。当试样为钢铁材料时,加热最高温度最好不要超过 1100℃,同时保温时间不要超过 60s,以免造成材料端部过度渗碳,导致试样端部局部熔化。渗碳后的试验结果如图 7-5(a) 所示。如果试验温度超过 1100℃时,建议使用镍基糊状润滑剂,其试验温度可达 1316℃,如图 7-5(b) 所示。NEVER-SEEZ 镍基润滑剂是一种特殊的优良耐高温润滑脂,其中含有纯镍颗粒、石墨和其他添加剂。不过此润滑剂在高温下使用后,会产生一些烟雾,建议在开真空室门前把烟雾用粗真空泵抽净。石墨和镍基润滑剂联合使用的试验效果如图 7-5(c) 所示。

3. 不润滑

试验过程不采用任何润滑手段,试验过程简便,易操作,但试验结果会产生"鼓肚",可以根据公式补偿,可参考 4.2.1 节中的鼓胀系数及补偿原理。3 种润滑方式的试验结果比较如图 7-6 所示。

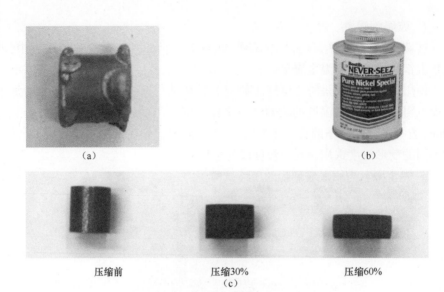

（a）　　　　　　　　　　　　　　　　　　　　　　　（b）

压缩前　　　　　　　　　压缩30%　　　　　　　　压缩60%

（c）

图7-5　用石墨片及镍基润滑剂帮助实现高温均匀变形

（a）试样渗碳结果；（b）一种典型的镍基糊状高温润滑剂；

（c）利用良好的均温砧子和石墨片及镍基润滑剂实现均匀变形结果。

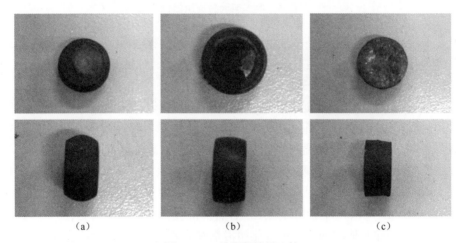

（a）　　　　　　　　　　　（b）　　　　　　　　　　　（c）

图7-6　3种润滑效果比较

（a）不润滑；（b）玻璃粉润滑；（c）石墨片润滑。

▲7.1.4　难焊热电偶试样的解决办法

热电偶是用 Gleeble 模拟试验机所提供的点焊机把它的两个端部焊到试样

上的。但遇到难焊的材料,如铝合金、钛铝合金等材料,由于铝氧化性比较强,很难形成牢固的焊点,因此不得不采用其他的固定方法。

(1)将热电偶夹在两个试样之间,如图7-7(a)所示。这种方法因为试样中间界面会有间隙,即便在真空下也容易氧化,造成变形试样的不完整,对试验结果的误差不易判断,不提倡普遍使用,笔者也只在铝合金材料、温度较低的试验中采用过此方法。

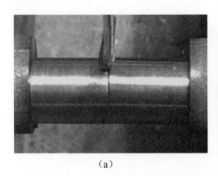

(a)   (b)

图7-7 难焊金属的热电偶连接与固定方法

(a)试样装卡示意图;(b)加热效果图。

(2)在试样中间打孔,直径1.5mm左右,深度2mm左右。将热电偶端部扭接后插入孔中,可以用石棉塞紧或用水泥固定热电偶。用这种试验方式时,建议加热速度不宜过快,如小于2℃/s,或者保温时间适当延长,如1min,以消除电流密度的局部影响。

(3)缠绕法。事先将两根热电偶端部扭接在一起,然后将热电偶挂在试样上。原则上,两根热电偶最好保持在同一个横截面上,在另一端将两根热电偶分别绕在橡皮筋上,避免互相接触,以橡皮筋的弹性将热电偶拉紧在试样上,再将两个热电偶另一端连接到热电偶接线柱上。压缩变形时,橡皮筋会跟着试样速度进行相应伸缩,不会影响试样结果,不过,加热时加热速度不要过快,一般以不超过2℃/s为宜。

7.1.5 动态CCT传感器位置调整

在做动态CCT试验时,试样直径的变化需要实时自动测量并将数据传入模拟机的控制与计算系统中,因此传感器的精度和反应速度至关重要。然而测量CCT传感器只有-1~1mm的测量范围,因此在做动态CCT试验前需要根据试验方案中应变的大小来调整传感器芯的位置。

根据体积不变原理,计算出变形后的试样直径为

$$D^2 = D_0{}^2 \times L_0/L$$

式中：D_0 和 D 为原始和变形后试样直径（mm）；L_0 和 L 为试样原始长度和变形后长度（mm）。

找尺寸接近 D 的试样夹在传感器上，调整传感器芯的位置，使显示数值接近 D 值。调整好之后再装上传感器进行试验，使得传感器的测量范围与变形后的试样直径相匹配。

7.2　拉　伸　试　验

物理模拟中的拉伸试验对于研究材料在各种热加工工艺条件下强度和塑性的变化规律具有重要意义。其中拉伸断口的保护和观察测量往往对模拟结果的精确性有重要影响，不可忽视[4]。

7.2.1　AC 纸断口保护

如果需要做断口分析，建议试验在保护气氛（如 95%Ar+5%H$_2$）下进行。试样拉断淬火后立即用吹风机吹干，可以将试样一端沾满丙酮和醋酸纤维素混合液（AC 纸液体），充分晾干以封住断口隔绝空气。在需要观察断口时可以提前用丙酮浸泡，去除 AC 纸的保护层，如图 7-8 所示。

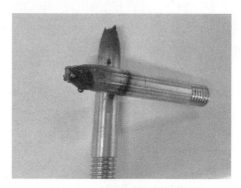

图 7-8　拉伸试样断口的保护

AC 纸配方：丙酮+醋酸纤维素。
质量比：约 10% 的醋酸纤维素与丙酮混合摇匀。

7.2.2　双颈缩现象

某些材料在高温拉伸试验过程中，在某一温度范围下断口会偏在一侧，产生所谓"双颈缩现象",如图 7-9 所示。

产生双颈缩的原因是某些材料在脆性区特定温度时会发生温度升高其强度也增高的现象。而试样在加热时由于温度梯度原因,中间热电偶测量区域为设定温度,往两端延伸温度逐渐降低,在适合上述现象的区域发生颈缩,最终在边部拉断。

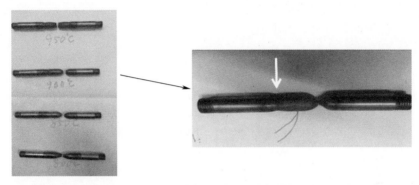

图 7-9 拉伸试样的双颈缩现象

同样的材料在单向压缩试验中如果温度不均匀也会发生这个现象,产生双鼓肚结果,如图 7-10 所示。

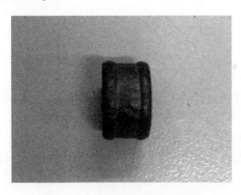

图 7-10 压缩样品的双鼓肚现象

由于双颈缩现象得到的断口不是发生在热电偶测量温度的位置,所得到的断口也就不是实际测量温度所得到的断口,因此此时的断口不能真实反映该温度下的材料塑性,通常不采用这个点,而是升高或降低温度再多拉伸几个试样,以避开这个温度区域,直到试验样品被拉断在热电偶焊接点位置左右,此时的断口方能真实反映材料的塑性数值。

7.2.3　断面收缩率测量

断面收缩率是表征被测量试样热塑性的一个主要指标。在试验过程中发现，断口很少是一个理想的圆形，为此计算断面收缩率测量断口直径的原则有以下几个：

(1) 测取断口直径的最大值。

(2) 测取断口直径的最小值。

(3) 测取断口直径的 N 次测量结果，取几何平均值。

无论选取以上哪种测量原则，必须保证同一批次的测量采用的都是同一原则进行对比评判，以减小试验测量误差。

7.3　特殊试验设计

7.3.1　翅膀试样

Gleeble 热/力模拟试验机广泛用于金属材料控制变形和控制冷却（TMCP）过程组织演变的热模拟试验，但由于有些试样尺寸较小而难以获得与显微组织相对应的拉伸力学性能信息。为此，通过独特的试样外形设计（图7-11和图7-12）将试样加工成带翅膀的形状，在分析显微组织变化的同时，可将变形后的翅膀试样加工成拉伸试样，以获得与显微组织相对应的拉伸力学性能，从而可分析其显微组织与力学性能的关系。这种方法经过在一些科研项目上的应用，发现翅膀试样之间试验结果有可比性，但是与大尺寸标准试样比可能会有偏差[5]。

Sun 和 Zhang 等为了开发第三代汽车先进高强钢，对成分为 0.15%C-7%Mn 的中锰钢进行了研究[6]，采用图7-11所示的翅膀试样，先在 Gleeble-3500 上进行两相区的多道次温轧变形，之后分为加深冷预处理或不加深冷预处理两种状态，后续又进行了奥氏体逆转变退火（ART）热处理工艺研究。发现所试工艺下 0.15%C-7%Mn 材料综合力学性能最优时强塑积超越40GPa·%，远超第三代汽车先进高强钢的强塑积30GPa·%的目标。0.15%C-7%Mn 钢翅膀试样温变形后经深冷预处理再 ART 处理后的应力-应变曲线如图7-13所示。发现在较宽的 ART 工艺窗口（600~645℃）热处理，该低碳中锰钢材料强塑积都可以超过30GPa·%，呈现良好的综合力学性能。

7.3.2　非导电材料

由于 Gleeble-1500 热/力模拟试验机采用电阻法加热试样，要求试样必须

图 7-11　带翅膀的压缩试样实物

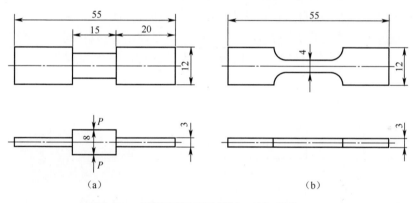

图 7-12　带翅膀的压缩试样加工图(单位:mm)

(a) 压缩前;(b) 压缩后经线切割。

为导电材料才能对材料进行加热,而对于一些非导电的材料如何应用模拟试验机则需要采用一些特殊方法。

如第 2 章所述,从 2016 年起,Gleeble-3500 和 Gleeble-3800 试验机采取了双电源(型号为 Gleeble-3500-GTC 和 Gleeble-3800-GTC),增加了加热方式的多样性。

对于单电源的模拟试验机同样可以进行非导电的材料的模拟试验。笔者曾接受了北京航空航天大学李树杰教授的研究项目:加压自蔓延高温合成焊接工艺研究,利用 Gleeble-1500 试验机进行 SiC 陶瓷/SiC 陶瓷、SiC 陶瓷/Ni 基高温合金之间的焊料配方、起爆温度及界面反应等方面的研究。由于 SiC 陶瓷为不

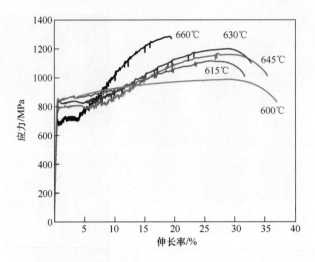

图 7-13　翅膀试样温变形后经深冷预处理再 ART 处理后的力学性能

导电材料无法直接在设备上进行试验,因此选用石墨材料做成石墨套管,将试验
材料放入其中,两端用石墨柱顶住再放在卡具之间,如图 7-14 所示,利用石墨
的导电性能在石墨套管中形成加热区域,传导加热被试验材料,同时两端按试验
要求加压力,完成了大批试验样品的研究工作,取得很好的研究结果[7]。

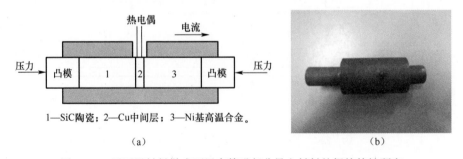

1—SiC陶瓷；2—Cu中间层；3—Ni基高温合金。

（a）　　　　　　　　　　　　　　　　（b）

图 7-14　用石墨材料做成石墨套管进行非导电材料的焊接特性研究

（a）装卡示意图;（b）实物图。

7.3.3　延长均温区方法

　　由于 Gleeble 试验机主要采用电阻法加热试样方式,虽然升温速度快,但是
在长度方向却会产生较大的温度梯度,这是由于模拟机自带的卡具材料通常都
是导电性好的铜,试样在接近卡具的部分,温度可接近卡具温度或达到室温,这
样对于一些试验就处于不利状态。为了降低温度梯度、延长均温区范围,除采用
"热"卡具之外(前几章已经多处说明),还可采用自感应自阻加热技术。通过改

变试验样品的形状来延长均温区范围,如图 6-29 和图 7-15 所示。

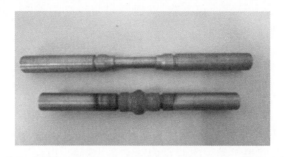

图 7-15　改变试验样品的形状以延长均温区范围(哑铃型棒状试样实物图)

如图 6-29 所示,板状试样的弯折一方面增加了试样长度,更重要的是在弯折处导电时会形成一个自感应而进一步加热,导致试样均温区的延长。对于图 7-15 的圆柱状试样而言,试样标距区域两边外端直径的局部减小增加了电流密度,从而提升了该处的温度,进而保证试样标距区的均温性。

7.3.4　特殊卡具设计

Gleeble 试验机卡具使用灵活,可以根据具体试验的需求设计专有卡具,如图 7-16 所示。

(a)　　　　　　　　　　　　　　　(b)

(c)　　　　　　　　　　　　　　　(d)

图 7-16　试验机特殊试验专用卡具
(a) 板状小试样的加热拉伸卡具;(b) 板状试样的加热卡具;
(c) 圆棒小试样的加热拉伸卡具;(d) 圆棒变径小试样的加热拉伸卡具。

总之,Gleeble 试验机其实可以称为一个试验平台,用户完全可以根据自己的研究需求来进行卡具设计和改造,以达到自身研究的需要。这种案例已经很多,笔者在此仅是抛砖引玉而已。

7.4 设备维护及保养

试验机的具体维护保养请参考厂家说明书。这里要提到并引起大家注意的是,保持室内的湿度很重要。实验室内要配备去湿机,以保证室内的湿度不能过大。同时在干燥季节室内湿度也不能过低,容易引起静电造成设备或操作故障。

参考文献

[1] Dynamic System Inc. Gleeble Users Training 2008[Z]. 2008.

[2] 牛济泰. 材料和物理加工领域的物理模拟技术[M]. 北京:国防工业出版社,1999.

[3] 张艳,党紫九. 影响流变应力曲线测试的因素[J]. 北京科技大学学报,1997,19(1): 117-121.

[4] DANG Z, ZHANG Y. Physical Simulation to Determine High Temperature Behaviour of Continuous Casting Steels[J]. Journal of University of Science and Technology Beijing, 1997,4(1): 30-35.

[5] GUO Z, LI L. Microstructures and mechanical properties of high-Mn TRIP steel based on warm deformation of martensite[J]. Metallurgical and Materials Transactions A, 2015, 46(4): 1704-1714.

[6] SUN X Y, ZHANG M, WANG Y, et al. Effect of deep cryogenic pretreatment on microstructure and mechanical properties of warm-deformed 7 Mn steel after intercritical annealing[J]. Materials Science and Engineering: A,2019(764):202.

[7] 李树杰,张艳. 工艺参数对 SiC 陶瓷与 Ni 基高温合金 SHS 焊接强度的影响[C]. 第三届中日复合材料交流会,杭州,1999.

第8章
物理模拟和数值模拟的关系

模拟技术是科学研究和工程分析方法中理论方法、试验方法之外的第三种方法,分为物理模拟和数值模拟。数值模拟是模拟技术的重要分支,具有区别于物理模拟的特点,同时与物理模拟技术相辅相成。

8.1　数值模拟基础

8.1.1　数值模拟的概念

数值模拟是指利用一组控制方程(代数或微分方程)来描述一个物理过程的基本参数的变化关系,采用数值方法求解,以获得该过程(或一个过程的某一方面)的定量认识[1-2]。

数值模拟技术的任务就是将科学或工程中的多种技术问题抽象为物理数学模型,采用数值计算及方程求解的方法对其预测的物理量进行计算。因此数值模拟也称为计算机模拟,依靠电子计算机,结合有限元或有限容积的概念,通过数值计算和图像显示的方法,达到对工程问题和物理问题乃至自然界各类问题研究的目的。

通常数值模拟包含以下几个步骤:

(1)建立反映问题(工程问题、物理问题等)本质的数学模型。

(2)数学模型建立之后,需要解决的问题是寻求高效率、高准确度的计算方法。

(3)在确定了计算方法和坐标系后,就可以开始编制程序和进行计算。

(4)在计算工作完成后,大量数据只能通过图像形象地显示出来。

由于方程就是一个非线性的十分复杂的表达形式,它的数值求解方法在理论上不够完善,因此需要通过试验来加以验证。正是在这个意义上,数值模拟又称为数值试验。

8.1.2　常用的数值分析方法[2-3]

控制方程和边界条件都是高度非线性的,解析解很难求出,通常借助于数值分析技术来获得控制方程的近似解。在材料加工工程技术领域内最常用的数值模拟分析方法有以下几类:

1. 有限单元法(finite element method,FEM)

有限单元法又称为有限元法,是将连续体离散化为若干个有限大小的单元组成的离散模型,而后对离散模型求数值解。由于该方法可以对各种复杂因素加以灵活考虑,目前 FEM 已被用来求解几乎所有的连续介质和场的问题,广泛地用于热加工过程的热传导,以及热弹、塑性应力和变形分析等。

2. 有限体积法(finite volume method,FVM)

FVM 是解决流体力学的传热和传质问题的主要数值方法,其计算域的离散化结合了常规控制体积和按速度矢量分量控制体积的两种方式。

3. 有限差分法(finite difference method,FDM)

FDM 的数学基础是用差商代替微商,把连续的定解区域用有限个离散点构成的网格来代替。但 FDM 往往局限于规则的差分网格,不够灵活,FDM 常用于焊接过程热传导、熔池的流体力学、氢的扩散等问题的分析。

4. 蒙特卡罗法(monte carlo method,MCM)

蒙特卡罗法也称为统计模拟法,是建立在概率模拟和取样的基础上的统计过程,即对某一个问题做出一个适当的随机过程,把随机过程的参数用由随机样本计算出的统计量的值来估计,从而由这个参数得到最初所述问题中的所含未知量,常用于焊接过程中晶粒生长过程的模拟。

5. 相场法

相场法是基于相变动力学和热加工物理过程,对反应母相、新相以及过渡区的热场与浓度场的数学模型解出质量、能量、动量和浓度的方法,用于热加工相变产物结构的演变过程。对比于其他数值方法,相场法的计算域只包括弥散界面和它的周围,在铸造领域采用该方法模拟结晶过程。

在上述方法中,材料及热加工过程中绝大部分工况涉及热、力耦合计算,因此应用最为广泛的数值模拟技术便是有限元法,下面内容所述的数值模拟主要是指有限元法。

8.1.3　数值模拟的实施过程

有限元法是当今数值模拟分析的最有效工具,也是应用最为广泛的工程数值计算方法,通过计算机来实现。

一般科学和工程问题的有限元数值模拟过程按照图 8-1 所示的流程进行。

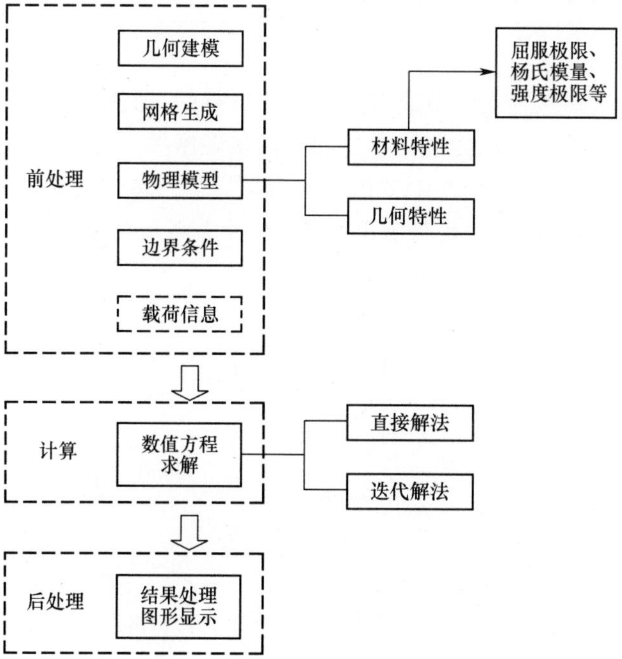

```
前处理
  ┌─────────────┐
  │  几何建模    │
  │  网格生成    │
  │  物理模型 ──┼── 材料特性 ── 屈服极限、杨氏模量、强度极限等
  │            │   几何特性
  │  边界条件    │
  │  载荷信息    │
  └─────────────┘
        ↓
计算  数值方程求解 ── 直接解法 / 迭代解法
        ↓
后处理  结果处理 图形显示
```

图 8-1　有限元数值模拟分析流程

数值模拟计算通常分为前处理、计算和后处理 3 个过程。

前处理中,几何建模和网格生成是将所建模型离散化成单元。材料物理特性包含材料的多种热物理及力学参数,参数的准确与否对计算结果至关重要,因此这些参数都需要相关试验实际测得,其中高温力学参数便可由热物理模拟技术获得。

数值方程求解一般采用迭代法,包括雅克比(Jacobi)迭代法、高斯-赛德尔(Gause-Seidel)迭代法、松弛迭代法(relaxation method)、共轭梯度法(conjugate gradient method)等。

后处理是对前处理程序中需要输出的计算结果进行进一步处理和图形、数据显示。在材料加工领域通常需要处理的物理量是温度、位移、应力(等效应力及应力分量)、应变、晶粒、相等,通过等值线、云图、矢量、历程等多种图形方式显示。

8.2　材料及热加工数值模拟基本方程

材料成形大多数是在中温或高温条件下进行的，即使在室温条件下进行材料加工，也会因为外载做功、塑性流变和界面接触摩擦引起变形体的温度变化。材料成形过程中温度变化将影响变形体的力学状态、组织转变等物理量。图 8-2 是温度场、应力场以及组织状态场相互耦合作用关系示意[4]。

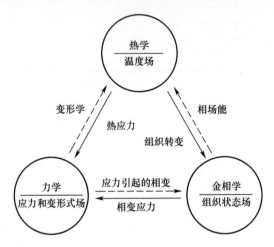

图 8-2　热-力耦合关系

材料及热加工数值模拟基本理论主要是热-力耦合数学模型建立及其数值方程计算、求解。本节简单介绍热-力耦合涉及的方程和物理量。

1. 传热方程

描述固体内部温度场的三维瞬态非线性偏微分方程为

$$\lambda \left(\frac{\partial^2 T}{\partial x^2} + \frac{\partial^2 T}{\partial y^2} + \frac{\partial^2 T}{\partial z^2} \right) + Q = \rho c_{\mathrm{p}} \frac{\partial T}{\partial \tau} \tag{8-1}$$

该方程是一切传热分析的基础，其中，T 是温度，τ 是时间，x、y、z 是空间的 3 个坐标，λ 是热导率，ρ 是密度，c 是比热容，Q 是内热源。对于 Q，焊接分析有自己的处理方式，把电弧热当作内置的热源来处理，如著名的双椭球热源方程。对于二维、一维的传热形式，只需将相应项设为 0 即可。

2. 力学方程

力学方程遵循固体材料的本构方程，如弹性本构方程、弹塑性本构方程（服从屈服准则、流动法则、强化准则）、热弹塑性本构方程，这些方程这里不再赘述,请查阅相关参考文献。

3. 相变基础方程

相变发生时,产生的相变潜热作为固体中的内热源项引入,由相变与温度的耦合作用来体现。

单位时间内释放的相变潜热用式(8-2)来计算。

$$Q = \Delta H \frac{\Delta V}{\Delta \tau} \tag{8-2}$$

式中:ΔH 为单位体积新相与母相的热焓差;ΔV 为时间步长 $\Delta \tau$ 内新相与母相体积分数的变化。

8.3　材料及热加工数值模拟技术的应用对象

8.3.1　材料加工数值模拟的基本概念

材料成形数值模拟是将一个成形过程(或过程的某一方面)定义为由一组控制方程加上边界条件构成的定解问题,利用合适的数值方法求解该定解问题,从而获得对成形过程的定量认识,是计算机辅助工程分析(CAE)技术在材料成形领域的具体体现。数值模拟可以预测工艺参数对加工过程的参量影响,为缩短研发周期、减少实际试验、试产次数,优化现场成形工艺、控制产品质量、降低生产成本,提供定量或定性数据支持[2]。

材料成形领域,如铸造、锻压、焊接、喷射沉积等行业,其数值模拟技术涉及多学科交叉。学科理论、数学模型及计算方法是否合理有效,边界条件是否准确,试验验证条件能否保证,软件系统、程序开发是否成熟健全,这些因素是确保数值模拟技术在材料成形领域成功应用的关键。

8.3.2　数值模拟在材料热加工中的应用

在铸造、压力加工、焊接、热处理等材料加工领域都在开展数值模拟的相关研究,下面简单介绍数值模拟技术在各加工方法中解决的主要问题。

1. 材料液态成形

材料液态成形数值模拟多应用于模拟液态金属重力铸造、高/低压铸造、熔模铸造、壳型铸造、离心铸造、连续铸造、半固态铸造等成形工艺方法中的充型、凝固和冷却过程,预测缩孔、缩松、裂纹等铸造缺陷,分析液/固和固/固相变、铸件组织、应力和变形以及金属模具寿命等,为工艺设计、模具设计和过程控制的调整与优化提供定量或半定量依据[5-7]。

2. 材料塑性成形

材料塑性成形的工艺方法很多,包括冲压、挤压、锻造、轧制、拉拔等。目前,数值模拟集中在金属板料冲压、金属块料锻造、挤压和轧制等领域。通过数值仿真分析金属塑性成形过程中的材料流动、加工硬化、应力应变、回弹变形、动/静态再结晶等物理现象,揭示材料内部的微观组织形貌及其变化[8-10]。

3. 焊接成形

焊接成形数值模拟技术分析焊接温度场及热循环、热过程(焊接熔池中的流体动力与传热、传质等)、焊接冶金过程(主要计算焊缝金属的结晶、热影响区发生的相变和组织性能变化、冷裂纹倾向等)、焊接应力应变(应力/应变的历史演变、残余应力与变形、热应力等),以及对焊接结构的完整性进行评定(焊接接头整体的应力状态、接头的断裂力学分析、疲劳裂纹的扩展、残余应力对脆断的影响、焊缝金属和热影响区对焊接构件性能的影响等)[11-16]。

4. 热处理

材料热处理是指在固态条件下对材料加热、保温及冷却后改善材料组织性能的工艺手段。利用数值模拟技术分析材料热循环过程中温度场的变化、材料整体温度分布、加热及冷却速度、不同冷却速度获得的显微组织、组织变化中的热应力变形规律、淬火裂纹的预测等,在焊接、热冲压、铸造模拟中也耦合了相变的数值模拟问题[17-18]。

▲8.3.3 常用数值模拟软件[3]

1. 金属铸造成形数值模拟专业软件

金属铸造成形领域的数值模拟专业软件主要有德国 MAGMA 公司的 MAGMAsoft、美国 ESI 集团 ProCAST 公司的 ProCAST、美国 Flow Science. Inc 公司的 FLOW-3D、日本高立科公司的 JSCAST、韩国 AnyCasting 公司的 AnyCasting,还有华中科技大学的华铸 CAE,即 InteCAST。InteCAST 是具有我国自主知识产权的一款专业软件。国内著名铸造模拟学者清华大学柳百成院士也为企业开发过专用软件。

2. 金属冲压成形数值模拟专业软件

金属冲压成形的数值模拟软件采用的求解格式一般为静力显式、动力显式、静力隐式、大步长型及全量型静力隐式 5 种方式,DynaForm 是冲压领域最为典型的专业软件(美国 ETA 公司开发),其他常用的专业软件还有瑞士联邦工学院的 AutoForm、加拿大 FTi 公司的 FastForm、我国华中科技大学的 FASTAMP 等。

3. 锻压成形数值模拟专业软件

锻压领域的专业软件有美国 SFTC 公司的 Deform 和 MSC.SuperFoge、俄罗斯的 Qform、法国 CEMEF 中心开发的 FORGE 2D/3D、山东大学模具工程技术研究中心的 CASFORM。

4. 焊接成形数值模拟软件

目前焊接领域数值模拟软件主要分为两大类：一类是通用商务软件，包括 MARC、ANSYS、ABAQUS 等；另一类是专业软件，如 SYSWELD、Quick Welder 等。其中美国 MSC 公司的 MARC 与法国 Framatome 公司的 SYSWELD 最为常用。

对于热处理，没有专门的商业软件，皆为依靠上述软件的热/力计算来分析热处理过程。

8.4　物理模拟与数值模拟的关系

物理模拟与数值模拟是模拟技术的两大有力的研究方法和手段，具有不同的特点和应用范围，两者具有互补性，物理模拟是数值模拟的基础，数值模拟是物理模拟的归宿，只有将两者有机结合起来，才能更有效地解决材料科学与工程中的复杂问题，并获得符合实际的研究结果[1,18]。

对比两种模拟技术的特征，可以看出两者的区别，首先，物理模拟侧重于材料本身固有的力学属性，如高温强度、零塑性点等性能，只有通过试验来获得；而数值模拟反映部件或结构在热与载荷的施加下的响应，如应力场、温度场和相场等；其次，物理模拟基于单个试样，每次试验的结果反映单次条件的情况，例如热循环曲线，是试样的某一具体加热与冷却条件的数据，而数值模拟计算的是温度场，针对整体构件，是无数个点的热循环的集合。

相对于两者之间的区别，物理模拟与数值模拟的关系更大程度上聚焦于两者的内在联系。

数值模拟可以用来产生大量系统的计算数据，而物理模拟是对数值模拟结果的验证。物理模拟可降低数值模拟的误差，为数值模拟软件的开发提供一些理论和试验依据，从而拓展数值模拟软件的应用范围。同样，数值模拟也可以指导物理模拟，减少物理模拟的试验次数，增加物理模拟的可靠程度。随着数值模拟技术研究的深入，数值模拟计算结果与生产实际状况逐渐接近，需要物理模拟的次数必然逐渐减少。物理模拟的针对性比较强，可靠程度就会增加。

试验方法一般只能获得有限点上的测量值。物理模拟的结果一般不能用外推法，而且模拟的准确性及普遍性依赖于必要的测量手段和模拟的相似条件，这对于复杂的热加工工艺有时很难实现。而数值模拟能提供整个计算域内所有有关变量完整而详尽的数据，因此，热加工中很多过去难以用物理模拟及分析方法求解的非线性问题可以在计算机上用数值方法获得定量结果[1]。

然而，某些热加工工艺由于工艺因素的错综复杂，目前尚缺乏全面描述其过程的理论公式，必须依赖物理模拟获得对过程的主要影响因素和缺陷形成机制的认识才能建立合理的数学模型。同时，数值模拟的合理性和可靠性也要靠物理模拟的定量测试结果来检验[1]。

总而言之，物理模拟是一种试验技术，其特征在于通过缩小或放大比例、简化条件或用代用材料等应用试验模型来代替原模型；而数值模拟是一种计算机仿真技术，其特征在于以电子计算机为手段，基于一组控制方程来描述一个物理过程，达到对该过程定量认识的目的。

物理模拟与数值模拟两者之间是一种互为补充、相辅相成的关系。物理模拟试验可为数值模拟过程中控制方程的建立提供必要的试验数据，而数值模拟有助于科学定量地认识物理模拟试验所反映的物理本质。

同时，在上述的数值模拟软件中，大部分涉及结构分析的都包含材料库，各类分析需要材料的热-力参数等，尤其与温度相关的参数比较缺乏。物理模拟技术可以作为测试材料中热-力学参数的有效手段，为数值模拟提供足够数量和可靠的数据。也就是说，物理模拟是数值模拟的基础，数值模拟是物理模拟的归宿，只有将两者有机结合起来，才能更有效地解决材料科学与工程中的复杂问题，并获得符合实际的研究结果[1]。

以下几节将展示用物理模拟与数值模拟相结合的方法，解决工程实际问题的几个典型案例，以启发读者。

8.5 物理模拟与数值模拟在航天飞行器焊接接头损伤与失效行为研究中的应用

▲8.5.1 研究背景

航天器在绕地球飞行的过程中，进出地球阴影时，即使采用了适当的温控措施，其表面温度也会发生剧烈的变化。这种严酷的服役环境会造成材料组织的微观损伤，导致展开机构的接头部位、紧固件、密封件及焊接结构等的静、动态力学性能下降，几何尺寸发生变化，甚至产生循环蠕变及冷热疲劳断裂，加速了构件的性能退化[19-20]。其中，航天器外壳（多为铝合金制造）中的焊接部位，属于外壳结构中的一个最薄弱环节,通过分析可知,航天器外壳焊接接头部位在服役过程中会受到工作应力、循环热应力和焊接残余应力的共同作用。因而,研究焊接接头在应力载荷及热循环条件下的损伤与失效机制,对于准确评估航天器可靠性和寿命预测至关重要。

8.5.2 研究方法

在温度循环条件下,采用自制的模拟空间热循环试验装置对铝合金接头模拟工作应力的试验结果表明[21-23],长时间的应力及热循环共同作用会导致焊接接头内部第二相粒子(在晶间析出的金属化合物沉淀相或杂质)与基体材料脱开,进而形成微孔洞,微孔洞在应力场的作用下不断演化是造成材料宏观性能劣化的重要因素。从焊接冶金学角度对接头中第二相粒子的成因进行了分析,研究结果表明,5×××系铝合金熔焊过程中会在接头区域,尤其是在焊接热影响区中生成较多第二相粒子。温度的上下波动导致第二相粒子与基体之间产生热错配应力,热错配应力与外加载荷的联合作用会造成材料局部的塑性流,在热循环过程中塑性流的不断累积最终造成第二相粒子与基体脱黏,形成微孔洞。微孔洞的形成与演化会导致接头承载面积的减小,最终对接头宏观性能产生影响,甚至引起宏观断裂。

我们采用物理模拟与数值模拟相结合的方法,对此损伤演化过程进行分析研究。其中数值模拟是基于改进的 Gurson 损伤力学控制方程。含损伤材料的塑性势方程可表述为[24]

$$\Phi(\sigma,\overline{\sigma},f) = \frac{\sigma_{\mathrm{e}}^2}{\overline{\sigma}^2} + 2f^* q_1 \cosh\left(\frac{3q_2\sigma_{\mathrm{m}}}{2\overline{\sigma}}\right) - 1 - q_3 (f^*)^2 = 0 \qquad (8-3)$$

式中:σ_{e} 为宏观高斯等效应力;σ_{m} 为宏观静水应力;$\overline{\sigma}$ 为基体流动应力;f 为孔洞体积分数表示;q_1、q_2 和 q_3 为当考虑孔洞周围非均匀应力场及相邻孔洞之间的相互作用时的修正系数;f^* 为考虑了孔洞聚集效应后的损伤参量[25-26]。

根据 Gurson 塑性势方程,材料的损伤过程伴随着内部孔洞体积分数的增长,而孔洞体积分数的增长主要来自两方面:①来自新的孔洞在第二相粒子周围不断形核;②来自已经形核的孔洞在应力场的作用下不断地长大,即

$$df = \mathrm{d}f_{\mathrm{growth}} + \mathrm{d}f_{\mathrm{nucleation}} \qquad (8-4)$$

孔洞长大率可表示为

$$\mathrm{d}f_{\mathrm{growth}} = (1 - f)\mathrm{d}\varepsilon^{\mathrm{pl}} : I \qquad (8-5)$$

式中:$\mathrm{d}\varepsilon^{\mathrm{pl}}$ 为宏观塑性应变率张量;I 为二阶单位张量。

孔洞的形核是一个比较复杂的过程。一般认为,孔洞的形核是由于材料中

的第二相粒子与基体材料脱黏造成的，Gurson 等给出了孔洞形核控制方程：

$$\mathrm{d}f_{\text{nucleation}} = B(\dot{\overline{\sigma}} + \dot{\sigma}_{\mathrm{m}}) + D\,\dot{\overline{\varepsilon}}^{\,\mathrm{pl}} \tag{8-6}$$

式中：$\dot{\overline{\varepsilon}}^{\,\mathrm{pl}}$ 为基体等效塑性应变率；B、D 为孔洞形核系数；$\dot{\sigma}_{\mathrm{m}}$ 为宏观静水应力变化率；$\dot{\overline{\sigma}}$ 为基体流。

式(8-6)中右边第一项可理解为应力控制的孔洞形核机制，第二项为塑性应变控制的形核机制。

对于应力控制的形核机制，孔洞的形核过程主要受基体与第二相粒子界面处的最大正应力 $(\overline{\sigma} + \sigma_{\mathrm{m}})$ 驱动，且孔洞形核过程服从正态分布，Needleman 和 Rice 给出了系数[27]：

$$B = \frac{f_{\mathrm{N}}}{\sigma_{\mathrm{y}} s_{\mathrm{N}} \sqrt{2\pi}} \exp\left[-\frac{1}{2}\left(\frac{(\overline{\sigma} + \sigma_{\mathrm{m}}) - \sigma_{\mathrm{N}}}{\sigma_{\mathrm{y}} s_{\mathrm{N}}} \right)^2 \right], \quad D = 0 \tag{8-7}$$

式中：f_{N} 为可以发生微孔洞形核的第二相粒子体积分数；σ_{N} 为平均形核应力；σ_{y} 为材料初始屈服应力；s_{N} 为形核分布标准方差。

相应地，对于塑性应变控制的孔洞形核机制，Chu 和 Needleman 给出了相应的系数[28]：

$$D = \frac{f_{\mathrm{N}}}{s_{\mathrm{N}} \sqrt{2\pi}} \exp\left[-\frac{1}{2}\left(\frac{\overline{\varepsilon}^{\,\mathrm{pl}} - \varepsilon_{\mathrm{N}}}{s_{\mathrm{N}}} \right)^2 \right], \quad B = 0 \tag{8-8}$$

式中：$\overline{\varepsilon}^{\,\mathrm{pl}}$ 为基体等效塑性应变；ε_{N} 为平均形核应变。

含孔洞损伤材料体的最后破坏是由微孔洞汇合成微裂纹而引起的，但按照 Gurson 原始塑性势方程(8-3)，只有当孔洞体积分数足够大，屈服面缩小为一点，即 $f = 1/q_1$ 时，材料体才完全丧失承载能力，这是不符合实际情况的。大量的试验表明，微孔洞在形核后沿着拉伸的方向长大，当微孔洞的直径达到孔洞间距的量级时，将发生相邻微孔洞的汇合，这种局部的破坏是由于微孔洞间的滑移带和变形局部化引起的。可以说，在初始的 Gurson 方程体系中并没有包含描述这种损伤后期孔洞汇合效应的方法。为描述这种效应，Tvergaard 和 Needleman 通过试验计算引入了孔洞关键体积分数的概念，并把微孔洞的汇合效应引入了 Gurson 方程体系中，即

$$\begin{cases} f^* = f(f \leqslant f_{\mathrm{c}}) \\ f_{\mathrm{c}} + K_{\mathrm{F}}(f - f_{\mathrm{c}}) \quad (f > f_{\mathrm{c}}) \end{cases} \tag{8-9}$$

式中：f_{c} 为关键孔洞体积分数；K_{F} 为加速系数。

当孔洞体积分数达到这一临界值 f_{c} 时，开始发生微孔洞的汇合；K_{F} 为一常数，控制着孔洞加速的速率。一般地，K_{F} 可用下式定义。

$$K_F = \frac{f_u^* - f_c}{f_F - f_c} \qquad (8-10)$$

式中：f_F 为材料体完全丧失承载能力时的真实孔洞体积分数；而 f_u^* 并没有明确的物理意义，只是为保持方程的平衡性，并定义为 $f_u^* = 1/q_1$。

8.5.3　物理模拟试验

上述数值模拟损伤控制方程中必要的材料参数需要通过物理模拟试验来获得。

一个完整的焊接接头由"焊缝区"（WZ）、"热影响区"（HAZ）及母材（BM）3 个区域组成。在对焊接接头进行建模、分析前必须首先得到 3 个区域的力学性能参数。其中母材试样的取样容易完成，而焊缝区域的取样要沿着焊缝方向进行切割，标称宽度要小于熔融金属宽度；焊接热影响区由于较狭窄，不适合直接取样测量，我们采用了焊接热模拟技术将其放大。

在 Gleeble-1500D 试验机上，采用焊接热影响区中的热循环规范进行焊接热模拟，制备模拟热影响区试样。采用的热模拟规范为：峰值加热温度 430～540℃、高温停留时间 0.5s、加热时间 4s、峰值温度至 350℃ 区间冷却时间为 4s，350℃ 至室温区间冷却时间为 20s，得到模拟 HAZ 试样，用金相法观察其微观组织，并与真实接头 HAZ 显微组织照片进行对比，如图 8-3 所示，模拟试样与真实区域在微观组织上基本一致。

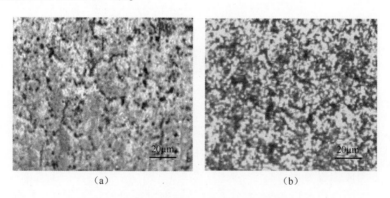

（a）　　　　　　　　　　　　　　（b）

图 8-3　模拟与真实焊接热影响区显微组织

（a）真实 HAZ 组织；（b）模拟 HAZ 组织。

8.5.4　材料细观损伤参数的确定

对于一个材料计算模型而言，模型参数的选择与确定对计算结果也起着重

要作用。一般地，GTN 损伤模型包含 9 个待定损伤参数，即

$$\boldsymbol{D} = (q_1 \; q_2 \; q_3 \; f_0 \; f_c \; f_F \; f_N \; \varepsilon_N \; s_N)^T \tag{8-11}$$

对于其损伤参数的确定，有试验曲线校对法[29]、数值计算法[30]、光学分析法[31]等。在此采用了试验与数值计算相结合的方法。其中的模型参数 q_1、q_2、q_3 相对于其他几个模型参数而言对材料及加载条件的敏感性不大，因此采用 Tvergaard 给出的数值(1.5, 1.0, 2.25)。

初始孔洞体积分数 f_0 给定了材料体的初始损伤程度，对于这一参数的测定采用的是经研磨、抛光而不经腐蚀的试样。孔洞在背景组织下呈现"黑点"形态，应用数字图像分析软件计算孔洞百分比，并取相应区域(焊缝、HAZ 或母材)内的一系列照片测量后取平均值。这里假定孔洞在试样中沿厚度方向是均匀分布的，依据照片中孔洞面积百分比换算成体积百分比。

形核第二相粒子体积分数 f_N 采用相似方法进行测定，对于经研磨、抛光后的试样，轻腐蚀试样表面，以仅能显示第二相粒子，而不显示晶界及晶内第二相为好，如图 8-4 所示。

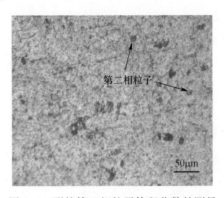

第二相粒子

50μm

图 8-4　形核第二相粒子体积分数的测量

因腐蚀后的第二相粒子与初始孔洞一样都呈现"黑点"形态，分布在背景组织上，计算得到的体积分数要减去相应区域初始孔洞分数，最终得到形核第二相粒子所占的体积百分比。

从上面的分析可以得出，热循环这一物理过程对 Gurson 孔洞型损伤模型的影响主要集中在对孔洞形核过程的影响，因此对于模型中控制孔洞形核过程的参数要重新测定或计算。

平均形核应变 ε_N 的确定可以有多种方法，例如，可以将基体与第二相粒子界面刚开始脱黏或完全分离时的基体等效塑性应变作为平均形核应变。Gurson 建议将形成的孔洞完全占据原有的第二相粒子体积时的基体等效塑性应变作为

平均形核应变。

Tvergaard 与 Needleman 在研究一般情况下的孔洞形核规律时,采用了通过模拟"代表性体积单元"(RVE)的形核过程来得到孔洞形核参数的方法。为做到准确的测定,本章也沿用了相同的方法,所不同的是,在计算中加入了热循环的因素。值得注意的是,由于焊接接头可以看作是焊缝金属、热影响区与母材共同组成的,因此我们分别建立第二相粒子所占不同比例的 3 种 RVE 模型,进行模拟计算,得到三区域的形核应变。

对于关键孔洞体积分数 f_c、失效体积分数 f_F 的测定采用了与标准拉伸曲线对比校正的方法。最终通过以上试验及计算得到的模型损伤参数列于表 8-1。

表 8-1 接头不同区域的损伤参数

参数	q_1	q_2	q_3	f_0	f_c	f_F	f_N	ε_N	s_N
BM	1.5	1.0	2.25	0.0001	0.016	0.05	0.006	0.015	0.01
WM	1.5	1.0	2.25	0.0003	0.015	0.05	0.012	0.017	0.01
HAZ	1.5	1.0	2.25	0.0005	0.011	0.05	0.03	0.021	0.01

8.5.5 焊接接头试样热循环损伤的数值模拟

按 1∶1 的比例取焊接接头试样的 1/2 建立有限元模型,如图 8-5 所示。模拟飞行器空间运行环境,采用如下边界条件:预加轴向载荷 100MPa(3 种应力叠加),热循环温度范围为-100~100℃,周期 90min。将设计好的 UMAT 子程序赋予相应区域单元。模拟计算 200 周次热循环后的接头区域应变云图,如图 8-6 所示。

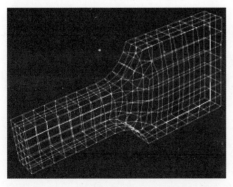

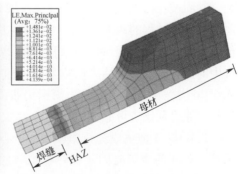

图 8-5 焊接接头试样有限元模型

图 8-6 焊接接头模型应变云图

由计算结果可知,接头形变和损伤程度分布并不均匀,以热影响区最为严重,焊缝次之,母材最小,损伤的演化都经历了一个初始快速累加阶段,然后过渡到一个相对平稳的增长期,和最终的一个损伤加速期。实测值与模拟曲线可以很好地吻合,这验证了基于细观损伤机制的数值模型可以很好地描述接头在热循环条件下的损伤演化过程,进一步对飞行器焊接接头的安全可靠性或使用寿命进行预测。

8.6 物理模拟与数值模拟在连铸坯枝晶凝固组织预测研究中的应用

▲8.6.1 研究意义

金属凝固是复杂的耗散自组织过程,由于高温不透明的特点,金属凝固过程看不见、摸不得,因此其凝固过程一直难以有效观测和控制。围绕金属凝固过程,国内外冶金及材料工作者做了大量的工作,概括起来可以分为直接试验方法、物理模拟方法和数值模拟方法等几大类,这些方法虽然有各自的局限性,但是对金属凝固过程的认识发挥了重要的作用,尤其是将数值模拟和物理模拟思想相结合的热模拟技术,大大提高了凝固组织预测的准确性。

在直接试验法中,最经典的是倾出法[32]。这种方法是在金属凝固过程的不同时刻将金属液倾倒出来,通过观察固液界面形貌来分析其凝固过程。近年发展最快、应用最多的是液淬法[33-34]和单向凝固法[35]。二者适合于研究枝晶的生长过程。通过实测金属凝固过程中的温度场的热分析法[36],以及对低熔点金属凝固过程的原位观察法[37-39]近十几年也都被用于金属凝固过程的研究。凝固过程物理模拟在凝固理论发展初期做出了巨大贡献,通过对低熔点透明晶体结晶过程的观察,人们对晶体生长过程有了比较深入的认识[40-41]。数值模拟技术发展迅速,目前人们不仅可以通过数值模拟的方法研究金属凝固过程中的流动、传热、传质[42],以及凝固过程中应力的变化[43],甚至可以预测凝固组织[44]。但是合金的组织模拟仍然面临很大挑战,需要试验验证包括物理模拟才能得到比较可靠的预测结果。

近年来,上海大学先进凝固技术中心针对钢铁铸造实际工艺条件,开发了基于特征单元的金属凝固过程热模拟方法及装置,克服了物理模拟所用材料方面由此及彼的缺憾,也克服了数值模拟在组织预测上的难题,实现了目标合金在特定工艺及条件下凝固过程的试验模拟,丰富了金属凝固过程模拟技术及装备。

▲8.6.2　数值模拟和物理模拟相结合的连铸坯枝晶生长热模拟技术

当前全球 98% 以上的钢用连铸工艺生产,认识连铸凝固过程、组织转变和缺陷形成规律具有十分重要的意义。由于高温、不透明、连续化和大规模等特点,连铸坯凝固过程的试验研究一直没有可靠方法,成为国际难题,给工艺优化、组织调控、新技术开发及缺陷预防带来很大困难。

为此,连铸凝固过程热模拟方法及其连铸坯枝晶生长物理模拟试验,就是基于热相似原理,离线再现特征单元在铸坯凝固过程中的真实环境,实现用少量金属研究连铸生产条件下铸坯的凝固过程,从而达到以点见面的研究目的。其中连铸坯凝固温度场通过数值模拟获取,并作为凝固热模拟试验的控制条件,通过数值模拟和物理模拟相结合来实现铸坯特征单元凝固过程的离线再现。另一方面,热模拟样品的凝固组织可以作为凝固组织模拟的验证条件,从而校正组织模拟模型及参数,为连铸坯凝固组织数值模拟的进步提供丰富可靠的验证数据。

该技术成功地将十几吨铸坯的凝固过程“浓缩”到实验室用百克钢研究,不仅可以揭示钢液成分、过热度、冷却制度、铸坯拉速、铸坯尺寸等因素对凝固组织和元素分布的影响规律,而且可获得铸坯固液界面形貌、界面前沿溶质和夹杂物演变等其他手段无法得到的重要信息,以及凝固裂纹形成的可能性及条件、夹杂物促进异质形核的能力等冶金界关注的问题。

▲8.6.3　凝固过程热模拟技术中物理模拟与数值模拟的关系

凝固过程热模拟技术利用物理模拟和数值模拟相结合的思路,数值模拟为物理模拟提供温度场控制条件,物理模拟为凝固组织数值模拟提供验证试验和实测参数,二者相辅相成,解决了连铸条件下多元合金凝固组织预测的难题。翟启杰等利用其开发的连铸坯枝晶生长物理模拟试验机,模拟研究了双相不锈钢、铁素体不锈钢、Al-Cu 合金等不同连铸条件下的凝固组织及柱状晶向等轴晶转变规律[45-46]。以此为基础,优化了数值模拟的关键参数,使得数值模拟的凝固组织与实际组织一致性大幅提高。

案例 1:二元合金微观组织预测模型及参数的验证

仲红刚等[46]使用 ProCAST 软件中的有限元耦合元胞自动机模型计算了 Al-4.5%Cu 合金热模拟试样的温度场和微观凝固组织。晶体形核和枝晶生长动力学模型分别采用 Rappaz 连续形核模型和适用于二元合金的 KGT(Kurz-Giovanola-Trivedi)模型[47]简化形式,基于纯扩散条件,得到 KGT 模型简化公式并计算出生长因子。结果表明,使用 KGT 模型可以较准确地计算出柱状晶向等轴晶转变(CET)位置和等轴晶晶粒度。

KGT 模型列出了尖端半径、生长速率、扩散系数、温度梯度及溶质浓度梯度等参数之间的相互关系,但是并未给出枝晶生长速率与尖端过冷度之间的直接关系式。为了在保证精度的前提下降低公式解析难度并获取较快的计算速度,ProCAST 软件中采用了 KGT 模型的简化模型。其关系式为

$$v = \alpha \Delta T^2 + \beta \Delta T^3 \tag{8-12}$$

式中:v 为枝晶尖端生长速率;ΔT 为枝晶尖端过冷度;α 和 β 为由合金热物性参数决定的常数。

在液相内溶质纯扩散的假设前提下推导式(8-12)中 α 和 β 的表达式

$$\alpha = \frac{D}{\pi^2 \Gamma (1-k) m C_0} \tag{8-13}$$

$$\beta = \frac{kD}{\pi^3 \Gamma \left[m C_0 (1-k) \right]^2} \tag{8-14}$$

式中:D 为溶质扩散系数;Γ 为 Gibbs-Thompson 系数。

采用 ProCAST 的 CAFÉ 模块模拟试样的凝固组织,试样体积为 7500mm³,划分为 20 万个网格,凝固组织模拟时每个单元格再细分为 10×10×10。凝固组织模拟参数及合金热物性参数如表 8-2 所示,其中形核过冷度 ΔT 为试验合金的实测数据。

表 8-2　Al-4.5% Cu 合金热物性参数及数模参数

参　数	数值	来　源
液相线温度 T_L/℃	650	
合金含量 C_0/%(质量分数)	4.5	
液相线斜率 m/(℃ · %⁻¹)	−2.717	文献[48]
液相中溶质扩散系数 D_L/(m² · s⁻¹)	1.0×10⁻⁹	文献[49]
固相中溶质扩散系数 D_S/(m² · s⁻¹)	1.13×10⁻¹¹	文献[49]
溶质分配系数 k	0.1	
Gibbs-Thompson 系数 Γ	1.0×10⁻⁷	文献[50]
第一生长因子 α	9.0×10⁻⁵	式(8-13)计算
第二生长因子 β	9.0×10⁻⁷	式(8-14)计算
最大形核密度 n_{max}/m⁻³	1×10⁹	根据物理模拟实测晶粒度计算
平均过冷度 ΔT_N/℃	0.5	物理模拟试验中实测
标准偏差 ΔT_σ/℃	0.1	

首先通过热物理模拟试验获得了过热度对凝固组织的影响,如图 8-7(b),并实测了其形核过冷度和最大形核密度,然后利用模型预测凝固组织,发现两者CET 位置和等轴晶晶粒度相似度较高,证明该方式数值模拟预测结果较为准确。但是,由图可以看出,试验样品中都出现了晶粒细小的激冷等轴晶层,而数值模拟未能预测该部分凝固组织,这是因为 ProCAST 软件采用简化的 KGT 模型预测凝固组织,也未考虑晶核的脱落、漂移、增殖等情况,因此出现一定偏差。

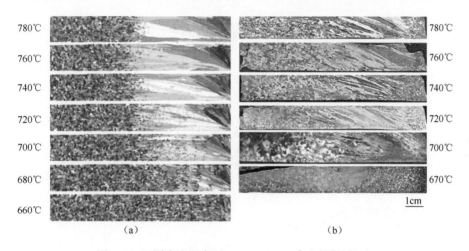

图 8-7　不同浇注温度下 Al-4.5% Cu 合金的凝固组织

(a)KGT 模型模拟;(b)实际凝固组织。

案例 2：多元金属微观组织预测模型参数的优化

ProCAST 软件的 CAFE 模块是常用的合金凝固组织计算手段,可计算较大尺寸铸坯或铸件的凝固组织。但是该模型中的形核与生长参数的确定是计算的关键,同时一直是计算的难点。形核与生长参数的确定直接影响计算结果的准确性,且不同冷却状态与材料体系下参数差别较大,可借鉴性较小。目前二元合金的生长因子可以通过计算获得,而多元合金则通常简化为伪二元合金来计算,因此误差较大,需要通过多次试验验证才能得到较为准确的数值。

曹欣[51]利用连铸坯枝晶生长热模拟试验机,模拟研究了板坯连铸条件下B2002 双相不锈钢凝固组织。通过改变冷却水量和过热度,模拟了连铸生产中二冷区水量及浇注温度对铸坯组织的影响,获得了必要的基础数据。然后,采用ProCAST 软件对上述热模拟过程进行数值模拟,预测其凝固组织。经正交试验优化,找出了适合 B2002 双相不锈钢微观组织预测的生长因子数值为 5.0×10^{-7},采用该参数预测的凝固组织与实际连铸坯凝固组织具有很好的一致性(图 8-8)。通过该案例可以看出,热模拟技术为预测不同连铸工艺条件下的凝固组织提供了有效的方法,数值模拟和物理模拟相结合是解决凝固组织预测的一条有效途径。

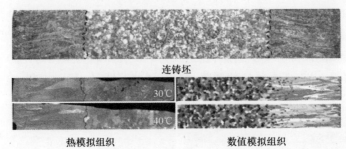

连铸坯

热模拟组织 数值模拟组织

图 8-8 B2002 双相不锈钢的物理模拟、数值模拟及实际连铸坯的凝固组织

8.7 物理模拟与数值模拟在铝合金薄板焊接残余应力及失稳变形研究中的应用

◣8.7.1 研究背景

铝合金固有的热、力学性能,如较大的线膨胀系数、较高的热导率等特性,使得焊接加工技术应用于铝合金薄板结构件时,表现出焊接变形大、热裂倾向严重、焊接接头软化等缺点。过大的焊接变形很难保证尺寸的稳定性,增加了后续矫正和修补的工序,影响了生产的正常周期,造成一定程度的浪费和经济损失[52]。热裂纹的存在给焊接结构带来了严重的负面影响,不但可直接导致焊接结构在服役过程中断裂,而且可诱发再热裂纹、冷裂纹等,甚至引起疲劳破坏,致使整个结构失效。焊接残余应力是引起焊接变形和产生热裂纹的直接原因,同时会降低焊接结构的使用寿命和承载能力。因此,降低和控制铝合金薄板的焊接残余应力及其失稳变形对于提高铝合金薄壁焊接构件的可靠性极为重要。

◣8.7.2 研究方法

残余应力是不均匀的永久(塑性)变形的结果[53]。在焊接残余应力与变形的产生机制上,目前各国学者意见较为一致。观点可以表述为:被焊工件在移动的热源作用下加热时,形成了一个在热源附近温度很高,周围区域温度低的具有梯度的不均匀温度场,所以热源处焊缝及近缝区因受热而发生热膨胀,此时却受到周围低温母材的限制而受到挤压,由于这时温度较高,屈服极限较低,焊缝区金属很容易达到屈服变形,在随后的冷却过程中该部位因冷却而收缩,同样受到限制又要发生塑性拉伸。如果冷却阶段的塑性拉伸量不足以抵消加热阶段产生的塑性挤压量,被焊工件中就会有残余压缩塑性应变保留下来,当焊缝区降至室温时,仍受到母材的完全拘束而不能运动,将残留接近屈服强度的拉应力,同时在工件中远离焊缝的区域就会有残留的压应力与之平衡,其大小和分布就决定了最终的残余应力和变形[54]。2×××系合金线膨胀系数大,TIG 焊接变形明显,本例选择 2mm 厚的 2A12 薄板为研究对象。

采用物理模拟与数值模拟相结合的方法,对铝合金薄板 TIG 焊接应力演化过程进行分析。其中数值模拟基于双椭球热源方程及改进的热弹塑性本构控制方程。双椭球热源方程是目前最能接近电弧焊熔池精度的 3D 热源模型,如图 8-9 所示,远远优于在早期简化的雷卡林方程[55]。

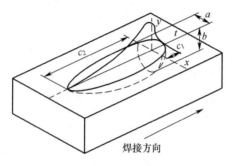

图 8-9 双椭球热源模型[55]

在双椭球热源模型中,前半部分椭球热源表达式为

$$q(x,y,z,t) = \frac{6\sqrt{3}\,Qf_{\mathrm{f}}}{abc_1\pi\sqrt{\pi}}\mathrm{e}^{-3\left(\frac{x^2}{a^2}+\frac{y^2}{b^2}+\frac{(z-vt)^2}{c_1^2}\right)} \tag{8-15}$$

后半部分椭球热源表达式为

$$q(x,y,z,t) = \frac{6\sqrt{3}\,Qf_{\mathrm{r}}}{abc_2\pi\sqrt{\pi}}\mathrm{e}^{-3\left(\frac{x^2}{a^2}+\frac{y^2}{b^2}+\frac{(z-vt)^2}{c_2^2}\right)} \tag{8-16}$$

上面两式中:a、b 分别为椭球的 x、y 半轴长度;c_1、c_2 分别为前后椭球体 z 向的半轴长度;f_{f}、f_{r} 为前后椭球的热源集中系数,$f_{\mathrm{f}}+f_{\mathrm{r}}=2$;$Q$ 为热输入量,$Q=\eta UI$(η 是电弧的热效率);v 为焊接速度。在实际计算时上面各参数的取值为:$a=3\mathrm{mm}$、$b=3\mathrm{mm}$、$c_1=3\mathrm{mm}$、$c_2=7\mathrm{mm}$、$f_{\mathrm{f}}=0.6$、$f_{\mathrm{r}}=1.4$、$\eta=0.75$、$v=5\mathrm{mm/s}$。

在一定温度下,材料的屈服函数 $f(\sigma_x,\sigma_y,\cdots)$ 达到 $f_0(\sigma_s,T)$ 时,材料开始发生屈服,产生塑性应变,焊接应力的产生取决于塑性区内加热时压缩应变与冷却时拉伸塑性应变的补偿,塑性区内的应力-应变关系表达式为

$$\{\mathrm{d}\sigma\} = \boldsymbol{D}_{ep}\{\mathrm{d}\varepsilon\} - \left(\boldsymbol{D}_{ep}\{\alpha\} + \boldsymbol{D}_{ep}\frac{\partial \boldsymbol{D}_e^{-1}}{\partial T}\{\alpha\} - \boldsymbol{D}_e\frac{\partial f}{\partial \sigma}\frac{\partial f_0}{\partial T}\Big/S\right)\mathrm{d}T \tag{8-17}$$

式中：$\{\mathrm{d}\sigma\}$ 是应力增量，$\{\mathrm{d}\varepsilon\}$ 为全应变增量，是弹性应变增量、塑性应变增量与热应变增量之和；$\{\alpha\}$ 为线膨胀系数矩阵；$\boldsymbol{D}_e$ 为弹性系数矩阵；$\boldsymbol{D}_{ep}$ 是弹塑性模量矩阵；S 是偏应力张量函数；T 为温度变量。

$$\boldsymbol{D}_{ep} = \boldsymbol{D}_e - \boldsymbol{D}_e\left\{\frac{\partial f}{\partial \sigma}\right\}\left\{\frac{\partial f}{\partial \sigma}\right\}^{\mathrm{T}}\boldsymbol{D}_e\Big/S \tag{8-18}$$

$$S = \left\{\frac{\partial f}{\partial \sigma}\right\}^{\mathrm{T}}\boldsymbol{D}_e\left\{\frac{\partial f}{\partial \sigma}\right\} + \left(\frac{\partial f_0}{\partial K}\right)\left\{\frac{\partial K}{\partial \varepsilon_p}\right\}^{\mathrm{T}}\left\{\frac{\partial f}{\partial \sigma}\right\} \tag{8-19}$$

塑性开始发生以后，塑性应变的变化依赖流动准则，根据流动准则，能表达成

$$\{\mathrm{d}\varepsilon\}_p = \lambda\left(\frac{\partial f}{\partial \sigma}\right) \tag{8-20}$$

式中：$\{\mathrm{d}\varepsilon\}_p$ 为塑性应变增量。

$$\lambda = \frac{\left\{\dfrac{\partial f}{\partial \sigma}\right\}^{\mathrm{T}}\boldsymbol{D}_e\{\mathrm{d}\varepsilon\} - \left\{\dfrac{\partial f}{\partial \sigma}\right\}^{\mathrm{T}}\boldsymbol{D}_e\left(\{\alpha\} + \dfrac{\partial \boldsymbol{D}_e^{-1}}{\partial T}\{\sigma\}\right)\mathrm{d}T - \dfrac{\partial f_0}{\partial T}\mathrm{d}T}{\left\{\dfrac{\partial f}{\partial \sigma}\right\}^{\mathrm{T}}\boldsymbol{D}_e\left\{\dfrac{\partial f}{\partial \sigma}\right\} + \left\{\dfrac{\partial f_0}{\partial K}\right\}\left\{\dfrac{\partial \boldsymbol{K}}{\partial \varepsilon_p}\right\}^{\mathrm{T}}\left\{\dfrac{\partial f}{\partial \sigma}\right\}} \tag{8-21}$$

式中：$\boldsymbol{K}$ 为刚度矩阵。

塑性区的加载、卸载由 λ 的取值来判断：

$$\begin{cases} \lambda > 0 & （加载过程） \\ \lambda = 0 & （中性变载） \\ \lambda < 0 & （卸载过程） \end{cases} \tag{8-22}$$

相应地，薄板失稳变形服从于薄板压曲微分方程[56]：

$$D\nabla^4\omega + F_x\frac{\partial^2\omega}{\partial x^2} = 0 \tag{8-23}$$

式中：ω 为挠度函数；F_x 为薄板的临界失稳载荷；$D = \dfrac{E\delta^3}{12(1-\mu^2)}$，称为薄板的弯曲刚度，其中 E 为材料弹性模量，δ 为板厚，μ 为泊松比。

取挠度的表达式为

$$\omega = \sum_{m=1}^{\infty}\omega_m = \sum_{m=1}^{\infty}\left[C_1\cosh(\alpha y) + C_2\sinh(\alpha y) + C_3\cos(\beta y) + C_4\sin(\beta y)\right]\sin\frac{m\pi x}{a} \tag{8-24}$$

式中:m 为正弦半波数目;α、β 为挠曲形状相关系数。

为了薄板的压曲,式(8-24)中的某一个 ω_m 必须具有满足边界条件的非零解。可以得出,$C_1 \sim C_4$ 不能都为零,若同时为零,则 $\omega_m = 0$,表明薄板处于平面平衡状态,没有被压曲;当薄板被压曲时,只能是 $C_1 \sim C_4$ 的一组齐次线性方程组的系数行列式等于零,得到 F_x 的一个方程。针对不同的正弦半波数目 m,解出 F_x,取其最小值,即该薄板的临界载荷 $(F_x)_c$,如下式:

$$(F_x)_c = k \frac{\pi^2 D}{b^2} \tag{8-25}$$

其中的系数 k 主要依赖于边长比值 a/b,当薄板具有自由边时,k 还与 μ 有关。

◤ 8.7.3　物理模拟试验

焊接应力的演变与残余应力的产生取决于力学熔点(零强度时的温度)以下各温度点的屈服极限值,即屈服极限随温度变化的对应关系,否则按照室温材料屈服极限来计算,焊接过程中应力值会误差很大,零强度温度、高温下屈服极限这些重要的数据将通过物理模拟试验获得。

我们通过将铝合金取样,在低于铝合金熔点条件下,每隔 20℃ 设定峰值加热温度,进行高温拉伸试验,获得应力-应变曲线,并判断出零强度温度,从而结合温度场判断出数值模型上完全塑性区。

在 Gleeble-1500D 试验机上,采用高温热拉伸进行焊接热模拟,制备拉伸试样。采用的热模拟规范为:峰值加热温度 300~600℃、峰值温度下拉断试样,提取应力-应变曲线,测得高温力学性能数据。材料热物理性能和力学性能参数均随温度而变化,测得的各参数(如线膨胀系数 α、弹性模量 E、屈服强度 $\sigma_{0.2}$ 等)随温度变化曲线如图 8-10 所示。

◤ 8.7.4　铝合金薄板焊接应力和应变的数值模拟

焊接应力计算属于热-力耦合方式,根据热弹塑性理论,对模型进行简化处理并进行一定的理论假设。

(1) 简化模型为对称模型,传热过程为准稳态过程。

(2) 材料的屈服服从 Mises 屈服准则。

(3) 考虑材料各向同性,忽略材料的显微组织的变化。

(4) 塑性变形不引起体积改变,符合体积不变准则。

对厚度为 2mm 的 2A12 铝合金平面直缝焊接过程进行了有限元建模。图 8-11(a)和(b)分别为试件的几何尺寸示意图和有限元模型。

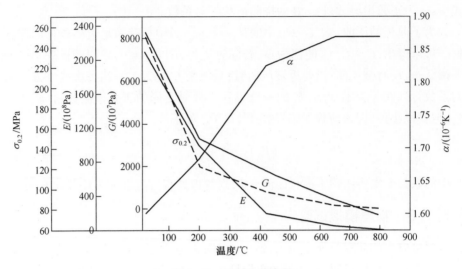

图 8-10　材料性能参数

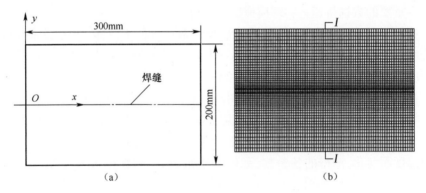

图 8-11　试件的几何尺寸示意图及有限元模型

(a) 几何尺寸示意图；(b) 有限元模型。

图 8-12 给出了平板焊后纵向残余应力在不同横截面上的分布，由模拟结果可知，焊缝及其附近区域中的纵向残余应力为拉应力，最大拉应力不是在焊缝中心位置，而是在距焊缝中心一定距离的位置。

在板的平行于焊缝且包括焊缝在内的中间区最大应力数值达到材料的屈服极限的 0.85 倍，约 270MPa，在该区两外侧为压应力区。因为端面 $O\text{-}O$（$x = 0\text{mm}$）为自由边界，在它的表面应力值极小，接近于零，即 $\sigma_{xx} = 0$，随着截面离开端面距离的增加，纵向应力 σ_{xx} 逐渐增大，达到板的中截面（$x = 150\text{mm}$）时达到最大值，即残余拉应力和残余压应力的峰值都最大，并且沿焊缝长度方向（x 方

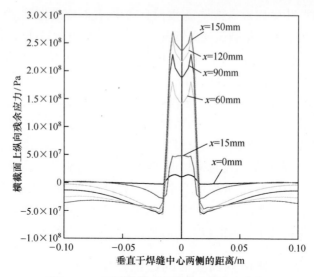

图 8-12 不同横截面上纵向残余应力分布

向) 对应截面上的应力以中截面为中心两侧对称分布。可见在板长方向的端部存在一个内应力的过渡区, 在这个过渡区域里, σ_{xx} 比较小, 越接近端面 σ_{xx} 越小, 到端面处 $\sigma_{xx}=0$, 而越接近中截面应力逐渐升高, 在板的中段有一个应力的稳定区, 该区拉应力水平高, 且比较平稳。

图 8-13 为平板中截面上纵向应力在不同时刻的演变过程, 由于应力以焊缝中心线为中心对称分布, 因此取一半区域作为研究范围。

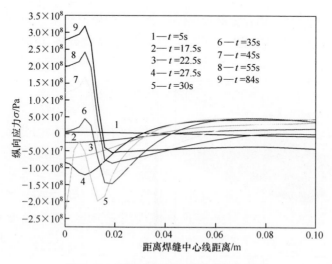

图 8-13 平板中截面上的应力演变过程

355

在 $t=5$ s 时，中截面远离热源，温度没有变化，此时应力为零，当 $t=22.5$ s 时，热源产生的温度场使得中截面处温度升高，焊缝及其附近局部区域金属受热膨胀，并受到周围低温金属的约束而产生压应力，由于温度不高，应力数值很小，随着焊接时间的增加，该部分金属升至较高温度，因热膨胀而受到的限制越来越显著，压应力也急剧升高，当 $t=30$ s 时，热源恰好到达中截面，温度达到峰值，此刻中截面上焊缝及近缝区金属压应力达到最大值，如曲线 5 所示。当 $t=35$ s 时，热源已离开中截面，温度开始下降，金属发生收缩，受到周围金属约束产生拉伸，随着时间的推进，中截面的温度越来越低，收缩受到的拉伸应力也越来越大，到接近室温时，拉应力达到峰值并保留下来，形成残余应力，如曲线 9 所示。中截面上离开焊缝中心一定距离则有残余压应力与之保持平衡，压应力分布的区域为弹性区，因此，焊接残余应力的拉应力峰值决定了压应力的大小。

8.7.5　铝合金薄板挠曲变形的数值模拟

薄壁板壳构件发生失稳的临界应力值与材料的弹性模量和构件厚度的平方成正比，所以薄壳结构的焊接变形与材料属性有关系。铝合金的弹性模量只有钢的 1/3 左右，因此在焊接铝合金薄板壳结构时，焊后失稳变形问题尤为突出。失稳变形取决于焊件的压缩残余应力，在数值计算中应力数值的准确与否与材料的高温力学性能直接相关，前述采用了物理模拟技术测试材料的热-力性能，物理模拟为数值模拟提供了材料性能参数，数值模拟才能基于本构方程求解出准确的数值解。

图 8-14 为常规焊铝合金薄板焊件残余变形的模拟结果。从变形显示和数值分布可看出这是典型的挠曲变形，焊件中部呈现下挠趋势，挠曲沿焊缝纵向分布，最大纵向挠度位于板的边缘，数值约 10mm，而沿焊缝长度上的挠度最低。

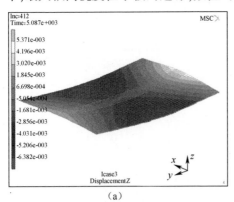 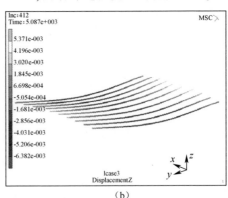

(a)　　　　　　　　　　　　　　　　(b)

图 8-14　铝合金薄板焊接挠曲变形模拟结果

(a)变形整体图；(b)部分切面变形图。

8.8　物理模拟和数值模拟在带钢等温退火研究中的应用

等温退火是一种常见的热处理,也是研究其他热处理的基础。本节讲述采用物理模拟技术与数值模拟相结合的方法研究等温退火工艺对带钢组织和性能的影响。

▲8.8.1　物理模拟试验方法

1. 试样材料

材料为牌号为 ST44-3G 的 C-Mn 钢冷轧板,其主要化学元素成分如表 8-3 所示。试验钢生产工艺流程为:热轧出炉温度为 1223℃,热轧终轧温度为 858℃,热轧卷取温度为 663℃,热轧板厚度为 4.02mm,冷轧后板厚度为 1.2mm[57]。最后剪切成试样:150mm×25mm×1.2mm。

表 8-3　C-Mn 钢化学成分　　　单位:%(质量分数)

C	Si	Mn	S	P	Al	Mo
0.16	0.069	0.66	0.019	0.009	0.061	0.006

2. 物理模拟试验

等温热处理试验在 Gleeble-1500D 试验机上进行,装卡方法采用热夹具(具有接触面积小的镂空夹具;或采用导热率低的材料,如不锈钢等),自由跨度 130mm,均温区约 60mm,这样可以保证热处理之后可以直接加工成拉伸试样。试验工艺如图 8-15 所示,将试样以 200℃/s 的加热速度快速加热至等温温度 T 并保温一定时间 t 后以 50℃/s 的冷却速度冷却至室温。具体工艺参数为:等温温度 T 分别取 550℃、600℃、650℃、750℃、850℃、950℃,保温时间 t 分别取 1s、5s、20s、100s、1000s。

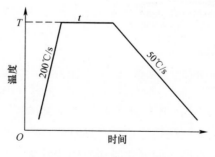

图 8-15　等温热处理工艺图

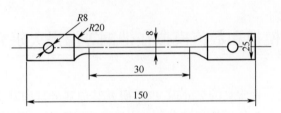

图 8-16　拉伸试样(单位:mm)

3. 力学性能测试

将经过不同热处理后的试样经线切割加工成拉伸试样进行拉伸力学性能测试,拉伸试样规格尺寸如图 8-16 所示,拉伸试样在 Gleeble-1500D 试验机上进行,采用带销钉的板状试样夹具固定在试验机上,拉伸速度为 $0.001s^{-1}$,按 GB/T 228.1—2010 要求测得屈服强度 R_e、抗拉强度 R_m 和伸长率 A。

试验结果屈服强度如图 8-17 所示,原始屈服强度为 822MPa。经过等温热处理后试样屈服强度均呈现不同程度的降低,整体规律是热处理温度越高,屈服强度越低;保温时间增加,屈服强度降低,550~650℃随时间变化显著,因为发生铁素体再结晶;750~950℃随时间变化减缓,因为没有足够时间发生铁素体再结晶,高温段主要发生奥氏体化和随后冷却珠光体转变。

抗拉强度如图 8-18 所示,原始抗拉强度为 880MPa。抗拉强度随热处理工艺变化趋势与屈服强度基本相同,550~600℃随时间变化显著,650~950℃随时间变化减缓,变化原因与屈服强度相同。

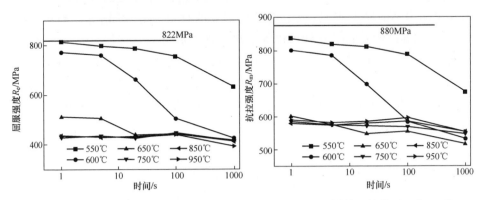

图 8-17　不同等温热处理工艺 R_e 值　　　图 8-18　不同等温热处理工艺 R_m 值

延伸率如图 8-19 所示,原始断后伸长率为 3.67%。试验钢伸长率变化趋势与屈服强度、抗拉强度变化趋势相反,热处理后伸长率均有所升高。600℃随时间变化显著,其他温度随时间变化减缓。因为铁素体再结晶变化为"S"形曲线,在 600℃时变化最快。

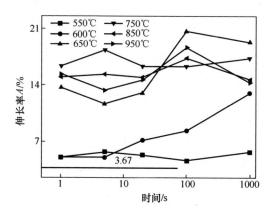

图 8-19　不同等温热处理工艺 A 值

▲8.8.2　力学性能数学模型[58]

1. 力学性能建模

利用再结晶率的数学模型:

$$f = 1 - e^{-(Kt)^n} \tag{8-26}$$

假设材料的力学性能(如强度或延伸率)为已再结晶的部分和未再结晶的部分的加权平均:

$$
\begin{aligned}
y &= y_1 e^{-Kt^n} + y_0(1 - e^{-Kt^n}) \\
&= y_0 - (y_0 - y_1) e^{-Kt^n} \\
&= y_0 + \Delta y e^{-Kt^n}
\end{aligned}
\tag{8-27}
$$

$$y = y_0 + \Delta y e^{-\left[k_0 \int_0^t \exp\left(-\frac{a}{\theta(t)}\right) \mathrm{d}t\right]^n} \tag{8-28}$$

式中: y 为总的拉伸性能(如强度或伸长率); y_1 为已再结晶部分的拉伸性能; y_0 为未再结晶部分的拉伸性能; Δy 为再结晶前后性能的变化量; K 为常数; t 为等温时间; n 为常数; θ 为等温温度; k_0 为常数。

对于等温过程有

$$\int_0^t e\left(-\frac{a}{\theta}\right) \mathrm{d}t = t e^{-\frac{a}{\theta}} \tag{8-29}$$

式中: a 为常数。

则式(8-29)可变形为

$$y = y_0 + \Delta y e^{-\left(k_0 t e^{-\frac{a}{\theta}}\right)^n} \tag{8-30}$$

假设

$$\Delta y = A\exp(\theta + \theta_0)^p \exp\left(\frac{m}{\theta + \theta_0}\right) \tag{8-31}$$

式中：A 为常数；θ_0、p、m 均为常数。则式(8-30)可变为

$$y = y_0 + A\exp(\theta + \theta_0)^p \exp\left(\frac{m}{\theta + \theta_0}\right) e^{-(k_0 t e^{-\frac{a}{\theta}})^n} \tag{8-32}$$

2. 力学性能模型

采用 Origin 软件非线性曲线拟合功能，对试验数据进行非线性曲线拟合，可以获得具体的力学模型。屈服强度、抗拉强度和延伸率模型的决定系数分别为 0.9561、0.9165 和 0.8107。

(1) 屈服强度模型。

当等温温度大于等于 750℃时，有

$$R_e = 822 - 339.75\exp(\theta - 549.76)^{0.02918}\exp\left(\frac{-0.1337}{\theta - 549.76}\right) \cdot$$

$$\exp\left\{-\left[0.5896t\exp\left(\frac{4203.49}{\theta}\right)\right]^{-0.7403}\right\}$$

当等温温度小于 750℃时，有

$$R_e = 822 - 339.75\exp(\theta - 549.76)^{0.02918}\exp\left(\frac{-0.1337}{\theta - 549.76}\right) \cdot$$

$$\exp\left\{-\left[(3.9848 \times 10^{16})t\exp\left(\frac{-24151.01}{\theta}\right)\right]^{-0.7403}\right\}$$

(2) 抗拉强度模型。

当等温温度大于等于 750℃时，有

$$R_m = 880 - 746.77\exp(\theta - 536.48)^{-0.1397}\exp\left(\frac{-12.9382}{\theta - 536.48}\right) \cdot$$

$$\exp\left\{-\left[7722.08t\exp\left(\frac{-3764.04}{\theta}\right)\right]^{-0.4937}\right\}$$

当等温温度小于 750℃时，有

$$R_m = 880 - 746.77\exp(\theta - 536.48)^{-0.1397}\exp\left(\frac{-12.9382}{\theta - 536.48}\right) \cdot$$

$$\exp\left\{-\left[(1.1608 \times 10^{15})t\exp\left(\frac{-21384.42}{\theta}\right)\right]^{-0.4937}\right\}$$

(3) 伸长率模型。

当等温温度大于等于 750℃时，有

$$A = 98941.46\exp(\theta - 479.85)^{-1.3292}\exp\left(\frac{-284.38}{\theta - 479.85}\right) \cdot$$

$$\exp\left\{-\left[(5.0119 \times 10^{16})t\exp\left(\frac{-23735.51}{\theta}\right)\right]^{-0.1891}\right\}$$

当等温温度小于750℃时

$$A = 98941.46\exp(\theta - 479.85)^{-1.3292}\exp\left(\frac{-284.38}{\theta - 479.85}\right) \cdot$$

$$\exp\left\{-\left[(1.3513 \times 10^{11})t\exp\left(\frac{-14873.11}{\theta}\right)\right]^{-0.1891}\right\}$$

所得力学性能模型拟合效果如图 8-20~图 8-22 所示,误差如表 8-4 所示。把各个力学性能模型对等温热处理的温度(550℃、600℃、650℃、750℃、850℃和950℃处)和时间(1s 处)进行求导,可以得到相应各个力学性能指标的变化规

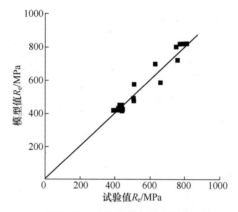

图 8-20　屈服强度 R_e 的比较

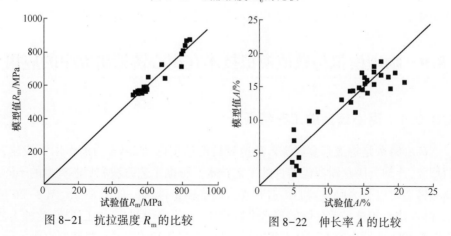

图 8-21　抗拉强度 R_m 的比较　　　　图 8-22　伸长率 A 的比较

律,如图 8-23 和图 8-24 所示,可以看出,变化率最大的区间为 600~650℃,对温度的变化规律表明这一区间各个性能变化都最迅速,温度过低时(低于600℃)原子扩散慢,铁素体再结晶速度就慢,而温度过高时(高于 650℃)接近或进入两相区,铁素体再结晶反而减慢;对时间的变化率说明该区间铁素体再结晶发生速度最快,即处于相转变"S"形曲线的中间速度最快的区间,之前开始和之后的终了都要缓慢。

表 8-4　力学性能模型的误差

均方误差			绝对误差		
伸长率/%	屈服强度/MPa	抗拉强度/MPa	伸长率/%	屈服强度/MPa	抗拉强度/MPa
2.16	29.64	28.26	1.82	21.87	21.00

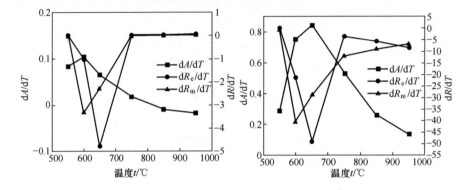

图 8-23　力学性能对温度的变化率　　图 8-24　力学性能对时间的变化率

通过以上物理模拟试验求得数据,然后基于再结晶理论和加权法进行数值模拟建立力学性能模型,从而实现试验钢的等温热处理性能预测。

8.9　物理模拟与数值模拟技术在离心铸造研究中的应用

▲8.9.1　离心铸造的工艺特征

离心铸造是将液态金属浇入高速旋转的铸型内,在离心力的作用下快速充填型腔,冷却凝固获得所需铸件的工艺技术。根据工艺方法和型芯类型的不同,离心铸造可以分为卧式离心铸造和立式离心铸造两类。如图 8-25、图 8-26 所示,卧式离心铸造是铸件绕铸型水平轴旋转,无须采用型芯,加工便捷,此种工艺在铸管类零件的生产方面具有很好的应用;立式离型铸造是铸件绕竖直轴旋转,主要用来生产圆盘类铸件,在难成形的异形件的生产上也有很好的应用。

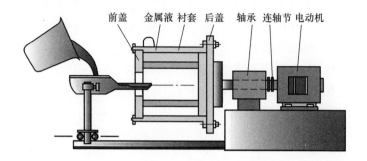

图 8-25 卧式离心铸造工艺示意图[59]

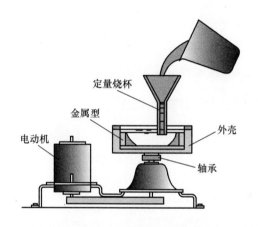

图 8-26 立式离心铸造工艺示意图[59]

在普通重力铸造过程中,铸件的补缩主要依靠冒口及金属液自身的重力作用,自下而上顺序凝固。而在离心铸造过程中,铸件的补缩则主要依靠离心力的作用,将浇道中的金属液从旋转中心甩向铸件外缘,形成由外及内的凝固顺序。通常无须设置专门冒口,铸件实收率较高,生产周期短,大大降低生产成本。

在离心铸造过程中,流体的充型能力属于最基本的性能。充型能力的好坏与铸件性能有很大关系。液态金属本身的流动能力称为流动性,受到合金液的温度、化学成分、杂质含量等因素的影响。因此在确定条件下,流动性等同于充型能力。良好的流动性有利于气体杂质的排除,使金属液得到净化,另一方面有利于凝固过程的补缩,防止缩松缩孔、浇不足等缺陷的产生。液态金属的流动性影响因素较多,如何选取合适的工艺参数是一直以来困扰试验人员的问题,参数选取不当会造成产品报废,增加成本,反复试验修改又需要耗费大量时间及精力。针对这些实际工艺问题,探究液态金属充型过程的机制具有至关重要的作用。

利用物理模拟可以实现对立式离心铸造充型过程的科学定量分析,摆脱目前工艺生产基于经验的困境,实现智能化的性能预测及工艺优化。物理模拟主要是利用相似原理,在模型上研究流体的运动状态,总结一般规律,将个别现象推广到与模型相似的一系列实际现象中去,为实际生产提供更为可靠的参考数据[59]。在国际上,Prasad 等在水平离心铸造研究中,利用不同黏度的透明水与140EP 油,试验研究不同工艺参数对流型的影响[60],Li 等则采用物理水模拟和理论分析相结合的方法,通过先进高速摄影机拍摄立式离心铸造的充型过程,定性分析流体流动形态,随后在实际试验中,分析立式离心铸造中钛合金熔体充型过程和凝固过程,系统阐述了金属液充型过程的流动形态和工艺参数对铸件缺陷形成的影响[61]。类似的研究还有 Mukunda 等对 Al-2Si 铝合金离心铸造过程的研究[62]和 Watanabe 等对钛合金离心铸造铸件成形过程的研究[63]以及 Shimizu 等对钛合金立式离心铸造充型过程进行的分析[64]。

8.9.2 稳定流动离心力物理模拟

在实际生产中,由于铸型不透明,无法对流体的运动过程进行直接观察,限制了后期的深入探索。采用透明铸型,通过物理模拟试验,能够定量化地标定离心力的大小,定性化地模拟研究转速、浇注速度及黏度对充型过程的影响,揭示一般规律,为实际生产提供理论指导和工艺依据。

离心力是充型过程的主要影响因素之一,直接影响流体的流动形态。图 8-27 所示为华中科技大学华铸软件中心利用高速摄像仪搭载高性能计算机,拍摄立式离心铸造模拟流体瞬间充填型腔的状态。

在试验中,将铸型水平放置,忽略水平方向的高度误差,可近似认为立式离心铸造机稳定转动过程中,铸型液面高度不会变化,维持同一高度。铸型外侧贴有标尺,以标定不同转速下的液面高度。首先向铸型中加入 20mm 高度的蓝色墨水,如图 8-27 (a)所示,此时转速为零。选取 40r/min、60r/min、80r/min 三种不同的转速,测得液面高度变化。随着立式离心铸造机转速的增大,液面高度逐渐升高,说明离心力的增大,促使流体向远离旋转轴的方向流动,在铸型外围薄壁聚集,从而使薄壁处的液面不断被推高,如图 8-27(c)~图 8-27(d)所示。

此外,还可以利用该模拟方法研究浇注速度对离心铸造充型过程的影响、转速对离心铸造充型过程的影响、黏度对离心铸造充型过程的影响,本书不作赘述。

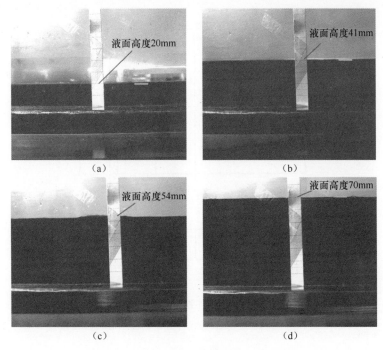

液面高度20mm

液面高度41mm

液面高度54mm

液面高度70mm

(a)

(b)

(c)

(d)

图 8-27　不同转速下液面上升的高度

(a)n = 0r/min;(b) n =40r/min;(c) n =60 r/min;(d) n = 80 r/min。

8.9.3　离心铸造的数值模拟案例

钛合金机匣是火箭、导弹、飞机等飞行器中发动机的主要组成部分,而支板又是钛合金机匣的重要组成部分,其质量优劣直接关乎机匣整体质量。钛合金支板铸件中的夹杂缺陷严重影响铸件性能,应用经验对钛合金铸件的工艺改进费时费力,不利于实际生产中快速有效地生产出符合质量要求的铸件。故采用数值模拟的方法重现钛合金支板铸件离心铸造的充型过程,寻找夹杂运动规律,为钛合金支板铸件铸造过程提供科学的工艺优化方法。

1. 钛合金支板工艺设计及优化

以 ZTC4 钛合金支板铸件为例,其三视图及尺寸如图 8-28 所示。

采用三维建模软件对钛合金支板及其工艺系统进行三维建模,如图 8-29所示。直浇道左右两侧分别有两块支板。为便于分辨,将直浇道左侧远离直浇道处支板称为左侧外支板,靠近直浇道处支板称为左侧内支板;同理,直浇道右侧远离直浇道处支板称为右侧外支板,靠近直浇道处支板称为右侧内支板。

离心铸造转速范围为 100~250r/min,均匀选取 120r/min、150r/min、210r/min、

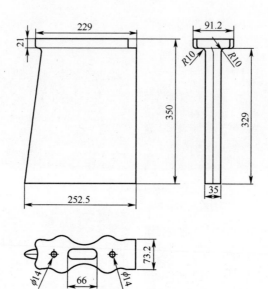

图 8-28　支板三视图(单位:mm)

图 8-29　浇注系统三维图

240r/min 四组铸型转速。型壳温度为室温,壳厚为 12mm。

（1）不同转速下充型顺序。

图 8-30 所示为转速 $n = 120r/min$、$n = 150r/min$、$n = 210r/min$ 及 $n = 240r/min$ 下充型中期流体充型体积图。由图可见,在充型中期,流体充型顺序为从支板前后两侧向中间充型。在充型中期(时间 $t = 1.3s$)时,在 210r/min 及 240r/min 转速下,内外两侧 4 块支板中金属液均已流动到前后两侧的顶端处,而在支板液面低处呈现近似水平状;而在 120r/min 及 150r/min 转速下,金属液尚未达到支板前后两侧顶端,液面最低与最高处呈现较为光滑的圆弧状。

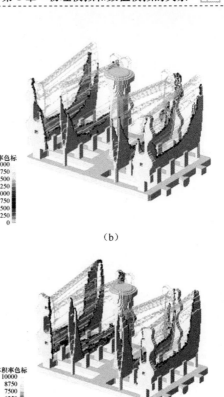

图 8-30 不同转速下充型中期流体充型体积图

(a)转速 $n=120\text{r/min}$;(b)转速 $n=150\text{r/min}$;(c)转速 $n=210\text{r/min}$;(d)转速 $n=240\text{r/min}$。

图 8-31 所示为转速为 120r/min、150r/min、210r/min 和 240r/min 下充型末期流体充型体积图。由图可见各转速下金属最后填充的位置。由图可见,在 2s 时,120r/min 转速下流体尚未填充的体积明显大于其他 3 个转速下的情况。120r/min 转速下,直浇道两边内外侧支板最后充型位置均为支板高处水平中间处;而 150r/min、210r/min 及 240r/min 转速下,各支板充型的最后位置为支板朝向直浇道面高处水平中间位置。

(2)不同转速下夹杂运动轨迹。

对支板铸件离心铸造充型过程中夹杂物的运动进行追踪计算,结果如图 8-32~图 8-35 所示。

图 8-32~图 8-35 所示分别为 120r/min、150r/min、210r/min 及 240r/min 转速下充型结束时刻铸件中夹杂物的分布图。由图可见,120r/min 转速下,夹杂

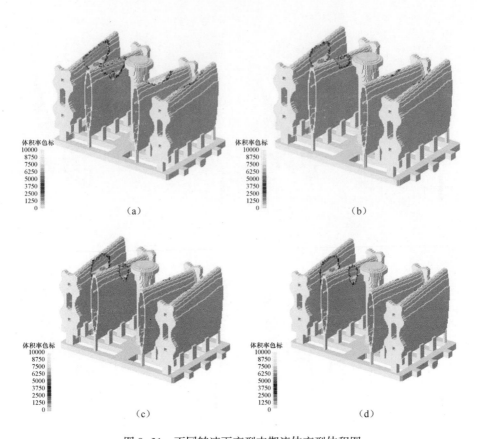

图 8-31   不同转速下充型末期流体充型体积图

(a)转速 $n=120r/min$；(b)转速 $n=150r/min$；(c)转速 $n=210r/min$；(d)转速 $n=240r/min$。

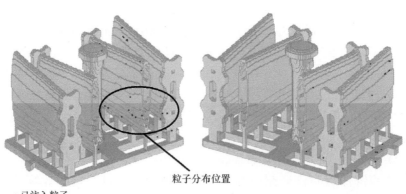

图 8-32 $n=120r/min$ 下充型结束时刻粒子分布图

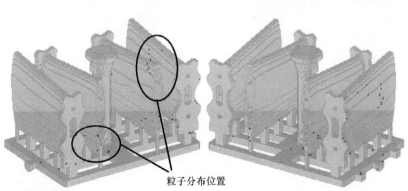

粒子分布位置

· 已注入粒子
□ 未填充
◎ 已填充
浇注持续时间2.011276s　粒子截止时间2.011276s　已注入粒子50颗

图 8-33　$n=150\text{r/min}$ 下充型结束时刻粒子分布图

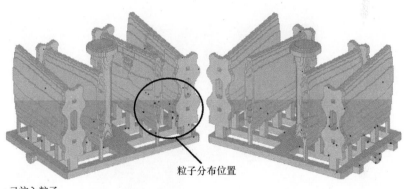

粒子分布位置

· 已注入粒子
□ 未填充
◎ 已填充
浇注持续时间2.017738s　粒子截止时间2.017738s　已注入粒子50颗

图 8-34　$n=210\text{r/min}$ 下充型结束时刻粒子分布图

物主要分布在直浇道右侧内外支板中,夹杂物在右侧支板中各处较为均匀广泛分布。右侧横浇道中聚集了少数夹杂物。150r/min 转速下,夹杂物在直浇道左右两侧内外支板均有分布,非常分散,但横浇道中也停留了较多的夹杂物。210r/min 转速下,夹杂物少量集中分布在直浇道左侧外支板高处中部,有一些集中分布在直浇道右侧内支板前端及中间处,较多的分布在直浇道右侧外支板中,但右侧外支板中的夹杂物在支板各处均有停留,分布较为散乱。横浇道中有少量夹杂物停留。采用 CT 探伤检测方法,扫描了 ZTC4 钛合金支板铸件中夹杂缺陷的分布位置(在 240r/min 下),所得结果与数值模拟结果相同, 如图 8-36 所示。

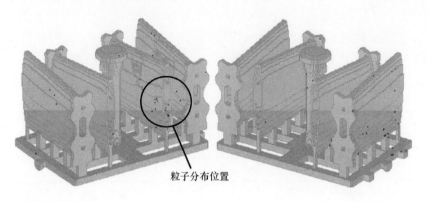

粒子分布位置

· 已注入粒子
· 未填充
· 已填充

浇注持续时间2.024215s　粒子截止时间2.024215s　已注入粒子50颗

图 8-35　$n = 240r/min$ 下充型结束时刻粒子分布图

图 8-36　试制铸件及夹杂缺陷扫描结果

2. 钛合金支板数值模拟结果

对钛合金支板铸件的立式离心铸造充型过程进行了数值计算,分析了不同转速条件下钛合金支板铸件充型过程中金属液填充顺序及夹杂物运动轨迹。主要结论如下:

(1) 对不同离心转速下金属液在不同充型时刻的体积对比可知,150r/min 转速下,流体充型平稳;210r/min 转速及以上,铸件中流体液面形成过大高度差,易形成混乱紊流,夹杂物在充型结束时易在金属液中形成散乱的分布。

（2）对不同离心转速下充型结束时刻夹杂物停留位置的对比可知,120r/min及150r/min转速下夹杂物分布较为集中,210r/min及240r/min转速下夹杂物在充型结束时刻在铸件中分布散乱。最终选取了适合本例的离心转速为150r/min。

（3）采用CT探伤检测方法,扫描了ZTC4钛合金支板铸件中夹杂缺陷的分布位置,所得结果与数值模拟结果相同,进一步验证了离心铸造充型过程夹杂物运动过程数值模拟计算模型的准确性。

参考文献

[1] 牛济泰. 材料和热加工领域的物理模拟技术[M]. 北京:国防工业出版社,1999.

[2] 傅建,彭必友,曹建国. 材料成型过程数值模拟[M]. 北京:化学工业出版社,2009.

[3] 龙连春. 数值模拟技术与分析软件[M]. 北京:科学出版社,2012.

[4] 方洪渊. 焊接结构学[M]. 北京:机械工业出版社,2010.

[5] 傅恒志,郭景杰,刘林,等. 先进材料定向凝固[M]. 北京:科学出版社,2008.

[6] 陈瑞,许庆彦,吴勤芳,等. Al-7Si-Mg合金凝固过程形核模型建立及枝晶生长过程数值模拟[J]. 金属学报,2015,51(6):733-744.

[7] 沈厚发,陈康欣,柳百成. 钢锭铸造过程宏观偏析数值模拟[J]. 金属学报,2018,54(2):152-160.

[8] 董湘怀. 材料加工理论与数值模拟[M]. 北京:高等教育出版社,2005.

[9] 徐伟力,林忠钦,刘罡,等. 车身覆盖件冲压仿真的现状与发展趋势[J]. 机械工程学报,2000,36(7):1-4.

[10] TURKAL J G, BRNIC J, LANC D. Numerical Model for Large Displacement Analysis of Elastic-Plastic Frames with Semi-Rigid Connections[C]. The 6th International conference on Physical and Numerical simulation of Materials Processing,Guilin,2010.

[11] ZHANG C C, SHIRZADI A A. Measurement of residual stresses in dissimilar friction stir-welded aluminium and copper plates using the contour method[J]. Science and Technology of Welding and Joining, 2018, 23(5): 394-399.

[12] 陆皓,汪建华,村川英. 多层焊接应力分布对管子局部热处理应力释放准则的影响[J]. 上海交通大学学报,2000,4(12):1618-1621.

[13] 武传松. 焊接热过程数值分析[M]. 哈尔滨:哈尔滨工业大学出版社,1990.

[14] UEDA Y, KIM Y C, YUAN M G. A prediction method of welding residual stress using source of residual stress (Report I)-Characteristics of inherentstrain (source of residual stress)[J]. Jrans. of JWRI ,1989, 18(1):135-141.

[15] 汪建华,陆皓,魏良武. 固有应变有限元法预测焊接变形理论及其应用[J]. 焊接学报,2002,23(6):36-40.

[16] 周广涛,郭广磊,方洪渊. 激光诱导焊接温度场的数值模拟[J]. 焊接学报,2014,25(7):1-22.

[17] 潘健生,王婧,韩利战,等. 热处理数值模拟工程应用的一些尝试[J]. 金属热处理,2008,33(1):3-8.

［18］潘健生，王婧，顾剑锋．热处理数值模拟进展之一——扩展求解域热处理数值模拟［J］．金属热处理，2012,37(1)：7-13.

［19］STRGANAC T W, LETTON A, ROCK N I, et al. Space environment effects on damping of polymer matrix carbon fiber composites［J］. Journal of Spacecraft and Rockets,2000, 37(4)：519-525.

［20］马有礼．航天器空间环境试验技术［M］．北京：国防工业出版社, 2002.

［21］NIU J T. The Development of Physical Simulation Technology in the World and its Application in China ［C］// Proceedings of the 9th International Conference on Physical and Numerical Simulation of Materials Processing. Moscow,2019.

［22］JIN C, NIU J T, HE S Y. Damage and Fracture Behaviours of 5A06 Aluminium Alloy Welded Joint under Thermal Cycling Condition［J］. Science and Technology of Welding and Joining, 2007, 12(5)：418-422.

［23］JIN C, NIU J T, HE S Y. Study on Micro-damage of Al Alloy Welded Joint in Simulated Aerospace Thermal Cycling Condition［M］. Berlin：Springer, 2007.

［24］GURSON A L. Continuum Theory of Ductile Rupture by Void Nucleation and Growth：Part I- Yield Criteria and Flow Rules for Porous Ductile Media［J］. Journal of Engineering Materials and Technology,1977, 99(1)：2-15.

［25］TVERGAARD V, NEEDLEMAN A. Analysis of the Cup-cone Fracture in a Round Tensile Bar［J］. Acta Metallurgica. 1984, 32：157-169.

［26］NEEDLEMAN A, TVERGAARD V. An Analysis of Ductile Rupture Modes at a Crack Tip［J］. Journal of Mechanics, Physical, Solids, 1987, 35：151-183.

［27］KOISTINEN D P. Mechanics of Sheet Metal Forming ［M］. New York：Plenum Publishing Corporation,1978.

［28］CHU C C, NEEDLEMAN A. Void Nucleation Effects in Biaxially Stretched Sheet［J］. Journal of Engineering Materials and Technology,1980, 102：249-256.

［29］SPRINGMANN M, KUNA M. Identification of Material Parameters of the Gurson- Tvergaard - Needleman Model by Combined Experimental and Numerical Techniques［J］. Computational Materials Science, 2005, 32：544-552.

［30］CORIGLIANO A, MARIANI S, ORSATTI B. Identification of Gurson-Tvergaard Material Model Parameters Via Kalman Filtering Technique［J］. International Journal of Fracture, 2000, 104：349-373.

［31］BROGGIATO G B, CAMPANA F, CORTESE L. Identification of Material Damage Model Parameters：An Inverse Approach Using Digital Image Processing［J］. Meccanica,2007, 42(1)：9-17.

［32］FREDRIKSSON H, HILLERT M. On the formation of the central equiaxed zone in ingots［J］. Metallurgical and Materials Transactions B, 1972,3(2)：569-574.

［33］BURDEN M H, HUNT J D. Cellular and dendritic growth. I［J］. Journal of Crystal Growth, 1974,22(2)：99-108.

［34］BURDEN M H, HUNT J D. Cellular and dendritic growth. II［J］. Journal of Crystal Growth, 1974, 22(2)：109-116.

［35］刘林,张军,沈军,等．高温合金定向凝固技术研究进展［J］．中国材料进展,2010(7)：1-9.

［36］CHIKAWA J, FUJIMOTO I, ASAEDA Y. X-Ray Topography with Chromatic-Aberration Correction［J］. Journal of Applied Physics, 1971,42(12)：4731-4735.

［37］MATHIESEN R H, ARNBERG L. Stray crystal formation in Al-20 wt. % Cu studied by synchrotron X-ray video microscopy[J]. Materials Science and Engineering A, 2005,413-414(Compendex):283-287.

[38] ARNBERG L, MATHIESEN R H. The real-time high-resolution X-ray video microscopy of solidification in aluminum alloys[J]. Jom, 2007,59(Compendex):20-26.

[39] NGUYEN-THI H, REINHART G, MANGELINCK-NOEL N, et al. In-situ and real-time investigation of columnar-to-equiaxed transition in metallic alloy[J]. Metallurgical and Materials Transactions A, 2007,38 (7):1458-1464.

[40] 介万奇,周尧和. 柱状晶向等轴晶转变过程的模拟实验研究[J]. 西北工业大学学报,1988(1): 29-40.

[41] JACKSON K A, HUNT J D, UHLMANN D R, et al. On the origin of equiaxed zone in casting[J]. Transactions of the Metallurgical Society of Aime, 1966,236:149-158.

[42] KUMAR S, MEECH J A, SAMARASEKERA I V, et al. Development of intelligent mould for online detection of defects in steel billets[J]. Ironmaking and Steelmaking, 1999,26(Compendex):269-284.

[43] CHOW C, SAMARASEKERA I V, WALKER B N, et al. High speed continuous casting of steel billets part 2: Mould heat transfer and mould design[J]. Ironmaking and Steelmaking, 2002,29(1):61-69.

[44] RAMIREZ A, CARRILLO F, GONZALEZ J L, et al. Stochastic simulation of grain growth during continuous casting[J]. Materials Science and Engineering: A, 2006,421(1-2):208-216.

[45] BAI L, WANG B O, ZHONG H G, et al. Experimental and Numerical Simulations of the Solidification Process in Continuous Casting of Slab[J]. Metals, 2016,6(3):53.

[46] 仲红刚,曹欣,陈湘茹,等. Al-Cu 合金水平单向凝固组织预测及实验观察[J]. 中国有色金属学报, 2013,23(10):2792-2799.

[47] Gäumann M, TRIVEDI R, KURZ W. Nucleation ahead of the advancing interface in directional solidification[J]. Materials Science and Engineering A, 1997,226-228:763-769.

[48] DAVIES R H, DINSDALE A T, CHART T G, et al. Application of MTDATA to the Modeling of Multicomponent Equilibria[J]. High Temperature Science, 1990,26:251-262.

[49] 卜晓兵,李落星,张立强,等. Al-Cu 合金凝固微观组织的三维模拟及优化[J]. 中国有色金属学报, 2011,21(9):2195-2201.

[50] POIRIER D R, SPEISER R. Surface tension of aluminumrich Al-Cu liquid alloys[J]. Metallurgical Transactions A, 1991,22(13):1156-1160.

[51] 曹欣. 连铸低铬双相不锈钢凝固组织热模拟研究[D]. 上海:上海大学材料科学与工程学院,2013.

[52] 中国机械工程学会焊接学会编. 焊接手册:第 3 卷(焊接结构)[M]. 2 版. 北京:机械工艺出版社, 2001.

[53] 拉达伊 D. 焊接热效应温度场、残余应力、变形[M]. 熊第京,等译. 北京:机械工业出版社,1997.

[54] American Welding Society. Welding Handbook(Fifth edition)Section 4(Metals and Their Wedaility)[M]. New York:United Engineering Center,1966.

[55] GOLDAK J, CHAKRAVARTI A. New Finite Element Model for Welding Heat Sources[J]. Metallurgical Transactions,1984, 15B(2):299-305.

[56] 徐芝纶. 弹性力学:下册[M]. 北京:高等教育出版社, 1982.

[57] 王稳, 程晓农, 韦家波, 等. 等温球化退火温度对超细化 H13 钢组织与力学性能的影响[J]. 金属热处理, 2019, 44(9): 161-165.

[58] 周旭东, 刘香茹, 李俊, 等. 碳锰钢等温退火热处理后拉伸性能数学模型的建立[J]. 机械工程材

料, 2017, 41(3): 79-83.

[59] 王欢. 立式离心铸造充型过程物理模拟平台的开发与应用[D]. 武汉:华中科技大学,2015.

[60] PRASAD K S K, MURALI M S, MUKUNDA P G. Analysis of fluid flow in centrifugal casting[J]. Frontiers of Materials Science in China, 2010,4(1):103-110.

[61] LI C Y, WU S P, GUO J J, et al. Model experiment of mold filling process in vertical centrifugal casting [J]. Journal of Materials Processing Technology, 2006,176(1):268-272.

[62] MUKUNDA P G, SHAILESH R A, RAO S S. Influence of rotational speed of centrifugal casting process on appearance, microstructure, and sliding wear behaviour of Al-2Si cast alloy[J]. Metals and Materials International, 2010,16(1):137-143.

[63] WATANABE K, MIYAKAWA O, TAKADA Y, et al. Casting behavior of titanium alloys in a centrifugal casting machine[J]. Biomaterials, 2003, 24(10): 1737-1743.

[64] SHIMIZU H, HABU T, TAKADA Y, et al. Mold filling of titanium alloys in two different wedge-shaped molds[J]. Biomaterials, 2002,23(11):2275-2281.

第9章

材料和热加工领域物理模拟技术的发展方向

9.1 物理模拟技术应用范围的开拓

以上章节所论述的仅仅是物理模拟在材料和热加工领域几个专业的应用技术和一些典型例子。就目前国内外材料科学和工程的发展需求而言,物理模拟技术的应用仍处于初级阶段和发展时期,许多应用领域尚未渗入,特别是一些功能材料和电子材料的物理模拟几乎是个空白。就国内情况而言,虽然我国拥有的模拟机数量位于世界前列,但物理模拟试验设备的功能远未得到开发,试验技术水平还有待进一步提高。加强国内外物理模拟技术的培训、交流与协作,培养一支知识面较宽,动手能力较强,懂得材料、机械、电子、传热、自动控制以及计算知识的物理模拟专业队伍已是当务之急。

近期内,物理模拟应用范围开拓的主攻方向如下。

▲9.1.1 发展材料热加工图

当今世界几乎每天都有新材料问世。材料的成分设计与制备工艺、材料的组织结构、材料性能(材料的内禀性质)和使用性能这4个要素及其相互关系,是材料科学与工程界的主要研究任务[1]。而开发材料的热加工图是从事上述研究的基础,也是研制新材料的最有效的方式。前几章讨论过的 CCT 图、连铸图、热塑性图及动态再结晶图等,对研究材料特性及制定加工工艺起了极其重要的理论指导作用。但是目前类似的热加工图的建立还远远不够,许多研究者仍局限在单个参数的影响规律的研究范围内,这虽然是必要的,但往往是不完善的。材料工作者应充分利用物理模拟机的多变量、可控的热/力模拟能力,建立综合反映各热加工参数及其相互制约关系的材料热加工图,这不但有助于材料研究中物理模型和数学模型的建立,也是促使实验室的研究成果早日应用于生产实践的有效手段。

9.1.2　开展功能材料的物理模拟研究

具有优良的电、磁、光、热、声、力以及化学与生物功能的材料统称为功能材料。功能材料对于仪器仪表业的发展起决定性的作用,并在航天、航空、电子、汽车、医疗机械以及先进武器等领域得到日益广泛的应用。功能材料虽然主要不是用于承力结构,但是与结构材料一样,功能材料的性能在很大程度上仍决定于材料的加工工艺和热处理过程[2]。通过加工和热处理,可以对材料的组织进行控制或改变,从而获得所需材料的独特性质和功能。

例如,形状记忆合金的制备与加工就与热处理工艺密切相关。图 9-1 及图 9-2所示分别为 Ni-Ti 形状记忆合金的高温拉伸特性以及形状回复温度与处理温度的关系[2],从中看出只有在正确温度下热处理(形状记忆处理),控制合金的相变温度,才能使合金记住成形后的形状,从而获得高精度的构件。利用物理模拟技术不但可以实现较宽温度范围的加热、冷却的精确控制,还可测定合金的等温转变曲线。另外,还可利用物理模拟试验设备拥有精确的位移与载荷测量系统,测定形状记忆合金在一定温度下的应力-应变曲线和弹性模量,这无疑对该种功能材料的性能评定和制备工艺具有重要帮助。

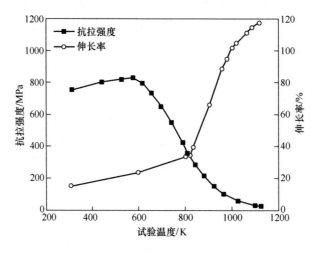

图 9-1　NiTi 形状记忆合金的高温拉伸性能

9.1.3　其他

如功能梯度材料的热/力性能测试、电阻及导电材料的研究、功能陶瓷材料的工艺特性研究,以及弹性合金的研制和高熵材料的开发等,均可以利用物理模

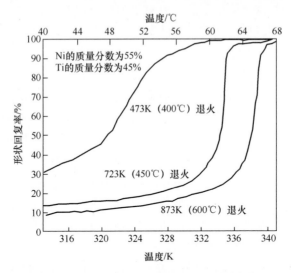

图 9-2　Ni-Ti 合金形状回复温度与处理温度的关系

拟技术取得事半功倍的效果。

　　在当前通信和大数据时代,先进电子材料和精密构件格外受到人们的青睐,目前迫切需要精细的、针对性强的小型物理模拟试验设备和灵敏的测控配件,以加快先进电子材料的研发速度。

9.2　物理模拟精度的提高及模拟试验结果的修正

　　物理模拟的精度是物理模拟技术得以应用、推广和发展的先决条件。几十年来,伴随着模拟试验设备功能的开发,模拟精度的提高一直是材料与热加工界十分关注的课题。

　　提高物理模拟精度的途径有 3 条:①研制先进的试验设备及附件;②实施合理的试验方法与技术;③对试验数据进行科学的处理与修正。

　　在试验设备方面,对于生产厂家来说,主要是进一步提高设备的模拟能力、控制能力和附件的测量精度;对于广大材料工作者或模拟机的操作者来说,主要是要根据试验目的选择合适的设备与检测手段。电阻式加热与感应式加热两种模拟机的原理与特点在第 2 章中已经论述,在进行物理模拟试验时,为了获得较宽的均温区,或者为了模拟某些非导电材料的热加工工艺(如陶瓷与金属的扩散焊接、某些梯度材料的热加工性能研究等),以及带缺口或变截面的试样,使用感应加热设备为宜;但感应加热由于表面集肤效应的制约,试样截面温度不均匀,而且加热与冷却速度受到限制。电阻式加热可以获得比感应加热大得多的加热与冷却速度,但试样沿轴线方向的温度梯度应予密切关注,因为温度梯度将影响轴向变形(拉或压)时应力和应变的精确测量,控制好电阻加热试样均温区宽度和温度梯度是提高模拟精度的重要保证。

笔者曾与芬兰学者共同使用 Gleeble-2000 试验机对电阻加热试样的轴向温度梯度进行过较深入的研究。对于直径 10mm 长 12mm 碳钢圆柱体压缩试样,采用碳化钨压头,在使用石墨润滑的情况下,当工作温度为 900℃ 时,试样中部与端部的温差为 15℃;工作温度为 1200℃ 时,温差为 43℃。试样直径加大,可使轴向温度降低,对于高度为 12~15mm 的压缩试样,当试样直径为 12mm 时,试样中部与端部的温差为 9℃(工作温度为 900~1000℃ 时,测量 11 个试样的平均值)或 20℃(工作温度为 1100~1220℃ 时,测量 11 个试样的平均值)。当试样尺寸为直径 16mm 长 32mm、工作温度为 950℃ 时,测出试样中部与端部的温差为 32℃。另外,为了实现稳定的温度水平,需要一定的保温时间,例如,在加热时当温度升到试验温度后,应保持至少 3min,才能使整个工作区达到试验温度均匀;而冷却时在降到预定的温度后,需几秒即可使工作区温度均匀。此外,在高速压缩变形时,也会在试样内部产生热量使温度升高,这一现象也不可忽略。

因此,今后应加强不同被试材料、不同试样尺寸与形状、不同卡头材料及不同自由跨度下试样温度梯度分布规律的研究,并经过传热学及高温材料力学的推算,建立起相应的修正系数,以便绘制真实的应力-应变曲线,或建立精确的数理模型。

在使用电阻式加热方式时,试件与卡块、卡块与夹头之间的接触电阻对试样的加热和冷却也有一定影响,因此在试验过程中应经常清理接触表面,以保证加热过程的稳定性和试验结果的重复性。

温度的测量对于模拟精度的保证至关重要。目前在物理模拟中使用的主要是接触式的热电偶测量法和非接触式的光电高温计法。光电高温计适用于热电偶难以焊接的材料,或者超出热电偶的测温范围时,特别是接近熔化的高温阶段的测量。使用光电高温计时必须保证真空槽及试样表面的清洁,否则影响测温精度。光电高温计不适于 300℃ 以下的温度测量(误差较大)。热电偶测量是最常用的方法,但由于热电偶金属丝会传导走一部分热量,破坏试样被测表面的温度场,导致热电偶所测的温度并非原温度场的真实温度。而这种误差取决于热电偶的直径与试样截面的比率,以及试样的形状、试样材质等因素。经试验,对于截面积为 20~200mm^2 的试样,热电偶丝的直径选 0.25mm 较适宜。此外,热电偶的焊接方式对测温精度也有影响,图 9-3 所示为 3 种焊接方式,第一种是先将两电偶丝端部拧到一起,然后焊到试样上;第二种是先将两电偶丝端部焊在一起,然后焊到试样上;第三种是两电偶丝分别焊在试样上(在试样同一横截面方向)。经验证[3],当被测温度为 1400℃时,第一种方式的测量误差为 5%,第二种方式的测量误差为 2.5%,第三种方式的测量误差仅为 0.8%,因此第三种方式被推荐。在采用第三种焊接方式时,两电偶丝必须焊在与试样轴线垂直的同一等温截面上。

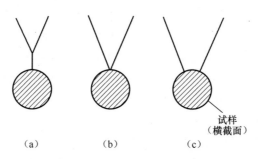

图 9-3　热电偶的 3 种焊接方式
(a)第一种;(b)第二种;(c)第三种。

　　应力与应变的测量也是提高物理模拟精度的重要环节。其中的技术关键是如何实现在热加工变形中试样尺寸变化的精确测量与控制。目前常用的测量方法是使用接触式的 C-Strain 或 L-Strain 传感器(线性可调差接变压器)以及非接触式的激光扫描式应变测定仪。激光扫描具有较高的分辨率,很适于相变的测量,但由于激光束的扫描速率有限,在快速变形时测量精度受到限制(允许最大应变速率为 $10s^{-1}$),而且激光测量精度受到烟雾、氧化皮、高温等因素的影响。接触式测量可测的应变速率达 $20s^{-1}$,但若试样温度太高,会使石英棒压入试样,影响测量精度,因此在用 C-Strain 传感器进行高温变形测量时,试验前应调整传感器的弹簧到最小的压紧力。接触式测量时还应注意周围电磁波"噪声"的干扰。

　　以上仅仅是结合笔者自己的研究工作所列出的为提高物理模拟精度在试验方法和试验技术上值得注意的几个方面,第 7 章的作者更详细地介绍了 30 多年的宝贵操作经验。从某种意义上说,物理模拟精度的提高是一个系统工程。物理模拟机的操作者以及应用模拟技术的材料研究人员,应针对所模拟的具体对象,设计合理的试验方案,确定有效的控制模式,精心编制计算机程序,特别是要灵活地设计试样的形状与尺寸,以及相应的自由跨度与卡具系统,以最大限度地模拟材料或构件的实际受热与受力过程。同时,还要特别注意温度与形变信号的精确测量和提取,以及信号数据点的采样速率和采集时间,把试验结果完整准确地显示出来。

由于物理模拟是对小试样的热/力处理而不是对实际构件的真实热加工,即模拟条件与实际情况不可能完全一致,加上试验设备功能与试验技术的局限性,因此物理模拟的试验结果难免会有误差。为了将物理模拟的试验结果应用于被模拟对象的客观实际,往往需要对试验数据依照热学、力学和冶金原理以及数值分析等方法进行必要的处理和修正。第3~6章已经结合具体的应用实例做了许多介绍,此处不再赘述。值得指出的是,这种基础性的研究工作目前在国内外材料模拟界都显得相对滞后,在我国仅有少数研究者提出过偶然误差的修正方法与克服措施,而对系统误差的理论分析和计算,在国内几乎是个空白。加强这方面研究工作力度是提高我国物理模拟应用水平的重要措施,也是世界各国物理模拟工作者共同关心的前沿性研究课题。

9.3 物理模拟与数值模拟及专家系统的联合应用

伴随着计算机科学及现代控制理论的发展,物理模拟、数值模拟与专家系统作为崭新的研究方法和技术工具已经在新材料研制及材料热加工工艺领域得到日益广泛的应用,从而使材料科学的研究深度和广度实现了划时代的飞跃,从"经验"走向"定量分析"。数值模拟能提供整个计算领域内所有有关变量完整详尽的数据,它不但能预测出某特定工艺所能得到的最终结果,而且能模拟出工艺过程中的变化情况,使人们对工艺过程变化规律能深入地了解[1]。如在铸造领域的凝固过程数值模拟,在压力加工领域塑性成形过程的数值模拟,在焊接领域的热过程、熔池尺寸及流场、焊接应力与应变数值模拟,在热处理过程中的相变及微观组织演变数值模拟等,均可定量地研究热加工过程中缺陷产生的机制、判据及防止措施,评价和优化工艺参数,从而不但可缩短试验周期和节约试验费用,还可进行材料或产品的性能预报与质量控制。

但是,数值模拟的技术关键是如何确定被研究对象的物理模型及控制方程,而物理模型及其参数则主要来源于物理模拟。许多情况下,只能通过物理模拟提供与实际工艺因素有关的数据和边值条件,才可建立起精确的数学模型或本构方程。此外,物理模拟还可揭示用数学模型难以求解和表达的物理现象和客观规律。

物理模拟与数值模拟的联合应用,对于促进热加工基础理论的研究,透彻地掌握其内在规律将起重要作用。例如,金属锻件塑性成形过程是在高温、高压及复杂应力、应变条件下进行的复杂的热/力学过程,涉及弹性力学、金属学、热力学等多学科参数。通过先进的高温物理模拟和数值模拟技术相结合,将宏观力学与微观材料科学联结起来,是研究锻件质量控制的最有效手段,不但会带来巨大经济效益,而且对学科发展也有十分重要的意义[4]。第8章对此做了抛砖引玉的论述。

专家系统实质上是一种计算机软件,它把有关领域的专家知识表示成计算机能够利用的形式,它汇集了许多专家积累的知识、经验、科学规律及数据,避免了个别专家的片面经验,又弥补了理论及数值计算的不足,从而能够准确迅速地解决实际生产问题。而物理模拟是建立专家系统的强有力的工具,它不但可为专家系统提供技术数据和资料,也是鉴别专家知识正确与否的有效手段。因此,在材料与热加工领域大力开展物理模拟、数值模拟和专家系统联合应用的研究,不但是材料科学与工程学科建设的迫切需要,也是促进物理模拟技术水平不断提高、物理模拟应用范围不断扩展的强大动力。

为了使中国制造尽快步入工业4.0时代,实现"弯道超车",必须加快实施智能化制造,必须营造大数据、云平台,为此,我国于2016年又提出了实施"材料基因组计划"[6],将会引发材料科学技术一次重大飞跃。而材料与热加工领域的物理模拟和数值模拟技术以及专家系统的大力推广和应用,将为实现上述目标提供及时可靠的基础数据,因此笔者认为,把物理模拟及数值模拟技术与专家系统、大数据、高通量、云计算、人工智能密切结合起来,形成一个新的学术链条,既是学科建设的新思路,也是物理模拟技术的发展方向。

参考文献

[1] 国家自然科学基金委员会. 自然科学学科发展战略调查报告:金属材料科学[M]. 北京:科学出版社,1995.

[2] 黄泽铣. 功能材料及其应用手册[M]. 北京:机械工业出版社,1991.

[3] DSI. Dynamic Thermal/Mechanical Metallurgy, Using the Gleeble-1500(Second Edition)[Z]. 1987.

[4] 国家自然科学基金委员会. 自然科学基金项目指南[M]. 北京:科学出版社,2012.

[5] 高鸿,何瑞鹏,董礼. "NASA材料基因工程2040规划"研究与思考[J]. 航天器环境工程,2019, 36(3):205-210.